BREVERTON'S
ENCYCLOPEDIA OF INVENTIONS

COMPENDIUM OF TECHNOLOGICAL LEAPS, GROUNDBREAKING DISCOVERIES AND SCIENTIFIC BREAKTHROUGHS

發明簡史

驚奇不斷的科普大百科

進入發明與創新世界的驚奇嚮導

本覽羅史上各種創新技術、突破發現、科學新知的發明大百科全書

泰瑞・布雷文頓——著
Terry Breverton

林捷逸——譯

序言

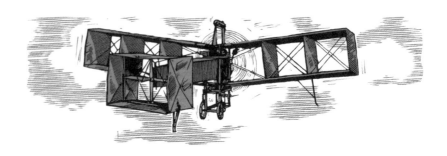

　　本書講述卓越的發現與發明，它們使得科學技術有所突破，並且推動知識演進。從最早、最基本的發現到當今最尖端的成就，人類的努力與才智塑造出現代世界，同時讓人類能夠持續開展豐富的可能性。這種彙集免不了有些主觀。比如說，罕見癌症的治療新發現可否與器官移植手術相提並論？另外，我們知道有些發明和發現是特定時間、地點與人物所為，但對於生火的出現要怎麼界定，該算進來嗎？再者，人們也許認為鈕扣的發明使得我們發展出當今服裝，但實際上是十三世紀的不明人士發明了扣眼才讓此事成真。

科學中的無名英雄

　　即使是「已知」的發明者或發現者，有時他們也是「站在巨人的肩膀上」，追隨一長串原創思想者的腳步而來。在其他例子中，發明美譽被歸功在錯誤的人身上，因為他們擅長創新或行銷，或者只是知名度高。於是，當你讀到莫林・皮萊斯在 1928 年發現青黴菌，並由他人發展出青黴素這種拯救百萬人的抗生素時，會訝然發現這些都不是亞歷山大・弗萊明本人所為。天才的尼古拉・特斯拉延續大衛・休斯的成果，才是真正發明無線電的人，而非一般認為的馬可尼。同樣地，開發出電燈泡的是約瑟夫・斯萬，而不是湯瑪斯・愛迪生。有超過二十個改變當今世界的偉大觀念，本書會揭露出它們真正出自何人之手。因此本書不像以往介紹創新發明的書籍那般老生常談，而是想要找出誰才是名符其實改進或改變了我們的生活，並且造成什麼影響。我嘗試彙集在知識、醫療與一般科學上有主要貢獻者。不過，藝術家並未入列。雖然我們相當確信莎士比亞、Ｔ・Ｓ・艾略特或林布蘭在文化上提升了我們，但說不出他們用什麼具體方式改變了世界。此外，本書不僅包括讓世界變得更美好的人，也包括發明毀滅性武器的人。有時改良者比發明者或發現者優先入列，因為他

們的貢獻具有重要意義。有些項目的篇幅
比其他來得長，例如默默無聞卻多產的大
衛‧休斯和理查‧特里維西克。這通常有
「澄清事實」的用意。

從史前時代到科學與工業革命

本書從史前時代說起，包括刀、魚
鉤、衣服與縫針、磨石與弓箭。然後我們
來到古代蘇美人、迦勒底人、埃及人、希
臘人和羅馬人時期，包括他們的數學、天
文、原子理論、槓桿和星盤。令人驚訝的
是古人對原子的存在與不滅已經知之甚
多。人們知道地球是圓的，而且不是宇宙
中心，但後來西方文明的黑暗時代遺失了
大量知識。然而在此期間，中國和伊斯蘭
世界在計時器、火藥、醫藥、齒輪、代
數、曲軸和羅盤等方面大步邁進。到了西
方世界的文藝復興時期，我們開始重新發
現遺失的知識。1336 至 1340 年的古騰堡
印刷機將阿拉伯世界的科學知識傳播到西
方，文藝復興的同一期間發生了科學革
命，在許多生活觀點上逐漸推翻教會教
條。這是達文西、哥白尼、伽利略、哈
維、波義耳、虎克和牛頓的年代，他們改
變了世界。接著，這時期在科學上的求
知、實驗與發現導致工業革命，促成了現
代世界。我們看到接連出現的是蒸汽機、
紡織機、工廠生產系統的開發、電力、漿
紙和機械化鋼鐵工業。

加速發明與創新

到二十世紀，兩次的世界大戰刺激
了發明與發現，雖然通常不是針對人類福
祉，但也證實人們不可思議的發明創新能
力。從第二次世界大戰之後，我們看到農
業生產的大幅進步，並置身於資訊革命與
電子時代之中。目前最令人興奮、也可能
最具爭議的發展是在健康、疾病醫療、基
因改造與醫藥上。科學家邁向的目標是能
夠預防遺傳疾病，治療或舒緩某些癌症，
藉此延長人類壽命。本書讀者可以了解自
身生活在許多方面已經有所改變，都是源
於當代或早期的許多發明與發現。這是生
存的動機——改進而非接受，質疑而非順
從，所以人類才能進步。對於本書提到的
發明者，我們都欠他們一份感謝。科學精
神幫助我們走出原始的藏身處，獲得當今
的安身地，並為將來子孫世代帶來更好的
生活。

Contents｜目錄

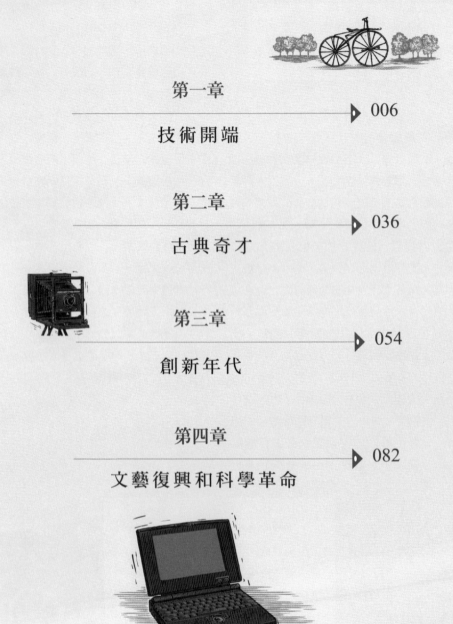

第一章

技術開端

▌刀

—約西元前 2,600,000 年—

原始人南方古猿，戈納，衣索比亞

. .

刀是我們最早使用的工具，它不但確保人類的生存，石刀也標示著考古紀錄的開端。刀能用來切、砍、刺、戳，在人類進食與防身上有多種用途。數千年來，刀是狩獵與宰殺動物的基本工具。一般認為最早的石器是路易斯‧李奇（Louis Leakey）於 1930 年代在坦尚尼亞奧杜維峽谷（Olduvai Gorge）發現的「奧都萬」（Oldowan）。 它們出自一百七十萬至兩百四十萬年前已滅絕的直立人（Homo erectus）之手。然而，1970 年代在衣索比亞的戈納（Gona）化石場中發現中一種相似的工具，年代溯及西元前 2,600,000 年。這些發現提供的有力證據顯示，一度被認為是人類特有的技巧在人類出現前就已存在，也許還早了五百萬年。（智人

（Homo sapiens）是現今唯一存活的人類，大約二十萬年前發源於非洲，達到完全的行為現代性才是五萬年前的事。）

我們可以合理假設這些工具出自更原始的人類祖先，也就是南方古猿（Australopithecine），是目前所知當時唯一存在的原始人。這些石器通常是由敲打石核而成的鋒利石片，但早期原始人精巧地把刀刃修整得直挺尖銳。因為是人類的第一種工具，許多文化將刀子賦予精神與宗教上的含義。奧都萬石器的製作是用粗糙錘石敲打石核的邊緣或敲擊面，產生的「貝殼狀碎片」帶有鋒利邊緣，可有多種用途。原本使用的材料是岩石、燧石或黑曜石（一種自然生成的火山玻璃），刀子的製作也逐漸進化。石刀後來被綁在骨頭或木頭把柄上以方便操作。

大約一萬年前，現代人類發現如何用銅來做刀，約五千年前，近東的工匠

有史以來最重要的工具

鑿刀、車床、鋸子、鐮刀、解剖刀和劍都是不同形式的刀，適用於不同環境。2005年，富比士雜誌的讀者與一組專家選出刀為有史以來最重要的工具，因為它對人類文明有重大影響。二十個最重要工具依序是刀、算盤、羅盤、鉛筆、馬具、鐮刀、步槍、劍、眼鏡、鋸子、錶、車床、針、蠟燭、尺、罐、望遠鏡、水平儀、魚鉤和鑿刀。

美國人的進食習慣

當首批殖民地開拓者到美國後，人們吃東西仍用刀子切下食物，並用刀尖刺起送進嘴裡。即使到了十八世紀，從歐洲輸出到美國的叉子仍舊很少。然而，刀子持續引進，且刀尖變得愈來愈鈍。美國人大多不用叉子，且因刀頭不再尖銳，他們必須用湯匙代替叉子固定食物去分切，再把湯匙換手去舀起來吃。美國人特有的進食方式，是先將魚或肉切成一口大小的分量再開始食用，這習慣甚至延續到叉子在美國變得普及之後。

開始用青銅製刀。構成刀的金屬片一端尖銳（刀身），另一端粗鈍（柄腳）。通常柄腳會包覆木製或骨製把柄方便手持。後來的刀用更硬的鐵或鋼製成，近來還用上鈦和陶的材料。刀子大部分用在進食，叉子則是相當近代的一種發明。1669 年，法國國王路易十四為了減少暴力事件，頒布法令說在街上或餐桌上不許出現尖刀，並且下令將所有刀尖磨鈍。這也是為何現今餐刀都是鈍頭。今天許多英國醫師在推動禁用長尖

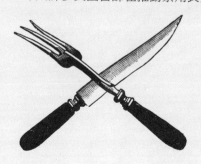

廚刀，為的就是降低被刺身亡的人數。

▍魚鉤
—約西元前 30,000 年—
克羅馬儂人，歐洲各地

魚肉自古以來就是蛋白質、脂肪與脂肪酸的豐富來源，而且捕魚還有一項好處是不會遭遇獵取野生動物時的風險。現今魚鉤的前身是考古學家稱為吞餌的裝置。它是一小塊紡錘狀的骨頭或木頭，有一道攔腰刻痕可以綁線。吞餌被塞進一塊食餌中讓魚吞下，當線拉緊時，它在魚肚裡轉為橫向拖住魚。法國索姆（Somme）山谷 22 英尺（6.7 公尺）深的泥炭層下挖掘出一種最早形式的吞餌。據信它約有七千年歷史。最早的魚鉤可溯及西元前三萬年左右，不同的製作材料包括木頭、動物骨頭或觸角、人骨或貝殼。除了利用單塊木、石或骨製作的魚鉤，石器時代人類還會製作複合魚鉤，將不同部件（通常取自不同材料）綁在一起。複合魚鉤比其他形式的魚鉤堅固。骨製的細長圓鉤容易碎裂，但綁緊的複合魚鉤能承受更大張力。最古老的魚鉤似乎不具備倒鉤或其他的改良設計。考古學家認為附加倒鉤的想法源自於矛。倒鉤增加魚鉤的抓牢能力，就像有倒鉤的矛尖讓動物更難掙脫。

直到魚鉤出現在挪威與丹麥，時間大約是七千至八千年前，才發現它有了

倒鉤，還有讓魚餌和魚線更容易附著的槽線和孔眼。因為木頭會浮水，魚鉤也許需要綁上一顆石頭或類似的重物讓它下沉。不過，釣某些魚還是用得上浮鉤。一直到十九世紀末，拉普人（Lapp）漁夫仍用木鉤在挪威北部釣鱈魚。他們用堅硬的杜松木雕刻出魚鉤，鉤尖用火燒烤讓它變硬。美國原住民用老鷹的爪和喙做成魚鉤。金屬魚鉤普遍代替了其他材質的魚鉤，但英國漁夫到最近還在用山楂木魚鉤釣比目魚，挪威與瑞典漁夫直到 1960 年代仍用杜松木三叉鉤釣江鱈。他們說杜松木的氣味實際上會吸引魚，或者說江鱈會吐掉金屬魚鉤。魚鉤在今天變得沒那麼重要，因為商業捕魚愈加依賴大型漁網，除了某些特定的捕魚方法仍用得上魚鉤，例如延繩捕魚。遊釣者通常使用擬餌或誘餌。

▌縫針

—約西元前 30,000 年—
舊石器時代，俄羅斯

用縫針做的衣服是將獸皮拼接起

來繫牢在身上，以便抵禦惡劣天氣。這讓人類能夠離開非洲遷往氣候較冷的地區。最早的衣服取材自獸毛、皮革與草葉，它們被拿來披掛、包裹或捆紮在身上。人類學家曾對人類身上的虱子做基因分析，從中得知衣服始於相當近代的時期，大約是十萬七千年前。虱子是穿衣的指標，因為人類毛髮稀疏，虱子應該在人類開始穿衣後才會存活在人體上。研究顯示衣服的發明符合現代智人離開非洲往北遷徙的時期，也就是大約十萬年前。另一派科學家則認為衣服源自五十四萬年前左右。有些人類文化，比如說因紐特人（Inuit），直到近代還完全採用加工修飾後的野獸毛皮製作衣服。其他文化則用布料來增補或替代獸皮；布料是用各種動物毛或植物纖維編織而成。衣服材料與其他結實的人工製品相較起來損耗更快，不過俄羅斯考古學家在 1988 年發現了骨製或

象牙製的縫針，年代可溯及西元前三萬年。

編織被認為始於早期人類嘗試用植物的根與藤蔓製成網子，這技術演變成手織羊毛。用手（從亞麻纖維）紡織成亞麻布料之類的織品是相當費力的過程，而紡織工業是工業革命中第一個機械化的產業，因為發明了動力織布機（參見第 132 頁的 1771 年阿克萊特與第 141 頁的 1785 年卡爾托拉特）。各種文化發展出不同的織布方法。因為以往對布料的描述都是手工製造而且花費昂貴，基本上會盡量保持不要剪裁以便留做他用。希臘人和羅馬人是將寬鬆罩袍披掛在身上，至今許多人的服裝仍是將長方布料纏繞在身上，比如說我們在印度半島看到男人穿的腰布（dhoti）和女人穿的莎麗（sari）。這些服裝只將布料綁紮起來，但蘇格蘭短裙則在適當地方繫上皮帶與別針。昂貴的布料保持未經剪裁，這種衣服同一件可以給不同身材的人穿。其他製衣方法會剪裁與縫紉布料，但會盡量利用每塊布料。例如在做男士襯衫時，裁縫師可從布料的角落剪下幾片三角，然後縫在它處當做三角內襯。據說服裝的舒適性有四項基本要素，被稱為「舒適性的四F」：一、樣式（fashion）；二、觸感（feel）；三、合身（fit）；四、機能（function）。馬克·吐溫在《馬克語錄》（1927）中提到服裝的重要性：「人要衣裝，不注重衣著的人在社會中沒影響力。」

磨石粗砂岩

　　製造手推磨時偏愛採用的石材是像玄武岩這類堅硬的火成岩。這些石材具有天然的粗糙面，但粗粒又不容易脫落，所以被研磨的東西不會充滿砂礫。磨石粗砂岩（Millstone grit）是指英格蘭北部幾種石炭紀的粗粒砂岩。名稱由來是這些石材被用在水車和風車磨坊裡。

▍手推磨
—約西元前 9500 年–前 9000 年—
中石器時代人類，敘利亞

　　手推磨是第一種食物處理機，它讓穀物得以轉變成食物，也讓農業傳播到全世界。手推磨也是石磨的前身。手推磨成對使用，上面最早用手滾動的石頭叫手推石，下面固定的石頭叫磨盤，它們最早是用來將穀物磨成粉做麵包。滾動造成的擠壓被稱為碾磨，當水車和風車磨坊出現後，手推磨就被石磨取代。然而，後來也用動物去操作大型石磨。

　　鞍形磨是最早形式的手推磨。鞍磨的產生是將手推石在磨盤上沿平行方向擺動或滾動，因此形成像馬鞍的形狀。這些手推石可以像擀麵棍的粗糙圓桿（用兩手操作），或者是粗糙的半球體（用單手操作）。兩者都會產生碾壓而非研磨的動作，比較適合碾碎發芽穀物，但不適合磨出麵粉。之後發展出了用來研磨的旋轉磨，它們也有不同形式。這種手推磨用旋轉動作研磨穀物，所以磨盤和手推石通常是圓形。旋轉磨的手推石比起鞍形磨沉重許多，提供足夠重量能將未發芽的穀物磨成麵粉。有些手推磨的兩個研磨面是互相嵌合的，上面石頭稍微凹陷，而下面石頭略微凸出。

　　還有一種旋轉磨被稱為蜂巢磨。上面石頭是半球體，中央圓錐形送料斗讓盛裝的穀物從孔洞落進研磨面。一根插在底下石頭中央孔洞的樞軸讓它保持在適當位置。上面石頭斜側還有一個很深的插口，可以插入木栓當做把手來轉動或擺動上面石頭。這是最早出現在不列顛群島的旋轉磨，年代大約是西元前 350 年。後來發展出更大的手推磨，需要兩個工人或奴隸推動木棒繞著磨石走。人的角色後來被牛、驢或馬取代。

　　今天在廚房裡搗碎香料用的杵和缽是從手推磨衍生而來。如同穀物一般，各式各樣的食材和無機材料都用手推磨或研缽來處理，包括堅果、種子、果實、蔬菜、藥草、香料、肉、樹皮、染劑、藥物、化妝品和陶土。它們也被用來研磨開採出來的金屬礦砂，比如說黃金。這過程會解離出細微的礦物顆粒，然後經過水洗分離再送去冶煉。菸葉過

去常被製成鼻菸，用手推磨研磨成粉末後從鼻子吸入。

▌弓箭

—約西元前 8000 年—

中石器時代人類，德國漢堡

　　直到十六和十七世紀大量採用槍砲以前，弓箭是人們在狩臘和交戰中最重要的武器。

　　史前人類在發展出農業與畜牧前，需想出有效方法去防禦野生動物並獵捕牠們做為食物。獵人一開始用手拋擲投射物，以樹枝或石頭打斷野獸骨頭。後來發展出矛與匕首，它們是用敲打鋒利的燧石綁在木柄上製作而成。接下來的發展是「投槍器」，利用槓桿原理投射出矛或鏢槍。這木桿的一端有勺狀構造，勺子或是做在木桿上，或是分離但綁在木桿上的部件，讓投射物底端抵在勺子上。它的運作原理就像今天用來拋球給狗追的塑膠扔球器。投槍器用單手

長弓的威力

「對抗威爾斯的戰爭中，一名武裝人員被威爾斯人射出的箭擊中。箭貫穿他的大腿上方，內外兩側都有盔甲防護的地方，穿透他的皮革外衣；它還接著刺穿馬鞍坐墊；最後它射進馬身，射入之深竟殺死這動物。」威爾斯的傑拉德，《威爾斯行記》，西元 1191 年。

拿持，手掌抓住勺子另一端的桿底。鏢槍藉由前臂與手腕的動作投射出去，結合使用的投槍器就像延伸的前臂，透過增加的轉動角度顯著提升力道。傳統投槍器是一種長程武器，時速可達 145 公里。

　　彈弓也在西元前 10000 年左右發展出來，就像大衛殺死歌利亞的武器。弓與箭似乎是大約兩萬年前在非洲與歐洲發展出來，它們出現在石洞壁畫裡。最早發現的箭可溯及西元前 8000 年左右，它是在漢堡附近被發現，松木做成的箭身在箭頭加上尖銳燧石。這些樣

冰人奧茨

大約西元前3300年，「冰人奧茨」（Ötzi The Iceman）被一支箭射中肺臟。他是歐洲最古老的天然木乃伊，遺體在1991年被發現冰封在奧地利與義大利邊界附近的阿爾卑斯山冰河裡。冰人攜帶了一把未完工的六英尺紫杉木長弓，顯然是斜放在岩石上，被發現時就立在那裡。這木竿需要進一步修飾造形，得用問荊當砂紙來打磨。他還帶了一把有紫杉木柄的銅製斧頭，一支有樺木柄的燧石刀子，還有一個箭袋裝了14支用莢蒾木和梣木製成的箭。其中兩支已折斷的箭有裝燧石箭頭和羽毛（穩定翼），其他12支尚未完工。這些箭裝在箭袋中，裡面還發現也許是弓弦的繩子，以及一個可能用來磨箭頭的鹿角工具。冰人似乎用同一支箭射殺了兩人，而且每次都把箭回收。

本在第二次世界大戰中的漢堡空襲被炸毀。目前所知最早的弓，其殘片來自丹麥霍姆戈德（Holmegaard），它們是用榆木製造，年代溯及西元前6000年。

箭術在世界各地變得愈來愈重要，根據不同用途也發展出各種形式的弓箭。大約西元前1500年發明的短複合弓用多層材料做成，它在壓縮或張力上有不同反應，適合騎馬的弓箭手使用。威爾斯長弓是最具殺傷力的弓，它終結了大規模盔甲騎士的騎兵年代。弓箭手通常瞄準馬匹，當騎士摔下馬無法動彈時，再用匕首刺穿盔甲縫隙殺死他。直到最近，中世紀對長弓的評價以及對它射程與殺傷力的描述仍被認為是過於誇大，因為這種弓需要很大力量才能拉緊。不過，人們從小就被訓練成為弓箭手，也培養出了能拉動長弓的強健肌肉。戰場骨骸的研究也顯示弓箭手身體各部位的發展不成比例。

選擇適當箭頭可以刺穿盔甲，有效的殺傷距離可達365公尺。一位經過訓練的弓箭手可以每秒射一發箭，所以一千名弓箭手在五分鐘內可以射出驚人的三十萬發箭。

▌船
—約西元前7600年—

腓尼基人烏蘇斯，迦南

船舶的發展使得農業與文明能從位處「肥沃月彎」（Fertile Crescent）的腓尼基、亞述、美索不達米亞與埃及傳播到世界各地。

船的始祖也許是獨木舟，也就是挖空的樹幹，最早可溯及西元前8200至前7600年。一艘七千年前用蘆葦與柏油建造的遠洋船在科威特被發現。根據希臘人翻譯腓尼基人桑楚尼亞松（Sanchuniathon，西元前約700年）寫下的內容，烏蘇斯（Usôus）砍掉傾倒樹木的分枝，坐在保留下來的圓木邊緣划過水面，於是發明了船：「這些人發明用兩塊木頭互相磨擦的生火方式，

12

並且教人使用它。他們生下的兒子身材異常壯碩，名字取自他們擁有的山嶽，那就是薩優斯、里巴紐斯、阿提利巴紐斯和布拉提。他們下一代是梅姆拉莫斯與希普撒拉紐斯。希普撒拉紐斯住在泰爾，發明了用蘆葦、燈芯草和紙莎草建造小屋的技巧，他跟兄弟烏蘇斯起爭執，烏蘇斯是第一個用自己殺死的野獸皮毛來做衣服的人。曾有一次，來了一場狂風暴雨，泰爾附近的樹木因為互相激烈摩擦而著火，整座森林都燒掉；烏蘇斯到那裡撿了一棵樹，清掉樹枝，成為第一個乘船到海上冒險的人。他也立了兩根柱子奉為火和風，並向它們敬拜，還用獵來動物的血倒在上面。兩兄弟死後，那些還活著的人立起竿子供奉他們，並且繼續敬拜那兩根柱子，每年還舉行節慶活動紀念他們。」

腓尼基是迦南地區的一個古老文明，年代早於西元前 2300 年，涵蓋了肥沃月彎大部分的西側海岸區域，基本上就是地中海的東岸地區。包括了現今的約旦西部、巴勒斯坦、以色列和黎巴嫩。它是第一個進行航海貿易的文化，興盛於西元前 1550 年至西元前 300年。腓尼基人使用槳帆船，這種有槳的帆船可以逆風航行，他們也發明了雙層槳座戰船，有效加倍槳手人數。腓尼基人在古希臘與羅馬時期以「紫色商人」聞名，因為他們壟斷了骨螺這種珍貴的紫色染料來源，只有王室服裝才能用這顏色。有些人說腓尼基人也許曾發現美洲，而且一定有跟康瓦爾人交易錫，有跟威爾斯人購買銅和金。他們也以字母系統聞名，現今主要字母系統都源自此。羅馬人用盡辦法學習腓尼基人與迦太基人（迦太基是腓尼基殖民地）的造船與航海技術，最終歷經強烈對抗後取得地中海控制權。

啤酒

—約西元前 6000 年—
蘇美人，美索不達米亞

啤酒已在世界各地成為重要食品，富含的熱量能夠支持辛苦工作的勞工。它也普遍比水受歡迎，因為水會遭受污染引發疾病。它後來還有社交潤滑劑的功能。如果作者被允許從千年歷史記載中挑選最愛的發明，無疑是啤酒或麥芽酒。啤酒釀造的起源可回溯至非洲、埃及與蘇美文化，最古老的釀造實證記載來自蘇美，一個發展於底格里斯河與幼發拉底河之間的文明。這地區包括美索不達米亞南部和巴比倫各個古城。據說蘇美人是偶然發現了發酵過程。

一個大約有四千年歷史的泥板刻著蘇美人的《寧卡西讚歌》（Hymn to Ninkasi），寧卡西是釀造女神。這讚歌也是製造啤酒的食譜。也許最初是麵包或穀粒受潮，在天然酵母的作用下發酵，於是人們發現一團會讓人醉的黏稠物，酒就這樣意外誕生。早期記載是難以辨識的象形文字，其中顯示麵包烘焙好後被撕碎丟進水裡做成麵糊，然後再做出一種飲料會讓人感到「興奮、愉快和幸福！」蘇美人被認為是第一個釀造出啤酒的文明，他們的「神聖飲品」是天賜之物。

巴比倫人在蘇美帝國瓦解後接著統治美索不達米亞，他們也精通啤酒釀造技術，釀造出二十種不同啤酒。使用麥稈吸管可以避免喝到沉積在杯底的苦味殘滓。巴比倫國王漢摩拉比（Hammurabi）頒佈了已知最早的法典，其中一條訂立每日的啤酒配給量。勞工每日可獲得 3.5 品脫（2 公升），高階祭司可獲得 8.75 品脫（5 公升）。埃及人從巴比倫輸入啤酒後也開始釀造。他們用未經烘焙的生麵團製酒，還加入棗子增添風味。世界各地釀造出不同的啤酒。普林尼（Pliny）記述了葡萄酒佔有一席之地前，啤酒在地中海地區受歡迎的程度。德國境內釀造啤酒的最早證據來自西元前 800 年左右。塔西圖斯（Tacitus）後來寫道：「說到飲料，條頓人有一種用大麥或小麥發酵而來的可怕釀酒，這釀酒幾乎不能稱之為酒。」在芬蘭史詩《卡勒瓦拉》（Kalewala）中，400 條詩句是和啤酒有關，但只有 200 條詩句描述創世！根據北歐史詩《埃達》（Edda），葡萄酒

為神明獨享，啤酒是凡人的飲品，而蜂蜜酒（用蜂蜜製作而成）是冥界亡者的飲品。

釀造隨著大麥的耕種往北方與西方傳播。經過一段時日，基督教修道院成為農業、知識與科學的核心地，提升了釀造方法。然而，人們對酵母在發酵過程中扮演的角色仍舊所知甚少。啤酒被認為是有價值（適合飲用）的食品，勞工工資經常用甕裝啤酒來支付。不能忘記的是直到二十世紀，啤酒比水更不容易引發疾病，特別是人口密集而且水源易遭污染的區域。在十六世紀，啤酒花被廣泛加在啤酒中做為防腐劑，取代先前使用的樹皮、藥草或葉子。也許釀造史上最廣為人知的事件是德國訂立啤酒釀造標準。最早規章是 1516 年的《啤酒純釀法》（Reinheitsgebot）—舉世聞名的啤酒成分法令。這條純釀法明定生產啤酒只能用四種成分：清水、大麥芽、小麥芽和啤酒花。未列其中的酵母仍舊可以加入，因為它被視為釀造過程中理所當然的關鍵成分。

接下來的重要發展透過路易・巴斯德的研究成果出現在十九世紀中葉，他是第一個對酵母如何作用提出解釋的人。不久之後，從巴伐利亞酵母樣本成功辨識出一種單細胞品種的底部發酵拉格酵母。德國釀酒師在 1402 年開始採用窖藏（lagering）方式製造啤酒。溫暖季節不能在進行釀造，因為天然酵母在夏季溫熱氣候下過於活躍，會讓啤酒變酸。釀酒師發現，在寒冷季節釀造啤酒並儲存在阿爾卑斯山附近的洞穴裡，可以維持啤酒的穩定性並增添爽口風味，不過當時並不清楚原因為何。今天

啤酒讓原始人變成現代人

蘇美人的《吉爾伽美什史詩》（Gilgamesh，約西元前2750—前2500年）也許是最古老的書寫故事，我們從中得知除了麵包還有啤酒都是非常重要的。它描述原始人如何進化成「有文化的人」：「恩奇杜（Enkidu）是滿身亂毛，幾乎像個獸類的原始人，他吃青草還擠野生動物的奶喝，想要測試自己的力量去對抗半人半神的君主基加美修。因為找不到機會，吉爾伽美什派一名娼妓去打探恩奇杜的力量和弱點。杜恩奇與她歡度一週，同時也受到她的教化。恩奇杜原本不識麵包是何物，不知如何食用。他也不知喝啤酒這回事。娼妓開口對他說：『恩奇杜，來吃麵包，因為它屬於生命。也喝個啤酒，因為這是本國習慣。』恩奇杜喝下七杯啤酒，他的內心飛騰不已。在這情況下，他把自己梳洗一番，變成一個現代人。」

我們知道啤酒會變得愈來愈清澈，是因為啤酒在低溫發酵過程中，會導致混濁的化學成分與細菌無法活躍，它們因此從啤酒中被過濾掉。1880 年時，美國有將近 2400 家營運中的釀酒廠，採用了多種古典釀造法。如今只剩 375 家釀酒廠。這樣的改變可追溯至 1919 年的全國禁酒法—這項「憲法第十八修正案」預告了禁酒時代的來臨。現在的啤酒種類多到難以置信，尤其在比利時不僅有水果啤酒，還有以香檳製造方式生產的啤酒。

▎農業

—約西元前 5000 年—

蘇美人，美索不達米亞南部（現今伊拉克境內）

　　農業促使人類從流浪的狩獵採集者邁向定居的文明生活。耕種作物和馴養牲畜的務農行為創造了足夠食物，使人們能群居在像城鎮這類的固定地點。

　　農業源於有計畫的播種、收穫作物，以往是從野地採集而來。最早的農業始於西元前 7000 年左右，在肥沃月彎的埃及、腓尼基、亞述和美索不達米亞等地萌芽。這地區包含現今的埃及、土耳其東南部、伊拉克、敘利亞、巴勒斯坦、以色列、黎巴嫩和伊拉克西部。印度、中國、西非和美洲某些地區在不

同時期也各自發展出農業。舊大陸上最早耕種的包括新石器時代奠基農作物（Neolithic founder crops），這些作物是二粒小麥、一粒小麥、脫殼大麥、豌豆、小扁豆、苦野豌豆、鷹嘴豆和亞麻。因此亞麻（可榨油和製衣製繩）、三種穀物和四種豆類形成系統農業的基礎。如同愛爾蘭政治作家亨利·布魯克（Henry Brooke，1706-83 年）的評論：「在只有橡樹果實的年代，更早於穀神刻瑞斯和忠實農夫特里普托勒摩斯的年代，一粒大麥對人類的價值比印度礦山那些閃耀的鑽石還來得高。」

　　西元前 6000 年時，因為灌溉系統尚未建立，埃及人的農業集中在尼羅河岸。遠東地區獨自發展著農業，主要穀物是稻米而非小麥。在河川、湖泊與海岸用網捕魚可取得必要的蛋白質，這些耕種和捕魚的新方法促成人口激增。在定居農業發展之前，人們從西元前 6000 年就開始馴養野牛（在 1627 年滅絕的巨大野牛）和摩弗倫羊（野羊），

他們採用放牧方式。以農業為基礎的畜牧開始大量利用動物做為食物與皮革來源，閹牛（去勢的公牛）被用來拖車和耕田。

到西元前 5000 年，核心農業技術在蘇美發展出來，使得定居者增加並且最終形成城市。蘇美人是第一個實行全年大規模精耕、單一作物制（在同一土地上每年種植相同農作物）、組織化灌溉以及專業化勞動力的文明。這種經濟創造的剩餘儲存食物讓人們可以定居在單一地點，不必到處尋找新鮮穀物和牲畜牧地。這也容許更高的人口密度，接著需要更多的勞動力和更有效的分工。因為需要開發一套系統去記錄穀物與牲畜的交易，蘇美是最早發展文字的地方。

▊ 輪子
—約西元前 3500 年—
蘇美人，美索不達米亞南部（現今伊拉克境內）

輪子是運輸與技術革命中最重要的裝置。透過中心軸的旋轉動作，它讓重物可被輕易移動，在支撐負載或使用機械工作時有助於運送和移動。輪和軸的旋轉動作可以減少摩擦力。

輪子的最早證據出現在美索不達米亞蘇美人的象形文字中，但大約在那年代的北高加索與中歐地區也出現有輪車輛。最早描述的有輪車輛是兩軸四輪的貨運馬車，它被畫在波蘭發現的一個陶罐上，年代大約是西元前 3500 至 3350 年。目前已知最古老的木輪和軸是 2003 年在斯洛維尼亞發現的，經由放射性碳定年法測定它有 5,100 至 5,350 年歷史。早期輪子只是中央有軸孔的木盤。因為木材天然結構的關係，樹幹水平切片並不適合做輪子，其結構強度不足以支撐重量而會崩裂。輪子必須採用縱向木板裁切出來的圓形木料。

輻條輪在西元前 2200 至 1550 年間被發明出來，這就可以製造更輕快的車輛。戰馬車的出現使得戰爭因之改觀。西元前三千年時，有輪車輛的使用從美索不達米亞與歐洲傳播到印度河流域，輻條輪戰馬車也出現在西元前 1200 年的中國和斯堪的那維亞。戰馬車促成希臘崛起，並發展出雅典與斯巴達兩大強權。希臘戰馬車的輪輻只有四根，而埃及有六根，亞述有八根。大約西元前

500 年時，居爾特人發明了輪轂和金屬輪框，有助提升輪子使用壽命，金屬輪框的木製輻條輪一直使用了兩千年。

輪子都沒用在長距離運輸上，因為需要平坦路面才有效率。人們偏好將貨物背在身上通過崎嶇地區。歐洲自十八世紀以後發展出更好的收費道路，用收取的通行費來維護品質，使得農業產品、工業製品和驛站馬車可以方便移動。第三世界缺乏先進道路，這使他們在二十世紀前很難普遍採用輪子來運輸。柏油路的發展有助於 1870 年代以來機動車輛的創新，在此同時也發明出鋼絲輻條輪和充氣輪胎。輪子的發明在許多技術領域也成為不可或缺的元素，重要應用包括水車、齒輪、紡車和星盤。螺旋槳、噴射引擎和渦輪都源自於第一個輪子。

▌書寫
—約西元前 3200 年—
蘇美人，美索不達米亞南部（現今伊拉克境內）

書寫的發明標示著資訊革命的開端。這項重要技術發展讓消息和意見可被帶到遠方，不必依賴信使的記憶。

書寫出現在不同文化中，遍布在古代世界不同地區。它不是個人的發明。不過，古代美索不達米亞的蘇美人被認為發明出最早形式的書寫，它們出現在西元前 3500 年左右。蘇美人用黏土捏

出買賣貨物或動物形狀的憑證來記錄交易，並且封在黏土容器裡面。他們在容器上用記號標示裡面裝了什麼。後來他們了解不需用到憑證，只要記述即可，所以容器在西元前 3200 年左右發展成黏土方板，上面刻著符號記錄買賣交易。這些刻寫板上書寫的只是簡單圖畫或象形文字，代表一個物體或意見。書寫工具從描繪吃力的枝條進步到尖頭的蘆葦桿後，文字符號也隨之發展而脫離象形文字。這可以書寫更快，因為弧線進化成短直線構成的楔形或三角形。文字從左寫到右，但字與字間沒有空格，這是持續了三千年的楔形文字時代。巴比倫國王漢摩拉比（歿於西元前 1750年左右）的法典是用楔形文字書寫。在三千年前的克里特島有三種不同形式的書寫系統，只有其中一種的線形文字 B被成功解讀。埃及聖書文似乎受到蘇美楔形文字的影響。

從埃及聖書文發展出來的是輔音音素文字和閃語族的書寫系統。輔音音

字母和輔音音素文字和牛和房子

輔音音素文字（abjad）系統的每個符號通常代表一個輔音，朗讀者必須自己補上適當的母音。原始名稱abǧadī衍生自按順序念出字母表首四個而來。字母（alphabet）這個字來自拉丁文alphabetum，它又衍生自希臘文的頭兩個字母alpha和beta。然後alpha和beta又來自腓尼基的頭兩個字母，分別意指牛和房子（早期人類最重要的兩樣財產）。

素文字（這種書寫系統的每個符號代表一個輔音）比之前的聖書文明顯簡單許多，可區別的字大量減少。然而代價是增加了歧義情況。最早的輔音性字母文字出現在西元前 2000 年左右。西元前 1500 年之後，腓尼基的書寫文字大量使用早期輔音音素文字，其中只包含大約二十四個符號。這使得書寫文字變得容易學習，而且腓尼基的航海貿易將它帶到世界各地。腓尼基文字後來被幾種新文字系統取代，包括西元前 800 年以後的希臘文字系統，還有亞拉姆語這種另一個被廣泛使用的輔音音素文字。

希臘人借用腓尼基文字系統融合到自己語言中。希臘字母表的字母與腓尼基相同，兩者排序也一致。希臘改編的腓尼基文字系統還在最後加上三個字母稱為增補。希臘人挑出在自己語言中不發音的字母改為代表母音，於是希臘字母系統成了所有西方字母系統的始祖。

▌蠟燭

—約西元前 3000 年—
埃及和克里特島

蠟燭是千年來主要的照明形式，它也被當做時鐘，還被用在宗教儀式上。蠟燭的起源可能是人們在煮肉時注意到油脂滴到火裡會燒得更旺。人們將蘆葦浸泡過液態油脂後就可以點燃照明。埃及人和克里特人早在西元前 3000 年就用蜜蠟做蠟燭，也有用燈心草做蠟燭。埃及曾發現年代溯及西元前 400 年的黏土燭臺。這燭臺的蠟燭是將細繩浸泡在熔化的蠟裡製成。早期中國和日本的蠟燭製作是將取自昆蟲與植物種子的蠟熔化到紙筒裡。印度神廟用的細蠟燭是用肉桂煮沸後撈起的浮蠟製成。已知最早能夠辨識的蠟燭來自大約西元前 200 年的中國，它們是用鯨脂做成。然而蠟蠋直到西元前 400 年之後才出現在歐洲，因為那時才有可放在油燈臺裡燃燒的橄欖油。羅馬人發明了纖維燈芯改進燃燒過程。羅馬帝國衰敗後，歐洲的蠟燭製作採用各種形式的天然油脂，包括獸脂（來自牛和羊）和蠟。獸脂放進熔爐熔化，然後倒進青銅製的模具裡。底下的承槽接住滿溢的油脂再回收到熔爐。做為燭芯的細繩通常用燈心草做成，從上方橫桿垂掛到模具裡再倒入油脂。蜜蠟

和植物蠟的原料是從不同植物提取，例如教堂和富裕家庭逐漸用月桂蠟取代多煙難聞的獸脂。

蠟燭在歐洲成為宗教儀式中的重要部分，燭光標示著神聖節日和伴隨的祈禱。因為蠟燭的燃燒速率相當一致，它們經常被用來計時，而且有些蠟燭（蠟燭鐘）的燭身做了時間標記。英國從西元870年開始使用這種蠟燭鐘，據說是阿佛烈大帝發明的。有些蠟燭鐘可當做定時器，就是將一根釘子插在燭身上的特定點，時間到了釘子就會落下。十八

世紀時，鯨蠟（鯨腦中的油製成的精蠟）被用來製作高級蠟燭。到十八世紀晚期，菜籽油（取自各種蕪菁）成為廉價的代替品。

石蠟在 1830 年第一次被蒸餾出來，此後便成為製造蠟燭的首選材料。石蠟便宜，還能製造出品質算高，燃燒相當乾淨的無臭蠟燭。不久之後發現的蒸餾煤油終結了石蠟的蠟燭工業，便宜煤油促成更有效率、亮度更高的油燈出現。令人迷惑的是在英國和其他許多國家，煤油也被稱為石蠟，或者有時稱做石蠟油。隨著便宜鯨油的出現可供油燈使用，接著是煤油燈，再來是瓦斯燈和電燈，蠟燭變冷門了。最近還有採用樹脂基底的蠟燭，因為它們燃燒得更久。現代蠟燭的燭芯被設計成燃燒時會彎曲，於是燭芯尾端會伸進火焰熱區被燒

魚蠟燭

從阿拉斯加到奧勒岡州都可發現太平洋細齒鮭，它是一種胡瓜魚（一種小魚）。原住民從一世紀開始用它的油脂來照明。將乾魚叉在枝條上點火就是一個簡易蠟燭。

掉。事實上，這是一種具有自我修剪功能的燭芯。

劍
—約西元前 3000 年—
蘇美人，美索不達米亞南部（現今伊拉克境內）

　　大約有兩千年的期間，劍是侵略與交戰中最受歡迎的武器。有些西元前3300年像劍的武器在安那托利亞（土耳其）被發現出來，不過這些據信是長匕首。劍則是修改自另一種工具，也就是刀，以便在戰鬥中發揮最大工作效率。在早期歷史中，匕首是比較常見的武器，但青銅器時代的人們學會用銅和青銅製造出更長的刀刃，於是劍就變得更為普遍。大約始於西元前3000年，蘇美人的劍傳到埃及被稱做彎刀，在迦南則叫「鐮形劍」。它的長度有20至24吋（50至60公分），適合用來鉤住對手武器，解除敵人武裝。它是從匕首和戰鬥用的彎斧衍生而來。亞述步兵會攜帶弓、匕首和劍各一把。劍最早用砷銅製作，後來的青銅器時代從西元前十七世紀左右開始用錫青銅製作。直到青銅器時代晚期以前，劍身超過2英尺（60公分）的既不多見也不實用，因為過長的青銅劍身其抗拉強度會急劇變差，長劍身容易彎曲或折斷。目前發現最古老的青銅劍出於西元前1600年。銅混合了10%到12%的錫使得青銅器

時代的劍堅硬又不易碎。

　　造劍者從西元前800年左右開始使用鐵，但鐵器時代的劍依舊相當短，它們在戰鬥中一樣容易彎曲。然而鐵的優勢在於方便取得原料並且大量生產。早期的鐵劍比不上後來的鋼劍，因為沒有經過焠硬（用水冷卻），而是像銅劍一樣用錘打方式加工硬化。此時的大量生產意謂著整個軍隊都可配備鐵製武器。劍身扁平的羅馬長劍幫助羅馬人建立了帝國，後來成為歐洲劍仿製的對象。直到像鋼之類的更堅硬合金被發展出來，並且改進熱處理技術之後，長劍才適於打鬥。從十一世紀開始，劍的發展出現

精巧的劍格來保護手，劍柄底端的圓球可以防止滑手。

　　劍原本是設計成砍的武器，但有攻擊性的劍尖變得更為常見，以便用來對抗改進的盔甲，尤其是十四世紀的盔甲由鎖子甲取代了板甲。大約此時也發展出一手半劍，或被稱為變種劍。它有延長的劍柄，所以能單手或雙手持握。雖然劍柄不是雙手滿尺寸，但這讓揮劍者可用另一手拿盾牌或格擋匕首，或用雙手握劍取得更大的揮砍力道。這種長劍在極限範圍內既能砍又能刺。從軍刀到刺劍，劍的發展依據不同用途出現多種形式。後來發明的連發槍枝能在遠距離外裝填發射，終結了用劍打鬥的時代。劍（sword）這個字來自古英文的sweard，是使人受傷的意思。

▌貨幣，銀行業和信用工具
—約西元前 3000 年開始—
蘇美人，美索不達米亞南部（現今伊拉克境內）

　　貨幣的使用一向能夠促進交易。貨幣可以是任何東西，只要一群人共同接受可拿來交換商品、服務或資源。每個國家都有自己一套的錢幣與鈔票。在早期歷史中，人們以物易物—用毛皮換鮭魚，或用大麥換魚叉。然而，我們有時對某件物品的價值持有不同意見，或者不需要他人提供的交換物品。為了解決麻煩，人類發展出稱為商品貨幣的東

斬馬劍
特別用來反制騎兵的刀劍有中國的斬馬劍和日本的斬馬刀，使用年代大約是一千年前。它們包裹起來的長劍柄適合兩手持握，據說一劍揮下就可同時殺死馬和騎士。在西方，相似的劍被發展用來攻擊長槍陣和劈砍奔馬的腿。

西。第一種商品貨幣是家畜或穀物，甚至現今有些語言裡代表「財產」的字是從「牛」衍生而來。以往鹽、茶葉、菸草、牛、穀物和種子都是商品，也因此都曾被當作貨幣。

　　西元前 9000 至 6000 年間，人們馴養牛並開始耕種作物。牛也許是最古老的一種貨幣，因為馴養動物早於耕種作物。直到最近，非洲某些地方仍把牛當貨幣在用。西元前 3200 年後，蘇美人發明了文字，這項發明的可能動機似乎是要記錄交易。西元前 3000 至 2100 年以後，這地區又發展出銀行業。蘇美人和巴比倫人需要安全可靠的地方存放堆積的穀物，接著還有包括牛、貴重金屬，甚至農耕器材的其他商品。

　　西元前 700 年，利底亞（Lydia，現今土耳其境內）成為西方世界第一個鑄造錢幣的國家。各個國家很快都在鑄造他們自己一系列不同面值的錢幣。錢幣材質使用金屬，因為它容易取得又方便加工，而且還能回收再利用。因為錢幣被賦予特定面值，因此人們很容易去對照自己想要東西的價格。西元前 30

年至西元 14 年，奧古斯都皇帝發行新的金、銀、黃銅和銅幣。他在改革羅馬幣制的同時也引進三種新稅制：定額人頭稅、營業稅和土地稅。課稅總和貨幣關係密切，而且課徵貨幣要比課徵用來支付的貨物或服務簡單多了。課徵貨幣使得國王、地主或貴族累積大量財富。

羅馬帝國衰敗後，未開化的盎格魯一撒克遜人在西元 435 年左右入侵基督教英國，於是英國有兩百年期間停止使用錢幣做為交易媒介，除了威爾斯這處不列顛人最後的避風港。有些已知最古老的鈔票可追溯到中國，這裡的鈔票發行在大約西元 960 年以後就變得普遍。所有國家都有錢幣擬假的問題，英國在亨利一世統治期間，國家銀幣的品質明顯低落。1124 年，亨利召喚所有鑄幣廠長到首府曼徹斯特，然後砍斷他們的右手。鑄幣品質在短時間內就有所改進。銀行業經過好幾世紀的改良，貨幣被做得更難偽造和擬假，而且也出現不同形式的信用工具。隨著鈔票和非貴重錢幣的導入，商品貨幣逐漸變成代用貨幣。這意謂著貨幣本身不再需要用貴重材料製造。為了保證它的價值，代用貨幣得由政府或銀行背書，儲備一定數量的銀或金在需要時將它贖回。例如舊英鎊的一英鎊曾擔保可用一磅的純銀贖回。

十九與二十世紀大部分時間，主要流通貨幣都是使用金本位制的代用貨幣。代用貨幣目前已被法定貨幣（fiat money，fiat 在拉丁文的意思是「法令」）取代。現在的貨幣價值由政府法

牛和財產

牛（cattle）這個字來自古法語和諾曼語族皮卡第語的chatel，到了英文中是chattel，意思是指個人財產。這讓我們想起牛被當作商品貨幣的年代，被視為個人財產的是牛而非土地。不僅早期殖民地的非洲奴隸在法律上被視為財產，歐洲各地也是如此看待妻子，卻就像財產一樣被丈夫所「擁有」。歐洲的貴族婦女儘管可能帶著錢財來到夫家，他們仍是婚姻財產的一部分，婚姻通常包含了可為妻子保留寡婦遺產權的協議。在小說家湯瑪士・哈代（Thomas Hardy）的年代，妻子仍被當作財產可以買賣，是可以交易的一種商品。英國販賣妻子的習俗始於十七世紀晚期，當時除了非常富有的男人以外，離婚實際上不可能發生。先生用繩索套在妻子脖子、手臂或腰部牽著遊行，然後將她拍賣給出價最高的人。販賣妻子成為哈代的小說《卡斯特橋市長》（1886年）故事背景，主角在故事一開始把妻子賣掉了。英國在二十世紀初期仍出現販售妻子的情形，1913年時的一位婦女在里茲（Leeds）治安法院做證說，丈夫把她用一英鎊賣給他的一位同事。

令頒定，換句話說就是實行法定償付制度。在法律規定下，付款時拒用法定貨幣而改採其他形式是不合法的。然而，用支票與貨幣付款的代價過高，在世界各地發展的電子支付中成為強烈激發變革的元素。到了 1995 年，美國境內超過 90% 金額的買賣是透過電子交易，信用卡的使用在許多交易中逐漸代替了貨幣。各種類型的信用工具在不斷形成，鈔票與錢幣的貨幣使用逐年下降。

複式記帳法 1299－1300年

人們記錄金錢流向（付帳、繳稅）已有好幾千年，但是商業行為隨著時間變得愈加複雜，所以義大利人發明了複式記帳法。它的出現是因為威尼斯、熱那亞、佛羅倫斯和其他義大利城邦成為跨越地中海前往中東與北非進行貿易的樞紐。他們的發明讓銀行業變得可靠，並且促進商業交易，於是義大利很快就成為歐洲的銀行業大本營和最富有國家。它在十五世紀的盛況就像發明了網際網路並且出現大量網路公司一樣。對德國社會學家馬克斯・韋伯來說，複式記帳法標示著資本主義的進入點。

複式簿記系統是一套記錄財務資訊的規則，每筆交易或交易結果都要記錄在兩個不同的明細分類帳戶。這個名稱的由來基於過去財務資訊都是用筆記錄在紙簿子上（因此稱「簿記」），而這些簿子被稱為日記簿或分類帳（因此稱「明細分類帳」等等）。每筆交易被登錄兩次（因此稱「複式」），交易的一邊帳戶是借方而另一邊是貸方。最早的記錄大約是在1299—1300年，由佛羅倫斯商人安東尼奧・曼努齊（Antonio Manucci）登錄在他的普羅旺斯分公司帳冊上。

十五世紀結束後，威尼斯的商業冒險家已廣泛使用這系統。班納狄托・科特魯依（Benedetto Cotrugli）是拉古薩共和國居民，他在1458年寫的《完美商業交易》（*Della Mercatura et del Mercante Perfetto*）被認為是第一本描述複式簿記原則與方法的書籍。

盧卡・帕西奧利（Luca Pacioli，1447—1517）是一位方濟會修士，他和李奧納多・達文西一起工作，還在米蘭教他數學。他於1494年寫的《算術、幾何、比例及成比例等知識集》（*Summa de arithmetica, geometria, proportioni et proportionalita*）是在威尼斯出版的一本數學印刷教科書，內容包含複式簿記系統的詳細說明，使得人們可以容易上手。此後它傳遍世界各地。

帕西奧使用了會計等式：權益＝資產—負債。如果借方帳目總合不等於相對應的貸方帳目總合，就一定有錯誤發生。他還告誡說除非借方等於貸方，否則晚上別去睡覺。他的分類科目有資產（包括應收帳款和存貨）、負債、本金、收益和費損，如同今天使用的科目。

算盤

—約西元前 2700 年－前 2300 年—
蘇美人，美索不達米亞南部（現今伊拉克境內）

富比士雜誌的讀者、編輯與一組專家選出算盤為有史以來第二重要的工具，因為它對人類文明產生重大影響。這種「個人計算機」發明以前，最方便的計算工具是人的手指。算盤至今在亞洲某些地區仍普遍用在算術上。大約西元 1200 年，中國改良算盤設計，創造出用竹框和滑動串珠構成的現代算盤。不過，原始的算盤只用豆子在沙地上的溝槽或在木、石或鐵板上的溝槽裡移動。算盤是最早的機械計算裝置之一，它的發明大幅減少複雜數學運算所需的時間。這使它成為商業、科學與工程上非常重要的工具。最早的算盤出自蘇美人之手。這板子有連續的一排直列，依序分隔出適用他們六十進制運算的數位。波斯人在西元前 600 年左右開始用算盤，並從這裡傳播到印度、中國、希臘和整個羅馬帝國。希羅多德告訴我們，埃及人是從右到左操作算珠，跟希臘人從左到右的方式相反。西元前五世紀時，希臘人用的是一個木頭或大理石板，預置用來做數學運算的木頭或金屬算子。這種產物隨後在西方與中東各地被使用。希臘薩拉米斯島發現的一個大

進位制的意義

算盤運作的概念是用一組物體代表另一組物體，或用單一物體代表另外物體的總合。這被稱為進位制。這種一一對應被持續用到早期計算機，它們用撥盤上的孔位代表一個計數，例如轉盤式電話。雖然這些機器通常在撥孔旁標示了數字符號，使用者不需知道符號與數值之間的關係。算盤並沒有像今天的計算機那樣在做運算。它幫人們自己在做運算時記錄數字，擅長用算盤的人通常運算速度跟使用計算機的人一樣快。俄羅斯小學直到 1990 年代才停止教授使用算盤，但中國、日本和其他亞洲國家仍有這項教學。

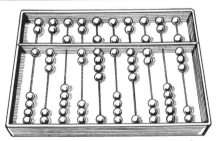

1 3 5 2 9 6 4 7 0 8

理石厚板可追溯至西元前 300 年，它是目前發現最古老的計算板。

我們今天所見的中國算盤通常最少有七檔。它用橫分出上下兩部分，每部分都有成串的算珠。下部有五個算珠而上部有兩個算珠。下部算珠可以任意指定數值。例如，你可以指定最右邊一檔的算珠代表 1，然後接著指定它左邊的一檔代表 10，再左邊一檔代表 100，依此類推。上部算珠的數值是下部的五倍。算珠在運算時可往橫樑上下撥動。如果把算珠撥往橫樑就是加入數值，把算珠撥離橫樑就是減掉數值。只要手指順著樑迅速一推，把算珠從中央橫樑排開，算盤就能重置到啟始狀態。不像簡易的計算板，效率極高的珠算已發展能快速運算加、減、乘、除、平方根與立方根。

金字塔

—西元前 2630 年－前 2600 年—
印何闐，活躍於西元前 2655 年—前 2600 年，埃及

埃及人印何闐（Imhotep）是目前所知世上第一個大規模建築的負責人。平民出身的印何闐憑藉聰明才智與果斷力，讓他晉升為法老左塞爾（Djoser）最信任的顧問。這位博學之士成為法老的大臣，還是人們所知第一位建築師、工程師和醫師。列舉印何闐的完整頭銜是：「埃及國王的高級官員、醫師、上埃及的首席大臣、宮廷總管、世襲貴族、赫立奧波立斯太陽神大祭司、建築師、首席木匠、首席雕刻師與石室製造者。」印何闐設計並建造了法老的陵墓，位於埃及孟菲斯附近薩卡拉的左塞爾階梯金字塔。左塞爾在位期間是西元前 2630 至前 2611 年，在他之前的法老都埋葬在馬斯塔巴（mastaba）陵墓。馬斯塔巴是平頂矩形、外圍有斜坡的建築。埃及歷史學家曼涅托（Manetho）認為印何闐雖然不是第一個將石材用在建築上的人，但他創造了「鑲石面」建築。石材做的牆壁、地板、橫樑和門框在印何闐以前只有零星出現，但是像階梯金字塔這麼大的建築物全用石材建造就前所未聞。

金字塔原本有 203 英尺（62 公尺）高，曾是世界上最高建築，基座有 358×410 英尺（109×125 公尺），表面鋪設拋光石灰石。它是龐大複雜的墓園核心，四周圍繞著紀念建築。這座埃及的第一個金字塔由逐層縮小的六層馬斯塔巴堆疊而成。它也稱做原型金字塔，被認為是最早用切割石塊組成的大型建築。已

知最早用未加工石塊組成的建築在秘魯的卡拉（Caral），年代可追溯至西元前3000年。左塞爾的階梯金字塔完全背離了先前的建築模式，如此碩大而且精心造形的石材建物在文明發展中具有社會含意。它建造過程所耗費的密集勞力遠比先前用泥磚建造紀念建築要來得多，讓人想到埃及人對材料與人力的資源控制來到一個新的層次。

醫學

—西元前 2630 年－前 2611 年—
印何闐，活躍於西元前 2655 年—前 2600
年，埃及

印何闐的手稿是醫學史上第一個合乎理性科學的寫作。西元前 1600 年左右的《艾德溫‧史密斯紙草文稿》（Edwin Smith Papyrus）內容包括解剖觀察、診斷和治療，這些知識的來源被認為出自印何闐。文稿中記載超過 90 個解剖學詞彙和 48 個外傷實例。每個實例都詳述外傷形式、病患檢查、診斷和預後。其他關於醫學的莎草紙手稿都奠基於巫術，但《艾德溫‧史密斯紙草文稿》卻呈現古埃及對醫學採取理性科學的處理方法。文稿約有 15 英尺（4.6 公尺）長，分成 17 頁，用象形文字寫在紙張兩面。

第一個醫學之父

加拿大的威廉‧奧斯勒（William Osler）被稱為「現代醫學之父」，但他很清楚印何闐才該被稱為原始的「醫學之父」。他告訴我們印何闐是：「……從古代迷霧中脫穎而出的第一個醫師。印何闐診斷並治療超過200種疾病，15種腹部疾病，11種膀胱疾病，10種直腸疾病，29種眼睛疾病，還有18種皮膚、頭髮、指甲與和舌頭疾病。印何闐治療結核病、膽結石、盲腸炎、痛風和關結炎。他也動外科手術和做牙醫治療。印何闐從植物萃取藥物。他也知道重要器官的位置與功能，還有血液系統的循環。」

《大英百科全書》支持奧斯勒的觀點：「埃及和希臘的文獻有足夠證據支持這一觀點，就是印何闐的聲譽在早期受到高度尊重。他的名望歷經數個世紀有增無減，而且他的神廟在希臘時代都是醫學教授中心。」

絕大部分內容跟外傷與外科醫學有關，文稿正面記載了48種外傷實例，還有描述傷口的縫合（嘴唇、喉嚨和肩膀的傷口），用蜂蜜預防與治療感染，以及用生肉止血。頭部與脊椎受傷建議要加以固定，下肢骨折也是一樣。它包含了目前所知最早對顱縫、腦膜、腦外層、腦脊液和顱內壓所做的描述。

這份文稿證明了古埃及醫學知識的水準超越了西方的「醫學之父」希波克拉提斯，這人還比印何闐晚了2,200年。從它的實務性和研究外傷的類型來看，一般相信文稿是被當作範本去治療軍事戰鬥造成的傷害。印何闐也可能在孟菲斯建立了聞名兩千年的醫學院。他的醫術在孟菲斯獲得讚美而被視為醫學之神。他在當地的祭司身分被認為是人神之間的一個重要媒介。

▌莎草紙卷軸
—西元前2630年－前2611年—
印何闐，活躍於西元前2655年—前2600年，埃及

除了上述成就，印何闐還在希波克拉底擔任太陽神拉（Ra）神廟的最高祭司，也是極為少數死後被尊為神的平民。印何闐也被尊為詩人與哲學家，

膜拜他的地點主要在孟菲斯。據說印何闐發明了莎草紙卷軸（紙卷），使得長篇文件得以書寫下來，更重要的是還能保存。（有些《死海古卷》（Dead Sea scrolls）是寫在莎草紙上。）莎草紙是用以前尼羅河三角洲濕地盛產的紙莎草的莖製成，像厚紙一樣的東西。它被當做書寫紙張，也用來製造船、床墊、草蓆、繩索、涼鞋和簍子。做出卷軸需要的長度就得將數層紙莎草片交疊起來，一面用水平纖維拼接出紙卷長度，另一面全鋪上垂直纖維。文字寫在其中一面，沿著紙卷延伸方向的纖維書寫成行。通常莎草紙重複使用的方式是在另一面書寫。莎草紙卷在埃

紙莎草船

索爾·海爾達（Thor Heyerdahl，1914—2002）為人所知的是1947年的康提基號（Kon-Tiki）遠征，他乘坐一艘巴沙木做成的木筏，從南美洲航行4300英里（6920公里）到玻里尼西亞。1969年，海爾達用紙莎草稈造一艘船，打算從摩洛哥橫越大西洋。這船由來自查德湖的造船師根據古埃及製圖與模型建造，並且取名為拉號（Ra）。幾星期後，船員對船體做的修改導致進水，最終造成船隻沉沒解體。這艘船被放棄了，但他在1970年乘坐另一艘相似的船拉二號（Ra II）再度嘗試，這次成功到達巴貝多。海爾達證明哥倫布以前的船隻若搭上加那利洋流就能橫越大西洋。

及乾燥氣候下相當可靠，因為它的成分大多是不會腐爛的纖維，也因此我們至今仍可找到字跡清楚的莎草紙卷。長篇莎草紙卷文件的發現讓我們得以了解早期文明。

在西元紀年前後兩世紀期間，莎草紙逐漸被來自動物皮革的羊皮紙取代成為書寫紙張。羊皮紙對折起來就成為摺，從而形成書本樣式的本。抄寫員很快就採用書本樣式，希臘羅馬世界則普遍將莎草紙卷裁切成一張張紙做成本。這是對莎草紙卷軸的一項改進，因為不夠柔軟的莎草紙對折會裂，而且長卷莎草紙需要寫上很多文字。莎草紙得利於相對便宜和容易製造，但它的質地易碎，而且在潮濕與極端乾燥環境下易受影響。除非它有優良的製品品質，書寫表面通常不夠平整，可寫在上面的媒介也因此受到限制。莎草紙在歐洲逐漸被地區生產的羊皮紙和小牛皮紙取代，它們在朝濕氣候下更為耐用。埃及持續使用莎草紙卷軸，直到它被阿拉伯引進的便宜紙張取代。

▎鐵

—約西元前 2500 年—

安那托利亞（土耳其）

超過三千年的時間裡，鐵構成了歐洲、亞洲與非洲人類文明的基礎材料，直到十九世紀末被便宜的鋼取代。它已證明是人類所知最有用也最珍貴的金屬。在美索不達米亞的迦勒底和亞述王國，最早使用鐵可追溯至西元前4000年。最古老的熔鐵人工製品是在安那托利亞一處古墓發現的鐵刃匕首，年代溯及西元前2500年。因為鐵比銅與青銅更難製造，西元前1500年以前相當罕見，直到安那托利亞的西臺人發現新的冶煉與鍛造技術。他們帝國擴張到敘利亞、黎巴嫩和美索不達米亞某些地區，透過鐵的買賣為國家增添財富。雖然屬於青銅器時代民族，但他們是生產鐵製人造品的鐵器時代先驅，在西元前十四世紀給國外統治者的書信中顯示後者向他們要求取得鐵製品。西臺人很快看出鐵製武器比青銅武器來得好用又堅固，於是將製鐵秘密保守了大約四百年，直到西

元前 1100 年左右。

大約此時，地中海民族開始使用鐵，而且鐵從西元前 1000 年到今天已成為使用最多的金屬。鐵是豐富度第四高的元素，佔地殼成分超過 5%。加入少量碳的鐵會更硬、更耐用，比青銅更能保持銳利的邊緣。當鐵礦在炭火中加熱，鐵礦會開始釋放一些它的氧，與一氧化碳結合後形成二氧化碳。大量蓬鬆多孔、相對質純的鐵於是形成，其中混雜少量木炭和稱為熔渣的礦石雜質。後來添加碎貝殼或石灰石等助熔劑，使熔渣更容易從鐵中分離出來。至此形成鐵的粗胚就可由鐵匠進行加工。他從熔爐取出軟鐵塊放到鐵砧上錘打，敲掉炭渣和熔渣，並使金屬粒子變得緊密。這是所謂的鍛鐵（鍛是指錘打加工），通常含碳量在 0.02% 到 0.08%（來自木炭），剛好讓金屬既堅韌又有延展性。鍛鐵是鐵器時代

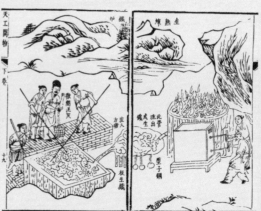

生產最多的金屬。

在非常高溫下（除了鼓風爐之外很少見），鐵開始快速吸收碳然後熔化，因為高含碳量會降低它的熔點。結果產生的是鑄鐵，含碳量在 3% 到 4.5%。澆鑄是指倒入模具，所以稱之為鑄鐵。高含量的碳使鑄鐵又硬又脆。它在重擊下容易破裂或碎開，在任何溫度下都不能拿來鍛造（加熱並錘打塑造）。不過到中世紀晚期，歐洲製鐵匠發展出鼓風爐，一個像煙囪的高爐將風鼓進內部，穿過木炭、助熔劑和鐵礦加強燃燒。熔化的鑄鐵直接從爐底流進一條沙槽，再分流到幾個較小的側槽。這樣的配置就像母豬在哺乳一窩小豬，所以用這方法製造的鑄鐵被稱為生鐵。澆鑄又被稱做鑄造，是在鑄造廠裡進行。現在鐵可以在高爐下直接澆鑄到模具裡，或將生鐵重新熔化去製作鑄鐵爐、

攪拌工人的技藝

「攪煉爐仍是工業的瓶頸。唯有具備出眾力量與耐性的人才能面對高熱好幾小時，翻攪厚重黏稠的液體金屬，拖出一團團的鍛鐵。攪拌工人是勞工階級的貴族，傲氣孤立，血汗淋漓。他們少有活過四十歲。人們努力研究要把攪煉爐機械化—但都徒勞無功。機械能夠攪動鐵水，但只有人的肉眼和觸感能分離出固化的去碳金屬。煉爐的規模和生產收益也因此受到限制。」——大衛 · 蘭迪斯（David Landes），《劍橋歐洲經濟史》第六卷第一部，1966 年。

罐、平底鍋、壁爐背牆、大砲、砲彈或鈴鐺。

製鐵匠也學到如何將生鐵轉變成更有用的鍛鐵，他們將生鐵放進燒炭火的精煉爐讓過多的碳氧化掉。1784年後，生鐵的精煉是在亨利‧科特（Henry Cort）開發的攪煉爐進行。攪煉爐需要攪拌熔化金屬使它分散受熱，這得藉由稱做攪拌工人的熟練工匠透過孔洞操作。如此一來可讓金屬平均接觸煉爐內的熱與燃燒氣體，使碳可以氧化掉。當碳含量降低，熔點升高，半凝結的鐵會出現在鐵水中。攪拌工人將這些鐵集合成一塊，放到鍛錘下敲打加工。然後熾熱的鍛鐵會通過滾輪（在軋廠裡）壓延成扁平的鐵板或鐵條。切割工廠將鍛鐵板切成細條去做釘子。

▌車床
—約西元前 2500 年—
希臘、埃及和亞述（美索不達米亞）

車床成為製造業基本工具已有三千年歷史。這些工具用來切削材料以製造物品。最簡單的車床是將一塊木料固定在轉軸上旋轉，後用刀刃在上面切削。車床最早可回溯至古埃及，已知亞述和希臘也有用車床。幾座愛琴海島嶼上曾發現用車床製作的大理石花瓶，年代溯及西元前 2000 年左右。大約西元前 1300 年，埃及首先發展出兩人操作的車床。一人用繩索旋轉木料，另一人用尖

銳刀具在木料上切削成型。羅馬人加入弓繩來改進埃及人的設計。弓繩纏繞在車床中軸上，工匠助手只要前後移動繩弓就能轉動車床。1480 年，李奧納多‧達文西設計了一種用腳踏板帶動的車床可以持續轉動，踏板連接一根竿子，工匠就可空出雙手不必抓著旋轉工具。這套系統在今天被稱為足踏木車床。它在二十世紀初的家具製造業仍被廣泛使用。

在工業革命期間，水車或蒸氣引擎提供的機械化動力經由輪軸傳送到車床，使它運作得更快、更方便。金屬製

第一個木盤

雅典北方的美錫尼（Mycenae）曾發現一個有木腳的平木盤，年代約是西元前1400年—前1100年。這木盤的側壁不高，有顆珠子可沿著壁頂滾動，它是典型的旋轉製品。盤子中央有填補過的孔洞。這讓人聯想到它可能曾被夾在車床心軸上旋轉。

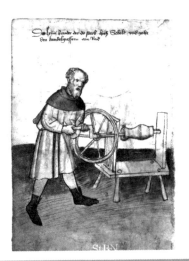

造的車床進化成使用粗壯堅固零件做成的重機具。在十九世紀晚期到二十世紀中葉，分別設置在各車床的電動馬達取代天軸成為動力來源。1950年代初，伺服機構經由數值控制應用在控制車床與其他機械工具上。這些系統後來連接電腦產生電腦數值控制工具機（CNC）。今天的製造業同時存在著手控與CNC車床，用來切削、打磨、刻槽、鑽孔或成型。它們被用在木工、金屬旋轉成型、金屬加工、玻璃加工和陶器製造。拉坯機就是一種車床。

▌船塢

—約西元前 2400 年—
洛塔，印度河流域，印度古吉拉特邦

船塢是封閉水域，這設施可用於停泊、建造、裝卸和整備船舶。直到採用船塢以前，船舶都在海上下錨，貨物用小船在海岸間搬運。洛塔（Lothal）在1954年被挖掘出土，在這裡發現了世上已知最早的船塢。它將這座城市與古代重要貿易水路的薩巴爾馬蒂河（Sabarmat River）連結起來。因為氾濫不斷造成的土壤堆積，泥磚做的碼頭岸壁歷經西元前1900年左右的大洪水後倖存下來。牆壁因為侵蝕與盜磚而不再高聳，但仍保有明顯的碼頭與倉庫遺跡。引水渠和河床同樣覆滿淤泥。海洋學家推斷建造者對潮汐有豐富知識，能在水位不斷變化的河道上建造這樣一座船塢，同時在水道測量與海事工程上也有

卓越的技術。

洛塔是一座濕船塢（或稱封閉式船塢），裡面的水被塢門或閘門隔開，使船隻能在漲潮期間保持浮在低水位。泰晤士河上的霍蘭大碼頭（Howland Great Dock）是世上第一座用閘門保持固定水位的水塢。它建於 1703 年，並沒有卸貨設施。世界上第一座配備碼頭與卸貨倉庫的商用濕船塢是利物浦的史特爾碼頭（Steers Dock，建於 1751 年）。它可減少船舶等待時間，使船舶快速周轉並大幅提升貨物吞吐量。乾船塢也有塢門，但可將水排乾，對船舶水線以下部位做研究維護。它們似乎最早出現在西元前 200 年的埃及。歐洲第一座早期現代乾船塢也是目前使用中最古老的乾船塢，是 1495 年在亨利七世的授命下建造於普茲茅斯。

煅燒磚瓦
—約西元前 1800 年—
中國西安

磚瓦是世界各地缺乏石材的地方主要使用的建築材料。它們最初在公元前 7500 年左右經由日曬乾燥而成。這些泥磚是最早的建築材料之一。它起源於底格里斯河、幼發拉底河和尼羅河等地，河水氾濫後的淤積泥漿和沙土結成了硬塊，可以製成建築磚塊用來堆砌小屋牆壁。早期的乾泥磚建築可以在安那托利亞（土耳其）、敘利亞和上底格里斯河谷（土耳其和伊拉克）等地看到。最近發現的泥磚出土土耳其加泰土丘（Catal Höyük）和巴勒斯坦耶律哥（Jericho），年代溯及公元前 7000 至 6395 年間。已知最早使用日曬磚建造的拱門是在美索不達米亞的烏爾（Ur），建於公元前 4000 年左右。將日曬磚黏合起來的砂漿在此之前都用泥漿，但烏爾的拱門根據描述是用瀝青黏泥當做砂漿。人們在某個時間點發現，泥磚經過燒烤會得到更好的強度和耐用度。於是磚就開始被燒出不同結果。在中國，早期煅燒泥磚的蹤跡是 2009 年在西安一處遺跡被發現，年代可溯及三千八百年前。這些是目前發現最早經過煅燒程序製造的磚。煅燒泥磚是現在建築上廣泛使用的黏土製品前身。當今的磚和瓦是在窯或爐裡煅燒，藉此產生強度、硬度和防水性。

烏爾的塔廟是早期用日曬磚建造紀念建築的範例，但它的臺階在大約公元前 1500 年被替換成煅燒磚。烏爾的陶匠開發出封閉的窯，可以控制內部溫度來製造出強度一致的磚。早自公元前 600 年，巴比倫人和亞述人利用製陶技術開始給磚瓦上釉。耶路撒冷的圓頂清真寺和伊朗德黑蘭與伊斯法罕（Isfahan）的大清真寺用瓷磚做鑲嵌藝術。當文明從中東向外延伸，磚的使用也傳播出去。埃及人大量使用磚，而中國長城（約從公元前 220 年開始興建）同時用到日曬磚和煅燒磚。令人驚奇的羅馬萬神殿（公元 123 年）有一個用磚與混凝土建

造的圓頂。帝國各地的羅馬軍團使用窯爐製造煅燒的黏土磚瓦，通常還印上軍團標誌以示負責。例如在查斯特的羅馬第二十軍團堡壘，軍營屋頂的邊瓦被印上軍團的野豬標誌和羅馬數字 XX。

歐洲也許比其他大陸更積極利用磚做為建築材料。它在中世紀城市對抗逐漸擴散的大火災害中扮演重要角色，當時的木造房屋都建得相當密集。於是，在 1666 年的大火之後，倫敦從木造城市轉變成磚造為主的城市。運河、鐵路、公路和大型貨車普及之前的年代，很少長距離運送像磚這類大量成堆的建築材料。在此之前，磚通常在打算使用的地點附近生產，老房子上可看到代表當地特有形式與顏色的磚。現在即使在不缺石材的地方，考量建造速度與成本之下

仍常以磚做為建材。英國工業革命時的建築因為講求建造效率，大部分採用磚木建造。

基本上，製磚過程從最早的煅燒磚出現以來就沒改變。那時的程序至今通用：取土、篩土（篩取有用的部分）、煉土切磚、乾燥、燒窯和冷卻。「真正」的磚是陶製品，經由加熱與冷卻的動作製造出來。黏土是最常使用的材料，現代黏土磚的切磚成形有三種方法—軟泥法、乾壓法與擠壓法。一般磚的成分依重量比是：50 — 60% 的二氧化矽（沙）；20 — 30% 氧化鋁（黏土）；5 — 6% 氧化鐵；2 — 5% 石灰和低於 1% 的氧化鎂。一般而言，磚塊尺寸的決定在於讓人操作方便，但每個國家製磚工業生產的尺寸不同。適用大部分建

造目的磚塊尺寸主要是 2¼×3¾×8 英寸（5.7×9.5×20 公分）。

整形手術
—約西元前 500 年—
蘇胥如塔，西元前六世紀，印度瓦拉納西

　　儘管他的確切年代有所爭議，蘇胥如塔（Sushruta）據信是活在西元前六世紀的一位印度人。他的梵文作品《蘇胥如塔文集》（Sushruta Samhita）描述了使用在 42 道不同程序中的 121 項手術器材，還有超過 300 種手術。他區分出 1120 種疾病，還將外科分為八類基本手術法，描述的手術有截肢、痔瘡切除、疝氣修補、眼部手術和剖腹生產。蘇胥如塔也是整形手術與美容手術之父。在整形手術（plastic surgery）這名詞中，plastic 來自希臘文代表雕塑或造型藝術的字眼。蘇胥如塔的整形手術基本原則是提倡手術前進行正確的物理療法，還描述不同缺陷及修補手法。其中包括：移除皮膚小瑕疵；用旋轉皮瓣修補局部損傷；移植皮瓣覆蓋完全損傷區域。蘇胥如塔的手術器材與手術被世界各地仿效。

　　蘇胥如塔為遭受割鼻懲罰的犯人重建鼻子，他的前額皮瓣移植技法被稱為鼻成形術（用前額皮瓣重建鼻形）。這技法至今幾乎沒有改變。1793 年，一位英國外科醫師在印度觀察蘇胥如塔的鼻成形術過程，隔年在倫敦發表他的觀察結果，因此改變了歐洲整形手術的走向。《蘇胥如塔文集》包含幾種首次披露的手術，例如腸道接合、前列腺腫瘤切除、白內障摘除和膿瘡引流。蘇胥如塔描述屍體解剖的方法與必要性，因此才能獲得解剖學知識。肢解的獻祭動物被用來研究不同部位的解剖。蘇胥如塔是第一個提倡用非生物練習手術技巧的醫師，例如使用西瓜、黏土罐和蘆葦。

　　這份文集的篇幅很長，譯成英文超過 1700 頁。蘇胥如塔詳述 650 種藥材的動物、植物與礦物來源。他在另外章節清楚解釋對於孩童與孕婦健康的高度重視。蘇胥如塔在毒物學的涉獵很廣泛，他對此詳列病徵、急救處置和長期照護，也將毒物與中毒途徑做分類。蘇胥如塔讚揚生活嚴謹、思維純淨、習慣良好和運動規律的好處，特別重視飲食和藥物的調製。他說疾病是單獨或綜合的基本體液失調，可能發自體內、體外或不明原因。《蘇胥如塔文集》被譯成阿拉伯文，後來又譯成波斯文。這些譯本使他的作品遠播到印度以外之地。

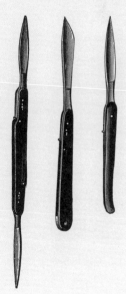

第二章

古典奇才

▌原子不滅定律
雲河和太陽系的存在、物質不滅、了解日月蝕

—約西元前 460 年—

克拉佐美尼的阿那克薩哥拉，約西元前 500 年—前 428 年，愛奧尼亞（現今土耳其境內）

　　阿那克薩哥拉（Anaxagora）是第一位揭露原子不滅定律的作者，也是假設雲河存在和了解日月蝕的第一人。這位愛奧尼亞的希臘人出生於土耳其境內的利底亞，他在西元前 480 年左右遷往雅典時將哲學帶了過去。阿那克薩哥拉針對物質結構提出無限分割元素或基本構成元素的假設。他相信物理世界裡的每樣東西都包含一定比例的其他東西。他推斷動物進食以轉化成骨骼、毛髮、肌肉等等，食物裡必然包含這些組成元素。阿那克薩哥拉提到「希臘人對生成與消滅的理解有誤；實際上物質並沒有生成

或消滅，只有結合或分解。所以正確說法應該是給合生成或分解消失。」我們今天知道地球上每個現存的原子從星體形成時就一直存在，這驗證了阿那克薩哥拉的主張。

　　他斷言太陽不是被遠方神明駕馭著劃過天際的金黃戰車，而是一大塊火紅的金屬或石頭。阿那克薩哥拉說月球是一塊冰冷的石頭，他是第一個指出月球只反射太陽光而不會自己發光的人。大約西元前 450 年的時候，阿那克薩哥拉因為這些信念而被關進牢裡。他也是正確解釋日蝕與月蝕發生原因的第一人。阿那克薩哥拉相信世界是透過一種旋轉運動被創造出來，原本所有大團物質結合在中央，後來被離心力拋出形成天體、元素和實體。這時代觀察不到雲河，因為希臘人沒有望遠鏡，所以有些人認為他的思想衍生自古早文明的智慧。（望遠鏡最早是在十七世紀初被荷蘭人發明出來）。他的學說遭到指控對神不敬，因此在雅典被判終

▌天上神明
　　「雅典公民……通過法律允許控告那些不信宗教並討論『天上神明』的人。他們依此迫害阿那克薩哥拉，譴責他關於太陽是火紅石頭和月球是土石的主張。」——伯特蘭‧羅素（Bertrand Russell），《西洋哲學史》，1961 年。

生監禁，後來減輕為終身流放。

四元素說
離心力、適者生存、光的速度
—約西元前 450 年—
阿格拉加斯的恩培多克勒，約西元前 490 年—前 430 年，西西里阿格里真托

　　恩培多克勒（Empedocles）的「四元素說」在某種形式上影響西方思想幾乎一直到十八世紀。出生於西西里的希臘城邦阿格拉加斯（Acragas，現今的阿格里真托〔Agrigento〕），恩培多克勒是哲學家、醫學家和詩人，跟隨著畢達哥拉斯的觀念。他是最後一位用韻文寫作的希臘哲學家，其遠見和影響令人驚訝。

　　早於愛因斯坦兩千多年，他說明了光線行進也要花費時間，只是時間短到我們觀察不到。他也發現離心力，把裝水的杯子繫在繩子上旋轉就可證明他的理論。此外，恩培多克勒提出一個包含「適者生存」觀念的演化理論。他認為史前世界散居著各種奇怪生物，只有某些種類存活下來。如同阿那克薩哥拉，他相信物質不滅，永遠存在。恩培多克勒用一個簡單實驗證明了空氣是具體的存在而非真空。他明顯走在時代前端，說明月光是反射的光線，造成日蝕的原因是太陽被月球遮住，這又跟阿那克薩哥拉的看法一致。據說亞里斯多德認為恩培多克勒「若不是發明家就是雄辯家」，羅馬醫學家蓋倫（Galen）視他為義大利醫學學派的建立者。恩培多克勒說「運動」和「變化」真的存在，然而「實在」基本上沒變，他寫道：「除了它們（元素）之外，沒有東西生成或消滅。」他是第一位提出土、氣、火、水為四項基本元素的哲學家。赫拉克利圖斯（Heraclitus）曾爭辯火是萬物之始，對畢達哥拉斯而言是水，就阿那克西米尼（Anaximenses）來說基本元素是氣。恩培多克勒的論點是「萬物皆由四種根源（元素）組合而來」，這理論自從被柏拉圖和亞里斯多德採納後，在科學發展中顯得特別重要。他嘗試用少數簡單的基本屬性去解釋世界多元的複雜性。我們至今仍在尋找簡單的數學公式去解釋周遭的複雜現象。

四元素

　　泰利斯（Thales，西元前約624—前約546年）嘗試不用神話角度去解釋自然現象。他是第一個研究電力的人，也是最早將演繹推理應用在幾何學的人。他相信世界源自於水。阿那克西曼德（Anaximander，西元前約610—前約546年）繼承泰利斯成為米利都學派的代表性哲學家。阿那克西曼德提出抽象的「無限」做為宇宙起源，它是無窮無盡、不會衰退的創造源頭，因此創世過程永不停歇。阿那克西曼德理解的太初或第一原理是永恆不受約束的無限，既不會變老也不會衰退，持續產出新的物質，我們察覺的萬物皆源自於此。阿那克西曼德主張水無法包容自然界中所有的對立元素，所以必須從「無限」形成原質做為世界基礎物質。阿那克西米尼（西元前約585—前約528年）是阿那克西曼德的朋友或學生，但他斷言水是形成萬物的基本物質。對赫拉克利圖斯（西元前約535—前約475年）來說，火是最基本的元素，它生成其他元素和萬物。恩培多克勒統合他們的理論成為一個完整的哲學體系。

原子理論，地圓說和多世界論

—約西元前 430 年—

阿佈德拉的德謨克利特

約西元前 460 年—前 370 年，希臘色雷斯

　　德謨克利特（Democritus）被稱為「現代科學之父」，他著名的宣言是「我寧願去發現一項科學事實而不要做波斯國王。」然而他的觀念有超過兩千年的時間不為人們接受。德謨克利特的著作包括數學、幾何學和自然等方面，但最值得提起的是延續了他的老師留基伯（Leucippus）和阿那克薩哥拉的原子理論。德謨克利特日後也影響了伊比鳩魯（Epicurus）。德謨克利特和留基伯相信沒有東西能夠無限分割下去。德謨克利特說每個東西都由非常微小的粒子組合而成，他稱之為原子。它們是物理性而非幾何性的不可分割。這些原子是不滅的，所以永遠存在，原子與原子之間則是虛空。原子持續在運動，而且數量無限的原子依種類有不同形狀、尺寸與屬性。世界只存在兩樣東西—原子和包圍它們的虛空。德謨克利特認為原子運動絕對沒有外力驅使。他堅持原子是隨機運動，如同現代氣體動力論所言。他用自己在大自然中的觀察描繪原子運動，比擬成無風時的塵粒在太陽光束下飄浮的樣子。當原子在空間中互相碰撞，有時會讓彼此偏斜，但有時它們形狀相符會形成連鎖簇群讓我們察覺到，例如火或水。前人已爭論過物質的原初是水、氣、火、土或四元素的組合。德謨克利特和原子論哲學家推論說，這些

第一原理

「宇宙第一原理是原子和虛空。其他所有東西只能被視為存在物。世界有無限多個。它們會生成和滅亡。沒有東西是產生自虛無或消滅成虛無。再者，原子有無限多種不同尺寸和形狀，它們生自於宇宙之初的漩渦，然後產生所有的組合物—火、水、氣、土。甚至這些東西都是既有原子的組合物。因為它們的聚合性，這些原子不具意識且穩定不變。太陽和月亮是由這些平穩球體（原子）組合成，所以靈魂和理性也是如此。」—— 德謨克利特的觀點被節錄在第歐根尼·拉爾修（Diogenes Laërtius）的《哲人言行錄》卷八第四十四節，西元二世紀。

四元素不是原初物質，反而像所有其他東西一樣是由原子組成。

德謨克利特相信地球是圓的，並說宇宙之初並無一物，只有混亂一團的微小原子，直到它們碰撞後形成較大單元，包括地球和世上所有東西。他推論說有多個世界，有些在成長，有些在衰敗。有些世界沒有太陽或月亮，有些則是有好幾個。每個星球都有其生成與滅亡，一個世界與其他天體碰撞就可能被摧毀。我們直到二十世紀才了解，原子實際上是電子雲包圍著帶正電原子核的微小粒子。德謨克利特完全機械論的自然觀點將每個物質現象視為原子碰撞的結果，至今仍然站得住腳。他的理論使得神蹟在世界運作中沒有立足之地，他甚至堅持心智與靈魂也是由原子運動形成。他是個驚人的遺產，比當代原子理論早了兩千年的先驅。

▌相信疾病有其自然原因，而非超自然力量所致

—約西元前 420 年—
科斯島的希波克拉提斯，約西元前 460 年—前 377 年，希臘科斯島

希波克拉提斯（Hippocrates）是西方世界最偉大的醫學家，他在科斯島（Kos）建立醫學學派，並且周遊希臘各地宣揚自己理念。身為「醫學之父」的希波克拉提斯在醫學治療上的影響超過兩千年。他發展出一套讓醫師們奉行的醫學倫理「誓言」，這個《醫師誓言》（Hippocratic Oath）仍被當今執業的醫師們採用。希波克拉提斯的醫學奠基在實際觀察和對人體的研究，堅持所有疾病都有一個符合自然法則的合理解釋。當時主流看法相信疾病是惡靈和諸神造成，病人被帶到醫神阿斯克勒庇厄斯（Aesculapius）的神廟治療。然而，

希波克拉提斯解釋說：「人們認為癲癇是神賜，只因為他們不了解癲癇。如果他們把所有不了解的東西都稱為神賜，那應該有數不盡的神聖之物。」希波克拉提斯和其他希臘醫師相信，醫師的工作應該和祭司的工作有所區分，並理解到觀察病人是醫療照顧的基本觀點。古代希臘醫師的確會為病人做檢查，但希波克拉提斯要求更有系統的觀察週期並記錄觀察結果。我們今天稱此為「臨床觀察」。他似乎是第一個認為身體必須整體看待而非當作一系列器官的醫師。他也寫下：「有時能夠治癒，通常可以改善，總是可以安慰。」之語。

希波克拉提斯用他人能理解的方式描述病徵，是第一個正確記錄肺炎徵狀的醫師。在《論流行病》的文件中，醫師被告知要注意特定徵狀，而且要日復一日加以觀察。如此就能製作出一個

醫術漫長，人生短促

《希波克拉提斯文集》囊括了古希臘醫學知識，收錄的60本醫學著作中只有少數出自希波克拉提斯之手，文集也成為歐洲各地醫學的執業基礎。文集中的一句名言是「Ars longa, vita brevis」（直譯為「藝術長存，人生短暫」）。然而，這句格言在原文脈絡中又有不同詮釋：「人生短促，（醫學的）技術漫長，機會稍縱即逝，經驗變化莫測，判斷困難重重。醫師必須萬事具備，不僅要克盡己職，還要確保病人、陪病者和外界條件的配合。」

疾病的自然史。希波克拉提斯和其他醫師相信這個做法可以在未來預測疾病的發展。他相信自然的休息康復、良好飲食、新鮮空氣和保持清潔是有效的，還提到有些人比其他人更能對抗自己的疾病。我們發現希波克拉提斯也有當代飲食的觀念：「即使對飲食有全盤了解，對人的照料仍不夠完備，因為只靠飲食無法保持健康；人還得做運動。因為食物和運動雖然具有相反性質，一起作用卻能促進健康。」他也是第一位醫師提出思維、觀念和感覺來自腦，而非當時其他人認為的來自心。

▌長矛（薩里沙）和方陣
—西元前 359 年—
馬其頓的腓力二世，西元前 382 —前 336 年，希臘馬其頓

長矛和方陣使得腓力二世的兒子亞

歷山大大帝征服世界。歐洲的山茱萸是一種落葉灌木，從西元前七世紀開始就是希臘工匠愛用的硬木，被來製作矛、槍和弓。它被用在製作沉重的薩里沙（一種長矛），15英尺（4.5公尺）的長矛重約12磅（5.4公斤），18英尺（5.5公尺）的長矛重約14磅（6.3公斤）。尖銳的鐵製矛頭呈現葉形，銅製尾釘可以插進土裡，使得緊密佈陣的長矛能阻止敵人步兵或騎兵的衝鋒。尾釘也有助於平衡長矛，使它更容易揮舞，並且在矛頭折斷時當做備用尖刺。操作長矛得用兩手握持，所以只有一個掛在脖子上的小盾牌來防護左肩。其他持用較短兵器的士兵無法對付長矛兵組成的密集方陣。緊密的佈陣形成一道「長矛牆」，薩里沙的長度很長，代表著方陣前面可以伸出五排矛頭。薩里沙和方陣是腓力二世在西元前359年的發明，在統治初期要抵禦雅典3000人重裝步兵的威脅。他嚴格要求軍隊去操練方陣，所以他們在實戰中幾乎不會受傷，除非遇上另一支訓練更精良或更強大的方陣部隊。通常要擊敗方陣只能從側翼進攻

薩里沙的結局

腓力的兒子亞歷山大大帝征服了埃及、波斯和印度西北部，在騎兵和擲槍兵的支援下有效運用方陣作戰。亞歷山大死後，他的將軍們不再用騎兵和輕武裝機動部隊給方陣提供防護，結果側翼攻擊摧毀了他們。這些薩里沙後來被各種刀劍取代成為主要的戰鬥武器。

或破壞佈陣。當腓力遭到刺殺時，他的王國已經稱霸希臘和色雷斯。

▌科學方法
—約西元前350年—

斯塔基拉的亞里斯多德，西元前384—前322年，希臘

這位「科學之父」開創了植物學、動物學、解剖學、生理學和胚胎學的研究。大約西元前350年，亞里斯多德離開馬其頓到雅典的柏拉圖學院（Academy）跟這位年邁的哲學家學習。當柏拉圖死後，亞里斯多德前往馬其頓首都佩拉，在西元前342年開始教導13歲的王子亞歷山大，也就是未來的亞歷山大大帝。後來亞里斯多德回到雅典開設自己的學校呂克昂（Lyceum），在數百年期間與柏拉圖學院分庭抗禮。亞里斯多德嘗試用蘇格拉底的邏輯去解釋自然世界，成為當今科學方法之父。他試圖將人為秩序套用

在自然現象，用後代世人可理解的方式對動植物做分類。當亞歷山大開始征服世界時，他還不斷將未知的植物與生物樣本送回給亞里斯多德做研究和編目。

亞里斯多德是最早的自然歷史學家，他的成果至今還留存著某些細節。住在勒斯博島的米蒂利尼城時，他對動物學和海洋生物學進行了廣泛的科學研究。他的成果集結在《動物史》（The History of Animals）這本著作中，此外亞里斯多德還追加兩部短篇專著《論動物的部分》（On the Parts of Animals）和《論動物的生成》（On the Generation of Animals）。他史無前例地對廣泛生物進行詳細觀察，有些昆蟲特徵經他正確描述後就沒人再觀察過，直到十七世紀發明的顯微鏡。超過 500 種動物在他的論文中被詳細描述，並且依據特徵在動物分類法中區分成種和類。亞里斯多德告訴我們哺乳動物、爬蟲類、魚類和昆蟲的解剖學、飲食、息地、交配方式和生殖系統等方面的知識。亞里斯多德的方法實例可在《論動物的生成》中看到，他在專論中描述將各階段的受精雞蛋打破觀察器官的形成。他對反芻動物的前胃做了正確描述，也描述了卵胎生的皺唇鯊胚胎發展（胚胎在母體內的卵

裡面發育成熟到準備孵化）。

他仔細觀察了電魚、鯰魚、鮟鱇魚、章魚、紙鸚鵡螺和烏賊。他描述大部分公頭足類（章魚、烏賊、魷魚等）的交接腕作用。這根觸手藏著精囊，變成具有讓雌魚受精的功能。這說法受到普遍懷疑，直到十九世紀再度被人發現。他將水生哺乳動物和魚類區分開來，並且知道鯊魚和魟魚屬於他所稱為 Selachē 的族群，現在軟骨魚類就被稱為 selachian。他的著作也包含一些沒有根據的成分，但其研究是在真正的科學精神下進行，證據不充分時總能坦然承認無知。亞里斯多德堅持推理和觀察相衝突時一定要相信觀察；推理只有在其結果符合觀察現象時才可相信。

亞里斯多德對生物分類包含的要素一直影響到十九世紀。現代動物學家所稱的脊椎動物和無脊椎動物，亞里斯多德則稱為「紅血動物」和「無血動物」。紅血動物分為胎生（人類與哺乳類）和卵生（鳥類與魚類）。無血動物分為昆蟲、軟體動物（頭足類）、甲殼類和介殼類。亞里斯多德《動物史》中的生物分類根據生物結構與功能的複雜性，將它們按層級置於存在鎖鏈中，愈上層的生物愈有生命力和移動力。亞里

政體分類

亞里斯多德並不滿足只將秩序應用在自然與思考過程上,他還創造一套政體分類系統。這套系統區分出君主、寡頭、專制、民主與共和等政體,至今仍被採用。

斯多德也提到經驗科學的方法,成為科學研究的經典方法。

令人驚訝的是上述成果並不是亞里斯多德對思想僅有的主要貢獻。他的學術領域不僅涵蓋動物學、胚胎學、生物學和植物學,還有化學、生物學、歷史學、倫理學、修辭學、形上學、邏輯學、詩學、哲學、政治理論和心理學。亞里斯多德是形式邏輯的建立者,他的系統在數世紀以來被視為基本準則。他最為人知的是哲學家的身分。他的論著包括倫理學和政治理論,還有形上學和科學哲學,至今仍被研讀。他的哲學與科學體系成為基督教士林哲學和中世紀伊斯蘭哲學的框架,他的概念依然深植在西方思想裡。

▎植物學,熱電性和植物繁殖的性形態

—約西元前 320 年—
艾雷索的泰奧弗拉斯托斯,約西元前 372 年—前 287 年,希臘勒斯博

泰奧弗拉斯托斯(Theophrastus)出生於勒斯博島的艾雷索(Eresos),他是柏拉圖和亞里斯多德的學生,和亞里斯多德在雅典建立哲學的逍遙學派。反馬其頓的怒火在雅典點燃時,亞里斯多德被迫避走他鄉,所以泰奧弗拉斯托斯在西元前 322 年被指定成為呂克昂學院的接班人。他在這裡寫了一系列植物學著作,包括《植物自然史》(The Natural History of Plants)和《論植物之生長》(On the Reasons for Vegetable Growth)。這些著作歷經一千五百年仍是古代對植物學最重要的貢獻,泰奧弗拉斯托斯使用的許多科學名詞至今仍在使用,例如 anthos 代表花,carpos 代表果實,pericarpion 代表果皮。不同於亞里斯多德聚焦在形式因(決定事物「是什麼」的本質屬性),泰奧弗拉斯托斯根據亞里斯多德動力因概念(事物的構成動力),汲取自然與人為程序中的相似點提出一個機械論觀點。

泰奧弗拉斯托斯描述了椰棗樹的授粉,理解到性在某些高等植物繁殖中扮演的角色,儘管這些知識曾經失傳,直到內米亞·格魯(1682)和魯道夫·雅各·卡梅拉里烏斯(Rudolf Jakob Camerarius)重新發現。他的作品包括生態學、解剖學、病理學、形態學、種子發芽、繁殖、嫁接和藥理等元素。他將植物區分成樹(木本植物)、灌木、矮灌木、草本常年植物、蔬菜、穀物和草本植物。他指出有些花長花瓣,另外的則沒長,還注意到花瓣與子房不同的相對位置。在關於繁殖與發芽的著作中,泰奧弗拉斯托斯描述植物和樹以

各種方式生長出來—從種子、地下莖、折枝、嫩枝或一小段剝皮的莖。在他500種植物分類中，有些至今仍舊存在，他在呂克昂的花園也許是世上第一座植物園。

亞里斯多德把自己的藏書和手稿遺贈給泰奧弗拉斯托斯，他繼承衣缽之後做了部分修改和評註，然後依照亞里斯多德原本的方式發展哲學。他的思想透過觀察、收集和分類走向經驗主義。據說泰奧弗拉斯托斯有2000名門徒，並受到腓力普斯、卡山德和托勒密等國王的尊敬。他因為對神不敬的言行而受審，但被雅典的陪審團宣告無罪。

《論石》（On Stones，西元前314年）是已知最早關於礦物及其性質與應用的著作。最早提及熱電效應的就是泰奧弗拉斯托斯，他提到電氣石被加熱後會帶電。於是泰奧弗拉斯托斯描述了第一次被發現的機械化學反應。在那之後的兩千年，電氣石的奇特性質更常被從神話角度去看待，而不是從科學探究的角度。然而到了十八世紀，熱電性研究的最大貢獻是推進我們對靜電的了解。接下來的世紀，在熱電性上的研究增加我們對礦物學、熱電學和晶體物理學的知識。熱電性促成1880年發現壓電效應和1920年發現鐵電性。熱電性領域在二十世紀因為許多應用變得興旺起

來，尤其是在紅外線偵測和熱成像方面。多次太空任務都攜帶了熱電感應器，對天文知識有很大貢獻。泰奧弗拉斯托斯也為我們第一次描述了從混合物中獲取純金屬的程序。泰奧弗拉斯托斯不同於亞里斯多德的是他相信動物會思考。他認為動物就此觀點是優於植物，所以吃肉是不道德的，因此他是素食主義者。泰奧弗拉斯托斯被稱為「植物學和生態學之父」。他的探究精神可用自己被節錄在第歐根尼‧拉爾修《哲人言行錄》中的一句格言做總結：「時間是人所花費最有價值的東西。」

人權的發展和科學方法的發展
—約西元前305年—
薩摩斯島的伊比鳩魯，西元前341年—前270年，希臘薩摩斯島

伊比鳩魯在科學與科學方法的發展中是個關鍵人物，他開創唯物論的形上學、經驗主義的知識論和享樂主義的倫理學。他在薩摩斯島（Samos）成立學校，大約西元前306年遷去雅典。伊比鳩魯教導世界的基本構成元素是飄蕩在虛空中的原子。他的理性唯物論發展成對迷信與神蹟的全面抨擊：「是否上帝願意防範罪惡但做不到？那麼祂是無

能。是否祂做得到但不願意？那麼祂是惡毒。是否祂既做得到又有意願，那罪惡出自何處？」對伊比鳩魯而言，哲學是要透過追求快樂安寧的生活以獲得內在平靜。他說快樂與痛苦可以衡量善與惡，死亡是肉體與心靈的結束，所以不應對它感到恐懼。神明並沒有獎勵或懲罰人類，世界是永恆無限，事件終究是原子游移在虛空中的運動與交互作用所造成。他的原子論不同於德謨克利特，因為伊比鳩魯相信原子不是都走直線，它們運動方向偶爾會呈現「偏斜」。這使他避開決定論而肯定了自由意志。當代量子物理同樣假設基本粒子是在非決定性的隨機運動。伊比鳩魯的許多自然與物理觀念預告了我們現在重要的科學概念。他是科學方法發展中的關鍵人物，因為他堅持凡事唯有透過直接觀察與邏輯推理的檢驗才能相信。

伊比鳩魯主張以互利（黃金律）做為道德基礎，是希臘最早出現如此構想。它的基本主張是要推己及人，同時也要己所不欲勿施於人。這也許是當代人權觀念最道地的基礎，就是每個人有權利被平等對待，也有責任保證公平對待他人。伊比鳩魯的哲學元素在西方學術史上出現在各種思想家與運動當中，例如約翰·洛克（John Locke）聲言人民有「生命、自由和財產」的權利。伊比鳩魯的教誨影響法國和美國革命的領導者，湯瑪斯·傑佛遜自認是伊比鳩魯學說的信仰者。

▌數學的建立
—約西元前 300 年—
亞歷山卓的歐幾里德，約西元前 330 年—前 260 年，埃及

在超過兩千年的期間裡，所有數學思想與表達式都源自這位被稱為「幾何學之父」的希臘人。然而，我們知道歐幾里德實際上在托勒密一世稱王期間是在亞歷山卓圖書館教授數學。歐幾里德的《幾何原本》（Stoicheia）是史上最為不朽的數學作品，他從泰利斯、畢達哥拉斯、柏拉圖、亞里斯多德、梅內

智慧的殘片

我們在全球看到愈來愈多千萬和億萬富翁，以及不斷超越他們財富的人出現，這些人被名人雜誌忠實記錄下來，但我們可以從伊比鳩魯的文字中發現更偉大的智慧：「奢華的飲食不會保護你遠離傷害。超乎常情的財富對滿溢的容器毫無用處。真正的價值不是來自戲劇、沐浴、香水或油膏，而是哲學。」第二世紀的伊比鳩魯學派希臘哲學家狄奧金尼斯（Diogenes），將伊比鳩魯大約兩萬五千字的教誨刻在呂基亞（土耳其西南部）一面牆上。其中大約三分之一被發現，以上文字為其中的片段。

克穆斯、歐多克索斯和其他人的著作裡汲取精華。歐幾里德也許曾在雅典的柏拉圖學院跟隨他弟子學習，然後來到當時世上最大的城市亞歷山卓，這裡也是莎草紙工業和書籍交易的中心。《幾何原本》是史上最廣泛使用的教材，甚至還影響愛因斯坦去學習數學。從 1492 年第一次印刷出版以來，它被發行超過一千版。

《幾何原本》分為十三卷，涵蓋了平面幾何、算術與數論、無理數和立體幾何等課題。歐幾里德將已知的幾何觀念加以組織，從簡單的定義或公理形成稱之為定理的陳述，並且提出邏輯證明的方法。歐幾里德說我們不能未經證明就確信任何公理，所以他想出邏輯步驟去證明它們。他從數學公認的事實、公理和基本條件出發，然後以邏輯去證明 467 條平面與立體幾何命題。他用兩種主要方式來陳述：綜合法（經由一系列邏輯步驟從已知推演出未知）和分析法（假定未知為真，再經由邏輯步驟去證明它）。兩種方法被用來證明公理，再從公理演繹出數學命題或定理。歐幾里德的著作也觸及音樂、給定量、光學、比例、天文學和謬誤推理等課題，但大部分著作已佚失。可惜的是人們在十九世紀發現歐幾里德的公理並非全部為真，也為新形式的幾何學開創發展道路，成為量子力學和相對論的基礎。

混凝土和水泥
—約西元前 300 年—
羅馬工程師

混凝土是現代最常用的建築材料。古代亞述人和巴比倫人用黏土做為建築的接合物質或「水泥」，埃及人用一種石灰和石膏的水泥。然而，羅馬人從西元前 300 年至西元 476 年開始在他們的帝國使用混凝土。（混凝土是水泥混合了例如碎石的粒料）。羅馬工程師從維蘇威火山附近的波佐利（Pozzuoli）取得火山灰水泥，用來建造亞壁古道、羅馬浴場、羅馬競技場和萬神殿，還有在法國南部建造加爾橋。石灰石在帝國境

《幾何原本》的重要性

在《大英百科全書》中，荷蘭數學家範德瓦爾登（B.L. van der Waerden）評價《幾何原本》的重要性如下：「幾乎從被寫作的那刻持續到現在，《幾何原本》對人類事務一直發揮重要影響力。至少在十九世紀的非歐幾何出現以前，它是幾何推理、定理和方法的主要源頭。人們有時會說，除了《聖經》以外，《幾何原理》可能是西方世界被翻譯、出版和研讀最多的一本書。」

許多地方都很常見，所以羅馬人也用石灰砂漿製作混凝土，粒料採用碎磚和碎石（caementa）。這種水泥混料遇水會慢慢分解，但混合火山灰後就變得幾乎和現代混凝土一樣堅固。普林尼記載的一種砂漿混料是一份石灰加入四份砂，威特魯威記載的是兩份火山灰加入一份石灰。動物的油脂、奶和血被當作添加物，加入水泥中提升黏著力。

羅馬人並沒有發明混凝土，但是火山灰混凝土結合優質石材或煅燒泥磚的外牆，讓他們能夠建造龐大的建築留存至今。這些混料被填入木框內等待乾燥，表面再貼上磚或石，有一點croby用銅或其他金屬澆鑄雕像。混料完全乾燥後就移除木框，留下堅固但表面粗糙的混凝土。此時表面通常會用灰泥或大理石塗抹覆蓋。用混凝土築牆遠比使用進口希臘大理石甚或本土的石灰華或洞石來得便宜。混凝土建築的外形還可塑造，這在石造建築上無法做到，尤其巨大的拱頂和圓頂（沒有內部支撐）是羅馬人比較偏愛的，遠勝於希臘或伊特魯里亞的樑柱結構。於是羅馬建築變成具有空間的建築，而不只是一大堆結構。

羅馬帝國衰敗後，製作水泥材料的技術與品質退化。加熱石灰和火山石的程序失傳，但在 1300 年代又重新引入。第一次真正的突破發生在 1756年，約翰·斯密頓（John Smeaton）製作了第一批現代混凝土（水硬水泥），他添加小卵石做為粗粒料，再混合磚粉

到水泥裡面。1824 年，約瑟·艾斯普丁（Joseph Aspdin，1778 — 1855）發明了「波特蘭水泥」，今天混凝土生產中主要使用的水泥就是從它衍生而來。他創造了自羅馬時代以來第一種真正的人造水泥，把磨碎的石灰石與黏土一起加熱後研磨成粉。加熱過程改變了材料的化學性質，艾斯普丁創造出的水泥比用只磨碎石灰石製作的水泥還要堅固。艾斯普丁稱它為波特蘭水泥，因為用它製作的混凝土類似波特蘭石，那是當時英國最有名的建築石材。這種水泥不透水，實際上在凝固後浸到水裡會變得更堅固。從第一次世界大戰期間沉沒的一艘水泥船上取得浸泡 30 年的水泥樣本來看，它的抗壓強度已經增長一倍。

強化混凝土（鋼筋混凝土）是在 1849 年由約瑟夫·莫尼爾（Joseph Monier，1823 — 1906）發明，並在 1867 年獲得專利。他是一位巴黎園丁，製作混凝土花盆和浴盆時用鐵網增加強度。莫尼爾也將鋼筋混凝土的使用推廣到鐵軌枕木、樓板、拱門和橋樑上。鋼筋混凝土是今天最常使用的建築材料。結合了混凝土抗壓強度和鋼鐵抗

拉強度，鋼筋混凝土灌進模板可造出特定形狀以分導承重。它能夠依照建築師想要的形狀加以塑造，而不是用預製組件去組合。澤西島的科比爾燈塔（La Corbière Lighthouse）是英國第一座鋼筋混凝土燈塔，在1874年花費八千英鎊完工，包含了堤道和燈塔看守人的宿舍。混凝土除了水泥以外的主要部分是粒料。粒料包含砂、碎石、礫石、爐渣、燒頁岩和燒黏土。細粒料（細是指粒料尺寸）是用在製作混凝土平板和平滑表面。粗粒料用於製作粗大結構或水泥塊。混凝土強度取決於水對水泥的比例和水泥對砂石的比例。細而硬的粒料（砂和石）可製作出強度較佳的混凝土；水的比例愈高則混凝土強度愈弱。

▌日心說
—約西元前 260 年—
薩摩斯島的阿里斯塔克斯，西元前 310 年—前約 230 年，希臘

阿里斯塔克斯（Aristarchos）是西方文明第一個推論說地球是繞著太陽移動的人。他首先試著估算地球到太陽和月球的距離，還有它們的相對尺寸。阿里斯塔克斯的結論是太陽比月球大得多，比地球大約 300 倍，因此地球必然以太陽為中心繞著旋轉。這就是日心說理論。他還將行星按照環繞太陽的軌道次序排列。阿基米德認為阿里斯塔克斯抵觸了一般天文學家的學說，還見證阿里斯塔克斯只能不甘願地放

第一位土木工程師和第一座混凝土燈塔

約翰·斯密頓（1724—1792）曾設計風車和水車，也改良蒸汽機將效率提升50%。他參與許多重要的建造工程，包括運河、橋樑、工廠和港口。他是第一位自稱是「土木工程師」（civil engineer，原意指非軍方）的人。他在1771年成立土木工程師學會。在那之前，大部分各類工程作業都由軍方執行。

皇家學會主席推薦斯密頓負責普利茅斯附近埃迪斯通岩礁群上的燈塔重建工程。原本燈塔被巨浪和大火摧毀。斯密頓的燈塔造形靈感來自橡樹，座落在寬廣基座上的錐形建物具有更佳的穩固性。基座用花崗岩塊構成，每塊岩石用榫尾接合。他研究不同材料來做砂漿以便有效抵擋海水，開發出一種稱為水硬石灰的快乾混凝土。

這通常被視為第一次在工程上使用現代混凝土。斯密頓也設計一個起重機能將材料吊升到建築中的燈塔高度。埃迪斯通燈塔在1759年啟用，一直運作到1877年時基座岩石的裂縫開始威脅它的穩固性。燈塔被拆除並重新樹立在普利茅斯高地，至今仍是一處觀光勝地。埃迪斯通燈塔聞名全球，從那時候起成為燈塔的標準設計。斯密頓沒有為他所有的創新發明申請專利，他相信社會福祉優先於個人酬金。

棄了這理論。亞里斯多德和托勒密的地心說理論主導了一千八百多年，直到哥白尼的研究成果開始被人接受。在一百五十年後的塞琉古（Seleucus）以前，西方世界沒有任何天文學家接受太陽為中心的學說。

經由他的測量，阿里斯塔克斯相信恆星是在非常遙遠的地方。這讓他了解為何沒有明顯的視差（星體之間的相對運動，就像地球繞著太陽移動）。然而，我們現在可以用望遠鏡觀測到恆星視差。因此對阿里斯塔克斯而言，天上的恆星是「固定」的。他據此相信太陽是最靠近地球的一顆恆星。他宣稱太陽與月球之間的角度在半月時是 87 度，人類視力的限制讓他無法測量到接近正確值的 87 度 50 分。阿里斯塔克斯指出月球和太陽有近乎相同的視角，所以它們的直徑一定和它們與地球的距離成正比。他在幾何學上是正確的，但錯誤的角度導致他計算出太陽距離是月球距離的 18 — 20 倍，而非實際的約 400 倍。（這個誤差大約 3 度的太陽視差被天文學家援用到 1600 年發明望遠鏡為止。）

▍複合滑輪
—約西元前 250 年—
敘拉古的阿基米德，約西元前 287 年—前 212 年，希臘

複合滑輪使建築和航海新技術得以成真，它只是阿基米德（Archimedes）的眾多發明之一。這位古代最偉大的科學家和工程師出生於敘拉古（Syracuse），此地後來成為獨立的希臘城邦。他在幾何學上的貢獻徹底改變了這門學科，他的逼近法預告了兩千年後牛頓與萊布尼茲發展出的微積分。阿基米德被視為史上最偉大的三位數學家之一，與牛頓和高斯平起平坐。他也是

阿基米德的非難
阿里斯塔克斯關於太陽中心說的著作並沒有留存下來，我們只能透過他人的引述略知一二，尤其是透過阿基米德。他在《數沙者》（The Sand Reckoner）裡寫道：「你（敘拉古的傑拉國王）知道『宇宙』這名稱是多數天文學家用來指稱以地球為中心的球體，它的半徑等於太陽中心到地球中心的直線距離。這是你從天文學家那裡聽到的普遍說法。但阿里斯塔克斯寫的一本書基於某些假設，結果推斷宇宙竟比剛才提到的『宇宙』大了許多倍。他假設恆星和太陽是固定不動，地球繞著太陽在圓形軌道上旋轉，太陽位於軌道中心，包含恆星在內以太陽為中心的天球之大，他認為從地球繞著旋轉的圓圈到恆星的距離，就等於天球從中心到表面的距離。」

務實的發明家，開發出多種機械。他是流體靜力學和力學的專家，也被稱做「數學物理之父」，許多著作都有留傳下來。他在力學定義了槓桿原理，曾說到：「給我一個支撐點，我就能移動地球。」

普魯塔克記載了敘拉古被圍城期間，阿基米德用配備複合滑輪的阿基米德之爪（Archimedes Claw）將一艘載滿人的羅馬軍艦舉起。這種「滑車組」的發明是將可自由移動旋轉的滑輪附加在一個固定的滑輪上。操作者使用複合滑輪能在移動重物時節省很多體力。滑車組可用來舉起重物，也可在各個方向上施力。這套系統讓絞車的強度和拉力倍增，減低絞車與被拉物之間的張力。複合滑輪系統使用的滑輪數目愈多，負載的重量削減就愈多，所以使用者用四滑輪系統舉起重物時只需用到物體四分之一的重量出力。起重機便是採用這種原理，而且滑車組系統讓船員可以輕鬆拉起沉重船帆，因此便能建造更大、帆數更多的帆船。

▍地球周長的計算

—約西元前 240 年—

昔蘭尼的埃拉托斯特尼，約西元前 276 年—前 195 年，昔蘭尼（現今利比亞境內）

埃拉托斯特尼（Eratosthenes）是地理學和質數研究的建立者。雖然埃拉托斯特尼的大部分著作已佚失，他的許多觀念透過注釋者保存了下來。這位希臘運動員、詩人、音樂理論家、數學家和地理學家最為人知的，是他計算地球周長令人驚訝的精確度。身為亞歷山大圖書館的館長，他聽說埃及的亞斯文城有一口深水井，每天夏至正午就會被太陽完全照亮。因為亞歷山大城幾乎就在亞斯文城的正北方，他拿一根長桿在同樣日子時間測量它的影子角度。他假設地球是真圓，太陽光線基本上是平行的。他從幾何學得知，測量到的角度將會等於亞歷山大城和亞斯文城在地球中心的夾角。同時他還知道這個夾角切出的弧形是圓周的五十分之一，他估算亞歷山大城和亞斯文城之間的距離是 5000 斯

阿基米德螺旋抽水機

　　阿基米德的螺旋抽水機可以將水從低處送往高處。據說阿基米德想出這方法把水從滲漏的船底抽出，其實掛上阿基米德名號的螺旋抽水機比他早了400年誕生。考古學家已證實有更早的螺旋抽水機能將水「往山上送」，那是使用在西元前七世紀的巴比倫空中花園中。這設備極為有效，至今仍應用在污水處理廠、灌溉渠道、沼澤地排水和船底污水排除等方面。

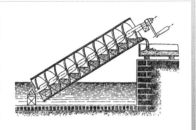

塔蒂亞（805公里），那是用他騎駱駝到亞斯文城所花時間估算出來的。於是埃拉托斯特尼用5000乘以50來確定地球圓周。他的結果是250,000斯塔蒂亞，等於40,232公里，難以置信地相當接近我們今天所知正確的40,075公里。埃拉托斯特尼也確定了黃道（太陽環繞地球出現的軌跡）傾斜角，還相當精確地測量地軸傾角，記載為23度51分15秒。就他所知，地軸傾角造成四季現象。此外他還製作了包含675顆星的星圖，並建議每四年應該增加一天閏日，更正確計算了地球到太陽的距離。

　　他是第一個使用「地理學」

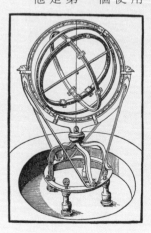

（geography，原文意思是「關於地球的描述」）這字眼的人，也實際建立了地理學的準則。他發明了一套經緯度系統，提出熱帶、溫帶與寒帶的氣候概念，並繪製一張世界地圖。埃拉托斯特尼是科學年代學的建立者，從特洛伊被征服以後的主要事件日期被記錄在一本史書中。希帕求斯認為環形球儀是埃拉托斯特尼在西元前255年左右發明的，這是由數個環規構成的球體框架，環規代表天空的經緯線和重要的天文特徵，例如黃道。

▌ 三角學，星盤和分點歲差

—約西元前150年—

羅德島的希帕求斯，約西元前190年—前120年，比提尼亞（現今土耳其境內）

　　希帕求斯（Hipparchos）出生於比提尼亞（Bithynia）的尼西亞（Nicaea，現今土耳其的伊茲尼克），他也許是古代最偉大、最有影響的天文學家。他的著作幾乎都已佚失，不過他是一位希臘

學家、天文學家和地理學家。希帕求斯將圓分成 360 度，並且設計了最早的三角函數表之一，讓他被奉為三角學的發明者。三角學被用在各種科學領域去解決計算的問題。他解決了幾個球面三角學的問題，因此助長了天文學。身為一名天文學家，希帕求斯計算出的一年時間誤差小於六分半鐘，還計算了地球到月球的距離。希帕求斯描述了至點和分點（指夏至點、冬至點、春分點、秋分點）在對照背景恆星下由東向西的緩慢移動，這是他最有名的成就，也因此被認為是分點歲差的發現者。他計算出的歲差值是 46 秒，相當接近我們現今計算的 50.26 秒。希帕求斯設計了一個天文曆，雖然他的星表並沒留存下來，不過據信裡面包含了 850 顆星。

他還仔細研究了太陽和月球的移動，除了根據觀察和數學技巧製作精準的模型，也能夠預測日蝕和月蝕。希帕求斯為了觀察，使用了一種托勒密稱為窺管的儀器，這也許是第一種球體投影的星盤。這儀器解決了太陽與恆星關於時間和位置的問題。只要注意太陽或夜空中最亮星星的位置，旅人就能在白天或夜晚判斷時間。希帕求斯研究各種天文學問題，包括一年的時間長度，確認月球的距離和計算日蝕與月蝕。他發展出太陽與月球的論證理論，如同托勒密解釋的：「它們都呈現等速圓周運動。」所以他可能是提出太陽系的第一人，但他的計算結果顯示軌道不是完美圓形，據信是在當時其他科學家的壓力下放棄這想法。他的模型被追尋了兩千年，直到哥白尼證明行星是循著橢圓軌道運行。希帕求斯採納迦太基人的天文材料，包括他們的方法和觀察。托勒密後來總結的天文學知識相當依賴希帕求斯的發現。

三角與弦

三角學通常從平面三角開始教起，但它起源於天文學和球面三角。在十六世紀以前，天文學的基礎主張是地球位於一群同心圓狀球體的中心。計算恆星和行星的位置就要使用到我們現在稱為三角學的概念。三角函數最早的應用跟一個圓形上的弦有關，並將給定弧度 x 對應的弦長表示為 $2\sin(x/2)$。弦是指一線段的兩端點都在任一圓弧上，這線段若通過圓心就是它的直徑。希帕求斯在西元前 140 年製作了已知第一個弦值表，列舉了每隔 7.5 度的弦函數值。他的成果在西元 100 年左右被梅涅勞斯和托勒密做更進一步推展，這兩人都依賴巴比倫人的觀察與常規。托勒密的弦值表以 0.5 度的間隔列舉了 0.5 度到 180 度的弦值。

中央暖氣系統

─約西元前 25 年─

塞爾吉烏斯・奧拉塔，活躍於約西元前 95 年，羅馬

如果沒有中央暖氣系統，辦公室和工廠的規模就會受到限制，因為員工保暖會有問題。如果沒有這項發明，就很難想像現代的工業與商業發展。在羅馬帝國時，中央暖氣系統用火爐把空氣加熱，再經由地板下的空間和牆裡的圓管傳送暖氣。羅馬的系統被稱為「熱坑」，這希臘字的意思是「在底下加熱」。羅馬作家兼建築師維特魯威（Vitruvius）在西元前 25 年描述了熱坑的建造與運作，將它歸功於商人兼水力工程師塞爾吉烏斯・奧拉塔（Sergius Orata）。維特魯威補充說若要節省燃料，公共浴場可將男賓和女賓的熱水浴室毗鄰建造，再緊鄰著溫水浴室，浴場運作的效率就高。許多這種熱坑都還殘留在歐洲、西亞和北非的羅馬建築遺跡裡。走在這些遺跡裡會看到地板被柱子架高，還有牆壁裡留下的空間。熱空氣和煙會從火爐通過這些密封的空間，再從屋頂煙道排出，因此可以加熱但不會污染室內房間。空心陶磚被放置在牆壁裡面，既可導引熱空氣也能加熱牆壁。需要最多熱量的房間就設置在最靠近火爐的地方，火爐添加柴木也可增加熱量。熱坑的運作耗費許多人力，因為需要持續注意柴火，而且燃料也很昂貴，所以這種系統通常只在別墅或公共浴場才會發現。

然而，在巴基斯坦的摩亨卓─達羅（Mohenjo-daro）這處印度河流域遺跡裡，似乎發現一種熱坑有用塗佈瀝青的磚塊做襯裡，它的年代比羅馬發明早了兩千年。熱坑的衍生設施被用在卡斯提爾（Castile）和其他羅馬帝國的舊領地，但羅馬人離開不列顛後，中央暖氣系統在大約 1900 年以前就未曾再出現過。西元前 37 年至西元 668 年的朝鮮朝鮮半島使用一種相似的中央暖氣系統，被稱為溫突。爐火排出的熱量被用來加熱屋子。煙從柴火（通常用來烹飪）被引到厚石地板下面。不過溫突的使用似乎更早，一個溯及西元前 1000 年的青銅器時代溫突在北韓被發現。法蘭茲・桑・蓋利（Franz San Galli，1824 — 1908）是一位波蘭出生、住在聖彼得堡的俄羅斯商人，他在 1855 至 1857 年間發明了散熱器。這一大步邁向了我們目前使用的現代中央暖器系統。

第三章

創新年代

紙張和造紙術

—西元 105 年—

蔡倫，約西元 50 年— 121 年，中國

    紙張是印刷機出現以前在通信和書寫上最大的變革。大約六千年前的蘇美人在泥塊上書寫文字，雖然這種書寫通信是可攜帶的，但重量讓它無法成為實用的媒介。人們嘗試寫在其他東西表面，例如木頭、石塊、石板、陶片、樹皮、金屬、絲綢、樹葉和竹片。大約五千年前，埃及人製造出莎草「紙」。他們把蘆葦草收割、去皮、切片成長條，然後把這些長條片堆疊、敲打在一起，再壓製成平坦整齊的薄片。後來以動物皮製成的羊皮紙和牛毛紙開始被用來書寫。真正的紙（paper，這字衍生自莎草紙 papyrus）到西元前二世紀才被發明出來。從中國甘肅省懸泉置遺址發現的古代紙張殘片是漢武帝在位期間（西元前 140 至前

86 年）製造的。

    蔡倫從西元 75 年開始入宮當宦官，漢和帝即位後在西元 89 年晉升為中常侍，負責製造機械和武器。中國在這時期的文字通常書寫在竹簡或縑帛上。然而縑帛很昂貴，竹簡又笨重，所以它們使用起來並不方便。中國也許在兩百年前就有紙的存在，但蔡倫是第一個負責將它品質大幅改進的人，並且加入新的基材使造紙得以標準化。西元 105 年，蔡倫改變紙的成分，使用桑樹皮、竹纖維、麻頭、破布、破魚網等。紙的製造就是將這些材料浸泡水中，把懸浮纖維氈合成薄層。接著把水排乾，讓它乾燥後成為纖維纏結在一起的薄片。他將製造方法呈報給皇帝並受到讚賞，但確切配方已經失傳。

    紙在中國很快就成為廣泛使用的書寫媒介。造紙術被稱頌為「古代中國的四大發明之一」，其他發明是指南針、火藥和印刷術。到了西元三世紀，紙的使用讓中國得以透過廣為傳播的文獻

和書寫發展它的文明。到了西元七世紀，中國的造紙術傳到朝鮮、越南和日本。西元751年，一些造紙工人在唐朝軍隊戰敗時被阿拉伯人俘虜，所以造紙知識就傳播到中國以外的疆域。造紙技術後來由阿拉伯人在十二世紀傳到歐洲。紙代替了羊皮紙，並且掀起全世界的通信革命。它的使用標示著遍及歐洲的經院年代（Scholastic Age，約西元1100－1150年）開端，也成為1439年以後古騰堡印刷機功成名就的基礎。蕭伯納（George Bernard Shaw）對這重要的媒介致敬說：「人性唯有在紙上才表現出榮耀、優美、真理、知識、德性和持久的愛。」

▍獨輪車

—約西元231年—
諸葛亮，西元181年—234年，中國

　　這個簡單的「第二槓桿」器材讓農耕、採礦和建築興造變得更省力、更有效率。獨輪車將它的載重分配給輪子和操作者，能夠方便運送沉重或龐大的裝載物。雙輪車在平坦地面操作起來比較平穩，但是幾乎萬用的獨輪車則有更好的機動性和更大的操控性。西元前408－前406年的希臘厄琉息斯神廟（Temple of Eleusis）建築清單裡出現一個承載用的獨輪車，但它在歐洲逐漸消失，直到大約西元1170至1250年為止。許多中國獨輪車的描述、壁畫和

> ### 學者和獨輪車
> 「他們是猜忌、易怒、偏執的人，極為自負地喜歡呼來喚去，如同象皮病患者般帶著的腫脹睪丸坐在獨輪車上，就怕哪個忘恩負義、容貌酷似自己的學生潛進他腦袋，偷走他的天才之作。」──威廉・布洛斯（William Burroughs），出自《計算機：文集》中的文章〈不朽〉，1985年。

浮雕可溯及西元二世紀。陳壽（西元233－297年）寫作的《三國志》將獨輪車的發明歸功於丞相諸葛亮。他稱這個設計是木牛，在軍事戰役中來運輸糧草補給。這設計在西元430年的描述是中央有一個大輪子和輪軸，木框車架造成一頭牛的外形。十一世紀時，高澄寫到當時使用的一種小獨輪車是手柄往前延伸，所以它是用拉的，那是從諸葛亮的木牛衍生而來。典型的中國獨輪車是將輪子置於車體中央，歐洲中世紀獨輪車則是把輪子設在前端或靠近前端，因

此操作時都是用推而不是用拉的。

胸帶挽具
—約西元 450 年—
中國

這種馬匹的挽具大幅提升了農耕作業的效率，讓人類能夠大量栽種多種農作物。在拖拉機出現以前，耕田時要把犁套到馬身上，於是挽具的使用讓畜耕成為可能。木製的軛最早被開發出來，它繫在像牛這類動物的脖子周圍，使牠們能拖拉重物。然而軛會讓馬窒息，於是人們發展出不同的挽具。西元前三千年時期，項前肚帶挽具在迦勒底被開發出，後來的蘇美、亞述、埃及、克里特、希臘和羅馬就延續使用，但它的繫綁方式會讓馬匹拉得愈是用力，牠的呼吸就愈是困難。因為先天限制，牛比馬更適合粗重工作，身體結構的差異使得牛沒有這方面問題，因此能夠套上軛來負荷。在希臘，挽具被用來將馬繫到戰車上去打仗或從事娛樂。

中國的胸帶挽具對之前的挽具而言是個重要改良，它可追溯至西元前481至前221年的戰國時代。歐洲到九世紀時也廣泛使用的胸帶挽具將負荷轉移到胸骨，牽引的繩索直接連接到馬的骨架上，讓馬幾乎可以全力負擔荷重。然而它只能用於較輕的搬運工作，因為重量是施加在馬的胸骨和附近氣管上。胸帶挽具的主要問題在於馬車、戰車或其他車輛的長柄是繫在環繞馬身的一條肚帶（surcingle，寬皮帶）上。胸帶原本只用來拉住肚帶防止往後滑移，並非做為主要拉動工具。

胸帶挽具之後的最終革命性階段是頸圈挽具。頸圈馬軛挽具將負荷的重量平均分配在馬肩，不會約束牠的呼吸。針對沉重的搬運工作，挽具必須加上頸圈讓動物能用盡牠的重量和力氣，特別是讓馬用後腿力量推動頸圈。現在馬能提供的體力負荷比牛多出 50%，而且普遍具有更好的耐力，能工作更長時間。一匹配戴頸圈挽具的馬能拉動將近一噸半的重量，若使用馬匹和稍微改良加重的犁，代表農夫可有多餘產量擴展市場。在十三和十四世紀時也可看到到處都在製造馬蹄鐵，再次提高馬的效率。牛被取代後推升了經濟，減少自給農業的範圍，促成市場本位的城鎮與相關貿易的興起。糧食過剩使得勞力專門化，也讓歐洲社會出現商人階級。馬頸圈是結束封建制度和加速脫離中世紀時代的重要因素。

瓷器
—約西元 650 年—
陶玉，約西元 608 — 676 年，中國

瓷器的發明促成東方與西方世界之間主要的貿易往來。在東漢時期（西元 196 — 220 年），高溫燒製施釉的陶器製品已發展成瓷器，但據傳唐朝（西

元 618 — 906 年）的陶玉開發出白瓷。他使用的原料是白泥（高嶺土，現在被稱為瓷土），發現自他出生的景德鎮附近。陶玉添加其他黏土和長石製作出第一個白瓷，運到首都長安出售時稱之為假玉。大量輸出到伊斯蘭世界的白瓷被視為珍品。大約西元 900 年，瓷器製作混入半透明的石英和長石已經相當成熟。瓷器比其他土陶來得細緻，可以薄到半透明。它的白色表面可塗上許多顏色。瓷器堅韌、強度和半透明的特性來

自華氏 2280 至 2640 度（攝氏 1250 至 1450 度）燒製下的玻璃化和形成莫來石。

瓷器是中國輸出品中最高價的製品之一，後來西方英語國家普遍將瓷器稱為「china」。隨著 1600 年代與東方的貿易日漸成長，瓷器變得廣受歡迎。飲用茶、咖啡和巧克力成為普遍習慣，創造出瓷杯和瓷碟的龐大需求。歐洲直到十八世紀初期才發現瓷器製造的奧秘，促成 Meissen、Sèvres、Limoges、Chelsea、Derby、

名稱的由來

瓷（porcelain）的名稱源自義大利文 porcellana（瑪瑙貝殼），因為它很像貝殼半透明的外觀。倫敦工人階級的俚語「my old China」意思是指「my old friend」，用法衍生自「China plate」（同伴）這字眼，它與「mate」（夥伴）同韻。

Worcester 和 Bow 等瓷廠成立。

▌希臘火

—西元 672 年—

赫里奧波利斯的加利尼科斯，活躍於西元 672 年，敘利亞

東羅馬帝國用希臘火（Greek Fire）抵禦了伊斯蘭九百年的威脅，它是一種高度易燃液體，用「虹吸管」噴向敵人軍艦或部隊，而且幾乎不會熄滅。加利尼科斯（Callinicus）被認為是發明者。出生於敘利亞的加利尼科斯是猶太流亡者，為了逃避撒拉森人（阿拉伯人）的擴張而來到君士坦丁堡。看到自己故鄉被征服，加利尼科斯決定不讓

災難降臨到新家鄉。他經由實驗發現一種特定原料的混合物，其潛在有效的殺傷力有助扭轉歷史演進。他將自己的海洋之火配方呈獻給拜占庭皇帝。後來稱為希臘火的組成原料被視為國家機密，只有皇帝和製造它的加利尼科斯家族知道，它的確實成分至今不明，但通常公認是混合了石腦油、瀝青、硫磺，也許還有硝石以及其他未知成分。混合物接觸空氣時會自行起火，而且無法用水熄滅。事實上，它在水中會燒得更旺。希臘火類似於現代的膠狀汽油，當時少有已知物質能撲滅它，最常使用的兩種東西是沙和尿。

希臘火的發明正值東羅馬帝國歷史上危急的時刻。它與波斯地區的薩珊

君士坦丁堡的陷落

君士坦丁堡是中世紀歐洲最大、最富有的城市，它抵擋來自東方和北方的攻擊將近一千年。這座「新羅馬」統治的土地橫越小亞細亞，還有現今的希臘、阿爾巴尼亞和保加利亞。伊斯蘭軍隊也無法撼動它的權勢，但威尼斯總督施瓦本的菲利普（Philip of Swabia）和蒙費拉的博尼法斯（Boniface of Montferrat）兩人密謀，改變了1203年第四次十字軍東征目標，攻擊同為基督徒統治的東羅馬帝國首都。當時的皇帝亞利克修三世（Alexius III）對基督教同袍的意外攻擊毫無防備，他們破壞保護金角灣（Golden Horn）的鎖鏈後進入海港，衝破防波堤。君士坦丁堡在1204年被攻陷。史蒂文‧倫西曼（Steven Runciman）寫到君士坦丁的劫掠是「史無前例」的：

「從九世紀以來，這座大城就是基督教文明的首府。那裡充滿從古希臘留存下來的藝術作品和它自己細膩工匠的傑作。」威尼斯人從跑馬場偷走四座銅馬大雕像放到聖馬可教堂，還劫走數千件其他珍寶。法國人、佛萊明人和威尼斯人在這座基督教首府大肆劫掠和血腥屠殺了三天。「在聖索菲亞大教堂，可以看到爛醉的士兵扯下絲簾，砸碎銀質聖幛，把宗教書籍和神像踩在腳下。當他們拿著彌撒酒杯暢飲時，一名妓女唱著粗鄙的法國歌曲。」（《十字軍史》，1951—1954）他們甚至在修道院非禮修女。當屬足的十字軍終於恢復秩序，市民被抓來拷問是否還有剩餘的財寶藏了起來。幾個月後，最早召集十字軍的教宗英諾森三世（Innocent III）悲痛說道：「基督徒劍上的血應是異教徒

的。」並稱其為「讓人引以為鑑的可怕結果」。這次無故對基督教大城進行的攻擊造成君士坦丁堡絕對喪失了它的實力。1453年，在黑死病的侵襲下變得羸弱不堪，君士坦丁堡被鄂圖曼土耳其佔領，這城市從此至今都在伊斯蘭的統治下。

王朝長期征戰嚴重削弱國力，已經無法有效抵禦伊斯蘭的進擊。沒過多久，敘利亞、巴勒斯坦和埃及都落入阿拉伯人之手，他們在 672 年準備出兵攻下帝國首都君士坦丁堡。皇帝君士坦丁四世（668 — 685 年在位）登上王位時只有 18 歲。經過一段時日，薩拉森人的哈里發（最高統治者）穆阿維亞（Muawiyah）崛起，並且打算要對付他。穆阿維亞在 673 年時已佔據馬爾馬拉海的亞洲沿岸，並且包圍君士坦丁堡。接著局勢扭轉，拜占庭艦隊配備了加利尼科斯的新武器，它就像一具火焰噴射器發出怒吼撲向敵人。希臘火用來對抗伊斯蘭艦隊非常有效，在第一次和第二次圍城都能擊退敵人。

為了有效使用希臘火，拜占庭開發出一種大型虹吸管當做發射器。它被安裝在船身上，用類似注射器的方式操作。另一個重要優點是它鮮少會發生回火傷到操作者。來自羅馬、希臘和阿拉伯的史料作者一致認為，它對身體和心理的威脅性超越當時所有的火攻武器。例如阿拉伯人採用了多種類似拜占庭武器的燃燒物，但沒辦法複製拜占庭用虹吸管操作的方式，取而代之是用投射器和手榴彈。羅馬皇帝收復海權並且驅退薩拉森人。穆阿維亞在 678 年不得不求和，雙方停戰了數十年。希臘火在 727 年和 821 — 2 年的拜占庭內戰也表現突出，它讓皇帝的艦隊擊退叛艦。拜占庭也用這武器在九世紀到十一世紀間數次

擊退羅斯人和保加利亞人的進襲。

▌機械鐘
—西元 725（或 723）年—
一行，西元 683 年—727 年，中國

一行（本名張遂）延續了前人成果，還跟第一個可靠的機械鐘有密切關係。我們使用的六十進位制時間測量系統可追溯至大約四千年前的蘇美人。埃及人發展的系統是將一天分成兩個 12 小時的區間，他們還發明了水鐘。一行是一位佛教僧侶、天文學家、數學家和機械工程師，他在西元 725 年製造出第一個原型機械鐘。西元 721 年時，一行已是唐朝的一位官廷天文學家。他從事天文觀察和曆法改革。因為宮廷的天文設備陳舊到無法使用，一行決定設計新的器材。他先設計出一個渾儀（一個球

體星盤，一種天體模型）。渾儀在中國從西元前一世紀就已設計出來並且不斷改進，一行在黃道環上加了一個窺管以便更好觀察天空緯度。他請求皇帝准許使用鐵和青銅澆鑄製造。西元 724 年時，渾儀製作完成並用來重新測定 150 顆星的位置。

一行在隔年著手設計結構精細的水力渾儀，能夠表現太陽、月亮和五大行星的規律運行。他結合張衡的水力渾天儀再加上發條的擒縱器。此外，它還是個自動的計數器和報時鐘。這鐘每半小時會擊鼓報時。他的發明在中國被認為是第一個天文鐘。這鐘的運作是以滴水推動轉輪，轉輪每 24 小時旋轉一周。一套鐵和青銅製成的轉輪與齒輪系統帶動鐘的運轉。拜占庭的希臘人費隆（Philo）在三世紀時描述過一個水力推動的擒縱器，但蘇頌在 1092 年製造出第一個可靠的機械鐘時，是以一行的設計為基礎。

▍火藥（黑火藥）

—約西元 830 年—
唐朝宮廷術士，中國

火藥是戰爭和採礦時最具破壞性力量的東西，直到諾貝爾發明了炸藥。製造火藥只需硝石（硝酸鉀）和木炭，但沒加硫磺的威力不夠強大。硫磺也可以讓火藥容易點燃。雖然火藥也可以引發爆炸，但它主要用來做推進燃料。火藥由燃燒劑（可利用木炭或糖）和氧化劑（硝石）製成，添加硫磺可產生穩定的反應。木炭中的碳和氧作用會產生二氧化碳和能量。然而這反應就像燒柴火一樣緩慢，除非加入硝石做為氧化劑。碳在燃燒時必須從空氣取得氧，硝石提供了額外必要的氧。硝酸鉀、硫磺和碳一起反應會形成氮氣、二氧化碳和硫化鉀。膨脹的氮氣與二氧化碳氣體提供推進作用。火藥是第一種化學爆裂物，直到十九世紀晚期之前沒有替代品。它是已知第一種裝填到管子裡會燃燒的物質。被視為中國古代四大發明之一，另

最早出處

已知最早提及火藥的出處也許是九世紀中葉道士寫下的這段文字：「有些人把硫磺、雄黃（硫化砷）、硝石和蜂蜜一起加熱，結果冒出煙霧和火焰，以致他們的手和臉都被灼傷，甚至他們工作的房子都被燒毀。」

外三樣是指南針、造紙術和印刷術。直到 1267 年，歐洲的羅傑‧培根（Roger Bacon）記載了火藥的主要成分，從此它被稱為黑火藥（black powder）。

漢武帝（西元前 156 —前 87 年）資助道士們的研究去尋找長生不老秘方。他們用硫磺和硝石做實驗，加熱這些物質以便產生變化。也許是葛洪在三世紀發明了火藥。後來到了唐朝（西元 618 — 907 年），硫磺與硝石又混合了木炭（取自柳樹比較好）製成爆裂物，它就被稱做火藥。這些成分被非常小心磨碎混合，因為火藥製造相當危險。人們有時會添加水、酒或其他液體，因為只要一點火星就會引燃。這些粉末原料（被稱為蛇紋石）曾經是用液體加以混合，混合液透過篩網擠壓成丸粒再拿去晾乾。火藥最早是用來治療皮膚病和當做蚊香，後來才發現當武器的優點，於是開始實驗

在竹管裡填入火藥。

從某個時候開始，中國人把竹管繫到箭上，點燃後用弓射出像煙火一樣。這就發展成「縱火箭」，能夠嚇阻敵人或引燃他們的木頭掩體。很快地，人們發現「火藥管」利用本身噴出的氣體就能產生力量發射出去。於是火箭便誕生了，現在用的是金屬管身。中國人很快將火藥發展到作戰上，製作出火焰噴射器、火箭、炸彈和地雷等各式武器。然後他們發明火砲做為投射武器。中國的知識傳播到阿拉伯，然後再傳到歐洲。哈桑聲稱馬木路克（Mameluke，土耳其裔的蘇丹傭兵）在 1260 年的艾因札魯特戰役中，使用「史上第一個火砲」

在加利利東部擊退蒙古人。埃及馬木路克部隊使用爆發性的手持火砲嚇退蒙古騎士和騎兵，造成他們陣式大亂。這是蒙古征伐

火藥和長生不老藥

火藥是在道士和術士追尋長生不老藥時意外發展出來的。筆者最近收到的一封信裡寫說：「奧勒崗州東部的一位牛仔老硬漢勸告孫子說，如果他想活得長命百歲，秘訣就是每天早上在自己的燕麥裡加一小撮火藥。孫子深信不疑照做了，而且健健康康活到103歲。他在世時同時擁有14名孩子、30名孫子、45名曾孫和25名曾曾孫，還有一個早就挖好等他很久的15英尺深火葬坑洞。」

的關鍵性挫敗，自此蒙古的威脅逐漸消退。愈來愈笨重的火砲被發明出來，能夠投射更大和更重的石彈或金屬彈。威爾斯獨立戰爭（1400—1415 年）中，英軍大砲不斷的轟擊造成威爾斯王子歐文・格林杜爾（Owain Glyndwr）在亞伯丁和哈萊克被擊毀大量城堡，標示著城堡在歐洲戰事中已經過時了。

▎區分天花和麻疹

—約西元 900 年—

拉齊，約西元 865 年—約 925 年，波斯（現今伊朗）

　　拉齊（Rhazes）的研究記錄一直是治療醫學的主要知識來源，並且持續到文藝復興以後。這位波斯醫師、煉金術士、化學家、哲學家和學者是公認的博學之士，傳記描述他「也許是史上最偉大的臨床醫師」。拉齊最有名的著作是《醫學集成》（Kitab al-Hawi fi al-tibb），25 卷的希臘—阿拉伯醫學與手術知識概述，通常被稱為 Al-Hawi。最古老的版本可追溯至 1094 年，但內容並不完整。1279 年翻譯成拉丁文後，

它是 1501 年以前最龐大、笨重的書籍。這部鉅作是為大眾所書寫，呈獻給窮人、旅人和平民百姓，讓他們找不到醫師時可以參考它做治療。這部著作包含許多疾病的資訊，參考了希臘、敘利亞、印度、波斯和阿拉伯的醫學文獻，羅列每種疾病的醫學理論。拉齊依循希波克拉提斯的慣例提供病例，還附上實用的治療建議。拉齊提倡自然療法，例如飲食上的增補，還警告複雜烹飪帶來的風險。《醫學集成》第九卷一向是治療醫學的主要知識來源，並持續到文藝復興之後很長一段時間。拉齊被視為「小兒科之父」，他寫的《兒童疾病》（The Diseases of Children）是第一本將幼兒疾病視為醫學獨立領域的書籍，他也開發出一些至今仍在使用的化學儀器。

　　拉齊是第一位正確區分天花和麻疹的醫師，並且精確描述各別症狀。他告訴人們要遠離天花患者以避免傳染。他的描述不採用醫學教條，根據的是一系列疾病的臨床觀察。拉齊描述鼻炎是因為在春天聞到玫瑰花香所導致，被認為是「過敏性氣喘」的發現者，也是第

拉齊反對盲從信念

　　除了批判蓋倫關於身體有四種不同「氣」的理論，造成拉齊經常處於困境的，還有他像在醫學上一樣反對宗教教條的盲從信念。他認為宗教狂熱會引起仇恨和戰爭。他寫道：「……你憑什麼相信上帝應該挑選了某些人（給他們特權），將他們置於眾人之上，指定他們做為人們的指導者，要眾人依賴他們？……如果宗教信徒要求證明宗教的合理性，這些人就勃然大怒，並要提出問題的人付出流血代價。他們禁止理性思考，努力消滅他們的敵手。這就是真理之所以徹底消失的原因。」

一位寫下過敏症和免疫學相關文章的醫師。拉齊率先寫到發燒是一種防禦機制，是身體抵抗疾病的方式。他批判蓋倫關於身體有四種不同的「氣」而且需要平衡的理論，也批評亞里斯多德關於四元素的理論，造成其他醫師公然反對拉齊。他的著作《秘典》（Book of the Secrets）包含了化學操作的實用建議。他相信金屬會產生質變，並認為所有金屬原本衍生自硫磺和汞這兩種元素。他嘗試將所有物質分類，將它們根本區分為動物、礦物和植物等範疇。據信拉齊發現了幾種化合物，包括得經過石油分餾後煉取的煤油。

連續火焰噴射器和炸彈

—約西元 919 年—

曾公亮，西元 998 年— 1078 年（他的合作編撰者在 1044 年描述這些發明），中國

在楊惟德和丁度的協助下，曾公亮在 1040 年到 1044 年間編纂了《武經總要》（重要軍事技術的百科學書），敘述內容包括投石機、指南針和軍艦。十世紀初期，我們看到填注火藥的信管被用來點燃中國的雙活塞火焰噴射器。這種雙唧筒武器可連續噴發中國版的「希臘火」（以石油為基底的易燃物），被用在西元 932 年的一場戰役上。較早的火焰噴射器無法連續噴發。火焰噴射器在歷史上已被普遍使用，包括兩次世界大戰。第二次世界大戰的德軍用火焰噴射器鎮壓 1943 年的華沙猶太區起義和 1944 年的華沙起義。美國海軍陸戰隊用火焰噴射器掃蕩日軍複雜的戰壕與地下碉堡。日軍躲在洞穴深處，火焰會耗盡僅有的氧氣，讓藏匿者窒息。雖然改裝的雪曼噴焰戰車已往前線支援，海軍陸戰隊仍使用他們的步兵手持系統。火焰噴射器也許仍是步兵遭遇最可怕的軍事武器。

《武經總要》是第一本記錄火藥成分的書籍。有一種配方是製造用投石機拋射的爆炸性「蒺藜火球」，另一種配方做的是裝有鉤子的「火球」，它可以鉤附在木頭掩體上將它引燃。第三種配方可做成化學戰中使用的「毒藥煙球」。《武經總要》描述的簡單燃燒武器是用投石機拋擲，從城牆上朝圍城者扔下去，或用鐵鏈掛著從牆頭釋放下去。關於戰爭中使用引火球去測定攻擊射程有一則描述說：「引火球是用紙張包裹成球，裡面置入三到五磅

第三章

創新年代

火藥磚。將黃油融化並保持加熱到變清澈，然後加入木炭粉末做成稠漿浸透紙球，用麻繩將它捆緊。如要測定任何攻擊射程，只要先發射這顆火球，其他火球就會接踵而至。

運河船閘
—西元 984 年—
喬維岳，活躍於西元 984 年，中國

中國利用水路建設連接廣大領土的各個區域，造就出一些極為傑出的早期水利工程。其中令人印象最為深刻的是修築大運河，它連接北京到杭州以南超過 1775 公里的距離。第一段大運河的修築始於西元 600 年代初期，它連接北方的黃河和南方的長江。這項工程持續了好幾世紀，因為它不斷被拓寬和重修。人們現在能把消息傳送到遠方，船舶可以來回運送稻米。要讓船舶通過水位落差極大的河流或運河是個困難的任務。中國從西元前一世紀開始就使用單門船閘去控制運河上的「半船閘」。半船閘是一個壩堤，它設有單一閘門能讓船舶通過。這閘門會暫時開啟讓船順著洶湧河水被載往下游，但是得耗費大量勞力再把船牽引回上游。西元 587 年的一種廂形架構工程沿著黃河建造閘門，它能調節運河水位。牽引船舶的雙滑道也建置起來，以便水位落差太大無法操作單門船閘時使用。到了西元 735 年，每年有 167,650 公噸穀物經由船運通過運河，最高峰時每年通過 8000 艘船載運 3365,800 公噸穀物。

工程師喬維岳曾擔任淮南運轉使，他得不斷面對大運河上的駁船交通控制問題。駁船經常在通過雙滑道時發生船難，因此被劫走船上載運的政府稅收。他想到要一前一後建立兩道閘門，閘門

《宋史》

1345年的《宋史》（《二十四史》的其中一部）記載984年的情況：「他們裝載的穀物稅收十分沉重，通過時經常發生意外導致駁船受創或遇難，不但損失穀物，牽挽工人還與藏匿附近的土匪勾結侵吞稅賦。於是喬維岳先下令在西河第三壩興建兩道閘門。閘門相距超過五十步（76公尺），中間水道用棚頂蓋住。這閘門是「懸吊閘」（當它關起來時），水像潮汐般升到需要的水位，到時候又可以排掉。他也建了橫橋來保護結構。修建完後消弭了先前亂象，也讓駁船暢行無阻。」

間就形成一池平靜的閘室。高處水能直接注入閘室，船就隨著水位提高而上升。這套系統仍在世界各地使用中。運河船閘降低貨物運費，改變了工業發展，讓船隻不必繞過大塊陸地，利用蘇伊士運河和巴拿馬運河就能縮短航程。中國的「船閘」造就了至今仍是較為便利的運河運輸。

▍扇形齒輪和行星齒輪

—約西元 1000 年—
伊本‧卡拉夫‧穆拉迪，活躍於西元
1000 年，西班牙安達魯西亞

這種複雜傳動裝置促成技術上的重要發展。伊本‧卡拉夫‧穆拉迪（Ibn Khalaf Al-Muradi）是一位工程師兼科學家，他的著作《奧秘之書：關於思考成果》（The Book of Secrets about the Result of Thought）描繪了 31 種機械裝置，包括軍事機械、自動日曆、最早用阿拉伯文描述的水鐘，還有被稱為自動機械的複雜機械人。他粗重的時鐘是以快速流動的水流來驅動，裡面有精細的齒輪系統，有些還用水銀來潤滑—這在歐洲直到十三世紀才看到。他的 31 種機械都以水車來運轉，能夠調節水流的強度。其中十九種裝置是水鐘。它們經由一個小開口標示經過校準的流水量來計算時間，然後用人或動物的小偶（自動人）報時。其他用於水鐘的零件有虹吸管、浮閥裝置（就像馬桶水箱裡的閥門）和根據水位開關裝置的槽泵。穆拉迪也描述了一種像電梯的升降裝置，可以升起龐大的破城槌去摧毀堡壘。

他是第一個在寫作中同時提到扇形齒輪和行星齒輪的人。扇形齒輪是從齒輪接收或傳遞交互動作的一個裝置。它是圈形或圓環截出的一段扇形，在外

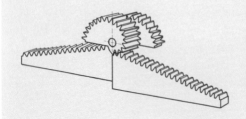

緣或表面帶齒。與扇形齒輪嚙合的另一個齒輪只有部分外緣帶齒，這種機械裝置能夠間歇傳遞力量。有些機械含有行星齒輪，就是小齒輪被外圍大齒輪帶動著。這是除了安提基特拉機械（Antikythera Mechanism，被設計用來計算天體位置的一個古希臘機械裝置）之外，已知最早對這種複雜傳動的描述。據說李奧納多·達文西曾研讀過這本書，它存放在佛羅倫斯的老楞佐圖書館（Biblioteca Medicea Laurenziana）。簡單的齒輪已被應用在磨坊和水力升降設備，但這是已知第一個案例將複雜齒輪用來傳輸高轉矩。這種齒輪在歐洲首見於喬凡尼·德丹第（Giovanni de Dondi）在 1365 年製造的天文鐘，但這些不可或缺的傳動機械在十六世紀初期

以前鮮少被使用。

▎醫療注射器
—約西元 1000 年—
阿爾瑪·伊本·阿里·毛斯里，活躍於西元 1000 年，伊拉克與埃及

身為眼科醫學的創立者，阿爾瑪·伊本·阿里·毛斯里（Ammar ibn Ali al-Mawsili）發明了早期的注射器。羅馬時期已有使用最早的活塞注射器，羅馬人賽勒斯（Aulus Cornelius Celsus）在其著作《醫術》（De Medicina）中提到它用於治療併發症。這部著作直到 1478 年才付印出版，隨後變成像標準教科書一樣重要。九世紀時的醫師兼譯者胡奈因·伊本·伊斯哈格（Hunayn ibn Ishaq）寫了眼科學方面的專著，其中包括《眼睛的十篇專論》（Ten Treatises on the Eye），展現的知識比我們當今所知希臘—羅馬的著作更為進步。另一本眼科手冊涵蓋了 130 種眼睛疾病，作者阿里·伊本·伊薩·卡哈爾（Ali ibn Isa al-Kahhal，歿於 1010 年）是巴格達的執業醫師。同一時期的阿爾瑪·伊本·阿里·毛斯里原本從伊朗來到巴格達，但後來遷往埃及。他在這裡將眼睛疾病的專論奉獻給法密德王朝 966 年至 1020 年的統治者哈金。毛斯里論述了 48 種疾病、一些臨床病例及其適用的手術器材，其中包括一種白內障空心針，他聲稱可以用它抽吸移除

白內障。這種空心玻璃管被後來的眼科醫師提起過，據說在 1230 年左右曾有人目睹眼科醫師伊本‧阿比‧烏賽比哈（Ibn Abi Usaybiáh）用空心管吸除白內障做治療。

▌結紮、手術羊腸線和 OK 繃
—約西元 1000 年—
阿爾布卡西斯，西元 936 年— 1013 年，西班牙安達魯西亞

阿爾布卡西斯（Abū al-Qāsim Khalaf ibn al-Abbas Al-Zahrawi，拉丁文譯為 Abulcasis）介紹了超過 200 種手術器材。他描述如何結紮血管，用於縫合的羊腸線至今仍被採用。

阿爾布卡西斯是安達魯西亞的卡里發（穆罕默德繼承人）宮廷醫師，他寫作的 30 卷《醫學寶典》（Kitab al-Tasrif）被伊斯蘭和歐洲的外科醫師研讀超過五個世紀。這部作品內容囊括他超過五十年的學習成果。他的專長是用燒灼治療疾病，燒灼受損組織以閉合截肢處，防止失血和預防敗血性併發症等感染。在抗生素出現以前，處理許多疾病和創傷時其實沒有太多選擇。一般認為安布魯瓦茲‧帕雷（Ambroise Paré，1510 — 1590）率先在截肢手術中以動脈結紮取代燒灼，但阿爾布卡西斯是第一個描述血管結紮手術的人。他開始採用羊腸線做體內縫合，因為它會在體內分解而不用拆線。

產科醫學所謂的瓦爾氏體位（Walcher position）和處理肩關節脫臼的寇克法（Kocher's method）都是阿爾布卡西斯最早提出，比一般所知還早了數個世紀。阿爾布卡西斯是第一個人講

絆創膏（OK繃）
1830年，塞繆爾‧D‧格羅斯（Samuel D. Gross）醫師在一本費城的醫學期刊上說明他使用一種加藥的絆創膏治療骨折。1845年，新澤西洲的霍瑞斯‧H‧戴伊（Horace H. Day）和威廉‧H‧謝克（William H. Shecut）兩位醫師取得專利的絆創膏是塗抹溶解在溶劑裡的橡膠，湯瑪士‧奧爾科克（Thomas Allcock）醫師在販售時稱它為奧爾科克透氣藥膏（Allcock's Porous Plaster）。1848年，麻薩諸塞州的約翰‧帕克‧梅納德（John Parker Maynard）醫師發表的藥膏含有硝化棉溶解在硫醚裡的萃取液。它被塗在皮膚上用紗布蓋住。
1874年，在紐澤西州工作的羅伯‧強生（Robert W. Johnson）和喬治‧J‧席伯瑞（George J. Seabury）開發出一種含藥的橡膠絆創膏。1886年，強生創立自己的嬌生公司（Johnson & Johnson），在阿爾布卡西斯的發明之後將近900年，將自己產品稱為OK繃（Band-Aids）並且成功商業化。

述子宮外孕的致命情況，他提出的建議是拯救母親。他發明許多手術器材來移除身體異物或檢查器官。阿爾布卡西斯發現血友病是遺傳性，他甚至還做偏頭痛手術。他首創昇華和蒸餾的方式來調製藥劑，還提供藥物處方。列舉他著作中的一些創新發明有 OK 繃、刮匙、幾種新形式解剖刀、牽開器、手術鉤、手術棒、手術匙、口服麻藥、吸入麻藥、麻醉海綿、手術棉衣和手術羊腸線。

接觸性傳染病

—西元 1025 年—

阿維森納，約西元 980 年— 1037 年，波斯（現今伊朗）

阿維森納（Abū ʿAlī al-Ḥusayn ibn ʿAbdillāh ibn al-Ḥasan ibn ʿAlī ibn Sīnā，西方世界譯為 Avicenna）一位波斯化學家、神學家、數學家、哲學家、詩人、地質學家和天文學家，是伊斯蘭黃金年代最著名的博學之士，他的醫學專論成為當時全世界的參考對象。在他的 450 篇專論中，有 40 篇跟醫學有關。

他 14 卷百萬字的《醫典》（The Canon of Medicine）依循了蓋倫和希波克拉提斯的原理。全書分成五篇，第一篇討論生理學，第二篇檢視病理學和衛生學，第三篇和第四篇是關於治療疾病的方法，第五篇描述藥物成分與調配。它在十八世紀前是歐洲和伊斯蘭世界的標準醫學教科書。阿維森納被視為第一個正確記錄人類眼睛解剖學的人，還記錄說心臟含有一個瓣膜。

阿維森納似乎是第一個寫下接觸性傳染病的人，並建議用隔離來限制擴散速度。歐洲人駁斥他主張結核病是接觸性傳染病的說法，但後來發現他才是正確的。阿維森納導入實驗醫學和藥效測試。他領導新藥療效測試並制定原則，至今仍做為現代臨床試驗和臨床藥理學的基礎。威廉・奧斯勒（William Osler）稱阿維森納的著作是「至今最有名的醫學教科書之一」，提到《醫典》是「比任何其他著作佔據更久的醫學聖經地位」。

近世代數

—西元 1070 年—

奧瑪・開儼，西元 1048 年— 1122 年，波斯（現今伊朗）

阿維森納與海洋覆蓋的地球

「山岳的形成來自於石頭的成因，最有可能是黏結的泥土在長時間下逐漸變乾石化，經歷的時間我們無從得知。情況似乎是這適合居住的世界在早期並不適宜居住，實際上是浸沒在海洋底下。然後它一點一點暴露出來，在這過程中慢慢石化。」——阿維森納，《黏結與硬化的石頭》，1021—3年，E.J.霍尼亞與D.C.曼德維爾譯，1927年。

近世代數（modern algebra）的基礎造就了天文學和數學的躍進。我們認識的波斯詩人奧瑪·開儼（Ghiyath al-Din Abu'l-Fath Umar ibn Ibrahim Al-Nishapuri al-Khayyami，西方世界譯為Omar Khayyám）其實也是數學家、天文學家和哲學家。就天文學家而言，開儼似乎提出地球不是宇宙中心的說法，比哥白尼早了數世紀。他建造了一座天文臺，領導天文表彙編工作。1079年，開儼計算一年的時間長度為

365.24219858156天，精確度達到每五千五百年只誤差1小時。相較來看，我們今天採用1582年頒行的標準格里曆每三千三百三十年就有24小時誤差。他的曆法一直被採用到二十世紀，現今阿富汗與伊朗採用的伊朗曆仍以它為基礎。開儼曆法根據的是實際的凌日現象，所以相似於印度的曆法。每個月的時間長度從29到31天不等，依據太陽跨越黃道帶進入的區域而定。他著名的星表已經佚失，但許多觀念似乎已流傳給好幾世代的學者們。

第三世紀的亞歷山卓的丟番圖（Diophantus of Alexandria）被視為「代數之父」，但開儼毫無疑問大幅推進了這門學科。他的《代數問題論證》（Treatise on Demonstration of Problems of Algebra，1070年）讓他頂尖數學家的名聲響撤中世紀各國。這作品闡述了代數原理，波斯數學的這主要部分最終傳播到歐洲。特別的是，開儼推衍出的普遍方法不僅能解答三次方程，還可用在一些更高階的方程式上。他發現三次方程的幾何解法，可以參考三角函數表推衍出答案數字。這角度來看，開儼的著作可視為第一個系統性研究，並且得到第一個解答三次方程的正確方法。作品裡包括三次函數的完整分類，根據的是幾何學裡圓錐截面的曲線解法。這本著作裡的主要成就是開儼發現三次方程可以有一種以上的解法。他說解答三次方程需利用到圓錐曲線，用圓形和直線

的方法無法解答。這種不可能性在開儼
死後才七百五十年就被證明出來。

▌磁羅盤和真北

—西元 1088 年—
沈括，西元 1031 年— 1095 年，中國

　　博學之士沈括是第一個發現指南
針指的不是真北而是地磁北極的人。這
個決定性突破讓指南針在導航上更有
用。沈括隱居後完成他的著作《夢溪筆
談》。為了有助天文學方面的工作，沈

括改良了渾儀、日晷（將陽光影子投射
在刻盤上的指示器）和窺管的設計，還
發明新式的受水型漏壺。在數學方面，
他發展的「會圓術」與「隙積術」分

別為球面三角學與高階等差級數打下基
礎。中國在西元前 247 年發明指南針，
但這是不具磁性的「指南車」。指南針
出現以前，海上定位通常以目視陸標來
決定，另以觀察天體為輔助。指南針的
出現可在多雲天氣下保持航線，因此開
啟了地理大發現。

　　在《夢溪筆談》中，沈括描述了第
一個帶磁性的指南針，它能用來航遍世

四行詩

《魯拜集》（The Rubáiyát）
是艾德華‧費茲傑羅（Edward
Fitzgerald，1809—83年）翻
譯奧瑪‧開儼的詩選時所取的書
名。以下是最著名的詩句之一：
「帶著詩卷樹下坐，美酒麵包暢
飲啜，你在身旁歌聲起，堪比
天堂不為過！振筆直書不歇止，
你用虔誠與機智，也喚不回刪半
行，淚水難洗一個字。」

最早的古氣候學？

　　沈括在山區發現化石貝殼和海邊常見的小卵石，
因此推斷說山在遠古時代應該位於海平面。他在《夢
溪筆談》中提出陸地形態（地形學）的地質學假設，
根據的是內陸發現的海生化石和土壤侵蝕與泥沙沉積
的知識。他也提出氣候逐漸變化的假設。沈括曾在乾
燥北方看到被保存在地底下的竹化石，那地方在他年
代是不可能長出竹子。若要列舉這位卓越的「中國達
文西」所有發明、發現和成就，必然會遠遠超出本書
的篇幅限制。

界。沈括用懸掛的磁針做實驗，相較於磁性指向的北極而發現真北的概念。他寫到鋼針用天然磁石磨擦後會被磁化，於是可將它們懸吊起來或浮在水面。因為磁北與磁南和地理的真北與真南有偏差，領航員可以根據沈括發現的磁差調整航線。磁差變化很大，端看遠點距離地球磁場本初子午線有多遠。如今各區域的磁差會標示在海圖上，讓地圖在指南針輔助下可以對正真北。除了讓海員在海上能正確估算，沈括說最好用 24 方位圖取代舊有的基本八方位。這意見在不久之後就被採納，後來被擴增到 32 方位以取得更精確指向。大約一百年後，亞歷山大・內克卡姆（Alexander Neckam）記載了西方第一次提及的磁性指南針，年代是 1180 年左右。

▎鐘樓和鏈條傳動
—西元 1092 年—
蘇頌，西元 1020 年— 1101 年，中國

這是第一座可靠的機械鐘，它的動力傳送裝置在後來被發現應用在工業革命中。中國佛教僧侶蘇頌發明這裝置去驅動用於占星（預測皇帝未來）的天文模型。蘇頌的水運儀象臺有 10.6 — 12.2 公尺高，最上層是一個動力驅動的渾儀，用於觀測天體。滴水推動的樞輪經由蘇頌發明的鏈條傳動裝置傳送動力。第二層是展示天象的青銅圓球（渾象），與上層的渾儀同步運轉。位於中央的樞輪有 36 個水斗，它們相繼撥動一個槓桿往前推動一套齒輪與平衡系統。一個極有效率的擒縱機構將動能從擺錘傳到齒輪，這系統領先了歐洲兩百年，一行（西元 683 — 727 年）在以前就用過這種擒縱機構。水車的水斗接盛從漏壺滴落的水。漏壺這裝置從碩大不適於傾倒的容器汲水，利用空氣壓力原理從一個容器送往另一個容器。（後來開發的手動擒縱機構讓鐘變得更精準）。蘇頌三層鐘樓的最下一層是機械操作的人體模型（自動機械），每天固定時間會從機械開啟的門出來擊鼓敲鐘搖鈴，然後又回到門後面。

鐘樓裡的天梯是已知最古老的環狀鏈條傳動裝置。這裝置傳送樞輪的動力去轉動球儀和帶動時鐘。傳動帶可以把機械動力從一個地方傳送到另一個地方，它們在中國已被使用數千年，但通常容易發生拉伸和滑移的現象。蘇頌也用傳動帶把水車櫃的樞輪動力傳送出去，但這環狀鏈條在環節上有孔洞，會從扣鏈齒上通過。水運儀象臺的使

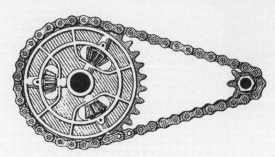

用說明和設計圖解記載在《新儀象法要》，蘇頌寫作於 1092 年並在 1094 年付印。蘇頌發明的鏈條傳動系統搭配固定的一套扣鏈齒運作，至今仍可在腳踏車和摩托車上看到，自從賈奎茲·迪沃康松（Jacques de Vaucanson）於 1770 年應用在繅絲和推動磨坊開始，它就成為一項重要的技術。J·F·特雷茲（J.F. Tretz）率先在 1869 年將鏈條傳動裝置應用在腳踏車上。

▍三田輪作制
—約西元 1100 年—
歐洲

這是歐洲從中世紀到十九世紀的主要農耕方式。這種農業形態代表生產技術的決定性躍進。在先前的兩田輪作時，每季一塊田播種耕作，另一塊田休耕（讓土壤休息恢復土力）。輪耕帶來的好處是避免伴隨特定作物的病蟲害加劇，而且不同作物需要不同的土壤養分。在三田輪作中，只有其中一塊田處於休耕。秋季時，一塊田用來種植小麥、大麥或黑麥。到了春季，另一塊田種植燕麥、大麥和夏末採收的豆類。豆類（豌豆、扁豆和蠶豆）會提升土壤的固氮能力，同時還可當做人類食物。春季耕作需要夏季的豐沛雨量，這在北歐尤為顯著，每年可收穫兩次並降低作物歉收與饑荒的情形，春季耕作的剩餘燕麥也可提供馬匹飼料。自從引入加墊的馬頸圈後，務農時又可以用馬來代替牛。

在 1940 — 1970 年代的綠色革命中，世上許多地方的傳統輪耕施作都被替換，改為透過化學肥料的追肥方式補充土壤天然的化學養分，例如添加尿素或硝酸氨，或者用石灰恢復土壤的酸鹼值。其他創舉還包括發展高產量的穀物改量品種、擴大灌溉建設、管理技術現代化、雜交種子的散播和改良殺蟲劑。農業生產從 1960 年代開始就已顯著提高。這重要的成果來自人們持續研究如何提高全球產量，加強特定作物的土壤養護，並經由種植與收穫的單純化減少土地閒置和低效利用。

三田輪作轉為四田輪作

英國農業家查爾斯·湯森（Charles Townshend，1674—1738 年）推廣四田輪作制。這種輪作（小麥、大麥和根莖類蔬菜，例如蕪菁和苜蓿）可以種植一種飼料作物和餵養家畜一整年的放牧作物。（西歐大多地區雨量充足，不僅一年大部分時間能在牧地放養牛羊，最多還能種植三種作物收割做為冬季備糧）。這就免除土地每三年的休耕而提高生產力。新的輪作制成為英國農業革命的關鍵發展。

醫學上的身心關係

—約西元 1180 年—

邁蒙尼德，西元 1135 年— 1204 年，西
班牙多哥華

這位西班牙的猶太拉比（智者）
是一位卓越的哲學家，也是中世紀最
偉大的律法學者與醫師之一。他被撒
拉森人的領導者薩拉丁（Saladin）指定
為私人醫師，但謝絕擔任理查一世的醫
師。邁蒙尼德（Maimonides）知道殘忍
的理查一世率領的第三次十字軍東征也
要討伐以色列的猶太人。（理查對英國
的猶太人屠殺事件應負責任）。邁蒙尼
德在哲學與猶太教方面影響最深的三部
作品是《密西那評述》（Commentary
on the Mishneh）、《密西那—托拉》
（Mishneh Torah）和《解惑指引》
（Guide to the Perplexed）。他也寫了十
部醫學著作，從阿拉伯文譯成拉丁文後
流傳整個中世紀。邁蒙尼德的提綱成為
中世紀醫師的系統性醫學指南。它們傳
遍歐洲文藝興城市，例如波隆那、威尼
斯和里昂，並成為醫學知識在時代交替

中的傳遞來源。

邁蒙尼德描述許多疾病的病徵、
診斷、病理和治療，包括中風、糖尿
病、肝炎、肺炎和氣喘。他認為治療疾
病要移除潛在原因。邁蒙尼德提倡用衛
生、新鮮空氣、清潔飲水、運動和健康
飲食來預防疾病。他認為人的身體健康
與心理健康息息相關。他對身心關係的
描述是原創觀念，不是從前人得來。關
於健康身體裡的健康心理這番哲思被
他積極發揚。西德尼、布洛赫（Sidney
Bloch）在 2001 年的《刺胳針》期刊裡
寫著：「身心醫學，尤其是第二次世界
大戰後精神分析學者所倡導的，都應該
要感謝邁蒙尼德；實際上，他堪稱最早
的身心醫學家。」不像他的同儕，邁蒙
尼德敢去批評前人著作，例如蓋倫和希
波克拉提斯。他自己的發現是依據嚴格
的科學實驗、觀察和說明。

平衡錘拋石機

—西元 1187 年—

馬迪·本·阿里·塔蘇西，活躍於西元
1187 年，敘利亞

聖費亞科，痔瘡患者守護神

聖費亞科（St Fiacre，歿於670年）是愛爾蘭修道士，他旅居法國並建造一處靜修
花園。他為痔瘡所苦，但某天坐在一顆石頭上就治癒了。痔瘡和任何瘻管病症在中
世紀被稱為聖費亞科病。聖費亞科之所以遭到婦女嫌惡據信是他也被稱為性病患者
守護神。費亞科因此被公認為痔瘡、瘻管和性病患者的守護神，但他主要讓人想起
的是植栽食物與藥草守護神，同時也是園丁守護神。他還是計程車司機、製箱者、
種花者、製襪者、白鑞器工匠、造磚者、耕童和不孕者的守護神——總的來說是個
繁雜的頭銜。針對痔瘡，邁蒙尼德不同意他那時代的標準療法。取代外科醫師的切
除或灼燒，邁蒙尼德推薦的療法是當今最普遍的坐浴（坐在浴盆裡浸泡臀部）。

塔蘇西（al-Tarsusi）的寫作中有一篇為薩拉丁寫的軍事專論，它有個振奮人心的標題是「為智者報告如何在戰鬥中避免受傷；並說明如何使用有助於會戰的設備和器械。」在專論中，他讓我們見識到第一個平衡錘拋石機，使得攻城戰爭因此改觀。（拋石機是一種投石器，它的運作是利用高處落下的平衡錘能量拋出投射物）。塔蘇西說這種拋石器的投擲力量等於 50 個人拉動的牽引式拋石器，因為「（重力的）力量固定不變，而人在拉動時的出力不一」。他的攻城器械不同於早先的牽引式拋石機（大約發明於西元前四世紀）要由一組人去拉拋投射物，反而是利用一個平衡錘。最早的平衡錘拋石機能投擲高達 160 公斤的投射物，以高速衝進敵人堡壘和防禦城市。

人類或動物的病死屍體也會被拋過城牆，這可以打擊敵人士氣或有可能造成疾病感染。最受歡迎的消遣就是把俘虜砍下的頭拋過防線。據信最早的平衡錘拋石機用在第一次十字軍東征時，可能被拜占庭人和十字軍用於 1097 年的尼西亞圍城戰上。尼西亞的防線上有 200 座塔樓，土魯斯的雷蒙德四世用一臺攻城武器損壞了貢那特塔樓。薩拉丁在 1187 — 1188 年時用 17 臺攻城武器試圖從十字軍手中奪下泰爾城。這些新型重力器械被英國理查一世和法國腓力二世帶領的第三次十字軍東征用在阿卡圍城戰（1189 — 1191 年）。巨石瞄準了城

牆，最後導致城市陷落。塔蘇西畫出第一幅平衡錘拋石機的圖像，很快就傳遍伊斯蘭和歐洲世界。然而，他描述它們是「沒有信仰的器械」，推測是十字軍已先發明這些器械。在火砲出現以前，拋石機是拿下敵營最重要的攻城器械，被發展到可以投擲超過一噸的重量，或者一次裝載多個物體。1147 年的圍攻里斯本，兩臺拋石機投射速率是每 15 秒一

獨自發現的零

另一個文明也發展出包含零的位值記數系統，那就是中美洲的馬雅人，他們居住在現今墨西哥南部、瓜地馬拉和貝里斯北部。他們的文明在西元250至900間達到高峰。至少在665年時，馬雅人有使用二十進制位值記數系統和一個代表0的符號。然而他們使用零可追溯到更早以前，還沒採用位值記數系統的時候。對某些人來說，這意謂著南美洲可能曾有腓尼基人或其他早期旅者定居在此。

發，平均拋射距離超過 1000 英尺（305 公尺）。

零

—西元 1202 年（《計算之書》出版年份）—

費波那契（比薩的李奧納多），西元 1140 年—1250 年，義大利

如果沒有零的概念，現代物理學和數學就不會有進展。然而，零有兩種非常不同的用法。一種用法是在我們的位值記數系統中做為空位符號。於是像 7035 這數字，因為有零才讓 7 和 3 處於正確數位上。我們知道 735 完全是指另一個數字。在大約西元前 700 年的尼羅河庫施（Kush）文明，零的符號像三個勾，這數字寫成 35 ددد 7。西元前 400 年左右的巴比倫楔形文字刻寫板上，我們看到用兩個楔形符號來表示 7035，寫起來就像 7△ △35。零在這些用法中是被當成某種標點符號。在巴比倫，末位數是零的 70350 同樣可記為 7△ △35△ △。希臘在西元前 400 年左右開始發展他們的數學，大約就是巴比倫將零當做空位符號的時候。然而我們今天知道希臘人沒採用位值記數系統。早期希臘數學奠基於幾何學，數學家不需指定他們的數字，因為他們把數字當線段長度來處理。需要指定數字以便記錄的是商人，不是數學家，所以不需要另一套標記法。然而，有些天文學家需要

標記零來記錄資料，於是開始用符號 0 做空位標記。

然而，零的第二種用法就是做一個數字，我們寫做 0，是 -1 和 +1 之間的整數，介於一個負單位和一個正單位之間。今天的數字和記數系統誕生於印度。雖然無法確定它在古代的意義，但我們知道零做為 -1 和 +1 之間的數字是西元 650 年時的印度數學一部分。印度人也用位值系統，零被用來表示一個空位。婆羅摩笈多（Brahmagupta，598 — 670 年）在七世紀時嘗試提出包含零和負數的算術規則。他解釋說給定一數，用它減去自己會得到零。他提出以下包含零的加減法規則。零和一個負數的總合是負數，正數和零的總合是正數，零和零的總合是零。零減去負數是正數，零減去正數是負數，負數減去零是負數，正數減去零是正數，零減去零是零。他也說任何數與零相乘得到零。他是我們所知第一個將算術延伸到負數與零的人。

印度數學家的傑出成果後來向西傳到伊斯蘭與阿拉伯數學家。伊拉克的花拉子米（al-Khwarizmi，約 790 — 850 年）在《印度計算法》（On the Hindu Art of Reckoning）描述，印度人的位值記數系統基礎是 1、2、3、4、5、6、7、8、9 和 0。印度數學觀念傳到伊斯蘭國家的同時也向東傳到中國。印度—阿拉伯記數系統和歐洲數學的重要連結出自義大利數學家費波那契（Fibonacci）

費波那契數列

　　費波那契數列（Fibonacci Numbers，或稱費氏數列）是由連續的前兩個數字相加得出下一個數字的數列，也就是0、1、1、2、3、5、8、13、21、34、55、89、144、233、377、610、987、1597……。

　　這數列具有驚人的特性，可以發現它潛藏在植物、果實、種子穗、松果、葉子排列等等自然結構裡。例如，花朵只依照費氏數列生長。樹枝以費氏數列模式環繞樹幹長出。這數列構成的比例也很重要。費氏數列中的後數除以前數得到的比例幾乎相同，例如34/21＝1.619047619；55/34＝1.617647059；還有89/55＝1.618181818。

　　費氏數列的比例又被稱為phi（φ），就像pi（π，圓周率）一樣是個無理數。它不會得出確切數值，但非常接近1.61803398874989，數學上可表示為（$\sqrt{5}$ + 1）/2。phi也被稱為黃金分割，歐幾里德提到它時稱之為「分割線段的中末比」。如果劃分線段時的長線段是短線段的phi倍（約1.62），那麼它就是依黃金分割劃分。

　　黃金矩形是指它的長寬比是黃金比例，也就是長邊約是寬邊的1.62倍。黃金矩形和黃金分割在藝術與建築中特別重要。黃金比例普遍用在日常設計中，例如明信片、紙牌、海報、寬屏電視、照片和電燈開關面板。相關的數列也應用在金融交易市場和交易演算、工具與策略上。常見的有費波那契回調、費波那契時間擴展、費波那契弧形線和費波那契扇形線。

的《計算之書》（Liber Abaci）。費波那契描述印度—阿拉伯的數字與十進制位值系統如何表達我們今天使用的數字，並且詳細說明如何用它們計算（一個被稱為算法（algorism）的程序，後來變成現代的演算法（algorithm））。費波那契自己經常提到的是「印度」數字，但後來的作者採用「印度—阿拉伯」一詞，再後來就成了「阿拉伯」。他在著作的開頭陳述：「這是印度的九個字形：987654321。這九個字形再加上阿拉伯人稱為無（zephirum）的0符號，就可寫出任何數字並加以論證。」（我們命名zero實際衍生自阿拉伯文的sifr，它同時衍生出cipher

（密碼）這個字。）然而，記數系統和零的採用在歐洲推行得十分緩慢。吉羅拉莫・卡爾達諾（Girolamo Cardano，1501 — 76 年）在他的《大術》（Ars Magna）一書中解決三次方程和四次方程時沒用到零，因為零還不是他數學的一部分。直到 1600 年代，零才變成廣泛使用。

▌曲軸，凸輪軸和抽水幫浦
—西元 1206 年—
加扎利，西元 1136 年— 1206 年，傑吉拉，上美索不達米亞

　　曲軸（crankshaft）能將旋轉動作轉

為直線往復動作，反之亦然，它被應用在大量機械中，例如蒸汽機和內燃機。沒有曲軸和凸輪軸就不可能發生工業革命。阿拉伯博學之士加扎利（Abū al-'Iz Ibn Ismā'īl ibn al-Razāz al-Jazarī）因其著作《精巧機械裝置的知識書》（Book of Knowledge of Ingenious Mechanical Devices）而聞名，他在書中描述了50種裝置並說明如何製造它們。他描述了木材集成、閥門座與閥門栓的研磨、利用砂模的金屬澆鑄、一種擒縱機械置、水車磨坊、密碼鎖等等。書中有五種機械用來抽水，裡面結合了他最重要的觀念和元件。曲柄—裝在手動旋轉研磨器上偏離中軸的手柄—首見於西元前五世紀的西班牙。我們後來看到它跟連桿機構出現在三世紀的羅馬鋸木廠中。

加扎利發明了一個早期曲軸，將曲柄連桿（軸）機構結合在他的雙缸活塞抽水幫浦裡，也用在他的鏈幫浦上。牛隻提供動力帶動活塞幫浦抽取井水灌溉。這是抽水幫浦的由來。他的另一個發明是水力推動的鏈幫浦，用在城市供水系統上。今天的曲軸基本上和加扎利的設計並無二致。

　　凸輪是機械連杆中一個旋轉或滑動的元件，能將旋轉動作轉成直線動作，反之亦然。它通常是外形不規則的旋轉偏心輪或軸的一部分，在環形路徑上觸擊一根槓桿的一或多個接觸點。凸輪可

以是一個簡單的鈍齒，例如用來傳遞脈衝力量給蒸汽鎚，或者是偏心盤或其他形狀，只要能夠讓從動件產生平穩的往復運動。從動件是一個和凸輪連動的槓桿。軸（或圓柱）上面附有凸輪的凸輪軸被加扎利用在他的自動機械、水鐘和抽水機械。他的自動機械裡有一個倒酒女僕，還有一個結合現今馬桶沖水裝置

的洗手自動機。他的凸輪與凸輪軸直到十四世紀才出現在歐洲。凸輪軸被用在今天的內燃引擎裡連結了正時皮帶，能夠精準控制燃油噴入和廢氣排出以配合燃燒室的燒燃。

▎扣眼
—約西元 1235 年—
也許是阿拉伯人發明，首見於德國文獻

　　鈕扣的出現貫穿了人類大部分歷史，它們在十九和二十世紀成為繫合衣服的通用方法，但因為有扣眼的發明才

77

讓它們普及化。最早證據來自十三世紀的德國雕像，短外套上從脖子到腰部有有六個鈕扣。鈕扣有兩種形式；有腳鈕扣在背面有個凸起可用來縫住鈕扣。鈕扣腳越深，它就能繫得越牢固。後來的四孔鈕扣就無法像有腳鈕扣般具有裝飾的可能性，因為它的四個縫線孔在中央。原始人用荊棘或皮筋把衣服縈起來，有時也有用到骨針。人類開始使用金屬後就出現金屬別針和扣環。鈕扣起初被當做裝飾品而不是扣件，已知最早的鈕扣大約有五千年歷史，它用弧形貝殼做成，發現於印度河流域。有些鈕扣被雕刻成幾何形狀，上面有鑽孔，可用線或皮筋繫在衣服上。在中國的青銅器時代遺跡（約西元前 2000 —前 1500 年）中，鈕扣被發現用來裝飾腰帶和其他金屬製品。埃及人繫腰帶，還用領針或扣環把衣服固定好。希臘人與羅馬人被認為真正用鈕扣繫合衣服，然而是扣在布環上。

大約西元 1250 年，巴黎的教區長立法管理法國的手工業行會，其中包括鈕扣製造業行會。因為扣眼的發明，他們製造的正是現在所指的鈕扣，也許扣眼是十字軍從中東返回時引進歐洲。這發明對服裝樣式有很大衝擊，因為布料現在可以交疊扣住。鈕扣因為外形合身的服裝興起而迅速遍及歐洲各地。

然而，鈕扣主要仍做為裝飾品。大部分服裝依然用繫帶或鉤扣繫合，鈕扣直到十六世紀後半才成為服裝正規的繫合方式。大部分鈕扣都很小，但大約經過一個世紀後，它們變得更大而且華麗，經常用珍貴的金屬和寶石做為地位與財富的象徵。法王法蘭索瓦一世（Francis I，1494 — 1547 年）在一件服裝上就有 13,600 顆金鈕扣。

在美國獨立戰爭期間，華盛頓軍隊制服上縫的鈕扣都進口自法國。因為 1812 年的英國封鎖行動，康乃狄克州的亞倫‧本尼迪克特（Aaron Benedict）買了數以千計的黃銅罐與平底鍋當原料，在自己的輾軋廠生產鈕扣，於是開啟了美國的鈕扣製造業。經過工業革命的大量生產，鈕扣在女性服裝上流行起來，但她們的服裝仍用衣帶和鉤子固定。英國成為鈕扣製造的世界領導者，男性的四孔鈕扣成為常態。第一次世界大戰後，鈕扣在「男性化」的合身女裝上變得大為普遍。有了便宜的穿戴首飾，對華麗有腳鈕扣的需求就消失了。拉鏈開始取代鈕扣的功能，例如用在男性長褲和女性束腰長衫的開襟。魔鬼氈也是一種新的替代品，適用於手指行動不便的老人或病患，或者想要快速扯脫而不傷衣服。

鈕扣和拉鏈的市場壟斷

1980年，中國東莞市橋頭鎮的三位兄弟建立起橫掃市場的鈕扣公司。歷經二十五年，我們穿在身上的拉鏈與鈕扣幾乎都產自這城鎮。從2006年以來，世上60%的鈕扣來自橋頭鎮，每年從700間家庭工廠大量產製一百五十億顆鈕扣。這城鎮自豪說他們有1300間鈕扣商店，販售1400種不同鈕扣。他們每年也製造2億公里長的拉鏈。買家來自全世界，受到一條拉鏈不到一便士的便宜價格吸引。城鎮每天裝運超過兩百萬條拉鏈，他們是中國在國際拉鏈市場80%佔有率中的最大供應地。此外，江蘇杭集鎮是全球牙刷製造中心，浙江嵊州市是全球領帶批發中心，掌起鎮製造廉價打火機，溫嶺市則是製鞋中心。這些製品掛著西方知名品牌銷售到全世界。附近的義烏市是全球最大製襪中心。浪莎是全球最大製襪廠，每天紡製的五百萬雙襪子大部分都出口到國外。

▌爆炸武器

—約西元 1370 年—

焦玉（活躍於 1350 年）與劉基（1311 年 — 1375 年），中國

中國的軍事技術在十二世紀之後領先世界各國。兩位軍事家焦玉和劉基協助建立了明朝（西元 1368 年－1644 年），推翻蒙古人的元朝。他們寫的火器專論《火龍經》讓我們見識到十四世紀中葉的中國軍事技術。書中包括火槍、手榴彈、地雷、水雷、火砲、爆炸砲彈、火箭、毒焰噴射器、手槍、兩段式火箭和毒氣。

以火藥為基礎的「火」器最早在宋朝（西元 960 年－1279 年）就有使用。火槍和火筒是結合長槍與噴火管，《火龍經》中描述了許多不同製造方法，最早是在十世紀用竹筒製作。到了十二世紀，火槍和火筒用金屬製成。有些火器會射出散彈般的群箭，有些低硝火筒用了例如砒霜的有毒混料。已知最早的青銅手槍可追溯至 1288 年，手槍和射石砲據悉就曾用在當年戰爭中。射石砲是大型前膛加農砲或臼砲，用來發射石頭砲彈。

已知最早的砲身設計可在一幅溯及 1128 年的石雕上看到，也許是一門射石砲，而最古老的青銅火砲年代是 1298 年。1341 年，張堅寫道：「砲彈擊中人或馬時穿心透腹，甚至一次能射穿好幾個人。」焦玉稱它為青銅「猛火炮」。

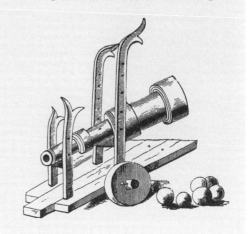

有些火砲能裝彈百枚，可造成爆炸性衝擊，他稱之為「百子連珠炮」。中國人已學會在中空鑄鐵砲彈殼裡填充火藥，擊中敵人目標時可產生爆炸效果，歐洲在十六世紀以前還不知道這種發明。《火龍經》裡稱為「毒霧神煙炮」的是將發出濃煙或毒氣的火藥填入彈殼，燃燒後會讓敵人窒息。在十二世紀，有一種火藥配方會散發 400 碼（365 公尺）的火石（石彈）。每門火砲有自己的載具，所以能旋轉自如。

地雷被用在 1277 年宋朝抵禦進犯的蒙古人。它們用鑄鐵製成，當敵人動作干擾到觸發機構就會引燃導火線。插梢釋放裝置落下的重量會轉動一個鐵輪，它就像打火石點燃地底下的導火線。水雷是利用燃燒緩慢的香柱偽裝成浮木，算準時間炸沉敵人船隻。各種火藥有不同的用途，手榴彈可以用手或投石器投擲。有些炸彈和手榴彈填充數百片碎瓷片和鐵粒，塗抹排泄物、尿和有毒植物萃取物、鹵砂等等，使得躲過爆炸的倖存者中毒。

縱火箭在火藥發明後就曾使用；它們綁著火藥點燃後用弓或投射機射出。然而在《火龍經》的年代，它們就像火箭，是南宋（1127 — 79 年）的一項發明：「使用竹枝四呎二吋（127 公分）長，前設鐵製箭頭 4.5 吋（11.5 公分）……於翎之後裝 0.4 吋（1 公分）

重鐵。前端設一紙管纏住箭身，內填發射火藥。發射時置於龍架，或有其他適合之木管、竹管置於其中。」《火龍經》讓我們看到的發展是火槍與火箭發射管整合為一，成為一種手持火箭發射器。

▌印刷機
—約西元 1436 年 － 1440 年—
約翰尼斯‧古騰堡，西元 1398 年— 1468 年，神聖羅馬帝國美因茨（德國）

印刷機改變了通信交流，並加速歐洲各地的學習與發展。古騰堡（Gutenberg）是一位鐵匠和金匠，他的發明被普遍視為十到二十世紀中最重要的單一事件。它是文藝復興的關鍵時刻，艾森斯坦（Eisenstein）稱他為中世紀社會轉變中的「變革促進者」，並且點燃了「印刷革命」。

雖然中國在 1040 年左右發明了活字印刷術，古騰堡是歐洲第一人使用活字印刷術，而且發明了第一臺印刷機。他的機械裝置包含一臺為印刷而修改的木製農用螺旋壓力機，每天能印刷 3600 張。它是手動印刷機，將油墨滾過裝在木框裡的手排凸字塊，再將木框壓印在一張紙上。他發明了活字大量印刷的流程，還發展出一種油基墨水。壓印、新油墨和活字塊（原本是木刻字塊，後來是金屬字塊）的組合是第一種實用系

統，不但可以大量生產印刷書本，又讓印刷者與讀者都能負擔得起。標準化的活字印刷文件代替了手寫原稿和當時歐洲出版書籍使用的雕版印刷，讓歐洲的書本製造被徹底改革。

到十六世紀初期，印刷機已在歐洲十多個國家超過200座城市裡運轉著，印製超過兩千萬冊書。1600年的時候，它們的產量據估已提升到一億五千到兩億冊，同時古騰堡印刷技術也迅速流傳到歐洲以外地區。消息相對自由的流通超越了國界，也促成當時文化素養、學習與教育的大幅提升。它讓革命性觀念在崛起的中產階級和勞動農民間傳播，撼動長久以來統治階級的權力壟斷。印刷書刊成了宗教改革迅速擴散的重要因素。接著開啟了大眾傳播的年代，它促進知識逐漸民主化，也催生了報刊的興起。現在書刊可散播對政治與宗教領導者的批評。

印刷在科學革命發展中扮演重要角色，也為現代以知識為基礎的經濟打下基礎。古騰堡主要的出版品是1455年的《古騰堡聖經》（也稱為《四十二行聖經》），它的高品質印刷受到讚揚。他與家鄉放貸的債主發生爭執後宣告破產並被流放。其成就到了離世前三年才為世人們了解。

古騰堡聖經

1920年代的一位紐約書商買到一本受損的古騰堡聖經，他把書本拆散分別賣給收藏家和圖書館。這些書頁現在每頁價值20,000至100,000美金，依照保存狀態和書頁內容而定。自從1455年以後，已知現存完整的古騰堡聖經只有21本。其中一本在1978年以兩百二十萬美金賣出，接著最後一筆交易是1987年以五百四十萬美金賣到日本，這是印刷書籍拍賣的空前紀錄。完整版本據估現在價值是兩百五十到三百五十萬美金，甚至更高。古騰堡不會知道這本用新技術印製的《聖經》實際上造成基督教世界的大分裂：「沒錯，它是一臺印刷機，但能湧出無盡清流……透過它，上帝能宣揚祂的話語。真理之泉將從它湧現；如同一顆新星將驅散無知的晦暗，帶來前所未知的光明照亮人間。」約翰尼斯·古騰堡，節錄自費德勒（W.J. Federer）的《美國的神與國家：語錄大全》，1994年。

第四章
文藝復興和科學革命

無限宇宙，橢圓軌道和其他有生物居住的星球

—西元 1440 年—

庫薩的尼古拉，西元 1401 年— 1464 年，神聖羅馬帝國貝恩卡斯特爾—庫斯（莫澤河谷，德國）

庫薩的尼古拉（Nikolaus von Kues）是已知第一個人斷言地球和太陽不是宇宙中心，以及行星軌道不是正圓形。這位德國樞機主教身為政治家、神學家、哲學家、數學家和天文學家，被認為是當時最有天賦與學識的人之一。他在梵蒂岡和神聖羅馬帝國之間的權力抗爭中扮演舉足輕重的角色。他也是第一個利用凹透鏡矯正近視的人，在數學領域有重要貢獻，還發展出無窮小量和相對運動的概念。尼古拉的成果是萊布尼茲發現微積分和格奧爾格・康托爾（Georg Cantor）研究無限集合的基礎。克卜勒、布魯諾、哥白尼和伽利略都讀過他的著作。尼古拉說宇宙不存在完美的圓。這駁斥了亞里斯多德的模型，也和後來哥白尼設想的圓形軌道不同調。然而，尼古拉影響了克卜勒假設行星以橢圓軌道環繞太陽的模型。他否定宇宙的有限性和地球的特殊地位，這對焦爾達諾・布魯諾（Giordano Bruno）影響甚鉅。他說地球並非宇宙中心，它的地位和其他行星並無二致。宇宙沒有邊界，太陽和它的行星只是眾多相似的星系之一。甚至還有其他星球居住了與我們能力相仿，或許還超越我們的理性動物。布魯諾因為追隨尼古拉的學說而遭宗教法庭判以火刑燒死。

尼古拉的著作影響文藝復興的數學與科學發展。他第一部也是最著名的作品《有知識的無知》（De Docta Ignorantia，西元 1440 年）是對有限與無限的華麗探討。這部影響深遠的論著也包含許多天文學和宇宙論的大膽推測，與傳統學說背道而馳。他主張地球不是宇宙中心，還說地球並非靜止不動，它的兩極也會游移。他早在克卜勒之前就論辯行星並非繞著圓形軌道運行：「世界機器不可能以可察覺的土、氣、火或任何其他東西做為固定不動的

庫薩的尼古拉、克卜勒和無限

　　尼古拉對無限這主題提出第一個現代化論述，「無窮大」就是「沒有比它更大者」。尼古拉說理智唯有透過隱喻才能探討無限。他推翻了亞里斯多德的形上學，為克卜勒鋪好道路。他將亞里斯多德奠基於例如圓等完美形式的宇宙論擱置一旁。在尼古拉的觀點裡，形式和運動的非一致性是促成宇宙被認知的條件。因為人類理智是靠「相對關係」認識所有事物，如果運動和形式是一致或「完美」的，人類將不可能認識這世界。他主張有形世界的所有運動和物質必然是非一致的：「因此結論是除了上帝之外，所有佔有空間的東西彼此相異。所以一個運動不能等同於另一個運動；一個運動也不能做為另一個運動的衡量基準，因為衡量基準必不等同於被衡量者。雖然這些點在看待無限數量的事物時很有用，然而若將它們轉換到天文學，你會明白計算方法缺乏精確性，因為它的前提是所有其他星球的運動可以參照太陽的運動做衡量……因為沒有兩個地點在時間與位置上是完全一致的，因此對星體的判斷在它們的獨特性上顯然完全不精確……」

　　克卜勒說尼古拉是受到「神的啟示」，並舉例尼古拉看待「直線」與「弧線」差異時的洞見，就是當「一個雕刻的多邊形愈像圓形時它的角就愈多……儘管它的角可以無限增加，也不會讓多邊形等同於圓形，除非多邊形變成圓形本身。」直線和弧線分屬不可比較的不同量值，所以尼古拉下結論認為宇宙是無限的，沒有中心，還有無限數量的恆星與行星。

中心。因為運動之中沒有完全的最小量，例如一個固定中心……雖然世界並非無限，但它無法被察覺為有限，因為沒有一個將它包圍在內的界限……因此，就像地球不是世界中心，恆星所在的球面也不是世界的邊界。」

　　因為宇宙是無限大，尼古拉論證說它根本沒有唯一的中心，因為任何一點都可被視為中心。於是他在宇宙論思想中引進空間觀察點的主張：「因為觀察者不論位於地球、太陽或其他星球上，總像站在一個固定中心而其他東西都會移動，不論位於太陽、地球、月球、火星或其他星球，他總會相對於自己位置而選擇不同極點。於是，你可以說世界機器的中心無所不在而邊界無處存在，因為它的邊界與中心就是上帝，祂才是

無所不在而又無處存在。」尼古拉的宇宙並不是以太陽為中心的有限體系，而是沒有中心的無限體系。

▌創新機械

—西元 1495 年—

**李奧納多・達文西，西元 1452 年—1519
年，義大利佛羅倫斯、米蘭和羅馬**

　　李奧納多・達文西被稱為「多才多藝的卓越天才」。他精通繪畫、建築學、解剖學、雕刻、音樂、幾何學、科學和工程學。許多在工程學、流體力學、光學、土木工程和解剖學上的進步都歸功於他。李奧納多從 1495 — 1499年開始在威尼斯擔任建築顧問，成為切薩雷・波吉亞（Cesare Borgia）的軍事

比爾‧蓋茲的達文西交易

《萊斯特手稿》（Codex Leicester）是李奧納多‧達文西一份包含大量科學作品的手稿，其名稱源自1717年買下它的萊斯特伯爵。它是李奧納多最有名的日誌，西元1980年時被工業家阿曼德‧漢默（Armand Hammer）買下。1994年的時候，美國商業鉅子比爾‧蓋茲在拍賣會上以三千零八萬美金買下手稿，使它成為史上賣得最貴的書籍，他後來將手稿改名為《萊斯特手稿》。這手稿每年在世界各地不同城市公開展示一次，現在它的價值約在一億美金左右。

工程師，然後回到佛羅倫斯，在這裡完成了〈蒙娜麗莎〉畫作。李奧納多時代的藝術家和工匠知道如何建造和修復常見的機械，但他們都沒發明新機械的構想。然而，菲利波‧布魯內萊斯基（Filippo Brunelleschi，西元1337年－1446年）在1425年左右建立直線透視法則，給了李奧納多和其他人一個強大的工具，可用逼真的方法描繪出機械裝置。李奧納多開始寫下第一個關於機械

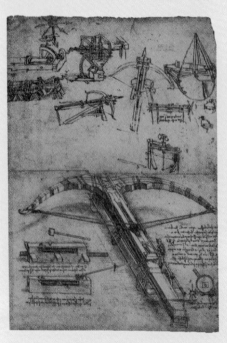

運作的系統性說明，還包括各個機械元件要怎麼組裝。他認為只要理解每個零件的運作方式，自己就能修改它們，而且用不同組合方式來改良現有機械，或者創造出前有未見的新發明。

他寫下《筆記》（Notebooks）五百年後，留存一萬三千頁手稿中的素描與技術製圖還可被拿來當做藍圖，製作出完美運作的模型。李奧納多的日誌裡記述大量的發明與構想，包括坦克、吊掛滑翔翼、計算機、直升機、引擎、雙殼船、太陽能、飛行機器、樂器、液壓幫浦、降落傘、有穩定翼的砲彈殼、蒸汽砲和可逆曲柄機構。他的《筆記》展現文藝復興工藝的豐富性，孕育了後來的科學革命。他在例如〈蒙娜麗莎〉和〈岩壁聖母〉這兩幅繪畫作品中對光線的處理，從此改變藝術家理解媒介的方式並應用在他們的繪畫裡。

他的發明中逐漸變成普及實用的是透鏡研磨機、測試纜線抗拉強度的機器和自動捲線器。他對人體解剖學的研究促使他在1495年左右設計出第一個已知的機械人，這個人形自動裝置現在被稱為李奧納多機器人（Leonardo's

今天的機器人

機器人以往被稱為「自動機械」（automata）。機器人（robot）這名詞可追溯至1921年，捷克作家卡雷爾‧恰佩克（Karel Capek）在他的劇作《萬能的機器人》（R.U.R，Rossum's Universal Robots）中，把可憐的農奴稱為「robots」，它們最後造成失業並導致社會崩潰。恰佩克的版本問世九十年後，機器人的興起已在加快腳步，這些機械現在能執行廣泛工作，從製造車輛到進行精細腦部手術。

Robot）。這個設計在 1950 年代被重新發現——李奧納多曾在斯福爾扎公爵的米蘭宮廷向他展示機器人，那是他開始畫〈最後的晚餐〉不久之前。藉由一系列滑輪與鋼索的操作，機械武士能夠站立、坐下、舉起頭盔和分別揮動它的雙臂。胸膛裡的一個機械裝置可以驅動並控制手臂，兩腿則由外部曲柄機構推動。根據設計重建之後的機器人仍可完整運作。史上第一個機器人則是加扎利製作的。

▌太陽系如何運行

—西元 1543 年—

尼古拉‧哥白尼，西元 1473 年— 1543 年，波蘭弗勞恩堡主教座堂

　　哥白尼出生於波蘭，到克拉科夫和義大利求學後，大半歲月都在波蘭北部弗勞恩堡（Frauenberg）主教座堂擔任教士。這位現代天文學締造者證明了太陽是我們太陽系的中心，在這過程中嚴重削弱了天主教會的權力。他暗自進行天文學研究，沒有他人的協助或諮詢。哥白尼在教堂周圍的護牆塔樓上觀察星空，那還是望遠鏡發明前一百年的時候。1530 年，哥白尼完成他重要的作品《天體運行論》（De Revolutionibus Orbium Coelestium），他聲稱地球繞著地軸每天旋轉一圈，繞著太陽每年運行一周。西方世界在哥白尼之前是相信托勒密理論—宇宙是封閉空間，被恆星所在的球面包圍住，在此之外空無一物。

　　托勒密的宇宙論說地球是固定、靜止、不會移動的團塊，位於宇宙中心，包括太陽和恆星的所有天體都圍繞著它。這理論是訴諸於人的天性，尤其是天主教會，他們相信地球和人們是由上帝創造並守護著。哥白尼提出太陽是太陽系中心的假說並非新的理論，阿里斯塔克斯也曾提出過，但當時天文學家仍相信亞里斯多德與托勒密的地心說或地球中心的模型。我們知道哥白尼曉得阿里斯塔克斯的主張，因為《天體運行論》原初草稿有留存下來。裡面有一段提到這位希臘人的文字被哥白尼劃掉，所以不能說他的理論具有原創性。哥白尼已知道每個行星的軌道週期是相關於太陽的年度。他也知道行星環繞太陽的正確次序，而且月球軌道是環繞地球。庫薩的尼古拉相信宇宙中心無所不在，

因為它是無限的。哥白尼也許擔心自己理論與他雷同，認為將太陽系視為萬物的中心比較容易說服教會。

然後在1543年出版完整的《天體運行論》，哥白尼就在這年去世。哥白尼從不知道自己著作造成多大爭論。1500年代，一些大學有教他的系統，但他的學說直到將近1600年才較為廣泛地擴散到學術界。義

然而，哥白尼是史上第一人結合數學、物理學和宇宙論，建立出完全整合的太陽系，反之托勒密是將各個行星分別處理。哥白尼延遲發表自己的發現，也許擔心教會領導人的反應，然後不斷修訂了將近三十年。不過，他著作的部分內容在一些天文學家之間流傳著。雷蒂庫斯（Rheticus）是一位二十五歲德國數學教授，他找上這位六十六歲的教士，讀了一份他的論文。原本只打算上門做客兩星期，實際上卻待了兩年，並說服哥白尼應該要拿出來發表。雷蒂庫斯在1539年出版一份哥白尼發現的摘要，

大利科學家伽利略和布魯諾因為相信日心說的宇宙論而被宗教法庭逮捕，布魯諾因為異教罪名被判火刑燒死。隨著第谷·布拉赫（Tycho Brahe）後來的觀察，結合克卜勒行星運動定律的數學計算，和牛頓的萬有引力定律與運動定律，哥白尼理論逐漸成為天體力學定律的基礎共識。《天體運行論》在1616年被梵蒂岡列為禁書，直到1835年才從名單移除。

伊甸園何去何從

「在我們所有的發現和見解中，沒有比哥白尼的學說更撼動人類心靈。這世界幾乎還沒被認出是個自足的球體時，它就被迫放棄做為宇宙中心的無上殊榮。或許人類從未接受過如此重大要求—因為承認這學說會讓許多事物煙消雲散！我們的伊甸園，那純潔、虔誠又美好的世界該何去何從？感官的證據，充滿詩意的宗教信仰，這些還有說服力嗎？難怪他那時代的人們不願就此罷手，對此學說提出百般阻撓，而改信它的人所認可與追求的是觀念自由和偉大思想，這些是前所未見，甚至做夢都想不到的。」——約翰·沃夫岡·馮·歌德（Johann Wolfgang von Goethe），西元1749—1832年。

望遠鏡和經緯儀

—約西元 1551 年（發表於 1571 年）—
倫納德・迪格斯，西元 1520 年— 1559
年，英格蘭

倫納德・迪格斯（Leonard Diggs）的第一本著作是出版於 1553 年《一般預測》（The General Prognostication），西元 1555 年增訂版是《良好效果的預測》（A Prognostication of Right Good Effect），然後 1556 年修訂版是《永恆的預測》（Prognostication Everlasting）。這些書大受歡迎，提高迪格斯的聲望，部分原因是他以英文寫作，而一般科學出版品是以拉丁文寫作。這些書是早期的年曆，附有天文學和占星術資料、教會活動日曆、好幾年的月亮盈虧、計時資訊和氣候現象，甚至還有放血指南。這位數學家兼測量員是推廣科學

的重要人物，他顯然也發明了折射式與反射式望遠鏡。他的兒子湯瑪士・迪格斯（Thomas Digges）是著名英格蘭天文學家，他為倫納德・迪格斯死後出版的測量教科書《幾何學練習》（Pantometria）寫序說：「他也許利用望遠鏡為自己幫了不少忙。我們子孫在這方面將會表現得更有技巧和更加熟練，達到比現今所能想到更宏偉的目標……我父親歷經持續辛苦的實驗（光學實驗），在數學證明的支持下，多次將相稱的鏡片以合適角度放在適當位置，不僅能夠看到遠方東西，讀出文字，用錢幣上的刻印數出金額，認出空曠丘陵上他的朋友，還能說出七英里外的私人土地上正發生什麼事……」迪格斯參與了 1554 年命運多舛的新教叛亂，由托馬斯・懷亞特帶頭反抗英格蘭新任天主教女王瑪麗一世。迪格斯被判處死刑，但其後被減刑，取而代之是沒收他的所有財產和土地。身無分文的他在餘生試圖恢復他的財富與名聲，最終死於 1559 年。這也許說明為什麼他的望遠鏡沒得到廣泛的承認和普及化。

迪格斯和經緯儀

倫納德・迪格斯在 1551 年左右發明了經緯儀，同時也發明並改良其他幾個測量員、木匠和泥水匠會使用的儀器。經緯儀這種精密儀器可以測量平面與立面的角度，主要用在測量。經緯儀（theodolite）這個字第一次出現是在 1571 年出版的《幾何學練習》這本書裡。

德國—荷蘭鏡片製造者漢斯·李普希（Hans Lippershey）被認為是第一個人實驗用組合鏡片創造出原始望遠鏡和雙筒望遠鏡。後來其他人宣稱發明這項裝置時，李普希在 1608 年向荷蘭政府提出專利要求。此要求遭到拒絕，因為政府認為這裝置不能被當做秘密。1609 年，伽利略學會李普希的裝置並製造自己的望遠鏡，最後將放大率提升到 20 倍。1611 年，約翰尼斯·克卜勒用的是兩片凸透鏡構成的望遠鏡，它的放大率極佳但影像是顛倒的。1668 年，牛頓被認為發明了反射式望遠鏡（取代了迪格斯），他用曲面鏡代替大透鏡來收集與對焦光線，解決了色差問題。

▌等號

—西元 1557 年—

羅伯特·雷科德，西元 1510 年— 1589 年，威爾斯屯貝

羅伯特·雷科德（Robert Recorde）出生於威爾斯的屯貝（Tenby）。他發明的等號（＝）徹底改變了代數，他的數學著作也在歐洲各地被翻譯閱讀。雖然身為英國宮廷醫師，但他更著名的是在天文學和數學方面的成就。1551 年，雷科德寫了《知識之途》（Pathway to Knowledge）這本書，被認為是歐幾里德《幾何原本》的摘要，還被稱為是「數學思想的里程碑」。它的確是第一版英文譯本，雷科德將歐幾里德的寫作重新整理到更好理解。這是他唯一一不以老師與學生的對話方式寫作的書籍。他的《技藝基礎》（The Ground of Artes）在 1552 年出版，這是一本算術學習書，呈獻給他的贊助者國王愛德華六世。這本教科書到 1662 年已出 26 版，依雷科德自己的說法是「完整教導算術的運作與應用」。書中討論阿拉伯數字的運算、數值計算、比例、分數和「三律法」等等。他的算術著作在兩方面有傑出的創新。第一是它以老師與學生的對話方式寫作以保持趣味性，第二是它在內容重點處以食指圖案標示出來（比視窗系統的游標早了三百多年！）

此後他寫的《知識之門》（The Gate of Knowledge）已佚失，這本論著講述九十度弧的測量與使用。他後來有提到自己發明的九十度弧（是為測量或為導航就不得而知），也許就是在這本失傳的著作裡敘述過。1556 年出版了《知識城堡》（The Castle of Knowledge），這本著作處理結構科學和球體使用，他運用托勒密的天文學，也善意提到哥白尼（在當時是個危險舉動）。1557 年出版《礪智石》（The Whetstone of Witte），這是他的基礎代數教科書。他在書中用兩條平行線段發明了＝符號，「因為沒有兩樣東西可以如均等」，而且可「避免冗長重複地寫等於二字」。做為一位數學家、商人、醫師、航海家、教師、冶金學家、製圖

哥白尼和異端邪說

　　哥白尼的見解此時提出還不到二十年，被教會認定為「異端」，但雷科德在第四本著作《知識城堡》的以下段落提到他：「學生：『我很清楚了解，如果地球不再是宇宙中心，從前的那些荒謬就會不斷上演，所以只要地球離開它的位置，那些麻煩就會跟著出現。』老師：『人們的確是這麼想，然而，哥白尼學識淵博，經驗豐富，勤於觀察，他重申阿里斯塔克斯的見解，並且證實地球不僅繞著自己的中心在旋轉，但也可能是，甚至可說確實是，一直偏離著世界真正的中心三百八十萬英里，但要理解這爭議有賴於更深奧的知識，不是本概論能輕易說明，所以我將它留到以後再談。』」

師、發明家和天文學家，雷科德的教科書和它們的翻譯本被整個西方世界採納研讀。

保險套

—西元 1564 年—

加布里瓦・法羅皮奧，西元 1523 年 — 1562 年，義大利摩德納、比薩和帕多瓦

　　保險套讓世世代代的人們得以避免意外懷孕，同時因為預防愛滋病這類疾病散播而拯救了無數生命。羅馬人似乎是用山羊膀胱做成保險套，埃及人用亞麻布套，日本人用皮革和鱉甲。中國人將塗油的絲紙或羊腸纏繞在陰莖上預防傳染和懷孕。加布里瓦・法羅皮奧（Gabriele Falloppio）是帕多瓦大學的解剖學與外科醫學教授，同時也教授植物學。他的工作主要是處理頭部解剖，對人們認識耳朵、眼睛和鼻子的內部結構貢獻甚多。法羅皮奧是第一個用耳窺器來診斷治療耳部疾病的人，也出

版三本關於外科、潰瘍和腫瘤的專書。法羅皮奧也研究兩性生殖器官，他描述了從卵巢到子宮的輸卵管（fallopian tube），此單字至今仍帶有他的名字。他寫了最早的保險套使用說明，在去世後的 1564 年出版為《法國病》（De Morbo Gallico，法國病是指梅毒）。法

羅皮奧建議使用一種他聲稱自己發明的裝置。亞麻布先浸泡在鹽或藥草溶液，然後在使用前晾乾。他描述的布套剪裁到只包覆龜頭，然後用一條絲帶綁住。法羅皮奧聲稱亞麻布套已在 1100 人身上做過實驗，報告說他們沒有一個人感染梅毒。不久之後，帕多瓦臨床醫師赫拉克勒・斯薩克森（Ercole Sassonia，西元 1551 年－1607 年）描述一種更大的布套，也用亞麻材質，但會包覆整個陰莖。

《法國病》出版之後，陰莖覆蓋物的使用傳遍歐洲。除了亞麻布，文藝復興時期的保險套還有用動物的腸子和膀胱製作。至少從十三世紀開始，手套製造商就有販售清洗處理好的腸衣。這些裝置被用來避孕而非預防疾病，最早跡象是 1605 年一位天主教神學家提出指責。1666 年，英國出生率委員會將出生率降低歸咎於使用保險套，這是第一次在公文中使用保險套這個詞。這詞的由來頗有爭議。已知最早用動物腸衣做成的保險套可追溯到 1648 年以前，它在杜德里城堡（Dudley Castle）的一間臥室被發現。荷蘭人則開始將「精緻皮革」做的保險套出口到日本。這時候的保險套是重複使用，可在當時繪畫的背景中看到被掛在鉤子上晾乾，準備下次再使用。到了十八世紀，歐洲各地能看到保險套專賣店。在倫敦，「菲利普夫人」與「帕金森夫人」在小冊子裡競相推銷他們的產品，而「珍妮女士」專攻洗過的二手保險套。此時的保險套有多種品質和尺寸，材料有用化學處理的亞麻布，也有用硫磺與鹼液軟化處理的膀胱或腸子。

保險套一向都很昂貴，直到查爾斯・固特異（Charles Goodyear）在 1839 年發現橡膠硫化製程。這使得原本遇冷變硬、遇熱變軟的橡膠具有彈性。於是保險套就能用橡膠製成，但第一個橡膠保險套像腳踏車內胎一樣

「法國病」

第一次有詳細記載我們稱之為梅毒的爆發流行是發生在1494年的法國軍中。這疾病在1495年橫掃歐洲：「它的膿包通常會從頭到膝蓋滿佈身上，導致肌肉從人的臉上脫落，幾個月內就能致死。」到了1505年，疾病散播至亞洲，不到幾十年就傳出「在中國造成大量死亡」。

梅毒在十五世紀通常被稱為「大痘病」，天花則被稱為「小痘病」以便與它區分。梅毒在英國、義大利和德國被稱為「法國病」，在法國就被稱為「義大利病」。荷蘭人稱它「西班牙病」，俄國人稱它「波蘭病」。土耳其稱它「基督徒病」，大溪地說它是「英國病」。這些國家名稱的由來，通常是外國船員與當地妓女在無預防措施的性接觸中將疾病散播開來。在感染初期階段，「大痘病」會長出類似「小痘病」的疹子，但小痘病是更為致命的疾病。若是未經治療，梅毒死亡率介於8%至58%，而天花是20%至60%（超過80%死亡病例發生在孩童）。

厚，旁邊還有一道大接縫。大量生產是從 1844 年開始，很快也發展出不需接縫的製造方式，生產出我們視為現代化的保險套。它們可清洗和可重複使用。1861 年，第一個保險套廣告出現在美國報紙上，《紐約時報》為「鮑爾醫師的法國風情」刊登了一則廣告。乳膠材質從 1912 年被引進，讓保險套變得便宜而且用完即丟，一次性保險套於是誕生。到了第二次世界大戰，乳膠保險套被大量生產並分發給世界各地的軍隊。1950 年代，乳膠保險套被改良到更薄更緊，並加上潤滑處理。儲液端設計也接著被採用，它可將精液收集在尾端，減少溢漏造成意外懷孕的風險。儘管有塑化材質的出現，乳膠保險套仍是最受歡迎的形式，不過所有保險套材質仍被俗稱為「橡膠」。隨著 1960 年代避孕「藥丸」和治療性病更好的抗生素出現，保險套的銷售出現下滑。然而，因為人類免疫缺陷病毒（HIV）和後天免疫缺乏症候群（AIDS）的發現，使得這產品重現商機。據說每年大約會使用掉六十到九十億個保險套，但並沒有可靠的統計。

▎用平面地圖描繪圓形地球

—西元 1569 年—

傑拉杜斯・麥卡托，西元 1512 年—1594 年，神聖羅馬帝國法蘭德斯（荷蘭）

法蘭德斯數學家傑拉杜斯・麥卡托（Gerhardus Mercator）製作了幾份地圖後，在 1564 年被任命為於利希—克里維斯—貝格（Jülich-Cleves-Berg）公爵宮廷宇宙學家。他了解船員缺少可靠的航海圖。羅盤方位與航海圖標示相反，所以遠航船隻必須接近陸地，利用海岸特徵判斷自己確切位置。沒人能將地球儀真實重現在平面地圖上做為船隻導航用。麥卡托在 1569 年發現解決方法，他將世界投射在一個圓柱上。他的麥卡托投影法（Mercator Projection）世界地圖有垂直交錯的平行緯線和垂直經線，水平距離和垂直距離都使用相同的比例尺。

所有方向不變的線（稱為恆向線或等方位線，就是以相同角度切過每條經線的弧線）在麥卡托地圖上呈現為直

線。這正是船舶在海上採用的航線形式，船員依照羅盤指示的方向操縱船隻。當麥卡托提出他嶄新的圓柱投射世界地圖時，立刻解決了兩項最急迫的航海問題之一，那就是能夠在地圖上用直線畫出恆向線。（另一個問題是如何確定經度，參見第 128 頁「航海鐘」）麥卡托投射法有兩項特性，等角（在弧線之間保持角度定位）與直線恆向線，這讓他的地圖特別適用於船舶導航。羅盤方向能被標示成直線，船舶航線和方位可用「風玫瑰圖」和分度規測量。（風玫瑰圖是一種圖形設備，用典型分布圖顯示特定區域的風速和風向。）只要利用平行尺或兩個導航羅盤，偏離羅盤方向時就可以被測量出來並調整航線。除了首創將圓形地球顯示在平面地圖上，麥卡托也是第一個人用「北」美洲和「南」美洲的稱呼，還將新世界描繪成從北半球延伸到南半球。麥卡托率先用阿特拉斯這名稱來代表地圖集：「向茅利塔尼亞國王泰坦神阿特拉斯致敬，一

位學識豐富的哲學家、數學家和天文學家。」麥卡托的投射法徹底改變世界貿易和探索。當海上經度測量的問題被解決後，遠洋航行與世界貿易就呈現倍數成長。

沖水馬桶
—西元 1584 年—
約翰・哈林頓，西元 1561 年— 1612 年，英格蘭巴斯

在沖水馬桶和隨之必要的污水處理系統出現之前，排泄物就只是往馬路上倒，對公共衛生造成極大風險。沖水馬桶處理排泄物的方式是經由排水管用水沖到另一個地點。現代馬桶包含一個 S 型、U 型、J 型或 P 型存水彎管，可以讓水留存在座盆裡隔絕污水管臭氣。因為沖水馬桶的一般設計不是就地處理排泄物，所以排水管必須連接污水管和污水處理系統。直到二十世紀中葉，沖水馬桶都被稱為廁所（water closet, WC）。約翰・哈林頓（John Harington）是女王伊莉莎白一世的朝臣，被她稱為「頑劣教子」。然而，因為他的諷刺詩歌、翻譯作品和其他寫作，使得女王對他又愛又恨，就連繼任者詹姆士一世也是對他如此。他至今為人所知的《埃里阿斯的變形記》（1596年）是政治諷喻作品，指桑罵槐地說用酷刑毒害社會、藉宮廷撐腰詆毀他親戚的人都是糞便。因為書中暗指女王的親

信萊斯特伯爵，哈林頓因而被逐出宮廷，後來還被監禁。

哈林頓發明了英國第一個沖水馬桶，又被稱為阿賈克斯（Ajax，jakes 是馬桶的古字。今天還可以聽到 jacksy（屁股）這個俚語。）它被安裝在巴斯（Bath）附近，哈林頓位於凱爾斯頓的莊園裡，建造於 1584 至 1591 年間。伊莉莎白女王暫時原諒他的嘲弄，在 1592 年造訪他在凱爾斯頓的宅邸。根據不同的傳聞，女王可能用了他的新發明，或者為她的里奇蒙宮訂做了一個。哈林頓的廁所有一個底下開口的座盆，用一個皮製閥門封住底部。一個包含把手、槓桿和重錘的系統從水槽沖出水來，並且在沖洗座盆時打開閥門。不過一般大眾仍繼續使用便壺，經常從樓上窗口就往下面馬路倒出去。此外，城市的清糞人員會在晚上從廁所或茅坑收集裝排泄物的桶子，然後倒進河裡或當做肥料，因而導致疾病或引發傳染。

1738 年，J‧F‧布朗德（J.F. Brondel）發明活塞式沖水馬桶。

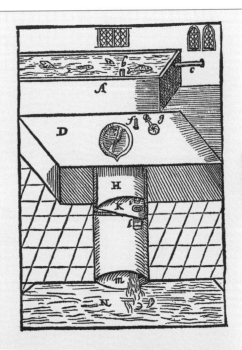

1775 年，亞歷山大‧康明（Alexander Cumming）取得第一個沖水馬桶專利。這設備類似哈林頓的沖水馬桶。他的 S 型彎管至今仍被採用，用來存水封閉座盆排水口，隔絕污水管傳來的臭氣。這設計在座盆彎管上方有個滑動閥門。1848 年的公共衛生法規定每戶人家必須設有一個「馬桶、廁所或茅坑」。一個早期的沖水馬桶從英格蘭輸出到維多利亞女王位於德國愛倫堡的皇宮，不過為了維持禮儀，她是唯一獲准使用的人。

在 1880 年代，水電技工湯馬斯‧克拉普（Thomas Crapper）發明了浮球活塞，推廣了水箱的虹吸沖洗系統，取代先前容易溢漏的浮力閥系統。1885 年的製陶業者湯瑪斯‧特懷福德

（Thomas Twyford）引用虹吸沖洗設計製造了第一個單件式陶瓷馬桶。

▌大陸漂移論

—西元 1596 年—
亞伯拉罕・烏特留斯，西元 1527 年—1598 年，低地國安特衛普（現今比利時）

亞伯拉罕・烏特留斯（Abraham Ortelius）是第一個提出大陸如何形成的人。烏特留斯受到麥卡托影響而成為一位科學地理學家。在麥卡托的激勵下，他在 1564 年製作了第一份現代地圖集，包含了八頁的世界地圖。它在 1570 年被重新製作並收納在《世界劇場》（Theatrum Orbis Terrarum）的 53 頁地圖之中。這被認為是第一份真正的現代世界地圖集。1575 年，烏特留斯被任命為西班牙菲利浦二世的地理學家，他在 1578 年出版了關於古地理學的作品《地理百科學書》（Synonymia Geographica），在 1587 年擴充為《地

三個多世紀後……

德國地球物理學家和氣象學家阿爾弗雷德・洛薩・韋格納（Alfred Lothar Wegener，西元1880年－1930年）在1912年提出大陸漂移學說。他說大陸是環繞地球緩慢在漂浮。1915年，他在《陸與海的起源》（The Origin of Continents and Oceans）寫到以前只有一塊龐大陸地，他要用科學證明這點。他死於1930年前往格陵蘭島的探險中。然而，在死前不久最後出版的著作中，他證明了淺海的年代在地質學上比深海來得年輕。如同烏特留斯，韋格納沒獲得人們關注。1953年，英國科學家利用古地磁學技術發現印度原本位於南半球，就像韋格納所預料的一樣。海底擴張的發現有助於解釋大陸漂移可能如何發生，它是1960年代板塊構造論的一部分。這過程發生於中洋脊，新的海洋地殼透過火山活動形成，然後從山脊慢慢移開。經由地殼上八個主要板塊的彼此推擠，板塊構造揭露了大陸的形成與移動。這些板塊每年不斷推進幾英寸，海洋地殼也持續在移動。地球深處的放射衰變促成熱對流，將板塊推往不同方向。板塊邊緣經常會發生地震，並且形成火山、山脈、中洋脊與海溝。韋格納的研究成果最終被科學界接受。現在他被認為締造了二十世紀主要的科學革命之一。

理寶庫》（Thesaurus Geographicus），繼而在 1596 年另一個擴充版本提出大陸漂移理論，寫到美洲是「從歐洲與非洲分裂出去……因為地震與洪水的緣故……如果拿一張世界地圖並仔細留意這三個（大陸）的海岸，斷裂的遺跡就昭然若揭。」

▎磁學

—西元 1600 年—

威廉·吉伯特，西元 1544 年—1603年，英格蘭倫敦

威廉·吉伯特（William Gilbert）被許多人封為電學與磁學之父，他協助證明了地球不是宇宙中心。為了有助於導航，吉伯特嘗試闡明他對羅盤與磁性現象的理解。他花費十七年做實驗，去證明關於地球磁性的假說，這正是我們現今所謂科學實驗法的第一例。利用實驗去證實假說的革命新觀念徹底改變了科學走向，將科學理論、探索和發現帶入全新時代。吉伯特跟船長、導航員和羅盤製造者合作，利用球狀磁石和自由活動的磁針做詳盡的實驗。他發現普通金屬只要和磁石磨擦就可能產生磁性。吉伯特也得知如何加強磁性，他注意到磁石暴露在高溫下會降低磁性。他觀察到磁力通常會造成環形運動，於是開始把磁力現象與地球自轉聯想在一起。這促成他發現地球本身的磁性，並且提供了地磁學的理論基礎。1600 年，他成為皇家內科醫學院院長，並且擔任伊莉莎白一世和繼任者詹姆士一世的御用醫師。同樣也在 1600 年，他出版的《論磁石》（De Magnete）很快就在歐洲各地被公認為關於電現象與磁現象的典範作品。

吉伯特推翻了許多廣為流傳的科學理論，成為完整解釋磁羅盤運作的第一人，也是第一個研究磁石（磁鐵礦）特性的人。他區分了磁力和靜電力（被稱為琥珀效應）。吉伯特的發現讓他聯想到磁性是地球的「靈魂」，如果一個完美的球狀磁石跟地球兩極排成一線，它會像地球一樣繞著地軸 24 小時自轉一周。吉伯特不同意傳統宇宙論者所相信的地球固定在宇宙中心，為伽利略鋪好道路。他駁斥這深根蒂固的地心說信念，更進一步提出說地球是一個有磁性的行星，磁極對應於它的北極與南極。《論磁石》在接下來的兩百年是磁學主題上最重要的論著。吉伯特是第一個使用磁極、電力和電氣吸引等術

語的人。他也是第一個區分磁力與電力的人。電（electricity）這個字是吉伯特創造出來的，他根據琥珀的希臘字衍變而來。雖然不認為星體間有磁力相吸，吉伯特在伽利略之前20年就指出星體在天空移動是因為地球的自轉，不是天體在旋轉。吉伯特在1590年代首次嘗試要把月球表面斑痕繪成地圖。他沒使用望遠鏡，圖表畫出月球表面看上去是暗區與亮區的輪廓。磁動勢的單位吉伯

吉伯特和大蒜

根據美國太空總署的大衛·P·史登（David P. Stern）博士所述：「威廉·吉伯特著迷於磁石。西班牙無敵艦隊在1588年戰敗後，英國成為一個重要的航海國家，也打開英國殖民美國的道路。英國船艦依靠磁羅盤導航，但沒人了解它為何有效。是否極星在吸引它（如同哥倫布曾經推測），或者極地有座礦山，船舶從沒能夠靠近，因為水手認為它的引力會吸走所有的鐵釘和裝備？是否大蒜味道會干擾磁羅盤動作，因此舵手被禁止在船上羅盤附近吃大蒜？威廉·吉伯特花了將近二十年進行精巧的實驗（其中還證明大蒜不會影響羅盤）以了解磁性。直到當時，科學實驗還不成風氣，人們反倒相信那些引用古代權威的書籍，大蒜傳說就此而來。」

（gilbert）就是以他命名。

科學實驗法

—西元 1602 年—

伽利略·伽利萊，西元 1564 年—1642 年，義大利比薩和帕多瓦

這位「現代天文學之父」開創了科學實驗法。如同威廉·吉伯特，伽利略是最早採用實驗結果做為科學理論證據的科學家之一。他在 1602 年用擺錘做實驗並提出鐘擺原理。他發現週期（鐘錘來回擺動花費的時間）不因擺動幅度不同而有異（即「等時性」）。後來這發現讓伽利略更進一步研究時間間隔，並根據他的概念發展出擺鐘，更準確的時鐘就此被製造出來。1609 年，伽利略學到在荷蘭被發明出來的望遠鏡，他於 1610 年製造出更為優異的形式，具有更強大的二十倍放大率。這不是他的發明，卻是他率先將它稱為望遠鏡。伽利略是第一個用折射望遠鏡在天文學上做出重大發現的人，包括木星最大的四顆衛星（現在被稱為伽利略衛星）。這毫無疑問發現了天體在繞著地球以外的其他星球運轉，重重打擊「托勒密世界體系」，也就是主張宇宙萬物繞著地球運轉的地心說。伽利略也發現了金星相位，也就是金星繞太陽運轉時可見亮面的變化，類似我們所看到的月相。（我們每個月看到從新月到半月再到滿月的變化。）金星的週期是 528 天，伽利略確認金星是環繞太陽而非地球。他也是西方第一人在 1613 年發現太陽黑子，並且推論說銀河系存在許多各自獨立的恆星。

伽利略先在比薩擔任天文學教授，然後再到帕多瓦，他被要求教授公認的理論，也就是太陽和所有行星繞著地球

運轉。然而，伽利略用新望遠鏡做的觀察使他確信哥白尼的太陽中心理論（日心說）才是事實。伽利略不是第一個研究太陽黑子的人，因為中國人自西元前90年左右就知道它們的存在。不過這在哥白尼爭議中取得有利依據，因為亞里斯多德和托勒密認為天體是圓滑的。伽利略寫信給約翰尼斯·克卜勒說他支持哥白尼，還在1613年論述太陽黑子

在書中支持哥白尼。宗教法庭判他有罪，強迫他撤回自己對哥白尼的支持。這本書被列在梵蒂岡的《禁書目錄》（Index Librorum Probibitorum）中。他曾寫道「我不覺得有義務去相信那賦予我們感官、理性和知識卻希望我們放棄使用它們的上帝。」因為健康欠佳和年歲已長，伽利略被允許軟禁在佛羅倫斯附近的別墅服刑。

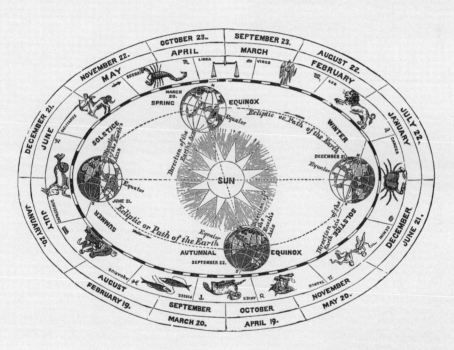

的自己著作中宣傳哥白尼的理論。1614年，伽利略因為支持哥白尼理論而被指控為異端，他在1616年被教會禁止教授或提倡這些理論。天主教會也很快回應他在1632年出版的《關於兩大世界體系的對話》（Dialogue Concerning the Two Chief World Systems），伽利略

在他1632年的著作中，伽利略也搶先牛頓提出「伽利略不變性」或「伽利略相對性」，這個相對性原理陳述在所有慣性參考系中的物理基本法則不變。伽利略利用直線行馳在平靜海面上等速急航的一艘船做例子。任何觀察者在甲板下面進行的實驗都無法判斷船在

移動或靜止。相對性原理是物理學上最基本的原理，物理法則的描述應該相等適用在所有參考系中，伽利略是第一個明確陳述這原理的人。雖然健康不佳而且被軟禁在家裡，伽利略仍設法完成《兩種新科學的對話》（Discourse on Two New Sciences）並在 1638 年出版。在這本新著作裡，伽利略為他的運動理論提供數學證明，還包括對物質張力的研究。亞里斯多德以往相信兩個不同質量的物體若同時落下，比較重者會先觸及地面。伽利略推論說如果兩個相同尺寸與質量的磚塊同時落下，它們會同時觸及地面。他也推論說如果兩塊磚黏在一起，掉落速度也不會有差別。於是，兩塊黏起來的磚會和單一磚塊的掉落速度一樣。如果推論為真，那麼不同重量不會造成任何差別，只要不受空氣阻力的影響，它們的掉落速度都是一樣。這是伽利略在 1638 年提出的「落體定律」。它陳述的是「假設沒有空氣作用在掉落物上，只有重力影響之下，所有物體均以相同速度落下，與其尺寸、質量、密度或水平速度無關。」

有些科學家並不贊同伽利略的理論，直到抽氣幫浦（製造簡單真空環境）在 1650 年被發明出來。一枚硬幣和一根羽毛在抽出空氣的管子裡同時觸及地面。（真空有助於排除空氣阻力或風向擾動對羽毛的影響。）很多人記得一則故事說伽利略從比薩斜塔掉落物體來證明他的發現，但沒證據顯示曾發生過這件事。此外，這時他還被軟禁在家裡，而且已完全失明，他必須將自己的發現口述給助手。伽利略的著作和他處理問題採取的實驗方法，為更多物理學研究開闢了道路，最後催生了現代數學物理。《兩種新科學的對話》預告了牛頓的運動定律，愛因斯坦稱伽利略是「現代物理學之父……實際上，他是現代科學之父。」

▎行星運動定律

—西元 1602 － 1618 年—
約翰尼斯‧克卜勒，西元 1571 年
— 1630 年，神聖羅馬帝國格拉茲、林茲和布拉格

身為科學革命的關鍵人物，克卜勒的定律為牛頓萬有引力定律提供了基礎。他生於司徒加特（Stuttgart）附近，這位數學家兼天文學家證明了

地球與行星是以橢圓軌道繞著太陽運行，還提出行星運動三大定律。雖然他在大學的天文學老師麥可‧梅斯特林（Michael Maestlin）被迫教授托勒密的世界系統，私底下梅斯特林向畢業學生講述哥白尼的日心說。1597 年，克卜勒出版他的第一本重要著作《宇宙的神秘》（Mysterium Cosmographicum），書中主張哥白尼系統裡行星與太陽的距離取決於五個正多面體，我們可以想像一個行星的軌道外切於一個正多面體，同時又內切於另一個正多面體。除了水星之外，克卜勒的架構顯示出相當精準的結果。所謂柏拉圖正多面體會出現在自然界的結晶體結構中，這些多面體被稱為正四面體、正立方體、正八面體、正十二面體和正二十面體。克卜勒時代只知道五大行星，他花十年時間嘗試證明畢達哥拉斯的假設，就是這五個多面體和五顆行星軌道大小有對稱關係。畢達哥拉斯相信正多面體和行星軌道之間有一種內在和諧。

因為他的數學天賦，克卜勒在 1600 年被第谷‧布拉赫（Tycho Brahe）邀請至布拉格擔任助手，要從布拉赫的觀測中重新計算行星軌道。布拉赫在 1601 年去世，克卜勒被指派繼任為皇帝的御用數學家，這是歐洲數學界最有名望的官職。1604 年，克卜勒出版《天文光學》（Astronomia pars Optica），他在書中討論大氣折射和光學鏡片，還對眼睛的運作提供現代化說

明。1606 年，他出版的《關於新星》（De Stella Nova）描述了 1604 年出現在天空的一顆新星（超新星）。

克卜勒的《新天文學》（Astronomia Nova）在 1609 年出版，書中提出他的前兩項定律。克卜勒曾試圖計算出他假設為蛋形的火星完整軌道，但歷經四十次嘗試後，在 1605 年了解到那是一個橢圓軌道。他立刻制定出我們所知的第一定律，其陳述是：「所有行星以橢圓形軌道運行，太陽位居其中之一的焦點上。」在 1602 年時，他已制定出後來人們所稱的第二定律說「行星在相同時間內掃過相同面積」，或者說「行星與太陽的連線在相同時間間隔內，掃過相同的面積」。1610 年，克卜勒聽說伽利略發明了他的新「窺鏡」（spyglass，就是望遠鏡）。克卜勒很快就寫了一封長信表達支持，後來出版為《與星夜信

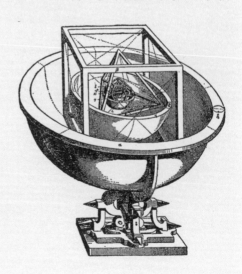

99

使的對話》（Dissertatio cum Nuncio Sidereo）。當年晚些時候，克卜勒使用了借來的望遠鏡發表他對木星的衛星（伽利略衛星）所做的觀察，從而給予飽受批評的伽利略莫大支援。1613年，克卜勒證明基督曆有五年誤差，耶穌應該生於西元前4年，這推論目前幾乎被普遍接受。

1619年，克卜勒出版他最重要的著作《世界的和諧》（Harmonices Mundi），他從音樂和聲的考量推演到行星與太陽的距離以及它們的週期。在這部著作中可以看到他制定於1618年的第三定律，是關於行星週期相對於它們軌道的平均半徑：「行星軌道週

期的平方和其橢圓軌道半長軸的立方成正比」或者「週期的平方和平均半徑的

古迪洛克行星

　　美國太空總署的一個太空望遠鏡，用這位偉大天文學家克卜勒的名字命名，被設計用來尋找環繞其他恆星的類似地球行星。它在2009年三月發射升空，計畫的任務壽命是3.5年。任務的特別之處在尋找適居帶裡面或附近與地球相仿或更大的行星，也就是所謂的古迪洛克行星。適居帶是指距離恆星此一範圍內的類地行星其表面能夠讓水保持為液體，因此可能就有像地球上的生命。它應該在星系中的一個行星系裡，其星球條件要能維持碳基生物的生存。「古迪洛克行星」（Goldilocks Planet）這名稱來自於《金髮女孩與三隻熊》（Goldilocks and the Three Bears）的故事。金髮女孩古迪洛克在三隻熊家裡要從三種尺寸的東西中挑出一組物件，她捨棄太過極端者（太大或太小、太熱或太冷等等），選定中庸「適當」者。古迪洛克行星就是距離恆星不能太近或太遠，以免水在星球表現不能保持液體樣態。

　　美國太空總署曾預估「距離地球一千光年以內」至少有30,000顆適居行星。克卜勒計畫團隊也曾估計「銀河系中至少有五百億顆行星」，其中至少有五億顆位於適居帶。2011年三月，美國太空總署天文學家公布說，所有像太陽的恆星中預估有1.4—2.7%在它們的適居帶裡有類地行星，所以在我們銀河系中大約有二十億顆類地行星。根據克卜勒太空望遠鏡的資料，也許估計我們銀河系中約有一億顆適居行星是合理的。天文學家也注意到還有五百億個其他星系，如果每個星系都像我們銀河系擁有相同數量行星，可能意謂著所有星系中有10的21次方個類地行星。這些古迪洛克行星的數量遠遠超過原本的想像，從統計學來看就讓人想到宇宙其他地方一定還存在著某種生命形式。

立方，兩者比值為一常數。」國教會在 1614 年已指控伽利略為異端，但他們不敢攻擊神聖羅馬帝國新皇帝馬提亞斯的御用數學家。於是他們把目標指向他母親，她在 1615 年被指控為女巫，並在嚴刑威脅下被監禁起來。克卜勒花了不少時間離開研究崗位，他必須應付戰火不斷的情勢、亡妻遺產爭議和三個孩子罹患天花，其中一個兒子還夭折。經由他在法庭的辯護，克卜勒最終設法讓母親脫罪，並在 1621 年被釋放。他在三十年戰爭的動亂期間付印了《魯道夫星表》（Tabulae Rudolphinae，西元 1627 年）。這是依據第谷‧布拉赫的準確觀察，並按照克卜勒橢圓天文學的計算製作而成。

▌報紙
—西元 1605 年—
約翰‧卡羅勒斯，西元 1575 年— 1634 年，神聖羅馬帝國聖特拉斯堡（位於現今法國的亞爾薩斯地區）

因為報紙的發明，民眾能夠迅速得知政治新聞，這媒體也能廣泛散播政治宣傳，例如對於戰爭的辯駁和士氣的激勵。約翰‧卡羅勒斯（Johann Carolus）在富裕自由的聖特拉斯堡（Strasbourg）為有錢訂戶製作手寫報紙來維生。1604 年，他買下一位已故印刷業者遺留的工坊，將設備安裝到自己家裡。手工抄寫報紙花費太多時間，

所以他在 1605 年決定改為印刷。因為當時對即時資訊的需求日益升高，卡羅勒斯認為較低價格可以獲得更高流通量，用印刷可以為他賺更多錢。1606 年，他向聖特拉斯堡市議會提出請願，要求保護他的權利以防止別人轉載他的新聞內容（參見以下方塊）。

卡羅勒斯在 1605 年出版《所有值得尊敬與值得紀念的新聞集》（Relation aller Fürnemmen und gedenckwürdigen Historien），被認為是世上第一份報紙。這報紙是用印刷機印製（press），因此這名詞普遍套用在新聞業者和傳播媒體上，新聞界（the press）因此得名。如果我們定義「報紙」功能的標準是公開性、連續性、週期性和即時性（也就是定期出版的單一時事叢刊，出版間隔要短到能與接踵而來的真實新聞同步而行），那麼這是第

一份報紙。到了十七世紀中葉，據估政治性報紙擁有最高普及率，在神聖羅馬帝國內達到 250,000 名閱讀人口，大約佔識字人口的四分之一。如今，每天閱讀報紙的數十億人口都要感謝約翰·卡羅勒斯印出了第一份報紙，以及許多跟隨他腳步的人士。

▌對數和小數點

—西元 1614 年—

約翰·納皮爾，西元 1550 年— 1617 年，蘇格蘭

　　如果沒有約翰·納皮爾（John Napier）在對數上的研究成果，很難想像當時與後來的科學家如何能有長足的進步。納皮爾也促成了計算尺的發展，這是超過三百年裡主要的大數計算工具。我們之中還有些人會記得在學校裡用對數表和計算尺，那是口袋計算機還沒發明以前的事。納皮爾把數學研究只當成一個嗜好，他說自

己經常發現找不到時間做必要的計算，因為他把時間花在自己非常感興趣的神學上。他最為人知的是發明了對數，但其他數學貢獻包括幫助記憶球面三角公式的方法，兩個可用在解答球面三角的納皮爾類比公式（Napier's analogies），還發明被稱為納皮爾骨頭（Napier's bones）或納皮爾棒（Napier's Rods）的工具，可用機械操作方式做乘法、除法和平方根與立方根運算。他的小本專論《小棒計算》（Rabdologiae）講的是一種簡單方法去做乘法運算，也就是像算盤計算裝置的納皮爾骨頭的文字版。他

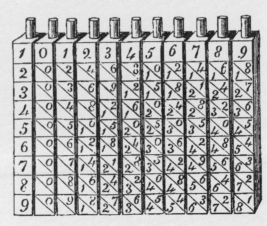

不同的小數點

　　用來分隔十進制數之整數與分數的符號叫小數點。在美國，小數點被標示成一個句號（3.1415），英國是用間隔號（3·1415），而歐洲是用分位逗號（3,1415）。數字3.1415在美國和英國唸成「三點（point）一四一五」，在歐洲大陸，3,1415會唸成「三逗（comma）一四一五」。

還在附錄中說明另一種方法是用鐵片來做乘法與除法，這是已知最早嘗試去設計機械化運算工具，它是當今計算機的先驅。

　　納皮爾在天文學上的興趣導致他對數學的關注，因為天文研究需要消耗很多時間去計算非常大的數字。為了找到更好、更簡單的方式去做大數運算，納皮爾花二十年時間發展對數。對數是一個底數（當時是 10）必須乘方出一個給定數字時的指數（次方）。假設 nx = a，a 以 n 為底數所對應的指數（對數）為 x。他的對數表真是神來一筆，立刻被天文學家和科學家採用。據說英格蘭數學家亨利·布里格斯（Henry Briggs）深受對數表影響，千里迢迢跑到蘇格蘭只為見納皮爾一面。這促成一個協同進展，包括底數 10 的發展（通用的數字系統，小數點左側或右側的每個數位代表 10 的次方）。布里格斯開始用底數 10 編譯一個更實用的表格，這是在 1617 年納皮爾去世不久之前。納皮爾引進小數點的使用有助於小數概念的推展。他

建議用簡單一個點來分隔一個數字的整數和分數，立刻就被世人接受並在英國各地實施。人們可以寫成 3.75 來代替 3¾。納皮爾正確預見了小數點會徹底改變數學。使用小數點的各種形式在納皮爾時代有廣泛討論，它未必能明確歸功於任何個人的發明。然而，納皮爾是最早採用並推廣使用它的人。

　　納皮爾在 1614 年的著作《對數的奇妙準則》（Mirifici Logarithmorum Canonis Descriptio）包含了 37 頁說明內容和 90 頁表格，有助於天文學、動力學和物理學發展。納皮爾在序言寫到他希望自己的對數能幫計算者節省大量時間，讓他們免於陷入計算時的滑坡謬誤。對數也是導航員的一項基本工具。花一小時去計算三角測量，意謂著計算結果已經過期一小時，但納皮爾的對數將計算縮短到只要幾分鐘。兩百年後，拉普拉斯（Laplace）談到對數時說：「……藉由縮短計算辛勞，使得天文學

納皮爾的「秘密發明」

納皮爾寫下幾種發明可用來「為國家抵擋西班牙的腓力二世」。其中一個是坦克車的先驅，圓形戰車讓裡面的人能快速移動，同時透過側邊孔洞向外開火。他描述了可以在水面下航行的船，可以焚毀敵艦的火熱鏡子，還有可以殺死戰場上所有敵兵的大砲。納皮爾也建議用鹽做肥料，這是他諸多促進農業的構想之一。

家生命加倍。」對數在納皮爾死後被普遍使用超過兩世紀，大學數學課程把它當成主科教學，直到 1960 年代後期才被工程計算機在大部分計算中取代。1621 年，英格蘭數學家威廉·奧特雷德（William Oughtred，西元 1574 － 1660 年）利用「納皮爾骨頭」和對數，發明出標準直形計算尺和圓形計算尺。1970 年代美國太空總署科學家們仍用一種版本的計算尺來協助發展太空旅行。納皮爾在歷史上的地位不容置疑。1911 年的《大英百科全書》寫道：「……《對數的奇妙準則》……可說地位僅次於牛頓的《自然哲學的數學原理》。」

兒，並在 1607 年成為皇家內科醫學院的院士。1618 年，他成為伊莉莎白繼任者國王詹姆士一世的醫師，後來也擔任詹姆士的兒子查理一世的醫師，並且現身在第一次內戰的刀鋒山戰役中。

那時的科學家相信肝臟將食物轉換成血液，身體各個器官會消耗血液，但哈維在 1615 年時埋首於他的理論，指出血液實際上在全身循環。1616 年，他在內科醫學院的演講中討論這重大的理論。為了找出證明，哈維研究活體動物的心臟與血液運作，並在被處決的罪犯身上進行解剖。哈維可以反駁蓋倫在二世紀提出人體會製造新血並消耗舊血的

▎血液循環

—西元 1628 年—

威廉·哈維，西元 1578 年— 1657 年，英格蘭倫敦

威廉·哈維（William Harvey）是第一個正確描述血液如何在心臟推動下循環全身的人，這發現促成外科醫學與治療法的重大進展。哈維在劍橋大學接受教育，然後到義大利帕多瓦的大學研習醫學，那是當時歐洲最先進的醫學院。指導他的是著名的科學家、外科醫師與解剖學家西羅尼姆斯·法布里休斯（Hieronymus Fabricius）。法布里休斯知道人類身體裡的靜脈有單向瓣膜，但不確定它們如何運作。哈維從義大利回國後娶了伊莉莎白一世御用醫師的女

生命的根基

「動物心臟是他們生命的根基，所有器官的首領，他們小宇宙的太陽，所有成長因它而生，所有力量由它而起。」——威廉·哈維，《關於動物心臟與血液運動的解剖研究》，西元1628年。

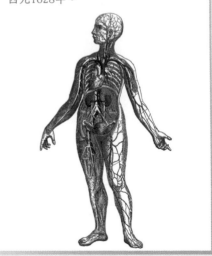

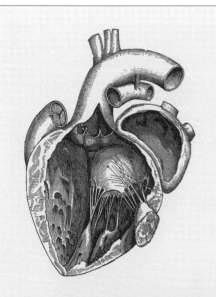

蒸汽機

—西元 1641 年—
伍斯特侯爵二世愛德華‧薩默賽，西元
1601 年— 1667 年，威爾斯拉格倫

愛德華‧薩默賽（Edward Somerset，西元 1628 年 − 1644 年被稱為拉格倫的赫伯特勳爵）在 1655 年寫的一本書裡描述超過 100 種發明，其中包括蒸汽機。不幸的是，他的龐大財富全花費在支持內戰時的保皇派，但證據顯示戰爭爆發前，他就擁有一部可運轉的蒸汽抽水機。他後來窮到無法重現自己的發明。他描述的抽水機以兩種方式使用蒸汽。首先，讓蒸汽灌入一個密封汽缸再加以冷卻。這會造成真空，吸起接在一根管子上的活塞，管子尾端伸進水裡就可以抽水。水抽進真空汽缸內，壓力平衡後活塞就自動關閉。接著再灌入蒸汽，汽缸裡的水被往上推過另一道活塞進入排水管，送到也許有 12 公尺的高度。歷經內戰劫掠的拉格倫堡遺址內，立著一座六角形的格溫特黃塔（Yellow Tower of Gwent），它的高度和堅固程度幾乎超越當時英國境內的其他塔樓。這座塔樓與城堡之間連接著一座拱橋，橋外石牆上有六座拱形角塔，毗鄰著 9 公尺寬的護城河。赫伯特勳爵在這裡設有人造噴泉，藉由蒸汽將水噴到城堡的高度。現在甚至還能根據當時的描述找到這些噴泉位置。面向護城河的石牆上有一些溝槽，它們標示出英國最早利用蒸

理論。他看到心臟像幫浦一樣透過動脈推送血液到全身，而血液經由靜脈回到心臟。哈維發現法布里休斯描述的單向瓣膜使血液只能朝一個方向流動。

1628 年，他將自己理論出版成《關於動物心臟與血液運動的解剖研究》（An Anatomical Study of the Motion of the Heart and of the Blood in Animals），但這研究在當時受到極大懷疑，人們不相信這個新觀念，尤其哈維的發現對當時盛行的放血治療抱持懷疑態度。這種療法被廣泛採用，因為人們相信有時是因為身體裡有太多血液才引起疾病。結果放血治療被當做標準療法仍持續了許多年。1651 年，哈維發表說動物並非自發性生育，而且所有生命來自於一個卵子。他的理論是一個精子與卵子的結合是生命的開始。直到兩百年後，顯微鏡才能觀察到哺乳動物的卵子。

汽的地點。

蘇格蘭作家賽謬爾·斯邁爾斯（Samuel Smiles）告訴我們說：「（內戰之後）在重獲部分財產後，他最關心的事情之一是為自己的發明取得法律上的保護；在王政復辟次年，我們發現他為自己四樣設計取得專利──一個鐘或是錶，炮或是手槍，一個提供馬車防護的蒸汽機，還有可以逆風和逆潮水行駛的船。在 1662 ── 16633 年的國會開議期間，他獲得一個法案保障他在控水發動機的獨享利益。」

關於船的發明，薩默賽說它是「可應用在任何艦艇或船舶上，不需因此刻意建造，還具有以下功用：它能划、能拖、能推，（如果需要的話）在低水位時逆流而行通過倫敦橋，當船停泊時，發動機可用來裝卸貨物。」

伍斯特發動機（Worcester's engine）在 1663 年獲得專利，薩默賽稱它是控水發動機，因為它的功能是抽水。蒸汽抽水機可為灌溉渠道供水，或者將水從礦坑與窪地抽乾。從 1663 年開始，一具發動機在倫敦沃克斯豪爾地區展示操作，直到 1667 年伍斯特侯爵去世為止，這裝置還被描繪在 1830 年的《蒸汽機的歷史與發展》（History and progress of the steam engine）裡。它用一截砲管製造而

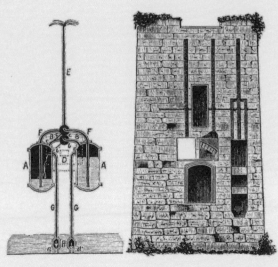

成，是我們稱之為蒸汽機的原型，薩默賽提到一管蒸汽可以將 40 管水量推升至 12 公尺高的空中。在去世時，薩默賽建議將一具他稱為半全能發動機跟自己埋葬在一起，他對自己的發明感到如此驕傲。

1663 年，索皮耶和馬嘉洛提在各自的記述中都描述了薩默賽的蒸汽機如何運作。賽謬爾・斯邁爾斯在他的《博爾頓和瓦特的生活》（Lives of Boulton and Watt，西元 1865 年）中，十分肯定這是現代蒸汽機（參見紐科門）的起源。薩默賽從沒用他的機器賺一分錢，但他的概念被半個多世紀後的湯瑪斯・塞維利（Thomas Savery）再度提起，也許他曾讀過薩默賽在 1655 年的著作，結果卻被封為蒸汽機的發明者。蒸汽機推動了全世界的工業革命。

▌波義耳定律，真空的驗證
—西元 1662 年—
勞勃・波義耳，西元 1627 年— 1691 年，愛爾蘭和英格蘭

這位「化學奠基者」促進人們對原子反應的理解，可被視為第一位現代化學家。勞勃・波義耳（Robert Boyle）是科克伯爵的第七個兒子，出生在當時英國最富有的家族。這讓波義耳可以暢遊歐洲，他在 1644 年回到家鄉後對科學產生濃厚興趣。於是他建造了自己的實驗室。在 1655 或 1666 年，他聘用羅伯特・虎克擔任助手，兩人一起設計出與波義耳有關的最著名實驗設備，真空箱或抽氣機。波義耳在物理與化學上有重大貢獻，最為人知的是波義耳定律（有時被稱為馬略特定律），它描述的是：「理想氣體在定量定溫下，壓力和體積成反比（一方加倍，另一方就減半）。」波義耳定律在 1662 年以增補附錄的方式出現在他於 1660 年著作《關於空氣彈性及其效應的物理—力學新實驗》（New Experiments Physio-Mechanicall, Touching the Spring of the Air and its Effects）中。這部作品是用虎克設計的抽氣機經過三年實驗後的成果。波義耳發現聲音在真空中不會傳遞，證明火焰需要氧氣（如同生命一樣），還研究了空氣的可伸縮性。

波義耳定律陳述氣體的體積縮小，壓力就依正比提升。由於密度決定於體積，體積愈小，密度愈大。所以施加壓力時，體積被縮小，密度就升高。於是

預言未來

在24篇手寫筆記中，勞勃‧波義耳提出科學家最迫切需要解決的問題。值得注意的是許多問題經過這幾個世紀都已成真。他對科學家的第一項願望就是簡單明瞭的「延長生命」，因為當時出生後的平均壽命不到四十歲。波義耳也希望發展出恢復青春的方法，或者至少在一些外表跡象上能夠做到。波義耳推測假牙和染髮有一天會實現。他期望理想的「飛行技術」。這是在達文西草繪出撲翼機之後將近一世紀，但還要再經過一世紀才有孟格菲兄弟完成的第一次熱氣球行。萊特兄弟在1903年開啟動力飛行的年代，已是波義耳去世兩百年後的事了。

波義耳希望有一種方法「能在遠距離外治療創傷，或者至少能用移植法」，隨著器官移植和能在數千英里外操作的外科機器人出現，這個願望已經成真。第一個成功移植腎臟的手術是1954年在波士頓執行。波義耳也希望科學家能為人類找出在水底工作的方法，並開發「一種能在任何風向航行的船，還有不會沉沒的船。」從那之後，我們發展出引擎動力的船舶，現代客船幾乎不會沉沒。

在波義耳願望清單中最極端的項目涉及人類生理和腦部。他建議科學家研究茶的效果和診察看似不常睡覺的

瘋子，也許能想出只需最少睡眠就能生活的方法。他的筆記標題是：「從大量睡眠需求中解脫，以茶的效果與瘋子的狀況為例。」茶含有咖啡因，但英國的第一間咖啡廳在1652年才成立。

他希望有「強效藥物能改變或提升想像力，喚起記憶和其他身體功能，並且能舒緩疼痛，帶來無害的睡眠與夢境，諸如此類。」因為他對藥物功效持有極大信心。迷幻藥、阿司匹靈和安眠藥丸就實現了這些藥效。「達到巨大體型」在植物上已有成果。「礦物、動物和植物在種類上的變化」可以關連到移種與基因工程。「從種子加速成長」指向今天在農業上的進步和基因轉殖技術。他希望「找到精確可行的方法定位經度」，預言了哈里遜經線儀的出現和1970年代全球定位系統的衛星技術發展。除了水下探勘，波義耳還希望「製造出極為輕便堅固的盔甲」——1960年代發明的克維拉（Kevlar）纖維非常符合要求。

在高海拔處，因為氣壓較低，空氣的密度較低，能夠呼吸到的氧氣就比較少。他想到如果氣體是微小粒子組成，這就解釋得通自己研究結果，波義耳嘗試建立化學通用的微粒理論。他提出氣體可壓縮性的證明，當定量氣體被壓縮，同數量分子就佔據較小空間（氣體密度變高）。他的微粒或力學假說是到當時為止在物理原子論上最先進的理解。直到1800年，約翰‧道爾頓重新發現希臘

原子論學說，波義耳的微粒理論才被接受。

波義耳在 1661 年的《懷疑派化學家》（The Sceptical Chymist）中定義了元素的現代概念，同時引進石蕊試驗去分辨酸鹼性，他還建立許多其他標準化學試驗。即使在當年，實驗的觀念仍有爭議。與其爭論不休的是既有的「發現」方法，它採用亞里斯多德與其他學者在兩千年前制定的邏輯法則。波義耳更有興趣的是去觀察自然，並從事實中得出結論。他是第一個執行對照實驗的知名科學家，並在自己著作中詳述過程、儀器和觀察結果。他也研究金屬煅燒、酸鹼特性、比重、結晶學和折射，也是第一個調製出磷的科學家。他從 1659 年開始出版著作，此後一生持續發表關於哲學、醫學、流體靜力學和宗教等多方主題的作品。1660 年，波義耳和其他十一位科學家在倫敦成立皇家學會，他們集會去見證實驗，並討論我們今天稱之為科學的話題。

▌手錶平衡擺輪

—西元 1662 年—
羅伯特・虎克，西元 1635 年— 1703
年，英格蘭

羅伯特・虎克（Robert Hooke）的彈簧平衡擺輪讓計時器得以成為可攜式，並且讓計時變得精確許多。他是第一個用顯微鏡觀察並描述細胞的人。虎克是

一位博學之士，被稱為「英格蘭的李奧納多」，但似乎未得到應有的知名度，也許和他與牛頓的爭執有關。虎克與勞勃・波義耳在工作上關係密切，他曾一度同時身為皇家學會的理事會成員、學會實驗負責人、格雷舍姆學院的幾何學教授、一位天文學家、建築師和倫敦大火後的災情調查員。火災之後，虎克完成大半的受災調查，並被委任設計替代建築。他發明了光圈調整片、手錶的彈簧控制平衡擺輪、鐘錶的錨形擒縱器、一種里程器、一種助聽器、一種反射象限儀、複合顯微鏡、輪形氣壓計，以及所有機動車輛都有的萬向接頭（虎克接頭）。他對天文儀器的設計有重要貢獻，率先強調了鏡片解析能力的重要性和用髮線代替絲線或金屬線的優點。虎克在 1673 年製造第一臺反射式格里望遠鏡，觀察到火星的自轉，並記錄下最早之一的雙星樣本。

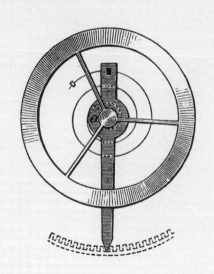

1657 年，虎克開始改良鐘擺機構，同時研究重力與計時機械。虎克記載說他想到一種方式可以測定經度，並且試圖取得專利。1600 年，虎克發現彈性定律，描述一個彈簧的彈力與伸展長度呈線性關係，但他延遲了十八年才發表驗證。虎克在彈性上的研究顛峰是為實用目的而開發的平衡彈簧，這機構讓計時器首次成為可攜式裝置，也就是手錶，而且可以保持合理的準確性。在這過程中，虎克用一個自己設計的懷錶做實證，將一個螺旋彈簧附加在平衡擺輪框架上。因為吸引不到投資者，虎克停止了這方面的研究，但他開發的平衡彈簧（遊絲，hairspring）比惠更斯（Huygens）在 1675 年發表自己的發明細節還早了十五年。《虎克手稿》（Hooke Folio）裡註明 1670 年 6 月 23 日的筆記中描述他後來在皇家學會上示範自己的平衡控制手錶。虎克也為擺鐘發明了錨形擒縱器，讓時鐘齒輪在每次擺動時前進一定的量，使得指針可以規律地往前移動。直到 1715 年出現直進式擒縱機構以前，這都是計時準確性上的一大進步。虎克在《顯微圖譜》（Micrographia，西元 1665 年）中提出光波動說，將光的振動擴散比喻成水中的波浪。他在 1672 年

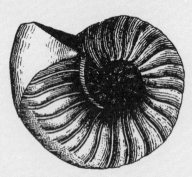

提出光的振動與它前進方前呈垂直。他研究薄膜和雲母薄片的顏色，根據薄片厚度確定不同的光線圖譜變化。《顯微圖譜》包含一系列在放大鏡輔助下的觀察，有些是非常微小的東西，有些是天文星體。虎克發明了顯微鏡，並發揮他的工藝能力去設計控制高度與角度的方法，也包括了照明裝置。光線的變化讓虎克可以看到樣本的新細節，他在做任何素描前會使用多重照明光源。虎克的技術努力讓放大率達到 50 倍，使人們能夠洞察一個先前未知的世界。

國王查理一世要求虎克進行昆蟲研究，但虎克做的比任務需求還多，他仔細觀察一切東西，包括織品、葉子、雲母、玻璃、燧石，甚至還有結冰的尿液。虎克讓一隻蝨子在自己手上吸血，觀察血液如何進入它的內臟，還用蕁麻刺自己以觀察毒液從哪裡並如何注入手中。虎克觀察一個軟木薄片，發現一種具有膜壁的空間，他稱為細孔或細胞。虎克被認為發現了所有生命的基礎單元。鮮為人知的是他在研究軟木後創造出「細胞」（cell）這個生物學術語，是因為植物細胞很像修道士住的小房間（cell）。虎克做的實驗也讓他推斷說燃燒率涉到一種物質與空氣結合。如果他繼續進行這些實驗，有些人相信他就會發現氧。《顯微圖譜》中的

活體細胞的第一個描述

虎克最賣座的《顯微圖譜》詳細記載了他在顯微鏡下的所有發現，包括著名的跳蚤素描，被他描述就像：「穿著一套古怪光滑的深褐色盔甲，接合得天衣無縫。」然而當時諷刺作家稱虎克是：「一個醉鬼，花兩千英鎊在顯微鏡上，只為查明醋蟲、乳酪蝨和李子藍黴的原始狀態，那些他費力發現是生物的東西。」然而，《日記》作者塞繆爾‧皮普斯（Samuel Pepys）有一天待到半夜兩點讀這本書，讚揚它是：「我此生讀過最具創造性的一本書」。虎克寫到他發現軟木薄片的「細胞」時說：「我非常清楚看到它是穿透的孔洞，非常像蜂巢，但孔洞並不規則……這些細孔或細胞……是我至今第一次看到的微小細孔，也許從來沒人看過，因為我沒遇過任何人或作者在此之前提過這些東西……」

一項觀察是木變石，他推斷說像木化石與貝化石這類石化物體，例如鸚鵡螺化石，是生物遺骸浸泡在充滿礦物的水裡石化而成。虎克因此相信這些化石為地球過去的生物史提供了可靠線索。

虎克在《試證地球的運動》（Attempt to Prove the Motion of the Earth）提出一個行星運動理論，主張行星運動符合慣性原理，並在向外的離心力與向內的太陽引力之間達到平衡。在 1679 年寫給牛頓的一封信中，他在結尾提到這引力是與太陽距離的平方成反比，虎克的理論就本質上來說沒錯，但他缺乏數學能力做精確計算。虎克對引力的興趣讓他研究超過二十年。1675 年，牛頓的《論顏色》被虎克反駁是「它的主要論點都出自《顯微圖譜》」。1676 年，他在《太陽儀的描述》（A Description of Helioscopes）發表螺旋彈簧的原理。

虎克至今最為人知的是虎克定律：「一個彈簧的彈力與它的伸長量成正比」。這個研究成果來自於虎克對飛行和空氣的「彈性」或伸縮性產生的興

英格蘭的李奧納多

位於聖保羅教堂地下室的羅伯特‧虎克紀念碑就立於他的朋友兼同事克里斯多佛‧雷恩爵士（Sir Christopher Wren）的碑位旁。碑文稱虎克是「最富創造性的人物之一」。1666年的倫敦大火紀念碑是克里斯多佛‧雷恩爵士和羅伯特‧虎克聯手打造的。62.8公尺的高度讓它成為世上最高的獨立石柱。紀念碑上關於虎克的紀念銘文敘述虎克是「自然哲學家與英格蘭的李奧納多」。艾倫‧查普曼（Allan Chapman）博士在《羅伯特‧虎克（1635—1703）和英國復辟時期的實驗技巧》（英國皇家科學研究所會議記錄，西元1996年）告訴我們說：「羅伯特‧虎克是一位創造力非凡的人物。他對古語言的理解，在《顯微圖譜》插圖呈現的繪圖品質，以及做為一名成功的建築師，他無疑具有高度藝術家天賦。他的工藝技巧讓他能夠造出抽氣幫浦，這是國家頂尖幫浦工程師都辦不到的。但最重要的，他證明了『實驗哲學』真的行得通，而且可以擴展自然知識的界限。他是歐洲最後一位博學家。」

趣。他在 1660 年的發現直到 1678 年才發表在《勢能的恢復》（De Potentia Restitutiva），實際上也帶給我們當前對氣體伸縮性與運動理論的概念。他對氣體特性的關注也在關於呼吸的著作中顯現出來。在一個實驗中，他坐在一個密封的鐘形玻璃罩中，裡面空氣逐漸被抽出。他試去適應氣壓變化，耳朵和鼻子還因此受傷。1666 年，虎克解釋重力是一種吸引力。他後來在 1670 年的格雷舍姆學院講授中說明重力適用於「所有的星體」，並補充說重力會隨距離增長而降低，而且在沒有重力的狀態下物體只會直線移動。1679 年，虎克寫信給牛頓陳述說重力具有平方反比相依性，並且對於這項發現被歸功於牛頓感到憤怒。1678 年，虎克出版《彗星》（Cometa）一書，談論的是 1677 年出現的「大彗星」，其中也陳述了平方反比定律（Law of Inverse Squares）。

▍地質學地層

—西元 1669 年—
尼古拉斯·斯坦諾，西元
1638 年—1686 年，丹麥
和托斯卡尼

尼古拉斯·斯坦諾（Nicolas Steno）在歐洲各地研習醫學，在解剖一隻羊的頭顱時，成為第一個發現腮腺管的人，唾液會從這裡輸送到口腔，它在今天也被稱為斯坦諾管（Stensen's duct）。往後幾年，他揭開肌肉收縮的特性，還有人類心臟的肌肉特性（當時有些人認為它是在產生熱量，而不是在推送血液）。如同他對心臟的研究，斯坦諾仔細解剖人類腦部，反駁了許多科學家的一些推測，其中包括笛卡爾。斯坦諾駁斥亞里斯多德的土、水、氣、火四元素說，這學說認為每個元素有不同形狀：水是二十面體，火是四面體，土是立方體，氣是八面體。在顯微鏡下檢視沙粒後，斯坦諾在 1659 年發現它們有多種形狀：「角錐形、五面體、立方體、七面體、梯形……」斯坦諾到佛羅倫斯擔任斐迪南二世大公的醫師，1666 年時在大公要求下解剖一條大鯊魚的頭。他斷定在岩石中發現的舌形石（或稱化石牙）就是鯊魚的牙齒。一般人認為那是蛇的舌頭，被聖保羅變成了石頭。斯坦諾接著在托斯卡尼各地密集研究地質，在 1669 年出版《固體自然包含於固體的導論》（De Solido Intra Solidium Naturaliter Contento Dissertationis Prodromus）。他明確陳述化石原為有機體，並描述化石如何被封存在岩石層中。斯坦諾也發表地層學的基本原理。基於這本著作，斯坦諾經常被稱為「地質學之父」。這本著

作被認為是另一本更詳盡作品的導論，但那本鉅作從未出現，因為斯坦諾之後把他的注意力轉向了宗教。

斯坦諾推理說每個地層是從流體沉積到下方結實的地表，而堅硬（結實）的化石在此階段被混合在柔軟（鬆散）的沉積物裡。每個地層是橫向連續而且幾乎水平。地層的疊加（堆疊）是按照年代依序發生，任何背離情況都肇因於後來的劇變，例如地震或火山爆發所造成。化石在器官結構上與活體生物一致，尤其牙齒、骨骼和甲殼。固化成為結晶物質需要很長時間，所以許多化石必然跟大洪水（《聖經》裡的大洪水）一樣古老。斯坦諾將所有岩石解釋成由流體沉積而來。他顯然並不認識花崗岩或熔岩，因為都沒出現在托斯卡尼。然而，他的結論到下個世紀前並未獲得廣泛接受。在那時代，所有科學出版品都得經過天主教審查員批准。第一位審查員溫琴佐‧維維亞尼（Vincenzo Viviani）表示贊同並且核准；然而第二位審查員擱置了四個月才批准。但斯坦諾在這期間對地質學失去興趣，也許因為個人在宗教上的分歧，他離開佛羅倫斯到哥本哈根接受皇家解剖學家的職務。他的著作最終在1669 年出版時還完全由第一任審查員維維亞尼代為處理。斯坦諾的地質學生涯只維持三年，並在 1675 年成為一位牧師，餘生完全放棄科學。1987 年，斯坦諾受到教宗若望‧保祿二世的宣福，這是羅馬天主教會封聖的第一步。

▎細菌

—西元 1676 年—

安東尼‧范‧雷文霍克，西元 1632 年—1723 年，荷蘭

世界之始

斯坦諾時代的人們仍相信各種神話。人們認為化石出自岩石裡，巫婆遍布各地，水晶和獨角獸的觸角可以治病，低等動物是從腐朽物自然生成，恆星與行星的移動決定財富與人格。許多人至今依舊相信最後一項。那是宗教嚴重分歧的年代，但天主教徒與基督教徒一致相信世界創造於西元前4004年，這是愛爾蘭聖公會大主教詹姆斯‧烏雪（James Ussher，西元1581年－1656年）所確立的。斯坦諾信仰虔誠，從沒公開質疑如此估算的地球年齡。有些地方可看到斯坦諾對宗教的信奉無疑抵觸了他的地質研究，但他不認為如此，曾寫道：「人若不願看清自然界本身的運作，聽信他人就以為滿足，是冒犯了上帝的威嚴；如此一來人會自行建構或創造各種古怪想法，因此不僅無法享有洞見上帝奇蹟的喜悅，也沒把時間用在必要性上，反而為自己同胞和國家謀求私利，淨是些不值得上帝眷顧的事。

安東尼・范・雷文霍克（Antonie van Leeuwenhoek）是一間荷蘭乾貨店的學徒，他會用放大鏡去數布料紗線支數。布商通常用放大鏡去檢查布料品質，范・雷文霍克用自學新方法去研磨拋光的高曲率透鏡可放大 270 倍，是當時已知最佳的放大率。范・雷文霍克研磨超過五百片透鏡，製造出至少兩百五十臺被認為是第一批實用顯微鏡，其中只有九臺留存下來。范・雷文霍克是第一位科學家去觀察描述細菌、酵母細胞結構、一滴水裡不可思議的生命形態以及血球在微血管裡循環的科學家。超過五十年的期間，他做出各式各樣的新發現，英國皇家學會和法蘭西學術院收到超過一百封信報告他的發現結果。

1673 年，他向皇家學會報告自己首次的觀察—蜜蜂的口器與螫針，人身上的蝨子與真菌。1674 年，范・雷文霍克發現水裡的單細胞生物，這是人類第一次觀察到微生物。他在 1676 年的信件宣稱這發現在皇家學會裡引起了爭論和一

些質疑，因為單細胞生物的存在不為人知。然而，羅伯特・虎克在稍後重複他的實驗，並在 1680 年證實這項發現。范・雷文霍克因此在 1680 年當選學會會員，此後他餘生都將自己的發現報告寄交至皇家學會。

除了身為「微生物學之父」，范・雷文霍克也為植物解剖學打下基礎，並成為動物繁殖方面的專家。他發現血球和微線蟲，並研究木頭與水晶的結構。到了 1677 年，他發現精細胞，並描述軟體動物、魚、兩棲動物、鳥類和哺乳動物的精子，得出結論是受精發生於精子穿透進入卵子。1682 年，他描述肌肉纖維的肌束結構，也有關於血液在微血管裡流動的寫作。范・雷文霍克發現小型有機體與大型有機體是以相似方式進行繁殖，衝擊了當時認為小型有機體自然產生的看法。他死於一種會導致腹部不自主痙攣的罕見疾病，這症狀現在被稱為雷文霍克病或呼吸肌陣攣。

郵票

—西元 1680 年—

威廉·多克拉，約西元 1635 年—1716 年；羅伯特·莫瑞，生歿年不詳，英格蘭

黏貼式郵票在數百年中完全改變了世界各地的通信。採用郵票以前，郵件遞送是由收件者付費。這會導致許多問題，例如收件者無力或不願負擔遞送服務。一次遞送多封郵件也會惹惱收件者，這就強迫他們同時付出多筆費用。（想像今天如果必須為垃圾電子郵件、不想收到的簡訊或宣傳單付費。）郵件也經常會丟失或嚴重延遲。1840 年出現了解決方法，羅蘭·希爾（Rowland Hill）提出的郵政改革包含建議使用郵票的形式。取代收件者支付郵資的模式，負擔轉嫁到寄件者身上。寫信的人現在得買一枚黑便士（Penny Black）郵票，並用膠水貼到信封上（郵票還不是自黏式），再把信件送交到郵局。

然而，最早的郵票幾乎比黑便士早了兩個世紀。羅伯特·莫瑞（Robert Murray）建立的倫敦便士郵政（London Penny Post）後來由威廉·多克拉（William Dockwra）接管，他們在 1680 年左右採用手工打印方式。不過羅伯特·莫瑞在 1680 年五月跟郵局合夥人喬治·考茲（George Cowdron）一起被逮捕，因為經由便士郵政散發的文件被認為有批評約克公爵（後來的詹姆士二世）的煽動言論。結果留下多克拉獨自管理便士郵政。它的三角印章

三邊刻著「便士郵政已付」字樣，位於中央的標記則代表信件投寄的郵局。雖然這個「戳記」是印在信紙上而不是在另外的信封上，但許多歷史學家認為它是世上第一個郵票。多克拉在倫敦每個地區開設郵局。接受寄件的地方包括七個自治市的郵局、萊姆街的總局和四百

相對於重量與尺寸，是最有價值的人造物

世上最昂貴的郵票於1855年在瑞典印製，其實是印刷錯誤的產物。原本要印成綠色的三先令郵票，結果被印成黃橙色。目前所知只有一張三先令黃票（Treskilling Yellow）存在。它在1990年售出時首次達到百萬價格。六年後，它以兩百五十萬瑞士法朗賣出，大約是兩百三十萬美金。2010年，這郵票又以破紀錄的銷售價格成了頭條新聞。在正確金額未知下，拍賣商透露它至少不低於1996年買進時的兩百三十萬美金。著名的黑便士不是特別稀有的郵票，目前每張價值依據保存狀況約在兩百四十到三千美金之間。1840—1841年間約發行了六千八百萬張黑便士郵票，據估約有一百五十萬張黑便士保存至今。然而，這郵票的一張稀有樣本印有紅色馬爾他十字取消符號，在拍賣會上以超過兩百四十萬美金的價格賣出。1867—1868年的富蘭克林Z格紋（Z-Grill）郵票無疑是美國最稀有的郵票，已知只有兩枚留存下來。1988年，一張1868年的「Z格紋」一分面額郵票在拍賣會上以一百五十萬美金賣出。

至五百個郵件收取站。他們每小時收集一次郵件，在倫敦一天最多遞送十趟，在伊斯林頓和哈克尼這類郊區每天至少也有六趟。多克拉的便士郵政遞送信件和 1 磅（454 公克）以下的包裹，郵件保證四小時以內送達，每個郵件會蓋上一個心形戳記標示交付遞送的時間。因為這新的郵遞服務只需便宜平價的一便士，對大眾而言負擔得起，它幾乎立刻就成功，並成為後來郵政系統的先驅。儘管倫敦便士郵政的郵資非常便宜，豐厚的利潤使得國家在 1698 年將它接管下來，並在 1700 年把多克拉解雇。

後來，羅蘭·希爾在 1840 年提出使用郵票和依重量計算郵資的構想一炮而紅，它們也被世界各地許多國家採用。隨著依重量計費的新政策實施，使用信封郵寄文件成為標準。希爾的兄弟艾德溫·希爾發明了能把紙張折成信封的信封製造機原型，以便跟上使用郵票的增長速度。第一張有齒孔的郵票在 1854 年發行。英國發明郵票以後，郵票的使用快速成長，遞送的信件數也急劇攀升。

1839 年以前，英國境內遞送信件數大約是每年七千六百萬封。到了 1850 年，這數字已增加到三億五千萬封，而且之後還在快速成長。郵箱很快就隨之出現，以應付郵票的普及化。郵局收到更多的錢，因為人們在寄每封信前就已付清郵資，因此遞送可以更有效率而且準時。其他國家也跟著仿效。瑞士在 1843 年發行自己的蘇黎世郵票，但是依遞送距離計費。1845 年，美國一些郵政局長發行他們自己的郵票，但是第一張官方美國郵票直到 1847 年才製作出來，五分與十分面額分別印著班傑明·富蘭克林和喬治·華盛頓。第一張黏貼式郵票，也就是著名的黑便士和兩天後發行的藍色兩便士，它們真的在全世界掀起

郵箱的角色

郵箱在美國和加拿大有時被稱為集信箱（collection box）、信箱（mailbox）或寄信箱（drop box），是收取郵票信件不可或缺的設備。不列顛群島的第一個直立郵筒在1852年被豎立在澤西島。固定在路邊牆上的郵箱則首次出現在1857年，它是郵筒的便宜替代品，尤其設置在鄉村地區。1853年，英國第一個郵筒設置在卡萊爾。維多利亞時代早期郵筒採用綠色當做標準色。1866到1879年間，六角形的「彭佛德」（Penfold）郵筒成為直立郵筒的標準設計，在這期間也首次採用紅色做為標準色。美國郵局從1850年代開始在大城市的郵局外面和街角裝設公用集信箱，它們最早是固定在燈桿上。

了郵遞服務的一場革命。

植物解剖學

—西元 1672 年－1682 年—

內米亞‧格魯，西元 1641 年— 1712 年，英格蘭

　　內米亞‧格魯（Nehemiah Grew）和馬爾切洛‧馬爾皮吉（Marcello Malpighi，西元 1628 年－1694 年）併稱為「植物生理學之父」，開創了植物解剖這門科學。格魯是一位醫師，他從 1664 年開始進行植物解剖學的觀察。1670 年，他的論文《植物解剖之始》（Anatomy of Vegetables Begun）被約翰‧沃金斯主教遞交給皇家學院。在沃金斯的推薦下，格魯在 1671 年獲選為學會會員，繼而在 1677 年跟隨羅伯特‧虎克的腳步成為學會秘書。1672 年發表論文後，格魯在倫敦定居下來，行醫的業務蒸蒸日上。他在 1673 年出版《植物學史的觀念》（Idea of a Phytological History）。

1682 年，他的鉅作《植物解剖》（Anatomy of Plants）問市，主要是匯集了先前發表的作品。這部作品分成四卷：《植物解剖之始》、《根部解剖》、《莖部解剖》和《葉、花、果與種子解剖》。格魯首次揭開了植物內在結構與功能的複雜性，為植物解剖學開創道路。格魯幾乎描述了根與莖的所有主要形態差異，並且證明菊科花朵的形態複雜性。他正確假設了雄蕊是雄性器官，而花粉是用於授精的「種子」，這是自泰奧弗拉斯托斯提出植物有性別特徵以來第一次有人附和這項理論。德國的魯道夫‧雅各‧卡梅拉里烏斯（1665 — 1721 年）通常被認為是這項發現的第一人，但他的著作直到 1694 年才出版。

　　格魯像虎克一樣用顯微鏡做觀察，他和馬爾皮吉聯手研究，為人稱道的是建立了植物學觀察基礎。《植物解剖》也包含了已知第一次用顯微鏡對花粉做出描述，他發現儘管所有花粉大致呈球狀，但尺寸與形狀依不同種而有異。然而，同種之下的花粉粒則有相似性。雖然格魯一生持續出版作品，特別是關於不同物質的化學屬性，但他的作品除了《植物解剖》之外都顯得晦澀難懂。在

植物性別

雖然泰奧弗拉斯托斯、卡梅拉留斯和格魯都被認為發現了植物的有性生殖，實際上巴比倫人在西元前2000年左右就知道植物有長花粉的雄性和結果實的雌性。巴比倫的印章圖案顯示了人工授精植物，他們在西元前1800年時交易雄椰棗花就是為此目的。

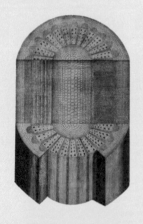

格魯的研究之前，人們並不確定植物內部構造是否可區分出重要器官。以往認為植物從外觀可以猜測或識別其功能，但植物是否擁有類似的器官則有待爭議。格魯的詳細觀察無疑確定了植物可以從功能與形態元素去分析，重拾泰奧弗拉斯托斯一脈相傳的理論。格魯讓我們看到現代比較解剖學的開端。他遵循的觀念是動物與植物之間的功能也許有相似性，這引導他去尋找雙方等效的器官，因此他相信植物有汁液循環，可比擬成威廉·哈維在動物身上發現的血液循環，他也正確假設了植物有一種形式的呼吸。

▍萬有引力和運動定律

—西元 1687 年—

艾薩克·牛頓，西元 1643 年— 1727 年，英格蘭

隨著萬有引力定律的發現，牛頓建立了古典力學和現代物理學。然而，怎能用幾句話就道盡牛頓對人類知識的貢獻？他被許多人公認是史上最重要的科學家。牛頓在將近三百年來都被視為現代物理科學之父，他的實驗研究成果和數學研究都具有開創性。1661 年，牛頓進入劍橋大學，他對數學、光學、物理學和天文學產生興趣。牛頓在 1668 年製作的反射望遠鏡終於讓科學界注意到他。1665 或 1666 年的著名事件，牛頓看到一顆蘋果掉落在他的果園。他猜測是同樣的力量支配著月球與蘋果。他計算要讓月球保持在軌道上的力量，再去比較把物體拉往地面的力量。他也計算需要多少向心力才能讓投石環索上的石頭不會飛出去，還有鐘擺長度與擺動時

「……植物，就像動物一樣，具有器官……」

從各方面來看，西元1675年的一篇評論最能總結格魯在科學研究上的意義，因為他至今仍沒受到多少重視：「一般而言，如同筆者在書中說明，植物內部組織幾乎和動物一樣令人讚嘆；植物就像動物一樣具有器官，有些部位也許可以稱為它們的腸道；植物有各式各樣的腸道，內含各種汁液；甚至有一種植物在一定程度上得靠空氣生存，它有特殊器官可以吸收空氣。此外，這些所謂的器官、腸道和其他組織就像人工製品，以精準的位置與數量組合在一起，如同花朵或外觀所呈現的精確線條；組織纖維是如此細微，連蠶絲都沒有它來得細；經由這些途徑，汁液的上升，空氣的分配，幾種汁液的形成，例如淋巴、乳液、油脂和香脂，隨同其他的生長行為，全都在一種機械化設計下進行著。」——《自然科學會報》，西元1675年。

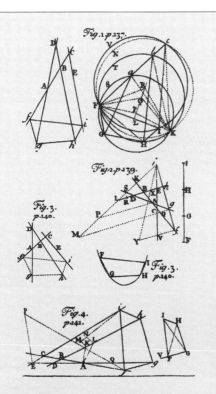

間的關係。

這些早期作為將他帶往天文學與行星運動問題的研究領域。他與羅伯特·虎克的通信讓他重新審視天體軌道的問題，它們受到向心力影響，存在著力量大小與距離平方成反比的關係。牛頓判定這軌道是橢圓形，並且在1684年告知天文學家愛德蒙·哈雷。哈雷的關注導致牛頓得再次證明這關係，他寫了一本關於力學的小冊子，最後寫成《原理》（Principia）一書，日後被稱為《自然哲學的數學原理》（Philosophiae Naturalis Principia Mathematica）。1687年，這本鉅作證明萬有引力如何作用在全宇宙所有物體上。然而，牛頓的成果很多部分應該歸功於虎克。

《原理》第一卷陳述了力學基礎，闡述圍繞向心力之軌道運動的數學運算。牛頓定義萬有引力是控制所有天體運動的基本力量。第二卷開創了流體理論，牛頓在此解決流體運動和在流體中運動的問題。他從空氣密度計算聲波速度。第三卷證明萬有引力定律如何在宇宙間運作，並且和六個已知行星與它們衛星的公轉有何關係。彗星顯示它也按

牛頓的蘋果

　　威廉·史塔克利（William Stukeley）是牛頓傳記最早的作者之一，在他的《艾薩克·牛頓爵士生平回憶錄》（Memoirs of Sir Isaac Newton's Life）中有一段跟牛頓在1726年的對話，他回憶說：「……之前，他腦海中出現重力的想法。這是一顆掉落的蘋果所促成的，當時他正在沉思。為什麼蘋果總是垂直落到地上，他這麼問自己。為什麼它不會往旁邊或往上移動，卻總是朝地球中心而去？原因當然就是地球將它吸引過去。所以必定有一種吸引物體的力量。地球吸引物體的力量頂點必然在地球中心，而不會在地球任何周邊。因此這蘋果是垂直落下或往地心移動？如果物體會吸引物體，必定跟它的重量成正比。因此蘋果吸引地球，地球同樣也吸引蘋果。」

照相同定律在運行，牛頓在後來版本還加上他推測彗星重複出現的可能性。他從天體引力計算它們的相對質量以及地球與木星的扁率（橢球體偏離球體之程度）。他從太陽與月球引力來解釋並計算潮起潮落與分點歲差。牛頓的力學研究成果在英國立刻被接受，半世紀後變得更為普及。從那時開始，就被評為人類抽象思考中最偉大的成就之一。

牛頓在《原理》中描述萬有引力和三條運動定律，他的著作主宰了未來三個世紀對於物理世界的科學觀點。牛頓說地球上的物體運動和天體運動受到同樣定律支配，證明自己的萬有引力定律

哈德遜灣的重力為何「流失」？

在1960年代時，地球的全球重力場被做成圖表。哈德遜灣地區的重力被發現比世界其他地方還來得小。重力與質量成正比，所以當一個地區的質量因為某種原因變得比較小時，重力就減小。地球上不同地方的重力有所差異，因為地球自轉的關係，重力在赤道較大而在兩極較小。地球質量並非平均分布，它會隨著時間移動位置。造成哈德遜灣現象的主要原因是發生在地函的對流。地函是一層稱為岩漿的熔

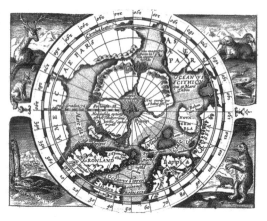

岩，大約在地表下96至200公里深處。岩漿不斷在旋轉移動、上升下降而產生對流。對流將大陸板塊往下拉扯，特別是加拿大這塊區域，因此讓這地區的質量變小，重力也隨之減小。

另一個重要因素就是勞倫斯冰蓋（Laurentide Ice Sheet）留下的影響，那是九萬五千至兩萬年前的冰河時期幾乎覆蓋整個北美洲的大陸冰川。冰蓋在大部分地區幾乎都有3.2公里厚，在哈德遜灣的兩塊區域

有3.7公里厚。超過一萬年的期間裡，勞倫斯冰蓋逐漸融化，最後在一萬年前左右消失。它在地球上留下一大塊凹陷。地球以每年不到1.25公分的幅度「回升」到原形。在此同時，哈德遜灣這帶地區的質量變小，因為一些地表被冰蓋推到旁邊去。較小的質量代表重力較小。哈德遜灣重力較小的情況還會持續千年。據估地球還需回升超過200公尺幅度才能恢復原本狀態，預估約需花費五千年。雖然世界各地海平面正在上升，哈德遜灣沿岸的海平面卻在下降，因為陸地持續從勞倫斯冰蓋的影響中逐漸復原。

2002年發射的重力回溯及氣候實驗衛星（GRACE，Gravity Recovery and Climate Experiment）傳回比較詳細的觀察資料，顯示下方地函對流或許也促成這影響。2009年升空的地球重力場和海洋環流探測衛星（GOCE，Gravity Field and Steady-State Ocean Circulation Explorer）甚至提供更精準的資料，可測量到地球重力十萬分之一加速度的異常。

和克卜勒的行星運動定律有一致性。

牛頓著名的三條運動定律敘述如下：牛頓第一定律（慣性定律）說一個物體若沒施加外力，靜者恆靜，動者速度不變。牛頓第二定律說施加於物體的外力等於質量與加速度的乘積。第一和第二定律意謂著背離了亞里斯多德物理學，以往相信若要維持運動一定要施加外力。牛頓定律陳述的是只有改變物體運動狀態時才需施加外力。（力的國際標準單位「牛頓」就是以他命名。）牛頓第三定律說每個作用力都有一個大小相等、方向相反的反作用力。這意謂著任何力量施加於受力物時都有一個相對力量朝反

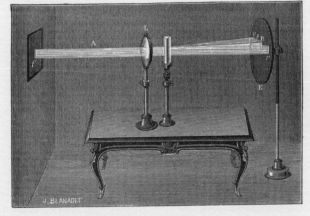

方向送回施力物。牛頓大幅推進了科學革命，詩人亞歷山大‧波普（Alexander Pope）對他的成就敬佩不已，為這偉大人物寫下了墓誌銘：「自然與自然法則隱藏在黑暗中；上帝說：讓牛頓誕生吧，於是一切被照亮。」

牛頓從 1660 年代中葉起進行了一系列關於光線組成的實驗，他發現白色光線是由彩虹上看到的顏色光譜組合而成。這結果奠定了現代對於光學（或光

的行為）的研究。1704 年，牛頓出版《光學》（Opticks）一書，處理光線與顏色的問題。他用玻璃稜鏡研究光線折射。經過多年實驗，牛頓在顏色現象中找出可測量的精確圖譜。他發現白色光線是由無限多種不同色光組合而成（可在彩虹和光譜上看出），每種光線可由它射入或射出一個透明介質時的折射角度來定義。牛頓隨著《光學》一書同時出版的小冊子談到平面曲線面積（積分）和立方面曲線的分類。《光學》一書大部分寫作於 1692 年，但他推遲到主要批評者都去世後才出版。

牛頓對數學所有分科都有顯著貢獻，但特別有名的是解決了當時分析幾何中如何繪製曲線的切線（微分）問題，以及計算出曲線包圍的面積（積分）。牛頓發現這兩者互為逆運算，也發現他的流數法和逆流數法可成為幾何曲率問題的普遍解法，相當於萊布尼茲後來的微分學與積分學。到了 1700 年代早期，牛頓在英國與歐洲已被認定是科學界領導人物。

第五章

工業革命

▌往復式蒸汽抽水機

—西元 1440 年—

湯瑪斯・紐科門，西元 1664 年— 1729 年；約翰・凱利，歿於 1725 年，英格蘭

這項發明的重大影響是讓礦業公司能開採更深礦源，因此揭開工業革命序幕。它也是瓦特蒸汽機不可或缺的墊腳石。湯瑪斯・紐科門（Thomas Newcomen）是德文郡的一名五金商人，他住在康瓦爾郡錫礦區附近。滲出的地下水限制了礦坑開採深度。他的幾位大客戶是錫礦場主人，他們在尋找其他方法替代緩慢而昂貴的人力或馬力抽水。湯瑪斯・塞維利在 1698 年提出的早期抽水機是以 1641 年的伍斯特發動機為基礎，只利用冷凝蒸汽所產生的真空來抽水。塞維利的設備藉由真空以及大氣壓力將低處的水吸起，再靠高壓蒸汽推送到礦坑外面。它應用在採礦上並不理想，因為當時技術限制使得機器製造有難度。不過，紐科門與他的合夥人約翰・凱利（John Calley）經過幾年實驗後，提出一種設計是在汽缸裡產生真空來拉動活塞。然後他們利用槓桿將力量傳送到伸進礦坑的幫浦桿上。這是第一具用汽缸活塞來運作的發動機。鑄造汽缸的同時還要打造吻合的活塞就會逼近當時技術極限，所以紐科門刻意將活塞外徑做得比汽缸內徑小，然後用一圈濕皮革或繩索當做氣密環。這具發動機的動力來自炭火加熱的鍋爐。蒸汽產生後穿過閥門進入一個黃銅大汽缸。冷水接著注入汽缸去降溫並冷凝蒸汽，在活塞底下產生真空，於是連桿被往下拉並帶動幫浦。

然而，塞維利已取得一個措辭寬泛的專利是「藉由火力推動來抽水並將動作傳送給所有種類的工廠」。為了避免侵犯塞維利的專利，紐科門被迫跟他合作。紐科門第一具可運作的發動機在 1712 年安裝到斯塔福郡杜德里城堡附近的一處煤礦裡。它的汽缸直徑有 53 公分，長度將近 2.4 公尺，每分鐘運行 12 衝程。它每分鐘能把 10 加侖（45.5 公升）的水從 47.5 公尺深處抽出——將近 5.5 匹馬力。這具發動機同時運用了

大氣壓力和低壓蒸汽，在歐洲大部分地區被廣泛用來抽水，紐科門在 1725 年還做了進一步改良。到了紐科門去世的時候，英國與歐洲各地至少已有 100 具他的發動機。不過，這些發動機雖然結實可靠地日夜工作，它們效率不高而且造價昂貴。1769 年，蘇格蘭工程師兼發明家詹姆斯·瓦特發明了蒸汽冷凝器，大大提升了發動機效率，紐科門發動機到了 1790 年就完全被瓦特發動機取代。瓦特發動機避免了汽缸加熱冷卻交替時的蒸汽流失，經濟效益大幅超越紐科門的機器。杜德里的黑鄉博物館經過不辭辛勞的研究，重建了 1712 年的紐科門發動機，目前展出一具可以完全運作的複製品。

▋ 接種
—西元 1718 年—
瑪麗·沃特利·蒙塔古夫人，西元 1689 年 — 1762 年，英格蘭；扎布迪埃爾·伯伊爾斯頓醫師，西元 1679 — 1766 年，美國

許多人認為愛德華·詹納發明了疫苗接種，但中國宋朝宰相王旦在西元 1000 年左右首先發明人痘接種術，這是一種接種法。天花倖存者的痘痂被拿來磨碎，然後當嗅劑一樣從鼻子吸入。痘痂取自病況減緩或病症輕微的天花患者。英國貴族作家瑪麗·沃特利·蒙塔古夫人（Lady Mary Wortley Montagu）有一個兄弟死於天花，她在 1715 年也

遭受感染。疾病在她臉上留下疤痕。1716 年，她陪同出任大使的丈夫到君士坦丁堡，在這裡學到鄂圖曼土耳其人施行的天花接種。1718 年三月，她吩咐大使館外科醫師查爾斯·梅特蘭（Charles Maitland）為自己五歲兒子接種。1721 年回到英國之後，她讓自己四歲女兒將取自天花水泡的膿液接種到小傷口裡。這時代的天花死亡率大約有 20 — 60%。倖存者通常會留下嚴重疤痕，有時會導致眼盲，還得忍受長期疼痛。然而，那些有接種的人死亡率大約只有 1 — 3%。

白人帶來的這疾病導致非洲部落、美國原住民和南美原住民的大規模死亡。1721 年的一場大流行感染了波士頓當地近一半人口，傳教士柯頓·馬徹（Cotton Mather）敘述非洲人在他們家鄉如何對付這疾病。據說他們會切開健康者的皮膚，從患者取一些膿液放進傷口裡。1721 年 6 月 26 日，扎布迪埃爾·伯伊爾斯頓（Zabadiel Boylston）

醫師為自己小兒子和兩名奴隸接種天花。這城市的長者們嚇壞了，但病人存活下來。他接著又為 248 人接種而且有良好效果。大約同時，這疾病侵襲倫敦，瑪麗‧沃特利‧蒙塔古夫人說服威爾斯王子支持接種實驗。她要求國王赦免六名死刑犯，只要他們願意接種。罪犯在 1721 年 8 月 9 日接受查爾斯‧梅特蘭醫師的接種，他們全都存活下來。這種預防處理行得通。她的努力和大眾認同為愛德華‧詹納鋪好道路，讓他在十九世紀初於歐洲各地倡導疫苗接種。

▌飛梭

—西元 1733 年—

約翰‧凱伊，西元 1704 年—約 1779 年，英格蘭

　　這項發明讓梭織效率大為提升，使得裝有緯紗的梭子可以更快速穿過經紗，還可橫越更寬的布面。這發明助長了英格蘭成為世界紡織品中心。約翰‧凱伊（John Kay）是蘭開郡伯里市羊毛製造業者的兒子，後來擔任父親其中一座工廠的經理。凱伊培養

出機械師與工程師的技巧，並對工廠機械做出許多改良。1733 年五月，凱伊為他的「羊毛開口修整新機器」申請專利。這臺機器包含了革命性的飛梭設備，這是用在手工織布機上的一種滑輪梭子。在飛梭發明以前，紡織工在操作手搖織布機時要用手將裝有緯紗的梭子穿過經紗。因此織布最大寬度只有一個人的臂展幅度。這是因為紡織工必須兩手來回交遞梭子。如果需要更寬的布面，就要兩名紡織工在闊幅織布機兩旁把梭子互相丟給對方。

　　凱伊的發明把梭子裝在滑軌上並用驅動輪控制它。紡織工拉動連接驅動輪的繩子去操作梭子。當繩子往左邊拉，

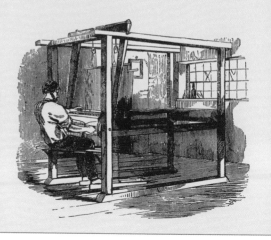

年，瑞典

「無法想像的速度」

凱伊稱自己的發明是「滑輪梭子」，但別人稱它是「飛梭」（從原本的fly-shuttle到後來的flying shuttle），因為它能以飛快速度持續運行，尤其是年輕紡織工在窄幅織布機上操作。它達到「無法想像的速度，快到只能看到梭子像個微小陰影瞬間消失。」──尚─馬里·羅蘭（Jean-Marie Roland de la Platière），《方法論百科全書》，1785年。

驅動輪就把梭子拋（飛）向左方穿過經紗。繩子往右邊拉就把梭子往回送。現在裝有緯紗的梭子可以在更寬的布面之間來回拋飛。飛梭也讓紗線以更快速度交織起來。因為它把勞力成本減半──寬幅織布機不再需要第二名紡織工──紡織工業很快就採用凱伊的發明。對凱伊而言遺憾的是，紡織業者組成聯盟拒絕付他專利費。他的財產耗盡在維護專利的法律訴訟上。最後他遷往法國安裝了自己的機器，而法國紡織品的機械化生產一般追溯至 1753 年，正是他們廣泛採用飛梭的時代。然而，大部分的這些新梭子不是由凱伊製造。約翰·凱伊沒有爭取到獨家製造的執行令，並且拖欠法國政府債款，去世時身無分文。

▌分類學──生物的命名

──西元 1735 年──
卡爾·林奈烏斯，西元 1707 年──1778

瑞典生物學家兼醫師卡爾·林奈烏斯（Carl Linnaeus，或稱卡爾·馮·林奈，Carl von Linné，也稱卡羅盧斯·林奈烏斯，Carolus Linnaeus）通常被視為生物分類學之父。他對生物的命名、分級與分類系統至今仍在使用，他的分類觀念影響了數個世代的生物學家與植物學家。林奈烏斯是當今生物分類學對所有生物分類的創始者。在他那時代，有些蕈菇可食，有些看來很像的卻可能致病，有些甚至會致命。然而除了各式各樣的地方俗稱，它們都只被稱為蕈菇。林奈烏斯了解到當時隨興的命名不能正確描述斯堪地那維亞半島所有的蕈菇種類，更別提來自新世界的最新發現。其他植物學家曾用不同方法嘗試給植物和動物命名，但是成果不佳。例如，人們議定蕃茄的「正式」名稱之一是「*Solanum caule inerme herbaceo, foliis*

pinnatis incisis, racemis simplicibus」。

這意思是「有平滑草本莖、缺刻羽狀葉和單花序的茄屬」。幸虧有林奈烏斯後來的分類學，它現在被正式鑑定為 *Solanum*（茄屬）裡的 *Solanum lycopersicum* 種，歸類於 Plantae（植物界）、Solanales（茄目）底下的 Solanaceae（茄科），萬壽菊的分類是 Plantae（植物界）、Asterales（菊目）、Asteraceae（菊科）、Tageteae（萬壽菊屬）裡的 *Tagetes erecta* 種。

林奈烏斯年輕時遊遍拉布蘭（Lapland）地區，仔細觀察地理和植物，後來成為烏普薩拉大學（Uppsala University）的教授。他從沒再到國外旅行，但依賴學生為他收集植物與動物樣本，然後制定出新的分類與命名系統。他的座右銘是「上帝創造，林奈烏斯分類」。為了決定植物種類，他著手

崩潰和甲蟲

林奈烏斯在世界各地都有學生與追隨者寄樣本給他。命名則是根據模式標本的特徵，以及率先發現物種的人來命名。以往用來製造豔紅染料的胭脂蟲棲息在新世界並以仙人掌維生，丹尼爾‧羅蘭德（Daniel Rolander）在蘇利南叢林裡費盡千辛萬苦尋找到夢寐以求的胭脂蟲，渴望這甲蟲能以他命名。羅蘭德在回鄉的漫長路上深情款款呵護他取得的樣本，然後將甲蟲送到林奈烏斯的溫室。然而，林奈烏斯不在，根據歷史學家艾米‧巴特勒‧格林菲爾德（Amy Butler Greenfield）描述，林奈烏斯的園丁「看到一棵骯髒且爬滿蟲子的植物」。當林奈烏斯回家時，園丁已捏死並清除所有蟲子。林奈烏斯頭痛萬分，羅蘭德則是完全精神崩潰。胭脂蟲原本可能被命名為 *Dactylopius rolander*，但現在的學名是 *Dactylopius coccus*，分類於 Eukaryota（真核域）、Animalia（動物界）、Arthropoda（節肢動物門）、Insecta（昆蟲綱）、Homoptera（同翅目）、Coccoidea（蚧總科）、Dactylopiidae（胭蚧科）的 *Dactylopius*（胭蚧屬）底下。

的樣本取自花園、標本集（乾燥植物貼在紙上）或一幅插圖，然後去完整描述它。此後，他收集代表相同種類的額外樣本，成功制定出生物分類系統。他的系統包括界、門、綱、目、科、屬、種。在他的二名法新架構下，任何特定生物的屬名加上種名就是它的學名。

他也採用將「模式標本」與種類名稱結合的做法，因為經由此樣本識別出了這個種類。例如菊科（以前稱為 Compositae），它也被稱為紫菀、雛菊或向日葵科，是維管束植物裡最大的一科。超過 22,750 種歸類於此科，分布在 1620 屬和 12 亞科裡。最大的屬有黃菀屬（*Senecio*，1500 種）、斑鳩菊屬（*Vernonia*，1000 種）、刺頭菊屬（*Cousinia*，600 種）和矢車菊屬（*Centaurea*，600 種）。

林奈烏斯在 1735 年首次出版的《自然系統》（Systema Naturae）只有十四頁。他把動物分類成四足動物（*Quadrupedia*）、鳥類（*Aves*）、兩棲動物（*Amphibia*，包括爬蟲類）、魚類（*Pisces*）、昆蟲（*Insecta*）和蠕形動物（*Vermes*）。蠕形動物包括蠕蟲和蛇，以及滑溜帶有黏液、不易歸屬其他類別的動物。人類歸屬於四足動物，這惹惱許多人，尤其是牧師和其他有宗教傾向的人。在他有生之年最後一版《自然系統》（第十二版）有兩千三百頁。林奈烏斯去世前已分類大約 7700 種植物和 4400 種動物。他建議自己墓碑可以寫上：「植物學泰斗」。說得沒錯，林奈烏斯創造了可以持續擴展的命名系統—每年仍有數千個新物種被加入。他的「界」最近被重新修訂，根據去氧核糖核酸排序重新調整了一些類別關係，但原本命名系統大部分保持不變。

日本明仁天皇是一位魚類學者，他讚揚二名法使得科學家有分類的通用基礎。2011 年八月的一篇新聞說地球上幾乎 90% 的動植物都還沒被科學家發現或命名，據估地球棲息了大約八百七十萬種生物（陸地有六百五十萬種而海洋

方舟能裝載多少物種？

持續擴展的物種名單讓信仰虔誠的林奈烏斯面臨一個問題，就是所有物種要如何裝載到聖經裡的方舟上。他用一座島嶼代替方舟來解決問題。一般相信地球曾被大洪水完全淹沒，但林奈烏斯提出說有一座島嶼是例外，它既是諾亞方舟也是伊甸園。據說方舟停泊的亞拉拉特山（Mount Ararat）被發現完全符合他的提議。它的山峰相當高，適合提供各種必要的氣候帶給洪水之後活下來的動植物生存。

有兩百二十萬種）。目前只有一百二十萬個物種被正式描述並命名。這結果意謂著陸地上現存 86% 物種與海洋中 91% 物種仍然有待描述，這計畫的領導者斷言：「許多物種滅絕的警鐘已經響起，我認為科學界與社會應該要優先考量加快腳步登錄地球物種。」聯合國的一些研究顯示，由於開墾、污染、氣候變遷和其他因素，世界正面臨六千五百萬年前恐龍消失以後最嚴重的物種滅絕速率。

▌航海鐘

—西元 1761 年—

約翰・哈里森，西元 1696 年—1776年，英格蘭

雖然象限儀或直角器（以及後來 1757 年的六分儀）可以在海上測量緯度，但經度（東西向方位）的測量只能依據船上精準的計時器或鐘錶。麥卡托投影法的發展使得十六世紀海圖繪製有了重要突破，但導航與測量技術已不敷航海使用。首要問題是在海上無法確定足夠精準的經度。第二個難題是導航用的是地磁方向而非地理方向。直到發明航海鐘以及瞭解地磁偏角的空間分布之後，麥卡托投影法才能被航海者完全採用。（地磁偏角是磁〔羅盤〕北和「真北」的夾角，依地點與時間而有變化。）

在航海上，航位推測法中累積的誤差經常導致船難和人員傷亡。以往被稱為「航位推演」的方法是用先前確認的方位（或定位）去計算目前方位，方位推演是在航向上依據確定或估計的速度乘以實際經歷時間。因為工業革命大幅擴展了貿易與航海，避免海事悲劇發生成為「航海時代」重要的工作。1714年，英國政府在國會法令下提出兩萬英鎊賞金，只要有人能提供經度測量誤差在半度（時差兩分鐘）以內的方法。這方法會在一艘船上進行實測。鐘錶匠約翰・哈里森（John Harrison）曾做過世上僅見最精準的擺鐘，他發展一系列計時器來解決這問題。航海鐘必須耐腐蝕和耐震動，還得不受船隻持續運動、氣溫擺盪和重力變化的影響。1730 至 1735 年間製造的 H1（哈里森 1 號的縮寫）是他

庫克船長的經驗

詹姆士·庫克（James Cook）船長第二次探索之旅啟程時，使用的是拉庫姆·肯德爾（Larcum Kendall）的K1航海鐘（H4的複製品）來確定他的經度數據。他在1775年七月返航，三年航程涵蓋熱帶地區和南極地區。在整個航行中，K1每天不會慢超過七秒（相當於在赤道只有兩海里的距離），庫克稱這鐘是：「……我們穿越所有氣候變化時的可靠指引」。威廉·布萊（William Bligh）在庫克船長第三次探索中使用K1導航，而庫克於1779年在夏威夷遭到謀殺。布萊擔任船長的邦蒂號軍艦和K2航海鐘在1789年的叛變事件中被搶走，他只剩下一具古老象限儀和一個羅盤，沒有海圖和六分儀，但在小船上近乎不可思議地花了47天、航行了3618海里（6700公里）到達帝汶島。邦蒂號倖存叛變者約翰·亞當斯在1808年將K2賣掉，它和一具K1和K3目前展示在皇家格林威治天文臺。哈里森的無價之寶H1到H4航海鐘現在展示在英國格林威治的國家航海博物館。

精密木鐘的可攜版，它的移動零件由彈簧控制與抗衡，因此運作不受重力影響。他到海上測試，然後繼續發明創造出 H2 和 H3。他在 1761 年製造的 H4 看來就像一個很大的懷錶，在前往牙買加的一趟航程中只慢了五秒。其他測試接續成功，於是這版本的計時器在世界各地被採用。這是船舶第一次能使用精確的經度航行。

▌珍妮紡紗機

—西元 1764 年—
詹姆斯·哈格里夫斯，西元 1720 年
— 1778 年，英格蘭

　　歐洲自十三世紀以來就使用紡車生產紡織品的紗線，這是第一臺針對紡車進行改良的機器。在相對較短的期間內，飛梭、精紡機、軋棉機、走錠紡紗機和珍妮紡紗機相繼問市。這幾項重要的發明有助於處理大量收成的棉花，也促進了英國紡織工業巨幅成長。棉紗的需求大幅超越供應量，既有的單線紡車沒辦法跟上速度。（一般情況是女人紡紗，男人做紡織工將紗線紡織成布。）1764 年，英國一名叫做詹姆斯·哈格

里夫斯（James Hargreaves）的木匠兼紡織工發明了手搖多線紡紗機來改進紡車。哈格里夫斯沒接受過讀寫教育，但他的珍妮紡紗機是個天才之作。它有八個紗錠，取代只有一個紗錠的紡車。它採用一個簡單紡輪，粗紗鉤纏到上面，用一個框架往前移動將粗紗拉伸變細。傳動輪在框架回推時快速轉動，帶動紗錠旋轉，將粗紗捻成紗線並捲收在八個紗錠上。後來的機型提升到 128 個紗錠。然而，這機器生產的紗線粗糙且缺乏強度，只能當做穿過經紗用來橫織的緯紗。

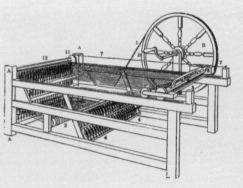

詹姆斯・哈格里夫斯做了幾臺珍妮紡紗機並在當地開始販售。珍妮機最初受到紡紗工人歡迎，但是紗線價格滑落，他們的心情就不一樣了。因為每臺機器可做八個人的工作量，其他紡紗工人對這「不公平」的競爭感到憤怒。1768 年，一群紡紗工人闖進哈格里夫斯家裡搗毀他的機器。對機器的敵意使得哈格里夫斯離開布萊克本到諾丁漢，那裡棉襪工業因為紗線供應量大增而受益。哈格里夫斯直到 1770 年才為他的 16 紗錠珍妮紡紗機申請專利。法院曾駁回他的八紗錠珍妮紡紗機專利申請，因為他提出申請前已經製造並售出幾臺樣本太長一段時間。其他人抄襲哈格里夫斯的概念卻沒付他半毛錢。當他去世的時候，英國有超過兩萬臺珍妮紡紗機在運作，其中許多臺有 80 紗錠，因此帶來的效率是單紗錠紡車的八十倍。

▌蒸汽機的改良
—西元 1769 年—
詹姆斯・瓦特，西元 1736 年—1819 年，蘇格蘭

分離式冷凝器的發明使得發動機更有效率，並且不再只是當做蒸汽抽水機，還可驅動更多其他機器，所以加快了工業革命的腳步。詹姆斯・瓦

粗紗、梳棉和刺果

粗紗是一束長而窄的纖維，通常用來紡羊絨紗。粗紗是將纖維經過梳棉（Carding）製成，然後拉長為棉條準備紡成紗。梳棉是機械化工序，它打散凌亂的纖維團塊，將每根纖維梳理平直以利紡紗。這個字源自拉丁文carduus，意思是刺果，因為乾燥刺果植物的頭花最早被用來將凌亂糾結的羊絨梳理成直束。

瓦特和馬力

瓦特會向他的蒸汽機買主收取額外使用費。為了有所依據，他把自己機器跟一匹馬做比較。瓦特計算一匹馬輸出的拉力有180磅（82公斤），所以設計發動機的時候就相較於馬匹來描述它的功率，例如「一具20匹馬力的發動機」。瓦特接著計算每家公司用他發動機節省多少馬匹費用。在接下來的二十五年裡，每家公司每年得支付他這個數字的三分之一。於是瓦特發展出馬力（horsepower）的概念，功率的國際標準單位「瓦特」就是以他命名。

特（James Watt）是一位機械製造工程師，他在1763年收到一具送修的紐科門蒸汽機，從而發現自己可以讓它變得更有效率。冷凝蒸汽時要冷卻汽缸，進而流失許多熱量。這在煤礦場無關緊要，因為多的是無法販售的煤屑可用，但在沒那麼容易取得煤炭的地方就明顯提高了採礦成本，例如康瓦爾郡的錫礦場。瓦特知道基於紐科門設計的發動機因為重複冷卻又加熱汽缸而浪費能源。因此他採用一種設計來加強，那就是與主汽缸分離的冷凝器，它可避免浪費能源並且徹底提高蒸汽機的功率、效率

和成本效能。他在1769年取得專利。因為沒有資金推銷自己的新設計，他在1775年帶著設計去找馬修・博爾頓（Matthew Boulton）。博爾頓是個有錢生意人，他馬上著手製造瓦特的發動機，並銷售給煤礦主人去為礦坑抽水。瓦特蒸汽抽水機的功率是紐科門發動機的四倍。1781年，瓦特製造出旋轉運動蒸汽機。早先的機器是上下往復運動，適用在礦場抽水，但新的蒸汽機可以用來帶動許多不同的機器。1783年，理查・阿克萊特在他的紡織廠用上瓦特蒸汽機。到了1800年，英國的礦場與工廠已有超過500具瓦特蒸汽機在運作。

1775年，瓦特獲得國會批准的一項專利防止其他人製造跟他發明雷同的蒸汽機。接下來的二十五年，博爾頓與瓦特的公司實際獨佔了蒸汽機的生產。柯爾布魯克代爾公司（Coalbrookdale Company）在1720年代首創的鑄鐵新技術可以製造比以往黃銅材質更大、更便宜的汽缸。博爾頓與瓦特公司成為英國最重要的機械公司，也許還是世界之

最，供應了相當可觀的需求。原本出自於康瓦爾郡礦業的需求，後來延伸應用到紙廠、麵粉廠、棉花廠和鋼鐵廠，同時還用在製酒、灌溉和供水系統上。

現代工廠體制和水力紡紗機

—西元 1771 年—
理查·阿克萊特，西元 1732 年— 1792 年，英格蘭

理查·阿克萊特（Richard Arkwright）的創新與發明是工業革命的催化劑，他的工廠運作模式被全世界仿效。1762 年，阿克萊特經營起製造假髮的生意，他得周遊國內各地去收集人們剪下的頭髮。阿克萊特聽說有人嘗試為紡織工業生產新機器。他和約翰·凱伊會面，這人想跟湯瑪斯·海斯（Thomas Highs）一起生產新紡紗機。他們耗盡資金，被迫放棄這項計畫。阿克萊特此時資助凱伊去製造精紡機，它有三組成對滾軸以不同速度轉動。滾軸能拉出粗細精準的紗線，同時一組紗錠將纖維穩固捻在一起，製造的紗線比詹姆斯·哈格里夫斯的珍妮紡紗機要堅固許多。這機器生產的棉紗更適合做為「經紗」，就是製作布料需要的長紗線。英國棉布通常用亞麻經紗和棉花緯紗，因為棉花紗線無法做到夠堅固來當做經紗。從亞麻纖維製成亞麻紗線相當費工，因此比較昂貴。現在可用棉花紡成經紗和緯紗，純綿製作的布料價格更便宜。

但阿克萊特的精紡機大到無法手動

英國最富有的平民

阿克萊特的兒子也叫理查·阿克萊特（1755—1843年），他二十多歲時買下父親的曼徹斯特工廠。1781年和1787年又買了兩座工廠。他在三十七歲時繼承父親財產，年輕阿克萊特決定專注在地產和銀行業上。他很幸運地在拿破崙戰爭後的經濟衰退開始前就賣掉了大部分工廠。他貸款給人家，例如德文郡公爵夫人喬治安娜（Georgiana），她急於掩飾挪用丈夫的錢所欠下的賭債。1809年，阿克萊特不可思議的以總價二十三萬英鎊買下漢普頓宮在赫里福德郡的莊園送給兒子約翰。另外有次在競標坦坡諾曼登的薩頓宅第拍賣會上，出價快速飆升。拍賣官開始擔心那在座席上穿著暗黃外套和黃褐色馬褲的不知名出價者可能連保證金都付不起，更別說那最高的出價。理查·阿克萊特於是站了起來，從口袋掏出兩萬英鎊鈔票說：「我只有四份這筆金額，其他三份在家裡。」他買下了那座宅第。阿克萊特如此保持低調，甚至中風驟逝也沒在《泰晤士報》登上新聞，享年87歲。毫不顯眼的訃聞沒提到他擁有龐大財產，或者無疑是英國最富有的平民，他的遺產價值超過三百八十萬英鎊。以今天零售物價指數來算超過三億一千六百萬英鎊，或者以平均收入指數來算是二十九億七千萬英鎊。銀行家總是很有錢。但從來沒像他這麼富有。

操作，因此他在 1771 年決定採用水車帶動，後來就被稱為水力紡織機。這機器取代了許多手工勞動者，結果壓低了棉紗價格。1775 年，阿克萊特取得一臺梳棉機的專利，那是用在紡紗的第一階段，它取代手工梳理去把原棉（或羊絨）團塊整理成平直纖維，接著才能紡成紗線。

阿克萊特建造獲利龐大的新紡織廠，利用博爾頓與瓦特的的新蒸汽機抽水到推動水車的引水渠。將蒸汽機和他的新機器結合在一起，動力織布機最終發展出許多形式。在他工廠裡，所有紗線生產過程在一臺機器上進行，後續的加工再分別進行，大幅提升了效率。他偏好有大家庭的紡織工，這樣婦女和小孩能在紡紗廠工作，紡織工則在家裡將紗線織成布。他的員工從早上六點工作到晚上七點。阿克萊特的 1900 名勞工中有三分之二是六歲以上的兒童。如同許多工廠主人，阿克萊特不願雇用超過四十歲的人，因為他們動作較慢。理查·阿克萊特在 1792 年去世，據說身價超過五十萬英鎊，以今天零售物價指數來算是五千萬英鎊。以平均收入指數來算，他的遺產有五億六千八百萬英鎊。

氧的燃燒理論

—西元 1778 年—

安東萬·羅倫·德·拉瓦節，西元 1743 年—1794 年，法國

安東萬·羅倫·德·拉瓦節（Antoine Laurent de Lavoisier）被認為在十八世紀對化學做出最重要的貢獻，並將這門科學推升到跟物理與數學平起平坐的地位。他是出身貴族世家的一位化學家，學生時期曾說「我既年輕也渴望榮耀。」拉瓦節曾以一篇關於巴黎街道照明的論文獲獎，也設計了一種新方法調製硝石。他經由仔細測量證明了水不可能變成土，而且從沸水觀察到的沉澱物來自於容器。他在空氣中燃燒磷和硫磺，然後證明燃燒的產物比原本成分還要重。增加的重量來自空氣中消耗的物質。於是拉瓦節建立了自己的質量守恆定律。

拉瓦節開始進行他的燃燒與呼吸實驗時，化學仍在非常早期的發展階段。經驗資料有很多，但理論基礎卻很少，也沒有正規的科學表達方式。有關酸、鹼、鹹和金屬等物質的許多特徵已經為人所知，所以它們通常能被識別，但氣體的存在幾乎不為人知。拉瓦節重蹈約瑟夫·普利斯特里（Joseph Priestley）的發現，證明了空氣由兩個

133

部分組成，其中一部分與鐵結合形成金屬灰（calx，殘餘物質，有時是細粉狀）。在 1778 年的《酸性概論》（Considérations Générales sur la Nature des Acides）中，他證明了「空氣」對燃燒有影響，也是酸性的來源。1779 年，他把這部分命名為氧（oxygène，希臘文代表「形成酸」），另一部分稱為氮（azote，希臘文代表「無生命」）。拉瓦節也發現卡文迪許（Cavendish）所發現的可燃氣體，他稱為氫（hydrogène，「形成水」）的這個氣體和氧結合會產生像水一般的露珠。拉瓦節證明水通過一個火紅的砲筒可以變回氧和氫。氧也會跟鐵反應形成鏽。

在 1783 年的《關於哲學的思考》（Reflexions sur le Phlogistique）中，拉瓦節推翻了當時通行的「燃素說」，這學說認為所有物質在燃燒時最會釋放一種稱為燃素的神秘物質（見下框文字）。他在 1787 年的《化學命名法》（Méthode de Nomenclature Chimique）裡發明的化學命名系統至今仍被廣泛使用，包括硫酸、硫酸鹽和硫化物等

名稱。他的《化學基礎論》（Traité Élémentaire de Chimie，西元 1789 年）是第一本現代化學教科書，並對新化學理論提出統一的觀點。書中清楚陳述質量守恆定律，表示反應物的質量必然等於產物的質量，因此反駁燃素的存在。這本書有一份不能再分解的「元素」或物質列表，其中包括氧、氮、氫、磷、汞、鋅和硫。拉瓦節強調他的化學觀察

燃素說

燃素由十七世紀末的德國醫師約翰·貝歇爾（Johann Becher）首先提出（他稱之為「易燃土」）。這理論認為所有可燃物都有燃素這難以捉摸的成分，它沒有顏色、氣味、味道或重量。物質燃燒就會釋放出這成分。所有物質被認為包含三個基本部分：燃素、不純物和原本物質的純粹形式。任何可以燃燒殆盡的物質—例如木炭或硫磺—被認為是完全由燃素構成。然而像木頭之類的東西燃燒後會殘留灰燼，所以它是由純木（灰燼）和燃素構成。另一方面，鐵一定包含了鏽，它是金屬的純粹形式，另外還有燃素。剩下無法定義為純物質或燃素氣體的就是不純物。溶於水中的氣體是典型的不純物，它不符合物質純粹形式或燃素的標準。

如此對待天才

　　雖然拉瓦節是個自由主義者，卻在法國大革命期間被羅伯斯比爾（Robespierre）一派人馬貼上背信者的標籤，指控他在菸草攙重增加課稅。他也替一些非本土出生的科學家出面斡旋（法國大革命期間曾敵視外國人），包括傑出數學家拉格朗日（Lagrange）。

　　拉瓦節幾年前曾收到政治立場激進的科學家讓－保爾·馬拉（Jean-Paul Marat）一項發明申請，拉瓦節認為內容荒謬。馬拉此時帶頭煽動要把拉瓦節送上斷頭臺。據說人們呼籲饒他一命，好讓他能繼續進行那些實驗時，卻被法官斷然拒絕說：「共和國不需要科學家或化學家；司法程序不容延緩。」

　　拉格朗日為他的逝去哀悼說：「他們只在一瞬間就砍下他的頭，但法國再過一百年也找不到像他那樣的腦袋。」公開處決十八個月後，拉瓦節被法國政府證明無罪。他的私人物品被發還給遺孀，隨附的簡短便箋寫著：「致拉瓦節遺孀，誤判者遺族。」

基礎時說到：「我幾經嘗試……要根據事實得出真相，竭盡所能不要利用推論，這不可靠的手段經常誤導我們，於是盡可能跟隨著觀察與實驗的明光。」拉瓦節證明生物呼吸就跟物體燃燒一樣會分解與重組大氣中的空氣。他和拉普拉斯（Laplace）共同研究，用熱量計估算每單位二氧化碳釋放的熱量。他們發

現火焰燃燒和動物呼吸有相同的放熱比例，因此指出動物呼吸時以一種氧化作用釋放熱量。拉瓦節也發現鑽石是由碳形成的晶體。他努力將所有實驗置於單一理論框架下，結果在化學領域中掀起了革命。

▎走錠紡紗機

—西元 1779 年—
塞繆爾·克朗普頓，西元 1753 年
—1827 年，英格蘭

　　走錠紡紗機大幅提升了原棉製成紗線的產量。它的問市意謂著棉花產業榮景已經開啟。塞繆爾·克朗普頓（Samuel Crompton）是一位工廠作業員，他學會使用珍妮紡紗機，但他發現這臺機器的問題之一是紡出的紗線不夠堅固，經常會斷線。克朗普頓花了五年多的時間發明走錠紡紗機並讓它圓

滿運作。為了支撐自己的發明，克朗普頓到博爾頓劇院擔任小提琴手，一場秀賺個幾便士，酬勞全花在研究機器上。他結合珍妮紡紗機的移動框架與阿克萊特水力紡紗機的滾軸，製造出非常細且平滑的紗線，適合做為平紋細布的織品紗線。走錠紡紗機生產堅固纖細的紗線可做任何紡織品，不但滿足了棉製品的龐大需求，也適用於其他纖維製品。它利用週期性工序將纖維紡成紗線：在紡出階段，粗紗被拉伸加捻；在退繞階段將紗線纏繞到錠子上。雖然克朗普頓採用哈格里夫斯的多條紗線概念和滾軸拉伸粗紗的做法，但他把紗錠裝在滑動臺上，並將粗紗的線筒架固定在框架上。同時藉由滾軸和滑動臺外移的動作把粗

紗整平再絞上紗錠。它在紡紗過程上提供良好的控制，讓紡紗工可做出各種類型的紗線。

然而克朗普頓是個窮人，沒有足夠資金去開發他的發明以取得專利。他在音樂會上用自製小提琴演奏存錢。最終，他被迫賣掉權利回去當紡織工。理查·阿克萊特取得了專利，走錠紡紗機很快就被紡織工業採用。1792 年三

棉花工廠和蓄奴爆增

　　為了滿足英格蘭北部棉花工廠的巨量需求，美國南部各州農場同時出現蓄奴爆增的情況。1850年代，蘭開夏郡的棉花約有四分之三來自美國南方的蓄奴州。對美國的過度依賴是工廠的弱點。如果美國棉花收成不佳甚至斷貨，影響將會遍及全世界，但受害最深的還是蘭開夏郡。1859年，非奴隸的非裔美國人莎拉·瑞德蒙（Sarah Redmond）在蘭開夏郡的曼徹斯特圖書館發表演說，特別呼籲婦女要用輿論支持美國廢除奴隸制度。她提醒人們女性奴隸受到的可怕虐待，以及曼徹斯特的繁榮是立基在奴隸種植的棉花上：「慚愧的是，我們有些州把男人和女人在市場上當牛一般看待。當我在曼徹斯特街上道看見一車接著一車的棉花，讓我想到那八千個農場種植了價值一億兩千五百萬元的棉花供應你們需求，據我所知從來沒有一分錢送到那些勞動者的手上。」在美國內戰中，北方封鎖南方港口，所以貨物無法進出，奴隸種植的原棉因此斷貨。利物浦貿易商也暫停了交易，伺機等待價格上漲。導致了蘭開夏郡的棉花恐慌（1862—1863年），在這相當艱困的時期有數千名工廠勞工失業。

月，一群憤怒的紡紗工闖入格里蕭在曼徹斯特的工廠，搗毀所有安裝在裡面的走錠紡紗機。阿克萊特的專利到期後，走錠紡紗機在其他幾個製造商手上繼續發展。1812 年，克朗普頓向國會請願，試圖為自己的發明取得報酬，他說英國每天使用的紗錠中，四百六十萬個是在走錠紡紗機上運轉，只有大約四十七萬個用在其他形式的紡紗機上。博爾頓博物館可看到僅存一臺由發明者親手製作的走錠紡紗機，年代可追溯至1802 年左右。

▎牙刷
—西元 1780 年—

威廉‧阿迪斯，西元 1734 年— 1808年，英格蘭

　　西元前 3500 年左右，巴比倫人維持口腔衛生用的是「咀嚼棒」，基本上是末端粗糙的嫩枝。在印度，人們用楝樹嫩枝嚼軟後的纖維絲來刷牙。根據記載，中國道士在 1223 年將馬尾綁到牛骨手柄做成刷子來清潔牙齒。第一個豬鬃牙刷在 1500 年左右發源自中國，豬鬃取自寒冷氣候下的豬隻頸部與肩部，牠們的長鬃毛比較粗長。1690 年，英文裡首次出現「牙刷」（toothbrush）這字眼，古物學者安東尼‧伍德（Anthony Wood）記載他有買過一支。1770 年，威廉‧阿迪斯（William Addis）因為引起騷亂而被拘留。他在

監獄裡想到可以改良用抹布沾煤灰與鹽巴磨擦牙齒的清潔方法。阿迪斯找到一小根動物骨頭，在上面鑽了許多小洞，再跟獄警拿來一些鬃毛紮成簇，再把鬃簇穿過骨頭上的小洞黏合固定。他的另一支原型是用馬鬃穿過骨頭上的孔洞，再用細線固定它們。阿迪斯是已知第一個量產者，他成立家族公司販售用牛骨刻成握柄的牙刷，很快就致富。到了 1874 年，牙刷仍是手工製造，原料採用骨頭或象牙和動物鬃毛。獸骨經過煮沸去除油脂，小骨片用來製作牙刷背板，握柄則用牛的腿骨或臀骨製作。獸骨兩端切除後賣給鈕扣製造商，牙刷製造者只使用中段。

　　阿迪斯的牙刷有五十三道製作工序，裝填鬃毛的工作大部分是婦女在家完成。便宜牙刷使用豬鬃，獾毛用在高價產品上。1860 年代，阿迪斯成為英國最早使用自動化製造系統的人之一，1869 年的第一支阿迪斯牙刷握柄是由機器製造。第一次世界大戰期間，阿迪斯提供牙刷給軍隊，因此造成潔牙的一個全國性「習慣」。到了 1926 年，他的公司年產量有一百八十萬支牙刷。1927 年看到第一支塑膠握柄（材料是賽璐珞）牙刷問市，刷子是用機械填裝鬃毛。在第二次世界大戰中，公司供應了百萬支牙刷給軍隊，1940 年則出

現第一支用塑膠握柄與塑膠刷毛做的牙刷，它以 WISDOM 這個品牌問市。1938 年，杜邦製造了第一支尼龍刷毛的牙刷。動物鬃毛不是理想的材料，因為它會寄生細菌而且不容易乾，鬃毛也經常會脫落。阿迪斯公司在 1947 年停止生產骨質握柄牙刷。施貴寶公司於 1960 年首先在美國推出電動牙刷，將它命名為 Broxodent。奇異公司在 1961 年推出可充電的不插線牙刷。Interplak 是第一支家用旋轉式電動牙刷，它在 1987 年上市。1996 年，在一次管理層收購中結束了阿迪斯公司兩百一十六年來的家族經營模式，三年後它被收購到德國 EMSA 控股公司旗下。

▎油燈

—西元 1782 年—
弗蘭索瓦‧皮耶‧艾米‧阿爾岡，西元 1750 年— 1803 年，法國

工業革命期間，「阿爾岡燈」（Argand lamp）成為家庭、商店和工廠的標準照明來源。油燈從幾千年前就開始使用，最早描述拿天然礦物油做油燈是出自拉齊的《秘典》。在埃及和中國發現的油燈是一個可裝填的油盤，加上一根可調整火焰的纖維燈芯，希臘在西元前 700 元左右發展出帶把手的實用燈具。然而早期油燈亮度不夠，無法在夜間從事精細工作。瑞士科學家弗蘭索瓦‧皮耶‧艾米‧阿爾岡（François Pierre Aimé Argand）在 1782 年發明第一個合乎科學構造而且大幅改良的油燈，1784 年在英國取得專利。這宣告了數千年來油燈在基本設計上的首次改變，採取的原理後來也應用在瓦斯爐上。阿爾岡燈的環形燈芯中央有一根中空圓管，讓火焰在浸油燈芯上方燃燒時內外都有空氣流通。燈芯放在兩個金屬同心圓管中間。內部管子提供通道讓空氣上升到火焰中間促進燃燒。煙囪般的玻璃罩加強燈芯內外兩側空氣向上流通，使燈油能夠平均燃燒。它同時也遮蔽側風以提升火焰亮度。阿爾岡燈的光線比以前同尺寸油燈亮了十倍左右，而且燃燒乾淨，但消耗更多燈油。這

燈也比一根蠟燭還亮（大約五到十倍亮度），因此比用蠟燭還便宜。升降燈芯的構造能夠做些微調讓燃燒最佳化。最後，甚至還製造出有十個燈芯的阿爾岡燈。

1783 年，阿爾岡與孟格菲（Montgolfier）在他的實驗室密切合作設計熱氣球，一位熟人複製了幾盞阿爾岡燈，引發一連串訴訟。這燈具在可以量產前還有許多問題有待解決。燈芯的設計製造找到一位蕾絲製造商來幫忙。緊臨熱焰的燈罩耐熱玻璃則是另一個難題。不同類型的燈油被拿來測試，阿爾岡實驗精煉的方法，最後決定採用鯨油。油槽上的焊接點被發現漏油，於是開發新的焊料。阿爾岡在英國找馬修·

博爾頓（Matthew Boulton）和威廉·帕克（William Parker）合作生產油燈，結果供不應求。隨著 1846 年從煙煤蒸餾出煤油，鯨油燈在 1850 年以後很快就被煤油燈取代。世界各地仍在使用油燈，經常當做電力短缺時的備用品。拒絕使用電力的阿米許社區依舊使用著油燈。

▎地球的年齡
—西元 1785 年（1788 年著作出版）—
詹姆斯·赫頓，西元 1726 年— 1797年，蘇格蘭

人們在十八世紀晚期還普遍相信地球創造於西元前 4004 年 10 月 22 日。

油燈和「照亮世界的城市」

當世界開始使用阿爾岡燈的衍生燈具時，捕鯨業大幅成長，因為人們對鯨油的需求永遠無法滿足。鯨油主要用在油燈和製作無煙蠟燭。它是動物油與礦物油中第一個實現商業價值的油品，在推動工業革命的新機器上還被當做可靠的潤滑油。鯨油後來也用於製作人造奶油，它還是一種鋼鐵保護塗料的基底。十九世紀末的石油探鑽導致石油基的石蠟與油品在非食品應用上取代了鯨油。值得慶幸的是，煤油和石油的發現與使用確保了鯨魚不會被捕殺殆盡。1800 年代早期，捕鯨船從

新英格蘭啟程，航向太平洋去尋找抹香鯨。麻薩諸塞州的新伯福（New Bedford）成了世界捕鯨中心。1840 年代有超過700艘捕鯨船航行在全球海洋上，超過400艘以新伯福做為母港。捕鯨船長在最佳的近郊地帶建起豪宅，新伯福則被稱為「照亮世界的城市」。

這日期是十七世紀愛爾蘭大主教詹姆斯‧烏雪根據他對《聖經》的分析而得來。儘管沈括、斯坦諾和虎克都明白化石的真正性質，一般人認為化石是《聖經》大洪水中死去動物的遺骸。關於地球的結構，科學家一致認為它的大部分底岩是由長而平行的地層以不同角度構成，此外大洪水沖刷出來的沉積物受到擠壓形成了岩石。然而詹姆斯‧赫頓（James Hutton）察覺這種沉積作用的過程極為緩慢，依他自己的說法，即使最古老的岩石也形成於「早期大陸瓦解出來的物質」。岩石曝露在空氣中遭受化風侵蝕就會發生逆過程。他稱這種瓦解後又重新形成的接續過程是「地質循環」，並且認為它已經發生無數次。這位蘇格蘭農場主人觀察自家農場周圍的岩石，推論出地球不斷在形成與重組。他了解到水溶物質被推擠成山，受侵蝕後又被沖刷流失。赫頓率先領悟到若要確認地球的歷史，可以研究當前侵蝕與沉積過程是如何運作。他的觀念與方向將地質學建立成為了一門正規科學。

赫頓原本在愛丁堡、巴黎和（荷蘭）萊登的大學研習醫學和化學，不過後來花了十四年經營自家兩處小農場。務農使得赫頓對於風與氣候的破壞力如何影響土地困擾不已。他開始發揮自己的科學知識與本領去觀察「地質」，這主題在那時才剛獲得命名不久。他在 1768 年移居愛丁堡，幾年後的一位訪客形容他的研究室「充滿化石和化學儀器，幾乎沒有位置可以坐下」。1785 年，《地球學說，或對陸地組成、瓦解和復原規律的研究》這篇報告在愛丁堡皇家學會發表，赫頓描述自己關於地球持續變化的理論。根據二十五年來的觀察與實驗，他說在一個持續的循環裡，岩石和土壤被沖刷到海洋中，沉積壓實在底岩裡，經由火山作用推升回地表，然後再度被侵蝕成為沉積物。赫頓推斷「因此探究這自然規率的結果是，我們找不到任何啟始的痕跡，也無法預期有一個終點。」

赫頓與達爾文

赫頓甚至將他的均變論套用在動物生命上，比達爾文和華萊士早了七十年提出一個演化和天擇的過程。達爾文直接受到這位「現代地質學建立者」的影響，他在《物種起源》（On the Origin of the Species，1859年）這本書中利用赫頓的發現去解釋生物長久以來的演化。

赫頓舉出的證據是西卡角（Siccar Point）附近的一處海崖，這處海岬位於蘇格蘭東海岸伯立克郡境內。海崖同時出現垂直並列的灰頁岩層和水平堆積的紅沙岩層。唯一說得通的解釋是它們歷經極為長久時間在巨大作用力下形成。赫頓告訴他的聽眾，現在呈現為灰頁岩的沉積物曾被堆升、偏斜、遭受侵蝕，然後沉到海裡堆積成紅砂岩層。現在西卡角兩種岩層的交界面被稱為「赫頓不整合」。促成變化的基本力量是地下熱，從溫泉與火山的存在得以證明。他在英國各地仔細觀察岩石形態，赫頓推斷地球內部的高壓和高熱造成化學反應，產生玄武岩、花崗岩和礦脈這類形態。他也提到內部熱量造成地殼溫度上升與膨脹，因而隆起形成山岳。同樣過程也導致岩層偏斜、折疊和變形，就像西卡角岩層呈現的模樣。

赫頓的另一個主要概念是均變論。地質學上現時的作用力是肉眼幾乎觀察不到的，然而造成的影響如同過去那般巨大。這意謂著今天發生侵蝕或沉積的速率和過往相似，因此得以估計一個紅

赫頓—深邃時間

深邃時間（Deep Time）是赫頓提出的一個地質學時間概念，因為地球實在非常古老。1981年，約翰·麥菲（John McPhee）在其著作《盆地與山嶺》（Basin and Rang）中用以下比喻來解釋深邃時間：「把地球年齡比做是英國舊測量單位的碼，它的距離是從國王鼻子到手臂伸直的指尖。用銼刀在他指甲上銼一下就抹掉了人類歷史的長度。」

沙岩層沉積到一定厚度所需時間。從這樣的分析可以明顯看出，需要極長一段時間才得以解釋裸露出來的岩層厚度。均變論因此成為地球科學的一項原理。赫頓的理論正面衝撞當時流行的「災變論」學派思想，他們相信只有例如大洪水這類自然災難才能解釋地球六千年歷史的形成與本質。地球的高齡成為地質學這門新科學提出的第一個革命性概念。赫頓的研究成果影響了所有科學，但是直到查爾斯·萊爾（Charles Lyell）的《地質學原理》（Principles of Geology，西元 1830 年—1833 年）出版後，人們才廣泛接受他的均變論，那已是他去世三十年後的事了。

▌ 動力織布機

—西元 1785 年（1787 年取得專利）—
埃德蒙·卡爾托拉特，西元 1743 年
—1823 年，英格蘭

埃德蒙・卡爾托拉特（Edmund Cartwright）是一位教區牧師，他在 1784 年拜訪理查・阿克萊特位於德比郡克羅姆福德村的紡棉工廠時，獲得靈感想製造一臺相似的機器來改進織布的速度與品質。卡爾托拉特曾說：「那是 1784 年夏天發生在馬特洛克的事，我和幾位曼徹斯特的紳士們在一起，話題轉到阿克萊特的紡紗機上。其中有個人提到只要阿克萊特的專利一到期，許多工廠會建立起來，生產出前所未見的大量棉紗用來織布。我回答說阿克萊特到時一定會用他的聰明才智發明一座紡織工廠。但是直到 1787 年我完成發明，並在當年 8 月 1 日取得最新的紡織專利時，這情況都沒發生。」當時有人認為這麼複雜的程序不可能自動化，但卡爾托拉特看到一臺自動下棋裝置時得到啟發，認為那裝置的發明反而困難許多。於是他雇用了一名木匠和鐵匠，並在 1785 年取得他稱為「動力織布機」的專利。這臺機器粗糙又沒效率，但後續版本獲得改良。他第二次嘗試製造的織布機改善了許多。

卡爾托拉特在 1787 年取得新專利，同年在頓卡斯特（Doncaster）建造了一間織布廠。牛隻被當做織布機的動力來源，兩年後才安裝了一臺博爾頓與瓦特蒸汽機。到了 1790 年，工廠裡裝有 20 臺織布機和 18 臺紡紗機，卡爾托拉特的前景一片看好。

他授權羅伯特・格里蕭（Robert Grimshaw）在曼徹斯特的諾特工廠建造 500 臺新織布機的廠房。不過這工廠在 1792 年遭焚毀，幾乎可以確定是擔心生計的手搖機紡織工人幹的好事。同時損失的還有數百臺紡紗機。所有紡織品製造業的手搖機紡織工人都怕動力織布機會衝擊到他們的工作機會。以前紡織工用手腳的操作如今全由機器執行。卡爾托拉特紡織廠的員工主要工作只是修復器上的斷紗。格里蕭在大火前只安裝好 24 臺動力織布機，由於早先不具名的恐嚇，他放棄重建工廠。位於戈頓的第二個卡爾托拉特動力織布廠計畫也遭擱置，縱火案影響其他製造商不買卡爾托拉特的機器。他的動力織布機沒有進一

「拉布拉多」卡爾托拉特

卡爾托拉特的哥哥約翰（1740—1824 年）是英國著名的激進政治家，因為從事議會改革運動而得到「改革之父」的綽號。他最年長的哥哥喬治（1739—1819 年）投身軍旅，後來在加拿大成為獵捕獸皮的探險家。喬治・卡爾托拉特博得拉布拉多卡爾托拉特（Labrador Cartwright）的綽號，他也是第一個將因紐特人帶回英國的人。這一家五口因紐特人在一趟旅程中跟他回來，成為宮廷上最受歡迎的對象，但其中四人在返回紐芬蘭的旅程上死於天花。

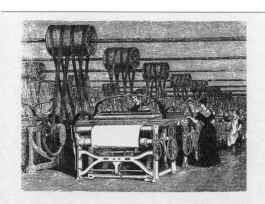

步的訂單。在此同時，他的頓卡斯特織布廠遭遇財務和技術上的難題。卡爾托拉特最後在 1793 年被迫關閉工廠並宣布破產。他的手足們聚集在一起，同意出售位於馬漢姆的家族地產來支付債款。夢想破滅的卡爾托拉特放棄了棉織業，對另一個大有可為的發明也幾乎不抱希望，那是 1790 年取得專利的羊毛精梳機，它可以取代 20 個人力的工作。這款機器也面臨了相同的敵意。1797 年，他取得專利的一具蒸汽機用酒精取代水來產生動力，也發明一臺繩索製造機或纏繩機。

負債的卡爾托拉特之後遷往倫敦從事其他發明，例如互鎖磚和防火地板。事實證明沒有一樣行得通。他對另一個蒸汽機抱持高度期待，新穎的機構可將活塞上下動作轉換成旋轉動作。它還具備彈性鋼活塞環，代替了從瓦特時代以前就開始採用的繩索與皮革。然而他缺乏商業頭腦和後盾，即便羅伯特・富爾頓（Robert Fulton）表示有興趣，這計畫還是以失敗作收。到了十九世紀早期，

許多工廠主人都使用一種修改過的卡爾托拉特動力織布機。卡爾托拉特發現這情況時向下議院訴請賠償，並於 1809 年經由投票獲得一萬英鎊獎金，以褒獎他的動力織布機為國家貢獻的利益。自動化改變了紡織品的生產。

▌現代肥皂
—西元 1789 年—
安德魯・皮爾斯，西元 1766 年— 1845 年，英格蘭

儘管肥皂大約於西元前 2800 年就在美索不達米亞被發明出來，這裡要談的功勞是第一個被認定為「現代」的肥皂。古代美索不達米亞人不知怎麼想到的，他們用動物脂肪混合草木灰做出一種物質拿來洗衣和洗澡。西元前 2200 年左右的巴比倫石刻板上寫著一種包含水、鹼和肉桂油的肥皂配方。西元前 1550 年的《埃伯斯紙草文稿》（Ebers Papyrus）告訴我們埃及人定期洗澡，他們用動物與植物油混合鹼鹽做成像肥

第一個白色肥皂

亨利・戴維斯・波辛（Henry Davis Pochin，1824—1895年）因為發明松香淨化程序而致富，這種棕色物質被用來製作肥皂。他用蒸汽將它蒸發，經過蒸餾形成白色皂塊，因此能做出別緻的白色肥皂，然後經過染色還能做出彩色肥皂。

皂的物質。羅馬人在帝國各地興建公共澡堂，不過沒用肥皂。他們在身上塗油，然後用一種稱為刮身板的刮刀把油刮除。羅馬富人會差遣奴隸幫自己刮乾淨。

歐洲人從西元七世紀開始製作肥皂，但個人衛生還不是挺重要的一回事。肥皂很昂貴，到十九世紀中葉以前都一直屬於奢侈品。它用煮沸的獸脂（動物脂肪）或植物油混合鹼性草木灰做成。肥皂製法因為兩樣科學發現而有改良。1790 年，法國化學家尼古拉斯・勒布朗（Nicolas Leblanc，西元 1742 年—1806 年）發明了從氯化鈉（一般食鹽）製造出氫氧化鈉（苛性鈉）的流程。化學家發展出一種方法讓天然脂和油與苛性鈉產生反應，使得便宜肥皂的製作變成可行。法國化學家米歇爾・歐仁・謝弗勒爾（Michel Eugène Chevreul，西元 1786 年—1889 年）在 1823 年發現脂和油的性質，這方法就獲得進一步改良。肥皂產品變得沒那麼昂貴，個人清潔的看法也有改變，於是肥皂製作成為一項重要工業。

直到工業革命時，肥皂製作是小規

THE ORDER OF THE BATH

肥皂的故事和體味

1879年，寶僑公司一位肥皂工人有一天中午去吃飯，但是忘記關掉肥皂攪拌機。這批在市場以「The White Soap」為名販售的白色肥皂被打進比平常還多的空氣。因為怕被解雇，肥皂工人默不吭聲，這批充滿空氣的肥皂被包裝並送到美國各地的消費者手上。消費者很快就要求更多「會漂浮的肥皂」。公司高層發覺真相，將它轉變成寶僑最成功的產品之一：象牙肥皂（Ivory Soap）。利華兄弟在1895年推出力寶肥皂（Lifebuoy soap），把它當做一款抗菌肥皂來販售，後來更名為力寶健康肥皂（Lifebuoy Health Soap）。公司首先創造代表體味（body odour）的「B.O.」這詞彙來做為行銷活動一部分。威廉・高露潔（William Colgate）於1806年在紐約市成立一家蠟燭與肥皂製造公司。到了1906年，他的公司製造超過三千種不同的肥皂、香水和其他產品，例如1877年的高露潔牙膏。

1864年，凱萊布・強生（Caleb Johnson）在密爾瓦基市成立一間叫做B.J. Johnson Soap Company的肥皂公司。1898年，公司推出一款混合棕櫚油與橄欖油的肥皂稱為棕櫚（Palmolive）。商品實在很成功，使得公司在1917年更名為棕櫚公司，後來合併成為高露潔—棕櫚公司。

模生意，生產的肥皂既不平整又粗糙。安德魯・皮爾斯（Andrew Pears）在當時倫敦最時髦的蘇活區經營一家理髮廳，吸引有錢人來消費。他深知英國上層階級悉心培養嫩白膚色，因為棕褐膚色讓人聯想到在戶外幹粗活的勞工階級。皮爾斯希望開發出一種溫和的肥皂，他發現一種方法可以去除雜質並淨化皂基後再加入香精。他在 1789 年開始製作高品質透明肥皂，泡沫也能維持更久。透明肥皂成了他的獨特賣點，也建立起皮爾斯肥皂的形象。他在肥皂中添加香醇氣味，並且放置乾燥達兩個月以上，每種香味持久的皮爾斯肥皂條至今仍被使用。天然油和純甘油混合了迷迭香、雪松和百里香的芳香。但不幸地，最近一次變更配方後，它聞起來像煤焦油。皮爾斯肥皂（Pears Soap）是世上第一個註冊的品牌，也是續存最久的品牌。女演員莉莉・蘭翠（Lillie Langtry）有名的象牙白膚色讓她成為第一個為商品代言賺錢的女性，就是為皮爾斯肥皂做廣告。

▌軋棉機

—西元 1793 年（1794 年取得專利）—
伊萊・惠特尼，西元 1765 年— 1825
年，康乃迪克州紐哈芬

　　伊萊・惠特尼（Eli Whitney）發明的軋棉機徹底改革了美國棉花產業，促成有利可圖的大量生產。經營棉花田需要耗費數百工時去把種子從原棉纖維中分離出來。簡單的種子分離裝置已經出現好幾世紀，但伊萊・惠特尼將這過程轉為自動化。軋棉機是一個木製滾筒，表面佈滿一排排細釘（齒），可將棉絨牽引通過像梳子般的格條。格條排列緊密以防止種子通過。細齒梳理棉絨並挑離種子，然後刷子持續刷掉鬆散的棉絨以防止機器阻塞。惠特尼說自己正在思考改良棉花播種的方法，靈感來自他看到一隻貓企圖從籬笆之間把一隻雞抓出來，結果只抓出幾根羽毛。

　　惠特尼的機器每天可產出將近 50 磅（23 公斤）的乾淨棉絨，使得南部各州棉花生產獲利更多。纖維經過處理成為棉花商品，移除的種子可用來種植更多棉花或做成棉籽油。軋棉機後來變成用馬匹和水力推動。棉花產量增加，價格滑落。棉花很快就成為銷售最好的紡織原料，佔據美國一半以上的出口量，南部各州提供了全世界三分之二的棉花需求。出口量從 1793 年的四十七萬磅（二十一萬三千兩百公斤）攀升到 1810 年 的三百二十萬磅（一百四十五萬 公 斤 ）。1800 年之後，原棉產量每十年增加一倍，它的需求成長

軋棉機減少了分離種子所需的人力，但沒降低種植與採棉所需的奴工。像喬治‧華盛頓這些奴隸主已釋放他們的奴隸，因為先前種植稻米、棉花和菸草已經無利可圖，但這些作物突然又變得有價值。種植棉花對農場主而言獲利豐厚，大大提升他們對土地和奴工的需求。1790年只有六個州有蓄奴，但到了1860年就有十五個州。奴隸數量從伊萊‧惠特尼取得專利前的七十萬人左右增加到1850年的三百二十萬人左右。「國王棉花」（King Cotton）的種植使得依靠奴工的南部富有起來，這是引發美國內戰的主要原因之一。

來自工業革命中的其他發明，例如紡紗機與織布機以及帶動它們的蒸汽機。

鉛筆

—西元 1795 年—

尼古拉斯—雅克‧康特，西元 1755 年—1805 年，法國

字母和讀寫的發展也許是人類歷史中最重要的里程碑，然而，唯有出現了鋼筆或鉛筆這類方便使用的書寫工具，大眾教育和文化才得以實現。鉛筆的起源可追溯至古老的埃及人和羅馬人，他們用尖筆書寫。這是一根細短的金屬棒，通常用鉛做成，用來在塗蠟的莎草紙上刮出字來。鋼筆是從鵝毛筆改變而來，修道士用來書寫手抄稿。一直到二十世紀還有人在用鵝毛筆。1564 年，大量石墨礦藏在英國坎布里亞郡的博羅（Borrowdale）被發現。這裡保存著當時所見唯一大規模固態純石墨礦床。當地居民用它在羊隻身上做記號，不久發現石墨可以切成棒形帶在身上。因為石墨很容易折斷，義大利人開始挖空樹枝，把石墨塞在裡面加以保護。後來的版本是把石墨夾在兩根一半厚度的筆桿中間加以黏合，這方法至今仍在使用。木頭套管保護筆芯不致斷裂，也不會在使用者手上留下污痕。1662 年，第一批大量生產的鉛筆在德國紐倫堡製作出來，筆芯是用石墨粉、硫磺和銻製成。

尼古拉斯—雅克‧康特（Nicolas-Jacques Conté）是一位法國軍官、熱氣球駕駛和畫家，法國政治領袖拉扎爾‧卡諾（Lazare Carnot）要求他開發不需仰賴進口的鉛筆。英國在當時是鉛筆所需原料純石墨棒的全球唯一供應者，它對法蘭西第一共和國進行封鎖，法國也無法從德國進口次級鉛筆做為替代。康特發現如何從其他礦物還

為什麼稱它們為「鉛」筆

1564年發現博羅的石墨礦藏時，科學家認為石墨是一種鉛。這就是我們為什麼稱它為鉛筆。德文中的鉛筆是bleistift，字面意思就是「鉛筆」。pencil這個字來自拉丁文的pencillus，意思是小尾巴。

原出石墨粉的方法，再將石墨粉與黏土混合。混合物被塑造成棒形後放進窯裡烘烤，接著再將石墨棒壓合在兩片半圓木桿中間。康特在1795年取得專利，成立的公司如今仍在製作鉛筆。他也發明了康特蠟筆，一種藝術家用的粉彩條。1770年的時候，英國工程師愛德華·內米（Edward Naime）製造出並開始販售第一個橡皮擦。

鉛筆外觀漆成黃色始於1890年代。鉛筆製造商想宣傳他們使用的是中國高品質石墨，所以把鉛筆漆成可以聯想到中國皇室的顏色。美國現今銷售的鉛筆中有75%仍漆成黃色。到了十九世紀末，僅僅美國境內每天就使用超過二十四萬支鉛筆。最受歡迎的木材原料是紅杉木，因為它有香氣，而且削

鉛筆時不會碎裂。鉛筆經由物理損耗製造痕跡，留下一道筆芯物質黏附在紙張或其他物體表面。依據石墨與黏土的不同比例，石墨棒也有不同硬度。德爾文（Derwent）公司生產20種硬度的

繪畫鉛筆，從9H（非常硬）到9B（易碎，非常軟）。現在全球每年製造超過一百四十億支鉛筆。

▍疫苗
—西元1796年—
愛德華·金納，西元1749年—1823年，英格蘭貝克利

愛德華·金納（Edward Jenner）開創出天花疫苗，拯救了百萬人性命，被人們稱為「免疫學之父」。他是格羅斯特郡貝克利（Berkeley）鎮上一處小村的醫師，他幫擠奶女工莎拉·奈爾姆斯（Sarah Nelmes）醫療雙手與胳臂上被牛

「我要重拾鉛筆」

1880年，26歲的文森·梵谷（Vincent van Gogh）遭遇第一次精神崩潰。絕望徬徨了一段時間後，他寫信給唯一支持他的弟弟西奧說：「無論如何我都該振作起來：我要重拾因為無比沮喪而被丟棄的鉛筆，繼續我的繪畫。」在餘生的十年歲月裡，他在巴黎發現了印象派並移居到法國南部，在此逐漸形成個人特有的風格。梵谷只使用輝柏（Faber）鉛筆，因為它們是：「優於木匠鉛筆，有一種無可比擬而且最宜人的黑。」

痘感染的膿包。並從膿包取出膿汁，再接種到八歲小童詹姆斯·菲普斯（James Phipps）手臂上的小傷口裡，證明這病毒會在人與人之間傳染。詹納正在測試他的理論，因為根據地方傳說，患過牛痘這種輕微病症的擠奶女工都沒感染上天花。天花是當時最致命的疾病之一，孩童的死亡率特別高。詹納後來對菲普斯注射控制劑量的天花病毒—他有一些不舒服，但沒有完全發病。詹納證明接種牛痘使得菲普斯對天花免疫。他描述自己的感觸說：「我對前景感到喜悅，這方法注定能除去世上最嚴重的禍害之一，彷彿在做白日夢一樣。」

他在 1797 年遞交一份報告給皇家學會描述自己的實驗，但被告知他需要進行更多實驗。詹納又在其他幾名幼童身上實驗，包括自己十一個月大的兒子。1798 年的實驗結果終於發表而且被接

受，詹納從拉丁文的 vacca（牛）創造出 vaccine（疫苗）這個字。神職人員痛恨取用生病動物身上物質的想法，詹姆斯·吉爾雷（James Gillray）在 1802 年的一幅漫畫表現接種的病人從全身各處長出牛頭，因此掀起大眾熱議。然而 1854 年的一項議會法案強制接種牛痘，天花造成的死亡人數急劇下降。1979 年，世界衛生組織宣布天花成為已絕跡疾病。

根除病毒

1950 年代早期，也就是採行接種疫苗的一百五十年後，估計世上每年還有五千萬天花病例發生。因為持續推廣接種，這數字到 1967 年滑落到一千至一千五百萬例左右。世界衛生組織在 1967 年開啟一波強化撲滅行動去根除天花，這種無法醫治的疾病仍威脅著世上 60% 人口，造成其中四分之一人口喪生，也在大部分倖存者身上留下疤痕。透過成功的全

球撲滅戰役，天花最後被逼退到非洲之角，然後於 1977 只剩最後一個自然感染的病例出現在索馬利亞。研究人員在爭論是否要消毀最後留下的病毒樣本，或者加以保存以備日後研究所需。存在的疑慮是天花病毒可能會在恐怖主義攻擊中被蓄意噴灑而隨風擴散。

▌化石的意義

—西元 1796 年—

威廉·史密斯，西元 1769 年— 1839
年，英格蘭

喬治·居維葉，西元 1769 年— 1832
年，法國

這兩位人士各自從地質學證據中
確認演化隨著時間推移發生。威廉·史
密斯（William Smith）在索美塞特郡的
一處運河挖掘工地擔任地質調查員，他
觀察開鑿過程中發現的化石。人們一般
認為化石看起來像生物，但跟任何過去
存在的生物都沒有實際關連。史密斯在
1796 年的一本筆記裡寫著：「人們長
久以來把化石當古董研究，煞費苦心去
收集，細心呵護得像高價珍寶，拿出來
展示和獲得讚賞時的滿溢喜悅，猶如孩
童的漂亮小木馬得到同伴讚佩而歡欣鼓
舞；這情景已發生在數以
千計的人身上，他們毫不
關心那令人驚嘆的順序與
規律，大自然依序處置這
些獨特作品，並將它們
分配在所屬的特定地層
中。」他提出證據說具有
一定特徵的化石和特定地
層是有關連的，而且不同
地理位置的地層都以相
同順序疊覆。他寫道：
「……每個地層都很有系
統地包含自己特有的化

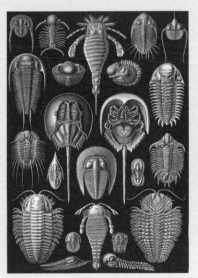

石，在其他方面不明確時，可以經由化
石調查去辨識與區分同一系列但不同地
點的相似地層。」

在不同地點，通常還相隔甚遠，化
石群仍有相同的垂直分布順序，史密斯
稱之為化石層序律，現在被當做判斷岩
石、地層和化石年代的基本法則。這法
則若成立就浮現出一個問題，也就是這
一連串的生物體在時間推移中為何會產
生變化，而且是如何產生的。於是史密
斯的成果，連同居維葉的研究，首次引
發關於演化論的探討。史密斯不斷遊走
英國各地，採集礦物樣本與化石，最後
製作出這座島的第一個地質圖，並且在
1815 年出版。他曾一度靠著販售地圖
順利維生，但後來價格被抄襲者砍低。
他被迫宣布破產，遭倫敦債權人送進監
獄，房子和財產也被沒收。1819 年出獄
後，他以勘測員的身分繼續工作，但他
對地球歷史具有深
遠影響的洞見則是
沉寂多年。然而，倫
敦地質學會在 1831
年頒給他首屆學會
最高榮譽的沃拉斯
頓 獎（Wollaston
Medal），會長稱威
廉·史密斯是「英
國地質學之父」。

喬治·居維葉
（Georges Cuvier）
則是一名法國神

童，他後來成為博物學家和動物學家，並且開創了脊椎動物古生物學和比較解剖學。恩斯特・邁爾（Ernst Mayr）在1982年談到居維葉時說他「對科學的貢獻多到幾乎無法列表……」。居維葉在1796年指出，像長毛象和大地懶這類巨型動物的遺骸與現存任何動物都屬不同物種，他證實真有滅絕這回事。當時人們一般認為不曾有動物滅絕。他的《動物界》（Le Règne Animal）這本著作是最早將分類級別加入了化石外形的描述，除了現存生物之外，很多是他自己發現的化石。在達爾文以前的研究者沒人像他提出那麼多新證據可以證明確實發生了演化。1812年的《四足動物化石骨骼的研究》（Récherches sur les Ossemens fossiles des Quadrupèdes）提供無可反駁的證據顯示演化的發生。居維葉發現愈下方地層的動物群與現存動物愈顯不同（也就是與現存動物外形相似度愈低，滅絕的可能性愈高。）居維葉提出演化的事實，理論家們後來加以解釋並推廣一個觀念，那就是化石透露出過去地球上生命的故事。

他在1811年對巴黎盆地的地質研究顯示，特定化石代表著特定地層，同樣的地層疊覆順序出現在不同的地點。如同史密斯一樣，居維葉斷言說它們的形成必定歷經非常久的期間，而且動物群順序顯然是依照年代的推移。他也提出確切證明指出盆地曾有一段時間沉沒在海裡。居維葉、史密斯和赫頓的研究成果建立了地層學（stratigraphy）這門科學，在古生物學、地質學和演化理論上也踏出重要的一步。

▎太陽系的形成與穩定性
—西元1796年—
皮耶—西蒙・拉普拉斯，西元1749年—1827年，法國

皮耶—西蒙・拉普拉斯（Pierre-Simon Laplace）是第一個對太陽系的形成與穩定性提出解釋的人，他甚至提出黑洞存在的概念。這位數學家、物理學家和天文學家被稱為「法國的牛頓」，從二十到四十多歲進行他的科學探索。接下來的三十七年歲月，他致力於寫作《宇宙體系論》（Exposition du Système du Monde，西元1796年）和《天體力學》（Méchanique Céleste，西元1799年—1825年）。拉普拉斯在天體力學領域中發現行星平均運動的不變性，因而形成太陽系的穩定性。《天體力學》的重要性在於將牛頓以幾何研究為基礎的力學，轉變成以運算為基礎的力學，就是

拿破崙，拉普拉斯和上帝的假設

拉普拉斯有一次和拿破崙會面並致贈他的《天體力學》，有人告訴拿破崙說書裡完全沒提到上帝。拿破崙問他說：「拉普拉斯，他們告訴我說你寫了這本關於宇宙系統的鉅作，而且完全沒提到它的創造者⋯⋯在這一切當中上帝在哪裡？」拉普拉斯直率回答：「我不需要上帝這個假設。」拿破崙很開心回答說：「啊，這是個漂亮的假設；這麼一來解釋了很多事情。」

後來所稱的物理力學。

拉普拉斯證明了太陽系在短時間標度內的動態穩定度（忽略潮汐摩擦）。這項主張直到 1990 年代早期才在長時間標度中遭到反駁。拉普拉斯解開月球天平動（它在經度和緯度上的擺動）的原因。根據他的假說，太陽系的發展是從一大團熾熱球形雲氣開始，雲氣順著自己中心軸線在旋轉。雲氣冷卻後開始塌縮，一道道塵粒圓環從它外緣相繼分離出來。這些塵粒圓環本身也在冷卻，最後聚集成行星，做為中央核心的太陽則仍維持高熱。他發明重力位概念，並證明它在真空中遵循拉普拉斯方程（Laplace's equation）。他計算太陽要

多大才能藉由重力把光線全拉回去，造出一個連都光都無法逃脫的黑洞，但是這計算在後來的版本中被刪除，因為當時人們無法理解黑洞概念。拉普拉斯在 1814 年《機率的分析理論》（Théorie analytique des probabilités）中也系統化地詳細說明機率。現代數學分析得感謝他發展出位勢和機率的係數。拉普拉斯在 1827 年去世，享年 77 歲。他的臨終遺言據說是：「我們知道的東西有限，我們不知道的東西則是無窮。」

▌高壓蒸汽機
—西元 1797 年（1802 年取得專利）—
理查・特里維西克，西元 1771 年— 1833 年，英格蘭康瓦爾

理查・特里維西克（Richard Trevithick）是工業革命中被埋沒的英雄，他用自己首創的發動機設計去推動一輛蒸汽車（1801 年）、世界第一輛鐵路蒸汽火車頭（1804 年）、蒸汽挖泥船（1806 年）和蒸汽打穀機（1812 年）。不滿足於這些創舉，他還在 1812 年製造最早的火管鍋爐，1815 年做出螺旋槳。

特里維西克是真正的「鐵道之父」，他的鐵路火車頭比喬治‧史蒂芬生（George Stephenson）的還早了四分之一個世紀，他的發動機大幅提升工業效率和效能。身為康瓦爾郡礦場工頭的兒子，特里維西克到父親工作的礦場溜達時學到不少工程知識。他的學習之快，到十九歲時已被聘為顧問工程師。特里維西克在尋找方法能夠迴避詹姆斯‧瓦特的蒸汽機與分離式冷凝器專利，因為那機器對康瓦爾郡錫礦場主人來說實在太貴。1979 年，特里維西克製造出他的第一具高壓蒸汽機原型。在這新型發動機裡，汽缸裡的蒸汽會排到空氣中，不需另外裝設冷凝器，因此可迴避瓦特的專利。這設計也能產生更多動力。特里維西克稱他的高壓蒸汽機是「噴煙魔鬼」，因為它會發出吵雜噪音，這名稱在後來變成鐵路蒸汽火車頭的行話。

大約西元 1800 年，瓦特的專利即將到期，特里維西克準備推出他強大的發動機，這發動機的尺寸現在小到可以用在運輸工具上。技術的發展和製造工藝的改進（部分原因是採用蒸汽機做為動力來源所導致）使得發動機的設計可以更有效率。它們可以做得尺寸更小、運轉更快或者馬力更大，端看用途而定。蒸汽機主宰著動力供應邁入二十世紀，隨著電動馬達和內燃引擎的發展，大部分

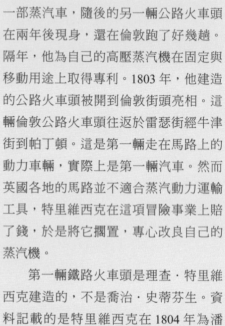

往復式蒸汽機就逐漸在商業用途上被取代。蒸汽渦輪替代它們來產生動力。特里維西克於 1801 年在坎伯恩打造他的第一部蒸汽車，隨後的另一輛公路火車頭在兩年後現身，還在倫敦跑了好幾趟。隔年，他為自己的高壓蒸汽機在固定與移動用途上取得專利。1803 年，他建造的公路火車頭被開到倫敦街頭亮相。這輛倫敦公路火車頭往返於雷瑟街經牛津街到帕丁頓。這是第一輛走在馬路上的動力車輛，實際上是第一輛汽車。然而英國各地的馬路並不適合蒸汽動力運輸工具，特里維西克在這項冒險事業上賠了錢，於是將它擱置，專心改良自己的蒸汽機。

第一輛鐵路火車頭是理查‧特里維西克建造的，不是喬治‧史蒂芬生。資料記載的是特里維西克在 1804 年為潘尼達倫鐵工廠建造了鐵路火車頭，但他在 1802 至 1803 年就為施洛普郡的叩博岱爾公司建造過一輛，這是 1802 年取得專利後第一家對他高壓蒸汽機感到興趣的公司，然而這輛火車頭到底有沒有實際運作就不得而知了。他接下來讓潘尼達倫鐵工廠的山謬‧杭弗瑞（Samuel Homfray）對自己的蒸汽機產生興趣，特里維西克建造了幾具固定式蒸汽機。1804 年在南威爾斯的潘尼達倫鐵工廠裡，他的第一輛火車頭行走在通常用馬匹拖拉的軌道上，拖著

10 噸（10,160 公斤）鐵和 70 個人。對特里維西克而言不幸的是，礦車用的鑄鐵軌道無法支撐蒸汽火車頭的重量，許多連接軌道的鑄鐵板都斷裂了。後來的鍛鐵（軋鋼）軌道才能承受巨大重量。史蒂芬生在二十五年後建造的火箭號（Rocket）就獲益於鍛鐵軌道。然而特里維西克率先證明，蒸汽動力只要藉由輪子在軌道上的黏著力就能拖拉可觀的載貨量。特里維西克的蒸汽火車頭又使用了幾次。他在 3 月 4 日時曾經嘗試拖過 25 噸（25,400 公斤）鐵，這不再僅是一場打賭而已。到了四月，這具蒸汽機被拿去用於抽水。杭弗瑞的一封信裡提到它的鍋爐

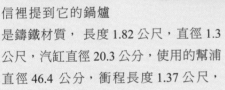

是鑄鐵材質，長度 1.82 公尺，直徑 1.3 公尺，汽缸直徑 20.3 公分，使用的幫浦直徑 46.4 公分，衝程長度 1.37 公尺，以每分鐘 18 衝程將水抽到 8.5 公尺的高度。它在七月初以前至少還過拖過兩次列車，但此後似乎就沒再出現軌道上，而被拿去用於捲繞鐵線或驅動重錘。

喬治‧史蒂芬生和特里維西克在這時候見到面，特里維西克跟史蒂芬生年幼的兒子羅伯特玩耍，後來在他生命中帶來難以理解的巧合（見後文敘述）。一具類似潘尼達倫版本的蒸汽機於 1805 年在紐卡索根據特里維西克的設計建造起來。這具在泰恩河畔紐卡索建造的威南機火車頭（Wylam locomotive）被用來驅動一艘槳輪平底船。非常有可能的是人在紐卡索的喬治‧史蒂芬生看到這具機器時深受影響，使得他名字後來與鐵路時代變成密不可分。特里維西克停不下來的個性讓他轉向使用蒸汽動力來挖泥和鑽隧道。他在 1806 年建造第一艘蒸汽挖泥船用來疏浚泰晤士河。這機器運作相當良好，但運轉花費比雇用人力來做相同工作還

特里維西克的這輩子

一份學校報告說特里維西克是「一位不守規矩、反應遲鈍、固執己見、被寵壞的學生，經常缺席而且非常怠慢」。1833 年，六十二歲的他在肯特郡達特福德市的約翰‧霍爾工程公司工作時突然病故。特里維西克原本會被埋葬在一處貧民墓園，但霍爾公司的機械工為他募款辦理喪事。

幾個月前，他給戴維斯‧吉爾伯特（Davies Gilbert）的信中寫下自己的墓誌銘：「我被貼上愚蠢和瘋狂的標記，因為試圖去做這世界認為不可能的事，甚至傳說去世不久的偉大工程師詹姆斯‧瓦特先生曾跟一位仍健在的科學界名人說我真該為開創使用高壓蒸汽機這件事被吊死。這是目前為止人群大眾給我的回報；儘管如此，我仍滿足於心中感受到個人極大的喜悅和值得讚賞的驕傲，因為我提出並形成的新原理為自己國家準備了無可限量的價值。不論我在經濟狀況上有多麼窘迫，做為一位有用之才的無比榮耀絕不能從我身上奪走，那對我而言遠勝於財富。」

要貴。後來特里維西克參與萊姆豪斯地區建造泰晤士隧道的工程。他用蒸汽機為隧道換氣和抽水，但事業經過幾年後以失敗收場。特里維西克此時又想到許多新點子。1808年，他在倫敦的尤斯頓地區建了一圈軌道，讓人乘坐一次收費一先令。他用「特里維西克的看誰趕得上我」以及「環線」來做宣傳。1809年，特里維西克取得專利的有浮塢、鐵殼船、鐵桅杆、鐵浮標和船用蒸汽機，1810年取得遠洋船舶蒸汽動力的專利。

特里維西克在1811年宣告破產，但仍舊安裝起他的第一座康瓦爾發動機鍋爐（Cornish Engine and boiler）。這座成功的高壓「康瓦爾鍋鑪」是最早形式的火管鍋爐。它是一個橫躺的圓筒鍋爐，裡面有一條粗火管。炭火放在貫穿整條火管的鐵格柵上，下方淺灰盤收集燃燒剩餘的殘渣。雖然今天看來壓力不大（也許是25磅每平方吋），但使用圓筒鍋爐外殼能夠耐受的壓力大於以往的草堆形鍋爐，例如紐科門的形式。康瓦爾鍋鑪的爐火依賴空氣自然對流，火管末端需要樹立高聳煙囪以加強燃燒的空氣供應。為了提高效率，新式鍋爐下方通常會用磚室遮掩起來。氣體通過火管後被導引穿越磚室從鍋爐鐵殼外通過，再送至改到鍋爐前方的煙囪排出。特里維西克的鍋爐是最早且最簡單的火管鍋爐，1812年時首先安裝在坎伯恩附近的多科斯（Dolcoath）銅錫礦場。這些康瓦爾鍋鑪與先前礦場使用的車式鍋爐相較起來優點多了不少。

特里維西克利用高壓蒸汽的下一個創新是應用在農業上。1812年，他為康瓦爾郡翠威森莊園主克利斯多福、霍金斯爵士（Sir Christopher Hawkins）建造一臺打穀機。這機器製作得實在很成功，一直運作到1879年，現在放在倫敦科學博物館裡展示。特里維西克也設計了一臺蒸汽耕耘機，不過可能沒有製造出來。他的蒸汽機也被西印度群島的一座糖廠採用。他在1812年為普利茅斯防波堤公司打造一臺鑽岩機。1815年，特里維西克在他的高壓蒸汽機、活塞桿蒸汽機、反動式渦輪機和螺旋槳上取得更多專利。

1816年，特里維西克坐船到秘魯，為他在1814年賣到塞羅德帕斯科銀礦場九具蒸汽機找出毛病。跟礦場主人鬧翻後，他走訪這國家對其他礦場提出建議，秘魯政府授與他一些採礦權做為回報。他到哥斯大黎加、厄瓜多爾和尼加拉瓜工作，才要開始經營銅

礦與銀礦開採時被迫加入西蒙‧玻利瓦（Simon Bolivar）的軍隊服役。特里維西克被釋放除役前為革命軍設計後坐砲車。然而，西班牙軍已佔領他礦場周圍地區，機器在革命戰爭中被破壞殆盡，特里維西克只得逃離當地。在秘魯待了十年後，他跋涉到哥倫比亞，罹患重病而且身無分文。他在一封家書中的描述是「半死不活，剩下半條命也快被鱷魚吞掉」。他很幸運地遇見喬治‧史蒂芬生的兒子羅伯特，給了他五十英鎊做為返回英國的旅費。特里維西克希望重拾自己的工程事業，他向議會請求補助金去完成康瓦爾礦場工程，但是沒有成功。他又取得更多專利：1827 年是將大砲安裝於迴轉座的新方法；1828 年是船舶卸貨新方法；1829 年是改良的新蒸汽機；1831 年是鍋爐、冷凝器和可攜式火爐；1832 年是可移動快速加熱器，還有船舶噴射推進器。他也設計了一根 330 公尺高的鐵柱以慶祝改革法案獲得通過。議會撥了一筆款項，但鐵柱從沒建造起來，這位帶給世界高壓蒸汽機、鐵路火車頭和火管鍋爐的天才就因病去世了。

人口成長和資源關係

—西元 1798 年—

托馬斯‧羅伯特‧馬爾薩斯，西元 1766 年— 1834 年，英格蘭

這位數學家和統計學家在 1805 年成為世上第一位政治經濟學教授。他最為人知的著作《人口論》（An Essay on the Principle of Population）在 1798 年出版。它是最早對人類社會做系統性描述的作品之一。托馬斯‧羅伯特‧馬爾薩斯（Thomas Robert Malthus）論證說人口增長最終會導致世界糧食不足，因為人口增長速度高於資源增長。他說這樣的人口擴張將會趕上可耕土地所能提供的糧食。馬爾薩斯災難（Malthusian

人口過剩的結果

「人口力量是如此壓倒過地球提供人類生計的力量，早逝必然會以某種形式降臨人間。人類罪行會活躍起來削減人口。它們是毀滅大軍的前導，通常只靠罪行就能完成這項可怕工作。但它們會輸掉這場滅絕大戰，疾病流行季節、傳染病、惡疾和瘟疫排好嚇人陣式，將人口成千上萬加以掃除。勝利還沒到手，無可避免的大饑荒從後方潛近，用食物匱乏這記重拳把人口擊倒。」──馬爾薩斯，《人口論》，1798年。

catastrophe）將迫使人類回到勉強糊口的地步，因為人口增長已超越農業生產。農業革命以新的耕種技術和合成肥料延緩了這種結果，但他的觀念也適用在非食物的短缺上，例如能源供應和淨水取得。許多科學家相信提升農耕效率和提供替代能源可以推翻馬爾薩斯的增長模型，但他們忽略了中國和印度因為經濟實力提升所帶來的快速繁榮與消耗趨勢。現在世界人口已超過七十億人，其中37%居住在這兩個國家。人口實際增長速率每年超過1.2%。

馬爾薩斯在1798年斷言人類總體人口已超過所有人可舒適生活的臨界點，我們已步入世上既有許多人口以及未來世代陷於貧困的階段。即使在今天，開發中國家的孩童每年仍有一千一百萬人死於可預防的疾病。全球還有很多區域經歷著嬰兒高死亡率、營養失調、環境衛生惡劣、飲水缺乏或受污染、疾病廣佈、區域軍事衝突和政治動盪等情況。

歌曲中的世界人口

1939年，第二次世界大戰爆發，估計當時世界人口約有二十三億人。現在人口以驚人速度衝向七十一億人。本書作者出生於1946年，還記得1950年代湯姆·雷萊的諷刺音樂，特別喜歡《要走的時候我們一起走》這首關於核戰後果的歌曲。當時世界人口不到三十億人，在作者人生當中幾乎成長到三倍。這是其中一段副歌：「被烤的時候我們一起烤，明早不再有人醒來，全體一同參與，這場大型火化，將近三十億塊全熟的牛排。」

一些最需要食物的地區其食物生產已達極限。南亞大約一半土地已經貧瘠到無法再提供食物生產。在中國，已有27%的農耕地永久消失，可耕地每年還以2400平方公里的速率繼續消失。在馬達加斯加，以往可耕地中有30%已成為不可回復的瘠地。

進一步分析資源限制就會注意到土壤污染與水污染的區域變多了。環境中有毒物質（尤其是持久性的有機化學物和內分泌干擾物）快速增加導致資源受限（例如安全的飲用水和可耕地）。海洋因為人口過剩而變酸，伴隨著過度捕撈造成了海洋物種滅絕。馬爾薩斯的第一條永續性定律是「人口增長或資源消耗增長率不能（無限制地）持續下去。」例如石油、天然氣和煤這些能源正被加速耗盡——一個日漸減少的能源不可能會穩定增長。希望政客們有一天能明白，這世界迫切需要解決的問題不是氣候變遷，它已經發生過而且未來一定還會發生，要注意的應該是人口增長。馬爾薩斯相信人口增長會導致戰爭、饑荒和爭奪稀少能源，他提出的訊息正變得日益急迫。

▌電池

—西元 1800 年—

亞歷山卓·伏特，西元 1745 年—1827 年，義大利

物理學家亞歷山卓·伏特

（Alessandro Volta）在 1774 年成為科摩皇家學院的物理教授，第二年開發了可產生靜電的起電盤裝置。這種電容發電器利用靜電感應的過程產生電荷。有一個版本在 1762 年已被發明出來，但伏特改進並推廣這裝置。1776 至 1777 年，他投身於化學領域，探討大氣電學並設計一些實驗，例如在密閉空間用電火花引燃氣體。伏特在 1777 開始研究氣體的化學作用，並且發現甲烷。

路易吉・賈伐尼（Luigi Galvani）曾提到，兩個不同金屬用解剖下來的青蛙腿串聯在一起再互相觸碰，可以觀察到「動物電」。伏特理解到青蛙腿既是一個電的導體（一種電解液），也是一個電流檢測器。他把青蛙腿換成浸過鹽水的紙來複製這實驗。到了 1800 年，他開發出所謂的伏特堆，它是電池的先驅，能夠產生穩定可靠的電流。電池是將化學能轉成電能的裝置，它可以儲存能量並以電的形式提供使用。之所以如此稱呼是因為它連接了一串或一系列電化裝置。伏特的電池被視為第一個電化電池，它由銅和鋅的圓板相互堆疊組成。

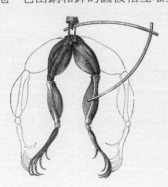

浸泡過硫酸或鹵鹽水的紙板夾在金屬板間提供電解液。

伏特也將電流沿著絕緣金屬線從科摩送到 48 公里外的米蘭擊發一枝手槍。這是電報的先驅，利用電流傳送訊號到遠距離外。此外，他還在氣體力學、靜電學和氣象學上有新發現。為表彰伏特在電力上的研究成果，拿破崙在 1810 年封他為伯爵，奧地利皇帝在 1815 年任命他為巴都亞大學的哲學教授。1881 年時，電壓單位伏特便是以他命名。電池在今天已成為遍及世界的動力來源，每年銷售總額超過五百億美金。

水的氯化
—西元 1800 年—
威廉・康貝朗・克魯克申克，西元 1745 年—1800 年，蘇格蘭

這項對於環境與公共衛生的貢獻，也許比任何其他醫學或健康的單一成就拯救了更多性命，防止了更多疾病。氯是大部分生命形式不可或缺的化學元素，最常見的化合物是一般食鹽（氯化鈉）。它的氧化物形態是強大的氧化劑，常用來漂白和消毒。氯在 1630 年左右被認為是一種氣體，卡爾・威廉・席勒（Carl Wilhelm Scheele，西元 1742 年—1786 年）在 1774 年首次製出氯氣

加以研究。席勒觀察到它的幾項特性：對石蕊有漂白效果、對昆蟲會致命、黃綠色、有一種特殊氣味。威廉‧康貝朗‧克魯克申克（William Cumberland Cruikshank）是一位解剖學家和化學家，在1797年率先利用硝酸讓尿液沉澱出結晶，1800年辨識出一氧化碳是碳與氧的化合物。就在同年，他用氯來淨化水。一年後，法國的居頓‧德莫沃（Guyton de Morveau）建議用氯消毒空氣。

飲水和烹飪用水不應該有致病（造成疾病的）微生物，例如導致傷寒、痢疾、霍亂和腸胃炎。人是否會從受污染的水感染這些疾病，端看病原體種類、水中生物量（密度）、生物強度（毒性）、攝取水量和個人感病性而定。淨化含有致病微生物的飲水需要經過消毒這道手續。雖然有幾種方法都可排除水中致病微生物，氯化因為成本較低而最常使用。加氯消毒可以有效預防許多致病細菌，但在正常劑量下並不會殺死所有病毒、胞囊或寄生蟲。若是結合過濾程序，氯化是飲水供應非常好的消毒方法。然而，氯化大眾飲水起初遭到反對，因為人們顧慮健康上的潛在副作用。氯化也有助於消毒泳池中的水，還被當做污水處理中的消毒階段。

使用液態氯來消毒水最早由印度衛生部的路坦能‧奈斯

菲爾德（Lieutenant Nesfield）提出，他說：「我想到氯氣或許符合要求……如果找得到適合方法來使用它……下一個重要問題是如何讓氣體便於攜帶。有兩種方法能夠做到：將它液化，儲存在內襯鉛的鐵瓶裡，瓶上裝一個非常細的微管噴嘴，然後安裝閥門或龍頭。閥門打開後，將鐵瓶放到需要淨化的水裡。氯氣冒出氣泡，十到十五分鐘後水就淨化了，只要加入做成錠劑的亞硫酸鈉就可以去除味道……當然，鐵瓶可以重新填充。這方法將會大規模使用在供水車上。」美國陸軍醫療部的卡爾‧羅傑、達納爾（Carl Rogers Darnall，西元1867年—1941年）少校在1910年率先證實這方法可行。他發現提供液態氯淨化水給部隊在戰場上使用的價值。氯從鋼瓶釋放出來，通過自動降壓閥輸出固定氣體流量來淨化需要處理的水。水流量在穩定控制下通過混合管以確保劑量一致。這項1910年發明的機械式液態氯淨化器（被稱為氯化器）是現今世界各地市政供水採用的技術原型。美國財政部在1918年要求所有家庭要取用氯化水，以避免傳染疾病來的金錢損失。氯化系統在1930年代已經發展相當完善，美國在第二次世界大戰期間廣為設置，歐洲在戰後跟著仿效。

氯做為武器

氯氣第一次被當做武器是1915年4月22日清晨由德國軍隊在比利時伊珀（Ypre）施放。總數5700罐的168噸（170公噸）氯氣被放出來。結果造成一場災難，因當時還沒發明防毒面具。法國軍隊報告看見黃綠色雲霧，有一種鳳梨加胡椒的特殊氣味，緩慢飄向協約國陣營的戰壕。法國軍官認為德國步兵要在煙幕掩護下挺進。氯氣覆蓋4英里（6.4公里）長的壕溝，侵襲一萬人部隊，其中半數在氯氣到達前線後十分鐘內就已死亡。倖存者暫時失明亂成一團，而且咳嗽得很厲害。部隊有大約兩千人被俘。德國士兵擔心氯氣會對自己造成影響，猶豫是否要大舉推進。他們延遲攻擊使得英國與加拿大部隊能夠重新佈署，搶在德軍穿越氯氣造成4英里寬的缺口之前。氯氣會破壞受害者的呼吸器官，造成窒息而緩慢死去。一位護士描述一名士兵在戰壕經歷氯氣攻擊後如何死亡：「他坐在床上奮力呼吸，嘴唇泛紫。他是個威武的加拿大年輕人，萬念俱灰陷於氯氣窒息中。我絕不會忘記他轉向我時的眼神，喘息著說：『我不能死！沒辦法救我了嗎？』」醫師找不出方法有效治療氯氣中毒。然而，對於進行氯氣攻擊的一方而言有一項不利，它會造成受害者咳嗽，因此限制他吸入更多毒氣。兩方陣營發現光氣比氯氣更有殺傷力。只要吸入少量就能讓士兵失去戰鬥力，受害者會在攻擊後的48小時內死亡。

氯化對大腸桿菌的消毒效果是使用同濃度溴的三倍，更是使用同濃度碘的六倍以上。氯和臭氧相較之下的優點是會殘留在水中很長一段時間，讓氯可以流貫整個供水系統，有效控制回流的致病污染。氯被奉為霍亂和其他水媒疾病的剋星，它的消毒品質提供安全的自來水給家庭與工業，讓社區和城市得以欣欣向榮。

便宜的高價水

許多人不喜歡氯化飲水的氣味、口感或化學影響。然而，許多瓶裝水也經過氯化處理，而且價格還高了許多。家用過濾系統可能要花一筆錢，所以便宜的方法是用碗裝自來水不加蓋放進冰箱。如果不要蓋住，氯和相關化合物會在放置24小時後消散掉。

▌ 光的波動性

—西元 1800 年—

湯瑪士・楊格，西元 1773 年— 1829年，英格蘭

湯瑪士・楊格（Thomas Young），對光的性質研究是史上最大科學突破之一。然而，要如何著手描述像楊格這樣的博學者呢？他曾參與埃及象形文字的譯解而聞名，早於尚—法蘭索瓦・尚波里庸（Jean-François Champollion）展開研究之前。他受到赫歇爾、愛因斯坦和著名物理學家們的敬佩，在彈性力學、光學、視覺、固體力學、生理學、語言、音樂和聲以及能量等領域都有顯著的科學貢獻。他的好友物理學家約翰・赫歇爾爵士（Sir John Herschel）曾表示，要公正評論楊格的聲望「就得更

159

加運用他（楊格）本身的才能」。當他還是 13 歲孩童時就已讀完三十章希伯來文寫的《創世紀》，對這語言無師自通。他曾說「一個人想要達到卓越就得自我學習」。他也自學希臘文。倫敦一位書店老闆看見年少的楊格專心閱讀一本昂貴的古典著作，於是對他說如果能夠翻譯一頁就把書送給他。楊格當然得到書了。以撒·艾西莫夫（Isaac Asimov）指出：「他是最佳那種的天才兒童，那種長大後會成為奇才的類型。」楊格在劍橋被稱為「奇跡」，他於 1793 年在皇家學會宣讀關於眼睛能調適不同焦距的論文時年僅 20 歲。眼睛能透過肌肉動作改變水晶體曲率（隨著年齡逐漸失去的技能，年長讀者需要調整書的距離就會明白）。楊格在 21 歲時就入選皇家學會。

1816 年到 1825 年期間，他為新版《大英百科全書》寫了至少 63 個條目，他的傳記作者陳述說「當今很少專家敢嘗試寫超過一條」。楊格寫的條目包括字母系統、年金、沐浴、橋樑、木工業、色彩學、內聚力、露水、埃及、暈、光的偏振、築路、船舶、蒸汽機、潮汐和波浪，同時還有 23 篇傳記。他說自己只有兩件事搞不懂：「起床和睡覺。」曾寫愛因斯坦傳記的安德魯·羅賓森（Andrew Robinson）將楊格的成就與多才多藝置於愛因斯坦之上，在寫關於楊格的一本書時標題是《最後一位無所不知的人：湯瑪士·楊格，證明牛頓錯了、說明我們的視覺、治療疾病和破解羅塞塔石碑的無名博學者》

楊格在生理學上的重大進展是理解了眼睛的機制，解釋它如何聚焦，率先定義散光，並提出視網膜如何感知顏色的三色理論。最後一項在 1959 年終於獲得確認，楊格的貢獻被一位近代科學家形容是「必然是所有心理物理學中最有先見的成果」。在工程學上，楊氏模數（Young's modulus）仍是工程師們測量彈性和解釋不同材料收縮擴張的依據。他是經度委員會的負責人，但仍繼續行醫，他在醫學方面（接受過正式訓練）也有出色成果。楊式公式（Young's rule）仍用來將成人用藥劑量轉換成兒童劑量。在音樂上，楊氏平均律（Young's

壓力和心臟

楊格曾說「科學研究是一種交戰……對抗一個人的同儕和前輩」，他遭受的巨大敵意來自學院派對博學者的否定。楊格對知識的貢獻在 1829 年因心臟衰竭而中斷，享年 55 歲。他曾詳述心臟裡關於血液循環的液壓計算，並於 1808 年以此為題在皇家學會發表演說。

temperament）是鍵盤樂器調音的技法。在語言上，楊格比較分析 400 種語言後創造出印歐語系這個專門名詞。

楊格是羅馬帝國殞落後第一個會閱讀世俗體文字的人，也推動破解羅塞塔石碑（Rosetta Stone），開啟了埃及古物學成為一門科學的契機。主流看法認為象形文字是一種繪畫式書寫，完全非語音性，它的符號代表著概念。從 1740 年的威廉·華伯頓（William Warburton）開始，有些人提出象形文字或許原本是表意文字，後來成為字母系統文字。楊格在 1814 年完全解譯羅塞塔石碑上的「草書」（現代術語稱為世俗體）原文（他列出 86 個世俗體單字）。楊格接著煞費苦心去比較世俗體文字和大致代表的象形文字。他寫給巴黎解譯夥伴西爾韋斯特·德·薩西（Sylvestre de Sac）的信中提到「不抱任何希望能發現一個（世俗體的）字母系統」。他補充說：「如果你想知道我的『秘密』，它很簡單，那就是這樣的字母系統根本不存在……（世俗體是）模仿象形文字……混合了字母系統的文字。」當尚波里庸獲得破解石碑的美名時，若沒有楊格的突破性發現就不可能有這番成果。

在物理學上，我們看到楊格認為是自己最重要的成就。楊格條紋（Young's fringes）賞了牛頓一記重拳，斷定光是一種波動而非一束粒子。楊格揭開光的真相是在搬家時突然想到，就像一世紀後的愛因斯坦在搬家時想到相對論。起因是楊格至今最有名的一個實驗。光線穿過兩道狹縫後在屏幕上投射出條紋，楊格證明了光波的干涉現象。它顯示「光與光重疊會變得更亮──或者，最令人驚訝的是會變暗」。干涉條紋（楊格條紋）只能用光的波動說才解釋得通。到了十八世紀末，楊格的理論已經完全取代牛頓的光粒子說。愛因斯坦在 1905 年的論文中爭辯說光是一束粒子，但我們現在知道光同時具有波動性和粒子性。即使在量子物理的新時代，楊格的雙狹縫

光的每日形態

楊格波動說得到的支持逐漸增多，其中包括詹姆斯·馬克士威（James Maxwell）關於電磁輻射的理論。然而，愛因斯坦在1905年提出的光電效應顯示光表現得像一束粒子或光子。同樣地，先前被視為粒子的電子有時表現出波動性。光會表現出波動性和粒子性。兩種模型在解釋物理原理時都是必要的，1920年代的威廉·布拉格爵士（Sir William Bragg）打趣地告訴他學生說：「星期一、星期三和星期五，光表現像波動；星期二、星期四和星期六就像粒子，在星期天就什麼都不像。」

實驗仍提供寶貴佐證說明了光的波粒二象性。楊格最初用水波檢證自己想法時建造了世上第一個波動槽，今天還是許多物理教室標準實驗設備。兩個水波依其頻率相同與否會干涉產生「激波」或靜止點。

▋吊橋

—西元 1801 年—

詹姆斯·芬利，西元 1760 年— 1828 年，美國馬里蘭州

這種橋遇到跨越深谷或無法樹立橋墩的河面時就顯得非常有用。承受載重的橋面是用垂吊索吊在纜索下面。西藏和不丹從十五世紀開始就用這種原理拿繩索建造簡易窄橋。詹姆斯·芬利（James Finley）設計並建造了第一座現代吊橋，他用橋塔固定纜索。芬利在1801 年花費 600 美金在賓夕法尼亞州造了傑卡布溪橋，這是首次用鍛鐵鏈和平坦橋面建造的吊橋。它有 21.3 公尺長，3.8 公尺寬，激發了世界各地橋樑設計師的構想。這座橋在 1833 年被拆除。他的另一座鐵鏈橋在賓州的鄧拉普溪上，因為積雪加上六輛運貨馬車的重量而倒塌，後來於 1835 年被美國第一座鑄鐵橋給取代。芬利於 1808 年在費城建造的斯庫爾基爾河佛斯吊橋被 1816 年的積雪壓垮，取代它的是世上第一座鋼索人行吊橋。英國的湯瑪斯·泰爾福德（Thomas Telford）建造了通往威爾斯安格爾西島的梅奈吊橋，跨距有 176 公尺，1831 年設計的克里夫頓吊橋造型優美，位於布里斯托市的雅芳河上，跨距達 214 公尺。這兩座橋至今仍在使用。

▋可互換零件

—西元 1802 年—

馬克·伊桑巴德·布魯內爾，西元 1769 年— 1849 年，法國和英格蘭

最長的吊橋

1998年動工的日本明石海峽大橋從兵庫縣神戶市通往淡路島，它具有所有吊橋裡最長的中央跨距，實測達1991公尺，兩端跨距各有960公尺。1995年的阪神大地震使得當時已完成的橋塔位移，拋纜時的中央跨距多了1公尺。這座橋的設計讓它能承受每小時286公里的風速、強勁潮汐水流和芮氏規模8.5級的地震。它的鋼纜包含總長305,800公里的鋼絲，每條鋼纜直徑112公分，由36,830根鋼絲絞成。

物理大量生產依靠的是可互換標準零件，這樣的發展加速了工業革命，並使得裝配線得以形成。生產過程所需零件依照統一規格精準製造，因此能裝配到相同形式的任何機器上。一個零件可以直接拿另一個零件替換而不需量身打造，機器的裝配與維修變得更簡單，所需時間與技術也能最小化。可互換性對亨利・福特從 1908 年起採用的裝配線而言極其重要，它促成了現代生產方式。像槍這類的機械以往由槍匠製造，每把槍都是獨一無二、相當昂貴且需送回製造者手上維修。1778 年，法國的奧諾雷・勃朗（Honoré Blanc）展示他的毛瑟步槍可從零件堆裡任意取用零件組裝起來。伊萊・惠特尼於 1801 年在美國國會做了類似的示範，但他的槍是高成本手工打造。

1796 年，法國流亡者馬克・伊桑巴德・布魯內爾（Marc Isambard Brunel，伊桑巴德・金德姆・布魯內爾的父親）被任命為紐約市主任工程師。得知皇家海軍每年要為船舶取得十萬個手工滑輪傷透腦筋，他設計出一臺機器能夠自動生產。布魯內爾搭船回英國找上亨利・莫茲利（Henry Maudsley），這位機械工具製造商後來為他製造機器。總數 45 臺滑輪製造機於 1802 年安裝在朴茨茅斯海軍基地附近。機器操作者不需特殊技能，生產速度也提升十倍，工廠到 1808 年已有十三萬的年產量。1816 年以後，西門昂・諾斯（Simeon North）和其他人開發的研磨機器能做高精度金屬加工，能夠大量生產例如步槍這類由可移動零件組裝成的複雜機械。生產可互換零件的系統有時也被稱為「美國生產系統」，因為它最早是在美國完全發展成形。

春田步槍

將近美國內戰尾聲時，麻薩諸塞州的春田兵工廠與20家轉包商生產出大約一百五十萬支春田步槍。南方邦聯陣營缺乏生產技術，使用進口的恩菲爾德步槍，不若機械生產的春田步槍因為零件可互換而佔盡優勢。有些歷史學家認為春田步槍是內戰勝負的快定性因素。

原子理論

―西元 1803 年―

約翰・道爾頓，西元 1766 年― 1844 年，英格蘭

身為貴格會教徒的約翰・道爾頓（John Dalton）在曼徹斯特教授數學和自然哲學。當他發現自己的氣象觀念可應用在化學上時，便將研究焦點從氣象學轉到化學。道爾頓在氣體上的研究促使他在 1803 年提出原子理論。這理論說所有物質是由微小不可分且不滅的粒子組成，稱之為原子。其次，他說同一元素的原子無論重量或性質都完全相同，但與其他元素的原子不同，也就是單一元素的原子具有獨特的性質與重量。再者，當元素結合形成化合物時，它們的原子以簡單整數比結合在一起，例如一比一、二比一或四比三等。他說有三種原子存在：簡單原子（元素）、化合原子（簡單分子）和複雜原子（複雜分子）。道爾頓在他的著作《化學哲學的新體系》（New System of Chemical Philosophy，西元 1808 年― 1827 年）中提出這理論。書中認定化學元素是特定形式的原子，駁斥了牛頓的化學親和性理論。道爾頓繼李赫特之後提出化學元素是以整數比進行化合。他推斷說原子間的主要差異是重量，並嘗試從特定化合物的元素重量比計算出其中個別原子重量，成為製作原子量表的第一人。這是首次將原子視為物理實體。

原子觀念在好幾世紀前已由德謨克利特提出，但道爾頓完整表述出一貫理論則是一項突破。他也制訂一套符號系統去代表元素，屏棄古代煉金術士流傳下來的晦澀圖形。他用清晰符號代表不同元素的原子，並用來描繪化學反應。例如分子就是互相連結的一組原子。道

道爾頓的錯誤

道爾頓的原子理論大部分至今仍舊成立，除了其中兩項陳述。「原子若在化學反應中被合成、分解或重組，就無法再被分割、創造或破壞成更小粒子。」現在來看不符合於核融合與核分裂。另一個陳述說「一個元素的所有原子在物理與化學性質上是一致的」也不完全正確，一個元素的同位素其原子核的質子數量雖然一致，但中子數量不同。

爾頓在 1803 年提到氧與碳結合成兩種化合物，即一氧化碳和二氧化碳。當然，它們各有自己特定的氧碳質量比（一氧化碳是 1.33 比 1，二氧化碳是 2.66 比 1），但相對於具有等量碳，後者具有的氧是前者兩倍。這導致他提出倍比定率（道爾頓定律），後來由瑞典科學家永斯・雅各布・貝吉里斯（Jöns Jacob Berzelius）加以證實。然而，原子理論在一個世紀後才被所有科學家接受。道爾頓的革命性概念為當今的化學與物理學建立了基礎典範。

罐頭製造法

—西元 1810 年—

尼古拉・阿佩爾，西元 1749 年— 1841 年，法國；彼得・杜蘭，活躍於 1810 年，英格蘭

　　氣密式食物保存對於國民健康和食品出口有很大效益，同時還能吃到非當季產物。法國政府在 1795 年提供一萬兩千法郎的賞金給發明食物保存法的人。軍隊中死於飢餓與壞血病的人比戰死的人還多，而且帝國擴張需要一種方法來保持食物不致損壞，以便運送到遠距離外，在烹煮完成之後數週才打開食用。名叫尼古拉・阿佩爾（Nicolas Appert）的巴黎糕點師傅實驗十五年後終於成功找出保存方法，就是先將食物烹煮半熟裝進瓶子，用木塞與封蠟封住，再把瓶子浸到沸水中。他正確假定食物像葡萄酒一樣暴露在空氣中會壞掉。於是將食物裝在密封容器裡，用沸水加熱把空氣排出就可以保持新鮮。阿佩爾的食物保存樣本隨著拿破崙軍隊被送到海上四個多月—鷓鴣、蔬菜、肉湯等十八種不同食材被密封在玻璃容器裡。它們全都保持了新鮮度。「沒有任何食材在海上發生一點變化」，阿佩爾這麼記載實驗結果。他在 1810 年從拿破崙皇帝手中接下賞金。同年，阿佩爾出版了《保存動物與蔬菜食材的技術》（L'Art de conserver les substances animales et végétales），這是第一本現代食物保存法的烹飪書。巴黎附近的 La Maison Appert 成為世上第一間罐裝食品工廠，路易・巴斯德證明加熱能殺死細菌還是五十年後的事。

　　同樣在 1810 年，名叫彼得・杜蘭（Peter Durand）的法裔英國人獲得國王喬治三世認可一項專利，就是將食物保存在「玻璃、陶、錫或其他金屬以及適當材料的容器裡」。杜蘭認為自己能用馬口鐵製作容器，這樣就比阿佩爾的玻璃罐（現在稱為廣口瓶）更容易搬運和儲存。使用鍍錫鐵材料可以防鏽和防腐蝕，馬口鐵能密封阻絕空氣，又不像玻璃容易打破。圓罐焊上蓋子比易碎玻璃加上不可靠的木塞更好處

理。另兩位英國人布萊恩·東琴（Bryan Donkin）和約翰·霍爾（John Hall）買下杜蘭的專利，經過一年多的實驗，於1812年在倫敦伯蒙德建立第一座使用馬口鐵生產的商業罐頭製造廠。如果法國軍隊靠著糧食補給能夠行軍更遠更久，那麼英國軍隊也必須這樣做。到了1813年，杜蘭的錫罐保存食物供應了英國陸軍與海軍。水手們以往只有載運活體動物或鹽醃肉品做為食材來源，通常還染上削弱戰力的壞血病，營養豐富的罐裝蔬菜大大紓解了這情況。到1820年時，罐裝食物在英國成為認可商品，美國則是到1822年。

現在廣泛使用的罐頭在製作時幾乎或完全沒用到錫。直到二十世紀下半葉以前，製作罐頭仍使用鍍錫鋼，因為它把鋼材的物理強度、相對便宜的價格和錫的抗腐蝕性結合在一起。用鋁製作罐頭始於1957年。鋁比鍍錫鋼便宜，但具有相同的抗腐蝕性再加上更好的延展性，使得製造更加容易。於是我們現在看到的是兩件式罐頭，除了上蓋之外，罐身由單片鋁板衝壓成型，不必費力地用兩片鋼板去建構。通常上蓋是鍍錫鋼而其餘部分是鋁材。

▍高精度工具機
—西元 1817 年—
里察·羅伯茲，西元 1789 年—1864年，威爾斯

里察·羅伯茲（Richard Roberts）也許是十九世紀最重要的機械工程師。出生於威爾斯的拉納馬內赫附近，這位幾乎默默無聞的創新發明家只受過基本教育。他在斯塔福郡的布蘭德利鐵工廠找到一份模具製造工作。為了在拿破崙戰爭期間躲避徵召成為民兵，羅伯茲搬遷到伯明罕、利物浦、曼徹斯特、索爾福德和倫敦等各地，1816年又回到曼徹斯特成立自己的工坊。當其他人都失敗，他卻成功為曼徹斯特市政府製造出瓦斯錶後，羅伯茲便轉向另外的發明。由於缺乏資金，他無法為瓦斯錶申請專利，於是被倫敦的薩繆爾·克萊格（Samuel Clegg）抄襲做為水錶，後來也用做瓦斯錶。羅伯茲自己事業的最早任務之一是為自己打造一臺切齒輪機，以及一個可以精準測量齒距的量規。他的第一個商

如何打開罐頭

罐頭直到十九世紀末才開始大量生產，部分原因是它們很難打開。早期罐頭的使用說明寫著「用鑿和鎚沿著上蓋外緣切開」。1855年羅伯特·葉慈（Robert Yeates）發明了開罐器。他是一位刀具和外科器材製造商，設計出第一支鉤住罐緣手動切割的開罐器，能夠沿著金屬罐頂打開上蓋。日後的設計利用了槓桿原理，通常帶有一個8字環。

業產品似乎是製造凸版印刷機。製作印刷機平面時促使他在 1817 年發明自己的金屬刨床機具，並且販售給其他公司與工程師。以往製作平面需要工匠拿起鏈子和鑿子，用手費力又銼又削以達到真平面。羅伯茲也想到這機具的潛力，除了水平之外還可製作固定角度的平面。他也用這機器削出弧面和螺紋，使得刨床成為工廠必要工具。他的刨床目前展示在倫敦科學博物館裡。

羅伯茲在 1817 年也設計了創新特色的金屬切削車床，1820 年設計螺紋機。他的頂心車床可以轉動長 1.82 公尺、直徑 46 公分的金屬物件。他的車床可能是最早配備背輪的這類機具。除了頂心車床外，羅伯茲製造的螺紋機是利用齒條或螺桿橫移動作切削出螺紋。這些機具同樣有多種尺寸提供銷售。這兩種車床在 Beyer-Peacock 公司的工廠一直運作到二十世紀，也都展示在科學博物館裡。1818 年，羅伯茲為一位布蘭伯瑞先生製造一門後膛裝彈的膛線加農砲。1821年，他在《曼徹斯特衛報》創刊號上刊登廣告宣傳一臺經過改良的切齒輪機，這也是倫敦科學博物館的收藏品之一。

發明刨床、螺紋機和切齒輪機後仍不滿足，羅伯茲將注意力轉往紡織，並在 1822 年為一臺動力織布機取得專利。據說到了 1825 年的年生產量就高達四千臺。這種產量需要批量生產或半大量生產的技術，也需要特殊工具機才能達成，以供應國內外許多紡織公司的需求。動力紡織機上的滑輪與齒輪必須用鍵固定在軸上。為了切割這些鍵槽，羅伯茲在 1824 年引進自己的鍵槽刻槽機（keyway grooving machine），後來在 1825 年改良成更多用途的銑槽機。銑槽機在齒輪與滑輪上刻出鍵槽以便固定在軸上，以往這動作是用手工鑿口銼削。這臺機具是垂直往復運作。採用亨利‧莫德萊（Henry Maudslay）的滑動刀架原理之後，羅伯茲讓工作臺能自由活動，既能直線移動又能旋轉移動，就可以對複雜物件的側邊進行加工。他後來開發出成形機，切削工具是在物件上水平往復運作，藉由螺旋傳動桿可朝各個方向移動。羅伯茲盡可能製造並銷售各種臺架與模具組，讓其他工程師能在螺帽和螺栓以及其他機械零件上切削螺紋。不久之後，類似阿基米抽水機的鑄造廠火爐鼓風機和他的第一臺衝剪機也相繼問市。

於是他的發明清單又增添了動力織布機、銑槽機、成形機和衝剪機。

1825 年，羅伯茲為他第一次設計的自動紡紗機取得專利。因為紡紗機熟手的一次罷工，地方工廠主人要求羅伯茲想辦法讓紡紗機自動運作，他最初拒絕了，不過後來他的立場軟化，但原本打算安裝運轉的環球工廠卻在 1825 年夏天發生災難性大火。情況不如預期般圓滿，然而羅伯茲設計了標準模板和規格，以確保機械製造的精確性。這些成為他後來製造其他產品時的特色，例如鐵路火車頭和更多機具。這種觀念很快就被他人仿效。他在 1830 年又取得一項紡紗機專利，其中包含他複雜的扇形繞線機構。它帶來的收益有限，因為開發成本太高，卻是一個複雜問題的絕妙解決方法，在超過百年期間一直保持生產而且改變極少。

羅伯茲在 1825 年對鐵路貨車的摩擦力進行實驗，還造了一臺可坐 35 名乘客的蒸汽公路火車頭，並在 1835 年進行測試。他接著設計並製造了幾輛鐵路火車頭，1835 年設計的 2 導輪、2 動輪、2 從輪（2-2-2）蒸汽火車頭就接到英國與歐陸許多鐵路公司的訂單。羅伯茲發明圓柱形滑閥並在 1832 年取得專利，同時取得專利的還有蒸汽機可變膨脹裝置以及公路火車頭差速器。他也發明一種蒸汽煞車。他的火車頭以高工程標準建造，

架構堅固而外觀結實。羅伯茲也許是英國第一在傳動輪上施加重量以平衡旋轉質量的工程師。市場需求量大到無法滿足，他得興建一座新工廠。羅伯茲持續將更多零件標準化，這麼一來零件就能用特別設計（專用）機來製造。

羅伯茲現在引進螺帽和螺栓製造機，還有新的成形機、軋板機和改良的衝剪機。他走在時代前端，設計出具有旋轉刀的機具來製造曲柄軸，這刀具基本上類似現代的研磨機具，帶有六角螺栓和軸承油槽。他有各式各樣的鑽孔工具，還發明了很重要的旋臂鑽床。羅伯茲在紡織工業繼續取得專利，包括精梳機、新織布機和整理機。他發明了捲菸機，還提出一篇關於漂浮燈船設計的論文。羅伯茲在這期間最著名的發明是雅卡爾衝孔機（因為它的運作原理相同於雅卡爾織布機），可以在建造鐵路橋樑的鋼板上打出鉚釘孔。這種衝孔機能加速管桁橋的建造。整齊的鉚釘孔讓鋼板能準確接合在一起。

流量計、渦輪機、計時機械、航海鐘、錶面鑽孔機和許多其他發明成為他在這段期間的代表作。羅伯茲現在明白鐵殼船也可以用類似管桁橋的原理來建造，用鋼管做為強化的縱樑。他在 1852 年取得專利的是可乘坐 500 人的先進客輪設計，如果建造起來就是

當時最大的船舶。這項專利包含相當多可以用在商船和軍艦上的創新。獨立運作的雙螺旋槳能提供更大機動性，這是羅伯茲提倡的另一項特色。至少皇家海軍芙羅拉號裝配了他的雙螺旋槳，在美國內戰期間為了突破封鎖而展現出優秀的機動性。羅伯茲曾數次出訪法國，為一間紡織公司在亞爾薩斯建造工廠進行機械化生產。他回到英國，為軍艦和水手提出設計建議以改進他們的運作與內部維修，讓他們更不容易受到敵人火力傷害。羅伯茲在二十八年期間取得大約三十項專利，並且一直工作到生命盡頭，卻是在貧困中去世。

▎隧道盾構

—西元 1818 年—

馬克・伊桑巴德・布魯內爾，西元 1769年— 1849 年，英格蘭

　　隧道盾構是在柔軟或含水量高的土壤進行隧道挖掘時必要的防護結構。它用混凝土、鑄鐵或鋼為材料做支撐結構，在貫穿隧道時提供穩定性。這種隧道臨時性支撐結構是由布魯內爾和科克倫伯爵（Lord Cochrane）在 1818 年開發出來並取得專利。馬克・布魯內爾和他更為有名的兒子伊桑巴德・金德姆・布魯內爾合作，在 1825 年用這技術挖掘泰晤士隧道，並在 1843 年開通。強化的鑄鐵盾構讓工人能在分隔區段裡挖掘隧道面。盾構利用大型千斤頂往前移動，後

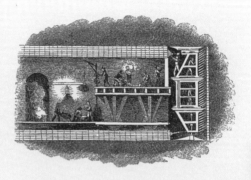

方隧道面用鑄鐵內環覆起來。泥水匠緊跟在後，用七百五十萬塊磚頭築成隧道內壁。這隧道現在是倫敦地鐵東倫敦線的一部分。亨利・莫德萊負責製造隧道盾構並提供蒸汽抽水機。有些人認為布魯內爾的隧道盾構靈感來自他在倫敦碼頭看到的鑿船蟲。這生物用牙齒咬穿木頭船身時有硬殼保護頭部。倫敦地鐵早期的深隧道都是用這方法挖掘。盾構將

海狼

布魯內爾的專利共同擁有者湯瑪士・科克倫伯爵是拿破崙戰爭中最勇敢的船長，法國人稱他為「海上之狼」（le loup des mers）。1814年從皇家海軍除役後，他領導過智利、巴西和希臘海軍參與他們的獨立戰爭。他在1832年復職成為皇家海軍准將。他的英勇事績是塞西爾・史卡特・福里斯特（C.S. Forester）小說《七海蛟龍》（Captain Horatio Hornblower）和派屈克・奧布萊恩（Patrick O' Brian）小說人物傑克・奧布雷船長（Captain Jack Aubrey）的靈感來源。

工作面劃分成每個工人都能進行挖掘的交疊區段。這發明使得隧道挖掘能在各種地質條件下進行。布魯內爾的設計在多年來已被改進，但隧道盾構仍採用相同原理。

摩擦火柴
—西元 1826 年—
約翰·沃克，西元 1781 年— 1859 年，
英格蘭蒂斯河畔斯托克頓

約翰·沃克（John Walker）於 1819 年在蒂斯河畔斯托克頓開了一間藥局。他發現在木棒頭塗上特定化學藥劑晾乾後，劃過粗糙表面可以點起火來。這是最早的摩擦火柴。他的藥劑配方是硫化銻、氯酸鉀、樹脂和澱粉。沃克並沒有為他稱為康格里夫（Congreves，取自 1808 年發明火箭的康格里夫）的火柴申請專利，寧可繼續從事他的科學研究。然而這之後他也沒透露自己的火柴配方。沃克在 1827 年 4 月 7 日從藥房販售他的第一盒摩擦點火棒給一位當地律師。這些最早的火柴用硬紙板做成，但很快就開始採用手工切削的木棒。一盒五十根火柴售價一先令（相當於今天的五便士）。每盒火附有一張對折的砂紙，火柴從砂紙間劃過才能點燃。它提供人類簡單有效的方法去點燃瓦斯和可燃物。

根據以撒·艾西莫夫的《事實之書》（Book of Facts）描述，沃克拒絕為他的發明申請專利，提到使用火柴能給人類帶來好處。沃克說火柴最好開放給全人類自由使用，而不要給那些擁有製造權的人謀取私利。來自倫敦的山謬·瓊斯（Samuel Jones）看到沃克的「康格里夫」或「摩擦點火棒」後決定去申請專利加以推銷，他把自己的火柴稱為路西法（Lucifers）。路西法變得流行起來，尤其受到吸菸者歡迎，但點燃時會發出一股臭味，火焰也不穩定，而且

1844年的安全火柴

早期火柴對消費者和製造者來說都很危險。白磷會黏在皮膚上，只要相關部位燒傷就會導致器官受損，因為磷會被吸收到體內。法律通過禁用白磷後，尋找白磷替代品促成了安全火柴的出現。

瑞典人斯塔夫·埃里克·帕施（Gustaf Erik Pasch，1788—1862）在1844年發明安全火柴，倫德斯特勒姆（Lundström）兄弟加以改良，從1847年左右在延雪平市開啟他們大規模火柴工業。這種改良安全火柴直到1850年至1855年左右才推出。公司在1858年生產大約一千兩百萬盒火柴。他們分別把反應成分放在浸過石蠟的火柴棒頭和盒子側邊特殊摩擦面上，藉此確保安全。更進一步是將危險的白磷換成較安全的紅磷。摩擦面由25%左右的玻璃粉、50%紅磷、5%中和劑、4%碳煙和16%黏合劑組成。火柴頭一般保含45—55%氯酸鉀、20—40%矽質填料和少量的硫磺、澱粉、黏合劑與中和劑。安全火柴點燃靠的是磷與火柴頭裡的氯酸鉀發生激烈反應。瑞典人有很長一段時間壟斷了全球的安全火柴生產。

剛擦燃時的反應也過於激烈。據說路西法會爆燃，有時火星還會飛散相當遠。火柴在比利時與荷蘭至今仍被稱為路西法。

　　1830年，法國人尚勒·索亞（Charles Sauria）在火柴加入白磷除去硫磺臭味。新火柴必須存放在氣密盒裡，但仍受到歡迎。不幸的是，火柴製造工人飽受磷毒性頜骨壞死和其他骨質病變的折磨，一盒火柴的白磷含量就足以殺死一個人。

打包你的煩惱

第一次世界大戰期間一首廣為流行的歌曲提到路西法：「打包你的煩惱裝進舊工具袋，然後微笑、微笑、微笑，你用一根路西法點燃你的菸，微笑，男孩，就是這個調，擔心有什麼用，犯不著這麼做，打包你的煩惱裝進舊工具袋，然後微笑、微笑、微笑。」

▌維勒尿素合成和推翻生機論

—西元1828年—

弗里德里希·維勒，西元1800年—1882年，德國

　　這位德國教授證明了有機化合物可從無機化合物合成。弗里德里希·維勒（Friedrich Wöhler）是有機化學的先鋒，最為人知的是在1828年發現維勒尿素合成。從古埃及和古典時代開始，人們認為生物體內存在一種活力，化合物則是區分成有機和無機兩類。這種生機論概念遵循著亞里斯多德的動物界、植物界和礦物界區分。科學家仍相信有機物質和無機物質有根本上的差異，（有生命的）有機化合物不能從（無生命的）無機化合物合成而來。然而，維勒在實驗室裡用氰酸氨製作出尿素結晶，也就是人類尿液的成分，完全沒藉助於活體細胞。他一直想從氰化銀和氯化氨製作出氰酸氨，意外地完成了第一次有機合成。他發現尿素和氰酸氨有相同化學式，但化學性非常不同，這是異構性的早期發現。於是維勒寫信給以前老師與生機論擁護者永斯·雅各布·貝采利烏斯（Jöns Jakob Berzelius），說他發現「科學大悲劇，一個完美理論（生機論）被一個醜陋事實給殺害了」。維勒尿素合成是科學史上的里程碑，因為它證明有機化合物可從無機物質化合而來，因此推翻了生機論。

　　維勒也被認為是矽、釔、鈦、鋁、

氮化矽和鈹的發現者或共同發現者。1834 年，他和尤斯圖斯‧馮‧李比希（Justus von Liebig）證明了一組碳、氫和氧原子會表現得像一個元素，在化學合成中又變回各自的元素。這為自由基理論打下了基礎，深刻影響化學的發展。1862 年，維勒也發現水與碳化鈣反應會產生乙炔，這反應過程現在被用來製造 PVC（聚氯乙烯）。他還找出方法可從礦砂中分離出高純度的鎳和鈷。

▌電磁感應

—西元 1831 年—

麥可‧法拉第，西元 1791 年— 1867 年，英格蘭

　　麥可‧法拉第（Michael Faraday）發明的電磁旋轉裝置是電動馬達技術的基礎，主要多虧他發明了變壓器和發電機，使得電力可被應用在科學技術上。不像當時其他「紳士科學家」那般財務無虞、教育良好而且把科學當嗜好，法拉第來自窮苦家庭。他在裝訂廠做學徒，閱讀從工廠借來的書，其中包括《大英百科學書》中的「電力」條目

和珍‧瑪瑟（Jane Marcet）的《化學對話》。裝訂廠的一位顧客給了法拉第幾張入場券，讓他去聽著名化學家漢弗里‧戴維（Humphry Davy）在倫敦皇家學會的演講。法拉第為這位重要科學家構想了研究目標，同時憑著演講中仔細寫下的筆記，在 1813 年被戴維雇用成為助手。法拉第發展出一套分析與實驗化學，在 1825 年取代重病的戴維主持皇家學會實驗室，在 1833 年被任命為富勒化學講座教授，這是專為他在皇家學會設立的研究職位。除了其他成就以外，法拉第還將幾種氣體液化，包括氯和二氧化碳。對於加熱和燈油的研究導致他發現苯和碳氫化合物，也對幾種鋼合金和光學玻璃進行詳細實驗。

　　法拉第最著名的貢獻是他對電學與電化學的理解。他的研究動力來自於相信自然界具有一致性以及各種力的可互相轉換性，很早就構想出力場的概念。1821 年，他成功利用永久磁鐵和電流產生機械運動。這種電磁旋轉是電動馬達的基礎原理。不幸的是，其他研究的壓

力使得法拉第在 1820 年代沒太多時間去實驗。1831 年，他成功將磁力轉換成電力，因此發明世上第一具發電機。這種電磁感應也是變壓器的運作原理。法拉第證明不同方式產生的電力是一致的，在此過程發現了兩項電化學的定律。首先，電解中參與反應物質的質量和通過電解液的電量成正比。此外，在相同電量下，不同物質的電解質量與它們的化學當量成正比。法拉第被尊為電磁感應、抗磁性和電解定律的發現者。1833 年。法拉第和威廉・惠威爾（William Whewell）根據希臘字為電化學現象制訂一套新命名，例如離子、電極、陽極、陰極等等。法拉第在 1839 年經歷精神衰弱之苦，但終究回到他的電磁研究上，這時探討的是光與磁力的關係。他發現磁力會影響光線，在兩種現象間存有一種關係。雖然法拉第無法以數學公式來表達自己的理論，他的觀念形成電磁場概念（古典場論）以及詹姆斯・克拉克・馬克士威在 1850 與 1860 年代發展方程組的基礎。他被認為是史上最佳的實驗者之一，是一位極具影響力的人物，受到像愛因斯坦這些科學家敬重。

▋ 冰箱
—西元 1834 年

雅各布・柏金斯，西元 1766 年— 1849 年，麻薩諸塞州

　　冷凍食品可以運輸到全球各地，徹底改變飲食習慣。在發明冰箱以前，有錢人用冰窖提供一年中大部分時間需要的冷藏需求。冰窖設在淡水湖附近，或在裡面堆放冬天取來的冰雪。人們後來可以買冰放在冷凍箱裡。1748 年，愛丁堡大學的威廉、庫倫（William Cullen）用幫浦把裝乙醚的容器抽到半真空，乙醚開始沸騰並吸收周圍的熱量。他製造出少量冰塊，但想不出實際用途。雅各布・柏金斯（Jacob Perkins）在工作上與重要的威爾斯裔美國發明家奧利弗・埃文斯（Oliver Evans，西元 1755 年— 1819 年）往來密切，這人在 1805 年用蒸氣代替液體設計出第一臺冷凍機，但從沒製造出來。柏金斯重新檢視埃文斯的設計，並在 1834 年成為第一個取得「蒸氣壓縮冷凍循環」專利的人，號稱是「生產冰塊和冷卻液體的裝置與方法」。柏金斯率先描述如何在管線裡裝填易揮發化學品，這些高揮發性分子能夠將食物保持在低溫，如同皮膚沾水後被風吹的冰涼感。然而他拒絕透露自己發明的技術細節，因此這技術進化得相當緩慢。大約西元 1850 年時，約翰・高里（John Gorrie）展示了一臺製冰器，1857 年時的澳洲人詹姆士・哈里森

（James Harrison）設計了世界第一臺實用的製冰機與冷凍系統，被應用在維多利亞省的釀造業與肉品加工業。

　　兩位瑞典學生在 1922 年設計了吸收式冷凍機，由伊萊克斯公司將其商品化而獲得全球性成功。吸收式冷凍機的運轉是用一個熱源去驅動冷卻系統。壓縮式冷凍機則使用電力。卡爾‧馮‧林德（Carl von Linde）在氣體液化上的研究成果於 1895 年取得專利，因而製造出第一臺實用的小型冰箱。到了 1922 年，家庭冰箱的價格比福特 T 型車還貴了50%，製冰盒也在這時期引進設計中。早期冰箱配備的壓縮機會產生大量熱能，所以通常設置在最上方。1920 年代開始採用氟利昂製冷劑，提供了比以往更安全且低毒性的選擇，促使冰箱市場在 1930 年代擴張開來。從 1920 年代末期開始，通用食品公司率先透過冷凍加工成功處理新鮮蔬菜，他們買下克拉倫斯‧比爾澤（Clarence Birdseye）的新鮮冷凍法專利而獲得這項技術。做為分隔空間（比製作冰塊所需空間還大）或獨立設備的冷凍櫃在 1940 年引進美國。以往被視為奢侈品的冷凍食品現在變得不足為奇。

　　冰箱基本上是一個隔絕熱的機箱，透過交換循環交將內部熱量送到外面，所以冰箱內部可以冷卻到室溫以下的溫度。低溫可以降低細菌繁殖率，食品因而能保存較久而不會變壞。冰箱冷藏維持在冰點稍高的溫度，大約華氏 37 — 41 度（攝氏 3 — 5 度）。冷凍櫃維持在冰點以下的溫度，可以儲存大量冷凍食品以供長期使用。兼具冷藏與冷凍的冰箱讓我們的飲食更多樣化，因而促進健康，但針對微波冷凍「速食」與肥胖的相互關係經過研究證明，食用冷凍即食餐會導致整體健康普遍變差。

▌分析機

—西元 1834 年 − 1871 年—
查爾斯‧巴貝奇，西元 1791 年— 1871年，英格蘭

　　1828 年到 1839 年期間，查爾斯‧巴貝奇（Charles Babbage）在劍橋大學

冰箱的滲透率

　　商業冰箱與冷凍櫃的使用比家用機型的問市早了將四十年。它們使用毒性氣體系統，萬一洩漏會對家庭環境造成威脅。實用的家庭冰箱是在1915年上市，它們到1930年代因為價格降低在美國獲得廣泛接受，也開始採用無毒不可燃的製冷劑。1930年代，60%的美國家庭擁有一臺冰箱，英國直到四十年後的1970年代才達到相似滲透率，也許是因為較晚採用電力以及各地擁有多樣化食材店。

擔任數學系盧卡斯教授一職。直到二十世紀人們成功將運算自動化以前，科學家、航海家、工程師、測量員和會計員等等，他們依賴印刷的數學用表上之數值去做運算，以獲得不是僅有幾個位數的精確結果。巴貝奇之所以有電腦先驅的名聲是因為他設計了兩種自動計算機：差分機和分析機。用以前的標準來看，這些計算機在概念、尺寸和複雜度上都是意義非凡。1821 年，巴貝奇開始嘗試將數學用表轉為機械化產生。編輯表格不僅費力，而且在原始資料、印刷過程、乃至最後從表格抄寫下來都容易出錯。他的想法是一臺計算機不僅運算不會出錯，還能自動印出結果，能夠一次排除使用印刷表格的三種錯誤來源。

於是巴貝奇設計了一種叫差分機的機器。這機器不是用來運算基本算術，而是要運算一系列數值並且自動列印結果。差分機的設計採取有限差分法來運算，是當時頻繁使用的運算法。採用「差分法」的好處是在數學函數的多項

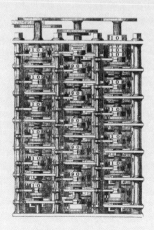

式運算中不需用到乘法和除法。差分機只用加法，比乘法和除法更容易機械化。全尺寸的差分機一號根據設計規格

需要兩萬五千個零件，組合重量達十三噸。一具裝有六轉輪的模型初步製作完成並展示給一些觀眾看。巴貝奇雇用熟練的工具製造者兼製圖師約瑟夫・克里門（Joseph Clement）建造機器。這機器在 1832 年組裝出的一部分，可說是計算機史前時代最卓越的代表之一，是留存下來最古老的自動計算機，也是當時精密工程最傑出範本之一。

差分機一號到 1834 年底仍未完成，但巴貝奇開始構想分析機。這臺革命性機器讓他博得電腦先驅的美名。分析機的構想更有雄心而且要求更嚴苛的技術，然而就像分差機一樣，它的組裝只完成一小部分。這機器的設計是從打孔卡讀取指令後能夠進行任何算術運算。它也有記憶單元去儲存數據，其他許多元件都具有現今電腦不可或缺的功能。目前留存下來都是完成少量組裝的部分，以及用於測試局部運作的縮小版模型。這項創新的分析機設計工作在 1840 年大致完成。他在 1847 年開始設計差分機二號，採用更為精簡的技術是在設計更複雜的分析機時開發出來的。差分機能自動運作，它們不需依賴（如同以往手動計算工具）人類操作者不斷介入就能獲得有用的結果。差分機是首次成功將數學規則具體呈現在機械裝置上的設計，但它們不是通用計算機器。差分機只能依照特定順序輸入數值加以處理。然而分析機不僅能自動運作還是通用計算機器，它讓使用者依照所需順序執行

第一位電腦程式設計師是拜倫勳爵的女兒⋯⋯

1842年，義大利工程師兼數學家路易吉・梅納布雷（Luigi Menabrea）以分析機為主題在法國出版一本回憶錄。巴貝奇指派勒芙蕾絲伯爵夫人奧古斯塔・愛達・金（Augusta Ada King, Countess Lovelace，1815─1852，一般簡稱愛達・勒芙蕾絲）去翻譯文章。她是拜倫勳爵唯一的婚生子。勒芙蕾絲加註了一系列詳細註記（比回憶錄原文還長），證明她的理解程度可能比巴貝奇本人還要好。巴貝奇感到不可思議，寫道：「別管這世界和所有麻煩事，如有可能還包括無數江湖騙子─每件事都可簡短帶過，除了這位數位妖精。」巴貝奇還在信中稱呼她為：「我敬愛且欽佩無比的翻譯者」。勒芙蕾絲深知分析機的重要性和它涉及的計算方式。她知道憑藉打孔卡輸入裝置會開啟一個全新契機，它可以設計出不僅能處理數位還能處理符號的機器。如同她自己的觀察「我們可以很恰當地說分析機織出代數圖案。」

她的成就非常傑出，讓維多利亞時代的英國人對女性追求知識有了新看法。她在翻譯註記裡詳述一種用分析機計算白努力數（Bernouilli number）的演算法，一旦分析機建造起來就能正確執行。這被認為是第一個為了在計算機上執行而量身打造的演算法。因為這項成果，勒芙蕾絲現在被廣為推崇是世上第一位電腦程式設計師，她的演算法是世上第一支電腦程式。她死於子宮頸癌和失血過多，年僅三十六歲。

一套指令而加以程式化。這機器被設想成可以從任何代數函數計算出數值。它不是單一實體機械，巴貝奇到1871年去世以前都在不斷改良它的設計。

他不斷改良的設計當中幾乎包含當代數位電子計算機所有的邏輯特點。它可透過打孔卡進行程式化，擁有儲存單元可以暫存中間結果，以及一個獨立運算單元來執行計算。分離的「儲存」（記憶體）和「運算」（中央處理器）就是現代電腦內部架構的基本特徵。他的機器可執行迴圈，就是依據預定次數重複執行一連串操作。它也能執行條件分支，所以會依據計算結果自動選擇程序（我們現在稱為 if⋯⋯then⋯⋯陳述式）。它需要某種形式的蒸汽機做為動力。巴貝奇沒花太多心思去籌措資金建造分析機，反而持續嘗試用更簡單便宜的方法製作零件去打造縮小版測試模型，直到他去世為止。巴貝奇沒有實際完成任何一臺機器，因為那些錯綜複雜的零件已逼近當時工程製作的極限。它們的形狀需要特殊治具和工具，機械裝置需要數百件精準到幾乎一模一樣的零件。巴貝奇構想他的設計是在生產技術正從傳統手工轉變到大量生產的時代，所以還沒有自動生產相同零件的方法。

巴貝奇和未來

巴貝奇是一位發明家、數學家、科學家、政治家、科學機構評議委員和政治經濟學者。他首創燈塔信號法，率先提出用黑盒子記錄器監測鐵路事故發生前的情況。他提倡十進制貨幣，比正式採用早了一個世紀，也主張煤儲量耗盡時要改用潮汐提供動力。

攝影

—西元 1835 年—

威廉・亨利・福克斯・塔爾波特，西元
1800 年— 1877 年，英格蘭

　　攝影使得歷史事件得以保存影像
記錄，為數十億人留下歡樂記憶。威
廉・亨利・福克斯・塔爾波特（William
Henry Fox Talbot）是一位博學多才之
士，他的研究與著作涵蓋數學、植物
學、天文學和考古學，而且還有攝影。
這位英國人的靈感來自他不會畫圖，
他形容自己的一張素描是「看了就傷
心」。塔爾波特希望人們幾世紀以來透
過暗箱看到的生動瞬間影像能定影在紙
上，他發明由負轉正過程以及早期發展
的技術為往後幾十年設立了標準。塔爾
波特實驗光在特定化學藥品上的作用，
以便用另外方法捕捉自己無法畫下來的
視野。在約翰・赫歇爾爵士的協助下，
他嘗試控制這作用並且定影下來，最後
產生負像照片，還可轉印出無數正像照
片。塔爾波特的方法是讓影像產生在化
學處理的高感光半透明寫字紙上。經過
長時間曝光後，物體的白色影像在黑色
背景上形成為負像，再把它附在另一張
寫字紙上曝光就可印出正像。接下來
三十多年，他在工作之餘致力於圖像製
版，建立攝影雕刻程序，成為凹版照相
的先驅。

　　1840 年九月，塔爾波特採用碘化銀
和硝酸銀做感光塗料，大幅改進並加速

他的方法。相紙只需曝光幾秒能產生看
不見的影像（潛影），用五倍子酸溶液
處理就能讓影像顯示出來。這種改良過
的方法原本稱為卡羅法，後來又被稱為
塔波法，它成為數位相機出現前所有攝
影法的基礎。塔爾波特在 1841 年取得
專利以彌補他的實驗花費。1851 年，弗
雷德里克・斯科特・阿切爾（Frederick
Scott Archer）發表火棉膠攝影法，塔
爾波特隨後也發現一種方法能即時感
光，並在 1852 年發明攝影雕刻法。大
約 1854 年時，他利用蛋白讓相片保有
光澤。1852 年，在皇家學會和皇家學
院主席的要求下，他同意開放所有人使
用自己擁有專利的攝影法，除了「拍攝
人像用於公開販售」（意即排除專業攝
影師）。塔爾波特本身也是有名的攝影
師，他對攝影藝術的發展做出重要貢
獻。

　　塔爾波特投入攝影實驗始於 1834
年初，明顯早於路易・蓋達爾（Louis
Daguerre）在 1839 年發表日光蝕刻照
片。蓋達爾的發現被公布之後，塔爾波
特於 1839 年 1 月 25 日在皇家科學研究
所展示他已有五年歷史的照片。現存最
早的負片是由塔爾波特在 1835 年拍攝。

底片的角色

底片的角色

1888 年,喬治·伊斯曼(George Eastman,1854—1932 年)的柯達相機使用他剛發明的膠捲底片,讓攝影在大眾間變得普及起來。他在 1889 年也發明一種透明軟膠捲底片,開啟電影工業的發展。伊斯曼是一位出色發明家和偉大慈善家,他的捐款高到一億美金,大部分都不具名。他在晚年 77 歲時患有脊椎退化疾病,飽受疼痛折磨,於是開槍結束自己生命,留下紙條寫著:「我的事做完了,還等什麼?」

在兩週期間裡,他在皇家學會暢談自己物影成像的技術細節。蓋達爾直到 1839 年八月才揭露自己方法的細節。法國和英國科學家之間有著激烈爭論,到底誰才是最早開發相機和顯影方法的人。蓋達爾攝影法雖然漂亮,但在 1860 年後鮮少攝影師採用,到 1865 年就不再當做商業攝影使用。法國人終於承認塔爾波特的成就,並在 1867 年的巴黎博覽會上授與他金質獎章。

▎船舶螺旋槳

—西元 1836 年—

法蘭西斯·佩蒂特·史密斯,西元 1808 年— 1874 年,英格蘭

螺旋槳是船舶和飛機上傳送動力的扇葉,它把旋轉動作轉換成推力。十八世紀結束前已有好幾項螺旋槳專利被取得,理查·特里維西克(Richard Trevithick)在 1815 年也取得一項專利,但通常發明者的榮譽賦予給了「螺旋」史密斯。

法蘭西斯·佩蒂特·史密斯(Francis Pettit Smith)曾在肯特郡羅姆尼濕地放牧羊群,他的第一具螺旋槳製作於 1834 年,當時 26 歲。螺旋槳裝在他的小船上用強力彈簧帶動。1836 年,史密斯取得以船尾水下螺旋槳去旋轉推動船隻的專利,一艘具有六馬力發動機的小型蒸汽船在當年秋天被造來測試他的發明。木頭製作的螺旋槳有完整兩圈葉片。小船在泰晤士河上試航時順利前進但速度緩慢。它往上游行駛,螺旋槳打中浮木斷掉半截;就在此時,眾人感到驚訝不已,因為小船推進反而比之前更快。這次意外讓史密斯因禍得福,他重新裝上只有一圈葉片的新螺旋槳,小船行駛更為順暢。現在所有船舶安裝的現代螺旋槳都是這種一圈葉片的結構。

他在 1839 年建造了阿基米德號,這艘 237 噸(240 公噸)的木船裝配他取得專利的螺旋槳。造船者估計它的航速不會超過 5 節(時速 9.3 公里),但測試時發現航速不低於 9½ 節(時速 17.6 公里)。1840 年,它走訪英國各主要港口完成一趟巡航。檢視過阿基米德號之後,著名工程師布魯內爾重新設計自己的大不列顛號(Great Britain),並且裝上螺旋槳。1843 年造的大不列顛號有 83.5 公尺長,是當時前所未見最大的蒸汽船。第一艘裝有螺旋槳的英國戰艦是 902 公噸的嘎吱號(Rattler)。它與

馬力相當的明輪船阿萊克托號（Alecto）相較，速度快了許多。史密斯耗盡財力要讓造船者、船東和皇家海軍對他的發明產生興趣。他的專利在 1856 年到期，人也幾乎一貧如洗。不過土木工程師協會捐助了兩千英鎊做為褒獎，維多利亞女王每年授與兩百英鎊王室專款做為補助，他也獲聘成為南肯辛頓區專利博物館的館長。1871 年，「螺旋」史密斯因為自己的成就被封為爵士。

▌ 跨大西洋蒸汽船和螺旋槳推進鐵殼郵輪

—西元 1837 年和 1843 年—
伊桑巴德・金德姆・布魯內爾，西元 1806 年—1859 年，英格蘭

伊桑巴德・金德姆・布魯內爾（Isambard Kingdom Brunel）的設計與建造遍及鐵路、隧道、橋樑、碼頭和船舶等領域，其成果被世界各地仿效。他最著名的成就是和父親馬克共同規畫連接羅瑟希德和沃平的泰晤士隧道。隧道在 1843 年完工。1831 年時，24 歲的布魯內爾用自己的設計在一場角逐中脫穎而出，同時還被指派為布里斯托市跨越

雅芳河的克里夫頓吊橋專案工程師。湯瑪斯・泰爾福德曾斷言沒有其他吊橋能超越他所設計梅奈吊橋的中央跨距 176 公尺。總長 412 公尺、中央跨距 214 公尺的克里夫頓吊橋在 1831 年動工，但因為財務困難，直到 1864 年才完工。它是當時世上最長的這類橋樑，如今每天仍有大約一萬兩千輛車會通過此橋。

布魯內爾最令人難忘的大概是他為大西部鐵路公司建造包含隧道、橋樑和高架橋的鐵路網。他在 1833 年被指派為總工程師，著手興建連接倫敦到布里斯托的鐵路線。興建工程中令人印象深刻的成果包括在漢威爾與奇彭勒姆的高架橋、梅登黑德的橋樑、鮑克斯隧道和布里斯托寺院草原站。布魯內爾在這條路線引進寬軌鐵路取代標準軌距而聲名大噪。他在興建從斯文敦到格洛斯特與南威爾斯的鐵路線時，結合管桁橋、吊橋和桁架橋的設計在切普斯托建造跨越威河的橋樑。這種設計經過進一步改良後，被用來建造普利茅斯附近在索爾塔什跨越塔瑪河的著名橋樑。布魯內爾也負責重新設計和建造許多英國主要碼頭，包括布里斯托、蒙克威爾茅斯、卡地夫、普利茅斯和米爾福德港。

他建造了蒸汽船大西方號（Great Western）、大不列顛

號和大東方號（Great Eastern），在同類船隻的結構、速度、動力和尺寸上都寫下紀錄。1837 年，布魯內爾建造 72 公尺長的明輪木船大西方號在布里斯托下水，這是他的大西部鐵路網延伸。計畫是要用鐵路搭載旅客從倫敦到布里斯托，再從這裡繼續搭船前往紐約。1838 年首航前往紐約時，與另一艘從愛爾蘭科克附近科夫出發的天狼星號（Sirius）競賽看誰先到。事實證明大西方號航行較快（見下方解說）。它是第一艘投入跨大西洋運輸服務的蒸汽船。布魯內爾的大不列顛號是世上第一艘遠洋鐵殼蒸汽船，也是第一艘用螺旋槳推進的船隻。92 公尺長的船身是當時世上最大、動力最強的船舶，它在 1843 年下水，比大西方號穿越大西洋花費的時間還短了一天。它曾被用做跨大西洋郵輪、載客前往澳洲的移民船、克里米雅戰爭中的運兵艦，接著被改裝成帆船後放在福克蘭群島當倉庫使用。它現在停泊在原建

造地布里斯托做為博物館陳列。大東方號在 1859 年下水，這艘船是跟約翰·史考特·羅素（John Scott Russell）共同設計，是當時前所未見最大的船隻，但在商業上並不成功。它是一艘巨大的明輪船，213 公尺長的船身上有五根煙囪。它是為英國與印度之間的航線而建造，避免在航程中多次停靠補煤，但在處女航前就賠本售出。它於 1860 至 1864 年間航行在大西洋上，1866 到 1874 年間用來鋪設電纜，1888 年報廢解體。

《環遊世界八十天》

大西部公司的競爭對手英美公司租用天狼星號來跟大西方號競賽航向紐約。它是航行在倫敦─科克線上的700噸（711公噸）郵輪，船公司移除部分旅客鋪位以騰出額外儲煤空間去橫越大西洋。它比大西方號早了三天離開倫敦，到科克補充燃煤，在4月4日啟程航向紐約。大西方號因為火災耽擱在布里斯托，直到4月8日才出發。天狼星號在4月22日到達紐約，只以些微差距擊敗大西方號。當它的燃煤用盡，船員就拿客艙家具、備用橫桁和一根桅杆當燃料，這啟發朱儒勒·凡爾納（Jules Verne）在小說《環遊世界八十天》中寫出相似情節。大西方號在第二天到達，載運的200噸（203公噸）燃煤仍有剩餘。實際上，大西方號應該快了四天，航行速度是8.66節（時速16公里），較勁的天狼星號是8.03節（時速14.9公里）。

燃料電池

—西元 1838 年—
威廉・羅伯特・葛羅夫，西元 1811 年
— 1896 年，威爾斯

　　威廉・羅伯特・葛羅夫（William Robert Grove）是一位威爾斯高等法院法官，後來成為皇家學會會員和皇家科學研究所教授，寫了十九世紀頗具發展性的科學著作《物理力的相互關係》（*Correlation of Physical Forces*）。葛羅夫被稱為「燃料電池之父」，見證了一種「乾淨」動力來源的誕生。他對電池發展的貢獻是想出金屬與溶液的組合，可以大幅降低電力流失。在簡單的早期電池中，氫氣泡會聚集在兩極形成逆電壓而減低電流輸出，這種現象稱為極化。為解決這問題，實驗者用去極化劑溶液讓氫可以氧化到水中，但製造出的是低壓電池。葛羅夫實驗用硝酸來當做氧化劑，製造出高壓電池。他後來於1839 年在伯明罕的一場會議中描述自己實驗結果。他為會議「匆忙組裝」一個電池，將鋅（正）極放在裝有稀硫酸的隔間裡，鉑（負）極放在裝有濃硝酸的另一個隔間。這些隔間是有孔陶罐，可讓電流方便通過，但能安全隔離兩邊溶液。結果電池產生更高電壓，內部電阻更低，輸出電流比以前的電池還大。葛羅夫電池（Grove cells）不會產生有害氣體，它產生的是水，在美國政府資助下正被應用在新世代氫動力車輛上。燃料電池曾被美國太空總署用在阿波羅與太空梭計畫中提供載具系統電力。詹姆斯・焦耳（James Joule）說力或能量的任何一種表現形式在本質上可轉換成另一種形式，這理論原本是葛羅夫在《物理力的相互關係》裡提到的。

木漿紙

—西元 1838 年或 1839 年—（1845 年取得專利）
查爾斯・費內提，西元 1821 年— 1892 年，加拿大；弗里德里希・戈特洛布・凱勒，西

燃料電池的燃料

　　燃料電池是一種電化電池，它將燃料的化學能轉換成電能。電力的產生來自供給的燃料與氧化劑之間的反應。反應物進入到電池裡，生成物排出電池外，電解液保持在電池中。只要反應物和氧化劑的供給不中斷，燃料電池可以持續運作。

　　燃料電池跟傳統電化電池有很大的不同，因為它們會消耗外部來源提供的反應物，因此每隔一段時間就得補充燃料。這是一種所謂熱力學開放系統，傳統儲存電能的電池是封閉系統。氫燃料電池用氫當做燃料，氧（通常取自空氣）當做氧化劑。燃料可用酒精或碳氫化合物，氧化劑可用氯和二氧化氯這類漂白劑。

弗里德里希‧凱勒的發明

　　弗里德里希‧戈特洛布‧凱勒大約和費內提同時發明了木漿造紙的方法。他的碎木機能分離出製作木漿所需的纖維。他的靈感來自閱讀法國數學家瑞尼‧瑞歐莫（René de Réaumur）的一篇文章，這位學者認為紙張可用樹木製造出來。1841年，凱勒在自己的「構想簿」裡潦草記下用碎木機分離纖維來造紙的。1844年，凱勒用他的碎木機做出一張木漿紙，但沒獲得政府支持。他希望開發改良版的木材研磨機，並用相當於80英鎊的價格將自己發明賣給造紙商海因里希‧弗爾特（Heinrich Voelter）。凱勒和弗爾特在1845年獲得薩克森邦准予的專利。第一臺機器在1848年問市，但專利在1852年需要繳費展期時，凱勒沒錢付自己的那部分。現在弗爾特成為專利唯一擁有者，撇下凱勒繼續大量生產紙張獲利。凱勒的木材研磨機賣到歐洲和美國各地。報紙與書籍印刷業者歷經二十年才從原本碎布紙逐漸接受木漿紙，但是到了十九世紀末，木材已成為造紙業者優先選擇的原料。凱勒終其一生未從自己的發明得到利益。

元 1816 年— 1895 年，德國

　　費內提和凱勒使用供應不絕的木材來造紙，在工業革命時代徹底改變了通信，帶來的影響類似於今天的網際網路。查爾斯‧費內提（Charles Fenerty）成長的自家農場位於新斯科舍省，這裡有三座鋸木廠在處理本地生產的木材。當大眾變得更有文化素養時，對於書本和報紙就有龐大需求，但費內提看到紙廠無法取得足夠棉花和亞麻布以滿足紙張新需求。他認為紙張可以用木材製造，而且加拿大和美國有大片森林可以砍伐，提供了更便宜的原料。費內提知道木頭和棉花與亞麻一樣是植物纖維，他實驗後發現軟木雲杉最適合用來做成他所謂的漿紙。黃蜂用咀嚼過的木頭建造像紙一樣的蜂巢，也許他因此獲得結論。另一個說法是他常在鋸木廠消磨時間，看著固定鋸子的沉重木架在木滑道上舉起又落下。木頭在舉起落下時不斷互相摩擦，因此產生少量的細絨廢料。

　　費內提也許已經明白這些廢料纖維壓平塑型後就能造紙。依照慣例，他展示了一小張「漿紙」樣本，製造過程據他後來所說是擦削木材而來，那是1838或1839年當費內提17或18歲時向妻子的連襟查爾斯‧漢彌爾頓做的描述。他的發現早於德國織布工弗里德里希‧戈特洛布‧凱勒（Friedrich Gottlob Keller）。但費內提直到1844年10月26日才在他刊登於《阿卡迪亞紀事報》的一封信公開自己的發現。費內提的發現在新斯科舍省沒取得商業利益。現在紙廠製作木漿然後造紙是在以下兩種方法中擇一進行。熱磨機械漿的製法是把木材切碎倒入蒸汽加熱磨漿機，讓它在兩片磨

費內提的公開信

「貴報社諸君，隨信附上的是一小張紙，那是我實驗的結果，以便確認這有用的物品也許能從木材製造。結果證明這想法是對的，因為藉由我寄去的樣本，各位可以察覺到它的可行性。隨附紙張的白色質地相當結實，顯示它跟一般用麻、棉花或普通材料做的包裝紙同樣耐用，它實際是用雲杉木當原料搗成漿，製作過程依照造紙相同處理程序，只有一項例外，即是：我沒辦法對它施予足夠的壓力。我的看法是一般森林裡的樹木，不論硬木或軟木都可當原料，但尤其是冷杉、雲杉或白楊，因為它們的纖維特性更容易被擦削機弄碎，並且製作成質地最好的紙張。諸位先生們，我認為這觀點經由實驗便能加以證明，還有待科學家或好奇者進一步執行。諸位恭順的僕從，查爾斯·費內提。」——《阿卡迪亞紀事報》，新斯科舍省哈利法斯，1844年10月26日。

盤間被碾壓成纖維。研磨漿的製法是將圓木去皮放入研磨機，藉由滾動的磨石碾壓成纖維。

▌太陽能電池

—西元 1839 年—
亞歷山大·埃德蒙·貝克勒，西元 1820 年— 1891 年，法國

這位物理學家研究太陽光譜、磁學、電學、光學、攝影術，並且和他兒子亨利共同研究冷光和磷光。亞歷山大·埃德蒙·貝克勒（Alexandre-Edmond Becquerel）在年僅 19 歲時便發現光伏效應，這是太陽能電池的運作原理。貝克勒在實驗中將固態電極置於電解液中，光線照在電極上產生了電壓，因而發現這種效應。可將光的能量透過光伏效應直接轉換成電

能的裝置都可稱為太陽能電池。陽光由帶著太陽能的光子組成。這些光子依據太陽光譜的不同波長帶有不同能量數。光子撞擊到光伏電池會被反射、吸收或穿透過去。被吸收的光子便產生了電力。海因里希·赫茲（Heinrich Hertz）於 1870 年代在硒這類固體上研究光伏效應，後來在 1887 年發現光電效應。1877 年，威廉·格雷爾斯·亞當斯（William Grylls Adams）和理查·伊凡斯·德伊（Richard Evans Day）對硒的光伏效應發表了一篇論文。隨後不久，硒光伏電池能以 1% 至 2% 的效率將光線轉為電力。結果硒很快被採用在攝影新興領域中，用在測光裝置上。第一個名符其實的太陽能電池由查爾斯·弗里茨（Charles Fritts）在 1883 年左右製造，他用鍍一層薄金的硒半導體做連接器，但能量轉換效率只有大約 1%。第一個基於外光電效應

的太陽能電池是亞歷山大・斯托雷多夫（Alexander Stoletov）在 1888 至 1891 年間製造。

1941 年，美國工程師羅素・歐爾（Russell Ohl）發明了更有效率的矽太陽能電池。1954 年，三位美國研究員杰拉德・皮爾森（Gerald Pearson）、卡爾文・富勒（Calvin Fuller）和達里爾・查賓（Daryl Chapin）設計的矽太陽能電池在陽光下有 6% 的能量轉換效率。這三位發明者用許多矽條（每條尺寸大約如同剃刀刀身）組成一個陣列，放在陽光下捕捉自由電子來轉換成電流，他們製造出第一個太陽能板。紐約貝爾實驗室接著發表新太陽能電池的原型。貝爾太陽能電池的第一個公共服務測試始於 1955 年，用在美國喬治亞州的一個電話載波系統上，這家公司也繼續為太空任務開發電池。隨著效率提升且價格降低，太陽能電池（光伏系統）逐漸成為生活中一部分。最簡單的系統可驅動我們每天使用的小型計算機和腕錶。更複雜的系統可用來抽水和供電給通訊設備，甚至可以提供家庭照明和驅動電器。到了 2007 年，德拉瓦州立大學與美國能源部已開發出效率超過 40% 的太陽能電池。

▍腳踏車

—大約西元 1839 年—

柯克派崔克・麥克米倫，西元 1812 年—1878 年，蘇格蘭

最早類似腳踏車的裝置據傳是法國人梅德・迪・西夫拉克伯爵（Comte Mede de Sivrac，有些消息指出這伯爵是虛構人物）在 1790 年製造。它原本被稱為 célérifère，後來改稱為 vélocifère。這是一輛像滑板車的裝置，沒有踏板或轉向龍頭，但熟練的騎乘者可以舉起前輪將它轉向—就像現代「翹孤輪」一樣。1816 年，德國的卡爾・馮・德萊斯伯爵（Baron Karl von Drais）發明了一個相似

裝置，但在前輪裝了轉向機構。它被稱做 Laufmaschine 或者「奔跑的機械」，但伯爵稱它為 Draisienne。眾人稱它是「花花公子的座騎」，成為了紳士們在花園或公園裡從事娛樂的時髦玩意兒。這兩種裝置的騎士都是坐在兩輪間的座墊上，像滑板車一般用腳推動前進。

柯克派崔克・麥克米倫（Kirkpatrick MacMillan）是一位年輕的蘇格蘭鐵匠。他在 1824 年還是個小男孩時看到附近路上有人騎一輛花花公子座騎，於是決定為自己做一輛。接近完成時，他想到也許可進行徹底改良，讓腳不用著地就可推動前進。他在自己鐵匠舖裡埋頭研究，大約 1839 年完成了他的新車輛。麥克米倫的腳踏車是木頭車架，木輪包

有鐵緣，前輪提供有限的轉向操作。前輪直徑 76 公分，105 公分的後輪附有踏板做為連桿。這第一輛有踏板的腳踏車靠騎士的腳在踏板上前後往復運動來帶動前進。這車輛相當笨重，騎乘它得耗費很大體力。然而，麥克米倫在崎嶇不平的鄉間路上騎得相當熟練，沒多久就能在一小時內行進 22.5 公里。麥克米倫從沒想過要為自己的發明取得專利或者用它賺錢，但其他人看過之後了解它的潛力，很快就開始出現仿造品拿來銷售。萊斯馬黑戈的加文・達爾澤爾（Gavin Dalzell）在 1846 年抄襲麥克米倫的設計，還把細節拿給很多人看，以致於超過五十年期間都被認為是腳踏車發明者。不過麥克米倫似乎樂於做一名鐵匠，從沒想要把它當商品販售。他只是袖手旁觀看著別人製造他設計的腳踏車，並且每輛販售 7 英鎊，這在當時是個可觀的金額。

皮耶・米肖（Pierre Michaux）和兒子是巴黎的馬車零件製造鐵匠，他們在 1867 年左右首次組裝出兩輪的 vélocipède（字面意思是「快腳」），它的曲柄與踏板連接到前輪，也被暱稱為「破車」，因為堅硬骨架和鐵緣木輪使得騎乘起來頗為顛簸。這設計被米肖的前員工皮耶・拉勒芒（Pierre Lallement）帶去美國，立刻宣稱這是他的構想。他說自己在 1863 年開發出原型，然後就出發前往美國。拉勒芒在 1866 年向美國專利局註冊第一輛腳踏車的專利。到了 1870 年，金屬加工已進步到整輛腳踏車全用金屬打造，其性能與材料強度都獲得提升，腳踏車的設計也隨之改變。踏板依舊直接裝在前輪，但實心橡膠輪胎和長輻條構成的大前輪讓騎乘體驗改善不少。較大的輪子也可騎得更快，大小輪腳踏車在 1870 與 1880 年代廣受歡迎。這些腳踏車有一個直徑長達 1.5 公尺的大前輪和一個小了許多的後輪，它們也被稱為高輪車。

第一件腳踏車事故

1842 年六月間，柯克派崔克・麥克米倫從鄧弗里斯騎了 109 公里到格拉斯哥，要讓他的發明吸引眾人注意。這趟行程花費他兩天時間，還因為造成一名跑過他前方的小女孩輕微受傷而被罰款五先令。《格拉斯哥阿爾戈斯報》報導了這件事故：「昨日，一位設籍敦夫里斯郡的先生被留置在高柏斯警察局，他被指控將一輛兩輪腳踏車騎上人行道，阻礙通行，同時還撞到一名孩童。據其供述顯示，他前日騎乘兩輪腳踏車從舊克姆諾克鎮一路走來，距離約 64 公里，這段路程花費五個小時。他到達高柏斯的巴洛尼後騎到人行道上，很快就被人群包圍，他們被新穎車輛吸引而來。被撞的孩童並無大礙；在這情況下，肇事者僅被罰款五先令。這起事件中使用的兩輪腳踏車組裝非常精巧。它用手控制方向和腳踩曲柄帶動輪子；但要讓它『前進』似乎花費的體力比它提升的速度還多。這項發明不足以取代鐵路。」審訊法官要求麥克米倫騎它繞出 8 字型，他做到了，據說法官塞錢給他去繳罰款。麥克米倫在回程路上還跟驛馬車競速。

1885 年出現的安全腳踏車開啟了腳踏車下一階段發展。英國人約翰・坎普・斯塔利（John Kemp Starley）的設計特色是在尺寸相當的兩輪之間裝有一個低了許多的座椅，同時還用齒輪與鏈條系統驅動後輪。這是現今腳踏車仍在使用的鑽石型車架基本設計。斯塔利的設計後來又被加上充氣橡膠輪胎。大量生產和路面改善使得價格降低，擁有腳踏車的人也變得普遍。根據估計，世界上有超過十億輛腳踏車，僅中國境內就有大約四億五千萬輛。麥克米倫的設計逐步發展成世上最無階級差別和最受歡迎的交通工具。十九世紀著名的美國女權主義者蘇珊・安東尼（Susan Anthony）在 1896 年的一次訪談中說：「我認為（腳踏車）比世上其他任何事更能解放女性。」

▌過磷酸鈣肥料

—西元 1842 年—
約翰・貝內特・勞斯，西元 1814 年
—1900 年，英格蘭

約翰・貝內特・勞斯（John Bennet Lawes）開啟了化學肥料（人工肥料）工業，改善全球農作與畜牧產量，為現代科學農業建立基礎，奠定農作物營養學

原理。他繼承了哈特福郡的洛桑莊園超過 405 公頃土地，建立一處 101 公頃的實驗農場。約 1837 年時，他開始在盆栽裡實驗不同肥料的效果，然後把實驗對象移植到開放農地上。在 1842 年取得用硫酸處理磷酸鹽製作而成的肥料專利，因此開啟人工肥料工業。在同一年，勞斯建造了第一座生產人工肥料的工廠。

磷是一種基本養分，也是現在農業肥料的普遍成分，但是它得變成可溶才有高效率。過磷酸鈣的製造是用濃硫酸與磷礦粉反應而得。氮含量高的過磷酸鈣有助於生長，含磷量高則有助於植物發芽。它改善土壤質地、促進生長健全、可讓植物透過葉子吸收當做殺真菌劑、有助於控制線蟲生長和加速堆肥分解。勞斯與化學家約瑟夫・亨利・吉伯特（Joseph Henry Gilbert）聯手，在種植與飼養上持續進行五十七年的實驗。他們實驗的主要目標是測量無機與有機肥料對農作物產量的影響。他們的「古典田野實驗」（Classical Field Experiments）對當今科學家而言是很有價值的實驗資源。勞斯去世之前為洛桑實驗農場留下十萬英鎊巨額資金繼續他的研究，農場至今仍在運作。

勞森去世時已從「古典田野實驗」累積大量資料，再加上農業田野實驗固有的多變性，因此需要一種有效的統計法。洛桑現在被視為現代統計理論與應用的一處發源地。多年以來，洛桑科學家們對科學有很多其他的重要貢獻，包

鳥糞石──原始的過磷酸鈣

堆積的海鳥糞或鳥糞石可以形成天然的過磷酸鈣。最著名的開採地點是南太平洋的諾魯島，這裡大部分土壤已被開採殆盡，曾為居民帶來曇花一現的財富。鳥糞石（guano）這字來自印加文化的奇楚瓦語，意思是「海鳥的糞便」。海鳥吃魚消化後，牠們的排泄物隨著腐屍、羽毛、蛋殼和沙子經過甲蟲與微生物的加工，成為最好的天然肥料之一。蝙蝠的排泄物也會形成鳥糞石。牠們的糞便包含本身也吃植物的昆蟲，經過幾個世紀大量沉積在洞穴底。鳥糞和蝙蝠糞包含的相關養分有不同比例，但一般鳥糞石含有大約15%的氮，9%的鉀和3%磷。印加人從秘魯海岸收集鳥糞石為土壤施肥。他們把鳥糞石看做珍貴原料並限制取用，打擾鳥群的人會被處死。

秘魯鳥糞石被認為是世上品質最佳，成為全球貿易的商品。秘魯洋流沿著海岸將冰冷海水從南極帶往赤道，低溫海水加上暖和氣溫使得降雨極少。沿岸島嶼在陽光曝曬下近乎乾旱，意謂著鳥糞石裡的硝酸鹽不會消散或溶解到岩石裡，所以肥料保持住它的有效成分。美國政府看出鳥糞石的價值，在1856年通過一項法案，對任何發現鳥糞石的居民提供保護。發現者可取得鳥糞石無主土地的所有權，並授予礦床的獨佔權。這些鳥糞石只限提供美國居民使用。西班牙海軍佔領欽查群島後，剝奪了秘魯從鳥糞石的獲益，於是秘魯和智利聯合對抗西班牙，在1864年到1866年間爆發欽查群島戰爭。到了十九世紀末，人工肥料大量生產降低了鳥糞石的重要性。

括發現並發展除蟲菊精，而且在病毒學、線蟲學、土壤科學和殺蟲劑抗藥性等領域有開創性貢獻。在二十世紀後期，空中施肥讓過磷酸鈣能更經濟地大面積噴灑，大幅提升農作物生產。1900 年 9 月 1 日《泰晤士報》刊登他的訃文寫道：「……約翰・勞斯先生是史上最偉大的農業支持者之一──也許絕無僅有。他在實驗研究與堅定目標的創舉，再加上非凡的才華，讓他發現重要的真理，深深影響著農業的進步。」

▌橡膠硫化

—西元 1843 年—

湯瑪斯・漢考克，西元 1786 年─1865 年，英格蘭

湯瑪斯・漢考克（Thomas Hancoc）是一位馬車夫，為了幫馬車乘客提供遮雨因而對防水布料產生興趣。1819 年時，他在實驗製造橡膠製品。到了 1820 年，漢考克註冊了吊帶、手套、鞋子和長襪的扣件專利，但發現自己浪費了大量橡膠。他發明一臺咀嚼機將廢橡膠切成長條。橡膠條回收後可重新塑造成塊狀或片狀。蘇格蘭化學家查爾斯・麥金塔（Charles Macintosh）在 1821 年開發出一種防水外套。他把橡膠溶解在煤焦油的石腦油裡去黏合兩片布料。同一年，漢考克與麥金塔開始合作開發一種

「複合材質」防水布料，後來被稱做麥金塔布。漢考克實驗橡膠解決方案，並在 1825 年取得人造皮革製作專利，他使用的是橡膠溶液、數種纖維和當做溶劑的煤油與松節油。到了 1830 年，漢考克用橡膠製成的人工皮革，顯然比麥金塔把橡膠溶解在石腦油中來得更好。

漢考克在工廠裡用新發明的機器處理生橡膠。他的機器生產出一團溫熱的均質橡膠，能再加以塑形或混合其他材料，而且比生橡膠更容易溶解。1837年，湯瑪斯‧漢考克終於為他的咀嚼機和塗佈機取得專利，也許是因為漢考克想要取得防水外套製作法的專利時，遭遇查爾斯‧麥金塔的法律挑戰而受到刺激。到 1841 年，漢考克發明的一臺新機器可同時處理 91 公斤橡膠。他所發明的人造橡膠可用來製作氣墊、床墊、枕頭、風箱、水管、實心胎、鞋子、包材和彈簧，漢考克成為世上最大的橡膠商品製造者。1843 年 11 月 21日，漢考克取得利用硫磺將橡膠硫化的專利，比美國的查爾斯‧固特異早了八星期。以羅馬火神命名，硫化讓橡膠變得不那麼黏稠，並賦予較佳的機械性，能夠有效率地製作輪胎、水管和鞋底。漢考克的發明和接下來的橡膠工業發展深深影響道路運輸的發展。

▋皮下注射器
—西元 1844 年—

法蘭西斯‧林德，西元 1801 年— 1861年，愛爾蘭

在林德發明皮下注射器以前，人們不可能在靜脈注射藥物（穿過皮膚進入血管）。注射裝置從十世紀早期就開始使用，埃及外科醫師毛斯里用玻璃吸管幫病患移除白內障。然而，第一支皮下注射器才有細到足以穿刺皮膚的針頭，它到 1840 年代才出現。愛爾蘭醫師法蘭西斯‧林德（Francis Rynd）用第一支皮下注射器注射鎮靜劑去治療神經痛，這推動活塞的動作讓醫學出現革命性改變。1844 年五月，他發明一種點滴注射針能把藥物打進血管，同樣也是要治療神經痛。直到那時前前，人們沒想過能穿刺皮膚施打藥物，大部分藥物都採取口服。林德在 1845 年發表一篇文章報告自己如何成功使用皮下注射器，他寫道：「將藥水注入皮下以舒緩神經痛，在我國是由本人於 1844 年五月在米斯醫院首次執行。這病例發表在 1845 年 3月 12 日的《都柏林醫學雜誌》。在那之後，我治療過許多病例，使用多種藥水與溶液，獲致不同療效。我發現最有效的藥水是溶有嗎啡的木餾油溶液，用 10格令嗎啡配一打木餾油。」亞歷山大‧伍德（Alexander Wood）經常被誤認為在 1853 年率先發明皮下注射器，林德顯然是在他之前。現在的皮下注射器普遍

是一次性使用，每年全世界需求量超過一百五十億支。

霍亂病因

—西元 1849 年—

約翰·斯諾，西元 1813 年—1858，英格蘭

約翰·斯諾（John Snow）是一位倡導麻醉法、醫療衛生和流行病學的醫師。他是英國約克郡一個勞工家庭的九個小孩之一。斯諾在 14 歲時跟隨一位外科醫師當學徒，十一年後的 1838 年成為皇家外科學院成員，1950 年獲准進入皇家內科醫學院。霍亂在他的年代被認為是經由空氣傳播。然而斯諾不接受這種瘴氣說，認為霍亂是由口腔進入體內。他在 1849 年一篇論文《霍亂傳遞方式研究》（On the Mode of Communication of Cholera）中發表了自己的見解。1854 年

斯諾另一種生計

約翰·斯諾是最早研究並計算外科麻醉使用乙醚和氯仿劑量的醫師之一。他在 1847 年發表一篇關於乙醚的文章〈論吸入乙醚蒸氣〉。篇幅更長的作品《論氯仿和其他麻醉藥，以及它們的作用與用法》在他去世後於 1858 年出版。經由在動物與人體上測試控制劑量的乙醚和氯仿效果，他讓這些藥物的使用更安全、更有效。1853 年四月，他在維多利亞女王生下兒子利奧波德的分娩過程中負責為她施予氯仿，在 1857 年 4 月又執行相同任務，這次女王生下的是女兒碧翠絲，因而促使更多大眾接受生產麻醉這件事。

八月，倫敦蘇活地區爆發一場霍亂，斯諾在地圖上仔細標示霍亂病例的地點，於是他確認布勞德街（現在的布勞維克街）的一處公共抽水機是疾病來源。他說服了地方議會停止抽水機運作，停用這處水井。雖然這措施被普遍報導是終結了霍亂，但疫情或許早已大幅趨緩，就像斯諾自己說：「如同我先前所言，死亡人數之所以大量減少，無疑是因為疫情爆發後居民迅速走避；目前疫情趨緩發生於停用水井之前，所以無法確定水井是否仍含有活躍的霍亂病源，或者病源因為某種原因已經消失。」

1855 年，他發表第二版的霍亂論文，更詳盡地研究蘇活區供水影響。他指出南華克與沃克斯豪爾供水公司提供的用水取自泰晤士河受污染的河段。斯諾的研究在公共衛生史上是個重要事件，被視為建立流行病學的基礎。事後也發現布勞德街這口公共抽水井挖掘時距離一座舊污水坑只有 92 公分，排泄物細菌已經滲漏出來。一名從其他病源感染霍亂的嬰兒，他的尿布曾被拿來這裡清洗，從此引發疫情。當時很多住宅下

面都有一個污水坑。大部分家庭把未經處理的污水集中在此，晚上再由水肥隊倒進泰晤士河裡，以免污水來不及分解滲入土壤就滿溢出來。然而斯諾對此疾病傳播的理論在 1860 年代以前都沒受到廣泛接受。1857 年，他對流行病學做出的另一個貢獻是在《刺胳針雜誌》裡一篇鮮為人知的文章〈論劣質麵包（添加明礬）造成佝僂病〉。佝僂病是幼兒缺乏維生素 D 與微量元素引發的軟骨症。病菌說在 1861 年前還不為人知，所以斯諾在當時還不知道疾病傳播的原理。

牙膏和擠壓軟管

—西元 1837 年和 1892 年—
華盛頓·溫特沃斯·雪菲爾，西元 1827 年—1897 年；路易斯·特雷西·雪菲爾，西元 1854 年—1911 年，美國

　　牙膏提升了口腔衛生，它扮演研磨劑的角色，可以去除牙齒上的牙菌斑與食物殘渣，還能抑制口臭。現在的牙膏會添加例如鈣、氟化物和木糖醇等有

霍亂致死

　　霍亂是一種急性腸道傳染病，原因是攝取受到霍亂弧菌污染的食物和飲水。霍亂潛伏期不長，介於一到五天，它會產生腸毒素，引發連續大量水瀉，如果沒有即時給予治療，可能導致嚴重脫水和死亡。大部分病人也有嘔吐症狀。霍亂仍是一種全球性威脅，也是社會發展的一項重要指標。這疾病對具有基本衛生標準的國家不再來勢洶洶，但對無法保證飲水安全和環境衛生的國家仍是嚴厲挑戰。幾乎所有開發中國家都遭受霍亂爆發或疫情威脅之苦。就2010年整年來看，霍亂在全世界侵襲了三百至五百萬人，造成十至十三萬人死亡。

效成分，有助防止蛀牙和齒齦炎（牙周病）。然而，大部分的清潔效果來自牙刷的機械動作，而非來自牙膏。食鹽和小蘇打也能拿來代替市售牙膏。埃及人早在西元前5000年就有做一種潔牙粉，成分有牛蹄粉、沒藥、烤過磨碎的蛋殼和浮石。西元前500年的中國與印度都有用牙膏。希臘人和接下來的羅馬人改進牙膏配方，添加碎骨和牡蠣殼這類研磨劑來清潔牙齒上殘渣。羅馬人後來還加了木炭粉與芳香劑來改善口中氣味。

現代牙膏開發於1800年代。1824年，一位叫做皮巴帝（Peabody）的牙醫是第一個在牙膏加肥皂的人。1850年代的約翰・哈里斯（John Harris）將白堊土當做成分添加到牙膏裡。1850年，牙醫兼化學家華盛頓・溫特沃斯・雪菲爾（Washington Wentworth Sheffield）在康乃迪克州的新倫敦率先發明了「現代」牙膏。雪菲爾醫師積極推薦他的發明並稱之為雪菲爾醫師的潔牙乳膏。病人的肯定激勵他把牙膏裝在罐子裡銷售。他成立實驗室去改良自己的發明。，還建了一間小工廠進行生產。可擠壓金屬軟管由約翰・戈夫・蘭德（John Goffe Rand）在1841年取得專利，他是一位住在英格蘭的美國藝術家，軟管讓他可以方便保存顏料。華盛頓・雪菲爾的兒子路易斯・特雷西・雪菲爾（Lucius Tracy Sheffield）在法國進修兩年，看到法國畫家使用顏料軟管，於是在1892年將這構想應用到牙膏上。（路易斯醫師還

在1893年取得剃刀磨刀帶的專利。）雪菲爾的公司後來成為高露潔公司。1896年，高露潔牙膏開始包裝在可擠壓軟管裡，最早的軟管是用鉛製造。它的廣告標語是「擠出像緞帶，平躺牙刷上」。然而，直到第一次世界大戰以前，預先混合製成的牙膏沒比潔齒粉受歡迎。

第二次世界大戰之後，合成清潔劑的開發與生產突飛猛進，於是牙膏中使用的肥皂就被乳化劑取代。1955年，寶僑公司的潔佳士（Crest）是第一個含氟化物的牙膏，臨床證明可以預防蛀牙。2006年，歐洲出現第一個以合成羥基磷灰石取代氟化物的牙膏，可以保護牙齒琺瑯層並使其再礦化。它會在牙齒上形成一層新的合成琺瑯，有別於氟化物是以化學反應將原有琺瑯層轉變為氟磷灰石來提升硬度。

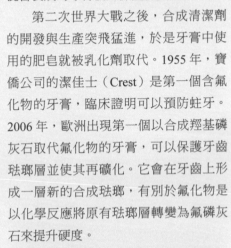

如何製作有條紋牙膏

牙膏管會填入白色牙膏到一定高度，上方再填入有顏色「條紋」配方的原料。兩種原料都夠黏稠，所以不會混合在一起。訣竅是讓兩種原料由不同路徑同時擠出牙膏管。管口不是單純一個洞，它是一個直通下方原料（白色牙膏）填充高度的長管。長管上面有許多小孔，比較靠近上方管口附近。擠壓牙膏管會讓牙膏進入出口長管，同時頂壓上方條紋原料。條紋原料經由小孔進入出口長管，條紋就敷印在牙膏上被擠出牙膏管。

工業新技術

大量製鋼

—西元 1855 年（取得專利）—
亨利·貝塞麥，西元 1813 年— 1898
年，英格蘭

. . .

鋼是世上使用最普遍的材料之一，每年生產超過 13 億噸。它是房屋、公共建設、工具、船舶、纜索、汽車、機械、設備與武器的主要構成材料。儘管高爐可以很有效率地生產鑄鐵，但要精煉成延展性佳且更實用的鍛鐵，其過程相對而言仍然效率不彰。（它被稱為「鍛鐵」是因為以往都用人力鍛打製成）。鍛鐵的需求量在 1860 年代因為興建鐵路和鐵甲戰艦達到高峰，後來因為出現便宜的軟（低碳）鋼而大幅滑落。以往的鋼非常昂貴，早在文藝復興時期以前就有幾種低效方法可以生產，到了十七世紀發明更有效率的生產方法後，它的使用就變得較為普遍。1850年，埃布韋爾鐵工廠從高爐煉鐵獲得極高經濟效益，工廠化學家喬治·派瑞（George Parry）率先在高爐上成功採用鐘斗裝料設計，歐洲各地後來相仿效。隨著 1855 年取得專利的「貝塞麥煉鋼法」被發明，鋼很快就成為可從生鐵大量產出的便宜材料。

美國的威廉·凱利（William Kelly）在 1851 年曾獨立開發這種煉鋼法，但破產逼使凱利將自己專利賣給在做同樣研究的亨利·貝塞麥（Henry Bessemer）。貝塞麥也付給埃布韋爾公司三萬英鎊取得煉鋼專利，喬治·派瑞從自己的煉鋼法獲得一萬英鎊，相當於凱利收到的金額。煉鋼關鍵是將空氣吹進熔鐵當中，藉由氧化作用移除鐵的雜質。氧化作用也會升高鐵水溫度，使它保持在熔化狀態。這種使用基本耐火襯裡的煉鋼法就被稱為鹼性貝塞麥煉鋼法（Basic Bessemer process），或以發明者珀西·吉爾克里斯特（Percy Gilchrist）和西德尼·吉爾克里斯特·湯瑪斯（Sidney Gilchrist Thomas）之名，稱為吉爾克里斯特—湯瑪斯煉鋼法。派瑞的煉鋼法接著在 1855 年被美國人 J·G·馬汀（J.G. Martien）收購並加以改良。因此「貝塞麥煉鋼法」是綜合馬汀、派瑞和湯瑪斯等人的發

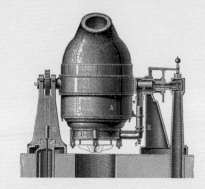

耶穌時代的非洲鋼

　　坦尚尼亞的哈亞人（Haya people）曾發明一種高溫高爐，他們在將近兩千年前就能在攝氏1802度的高溫下鍛造碳鋼。這種生產高品質鋼的能力直到好幾世紀後才在歐洲工業革命中重現。這是人類學者彼得·史密特（Peter Schmidt）在透過口述了解哈亞人歷史時的意外發現。他被帶往一棵樹，據說生長地點原本是祖先用來鍛造鋼的熔爐。他接著要求一群長者再次製鋼。他們是僅存一群還記得如何製鋼的人，這門技術已經廢棄不用，部分原因是現在有大量鋼材輸入到這國家。後來在這區域的調查發現另外13處熔爐，和長者們製鋼時的設計相似。他們的方法非常類似於平爐煉鋼法，這些熔爐經由碳測年發現已有有兩千年歷史。

明，並非貝塞麥個人的發明。更進一步的精煉技術，例如 BOS（鹼性吹氧煉鋼），則可以降低成本並提高品質。

▌印字電報系統（電傳打字機）

—西元 1856 年至 1859 年—

大衛·愛德華·休斯，西元 1831 年—1900 年，威爾斯和美國

　　大衛·愛德華·休斯（David Edward Hughes）在電話、廣播、電報和粉末塗裝等方面都提出了原創性突破。除了 1856 年至 1859 年間成功開發電傳打字機和電報系統，休斯還在 1877 年發明電話與廣播必要的碳粒式麥克風。他發明感應平衡器（1878年）、金屬探測器（1878 年）、世上第一次無線電波傳送（1879 年）和粉末塗裝技術（1879 年）。19 歲時的休斯是個鋼琴演奏高手，他在肯塔基州巴茲敦鎮的聖約瑟夫學院同時擔任音樂與自然哲學教授。（雖然出生於威爾斯，休斯的家庭在他七歲時移民到美國。）他發明印字電報時年僅 23 歲。他的鍵盤可以讓對應字母在遠距離外的接收者面前打印出來，在打字機還沒發明前就運作得有一點像電動打字機。休斯的裝置成為現代電傳打字機和電傳系統的始祖，甚至電腦鍵盤也是它的嫡系後裔。這系統在 1856 年取得專利，導致幾家小電報公司合併成為西方聯合電報公司，利用休斯系統開拓橫越美國的電報業務。他的系統被認為比美國電報公司的摩斯系統更好，而且便宜許多。

　　休斯在 1856 年取得電報機（含字母鍵盤和打印機）的美國專利，1859年取得雙工電報機（Duplex Telegraph）

和印字電報機（包含打印字輪）的專利。休斯回到歐洲遊走各地，將他的電報系統推廣成為公認規格。他成為那段期間受勛最多的科學家之一，在大部分歐洲國家都獲得表揚。查爾斯‧惠斯通（Charles Wheatstone）在 1827 年首次使用麥克風這名詞，休斯在 1878 年再度用它來稱呼自己的新發明。他發現包含電池與聽筒的回路中一個鬆動觸點會造成聽筒發出聲音，這聲音對應於話筒或發話器受到的震動。休斯在 1877 年發明的鬆動觸點碳粒式麥克風使得日後實用的電話成為可能。休斯於 1878 年 5 月 8 日向皇家學會展示他的發明，同年六月向大眾展示。這項發明是電話乃至後來廣播與錄音的基本要件。休斯不打算取得專利，他把這項發明贈予世人。

他在 1878 年還發明感應平衡器，後來稱為休斯感應平衡器，它能偵測隱蔽的金屬，例如子彈在受槍傷者體內的位置。1879 年，他在倫敦大波特蘭街進行一項實驗。休斯在街道一端放置火花隙發射器來產生電磁波，在一另端放置可以接收電磁波的金屬檢波器。他曾向詹姆斯‧克拉克‧馬克士威提出這理論，如今皇家學院的會長與秘書見證這成功的實驗。休斯示範了世上首次的無線電傳送與接收，並證明電磁波的存

在。然而理事會成員對此反應冷淡，認為這效果來自法拉第電磁感應而非電磁波。休斯甚至開發一套無線電系統，從威爾斯傳送訊號跨過布里斯托灣到好幾英里外的英格蘭。休斯成了世上第一位傳送並接收無線電波的人，比赫茲（Hertz）還早了八年，也是無線電的真正發明者，而非熟知休斯研究的馬可尼（Marconi）。1879 年，休斯發現將包覆銅粉的木棒置於電路中，產生火花時會讓銅粉緊緊黏住木棒。這項發現後來發展成相當重要的金屬粉末塗裝技術。他在磁學理論上的實驗研究對電學有重大貢獻。他的電報系統在國際間一直使用到 1930 年代，他的麥克風則成為現今所有碳粒式麥克風的先驅。

▌金屬彈藥和轉輪手槍

—西元 1857 年—
丹尼爾‧貝耳‧威森，西元 1825 年—1906 年；哈瑞思‧史密斯，西元 1808 年—1893 年，美國

這項槍械演進的重要一環是引進預裝火藥的定裝彈藥。在將近兩百年期間，前膛裝填的燧發槍是主要槍械，但是到十八世紀末期取代它的是火帽槍，這種槍械在效率上有十足的提升。武器工藝上的進步促成多發輪轉手槍的出

現，塞繆爾·柯爾特（Samuel Colt）就在 1837 年發明世上第一支這種手槍。原本是水手的柯爾特應用船舶起錨的機械結構來轉動輪轉彈巢。1847 年，柯爾特在德州騎警山姆·沃克（Sam Walker）的建議下，製造出口徑 0.44 吋的大型柯爾特沃克型（Colt Walker）手槍。隨著武器發展的突飛猛進，紙殼彈藥被開發出來。美國內戰期間，預裝定量火藥、塞蓋和彈丸的紙殼彈藥是部隊常規配發的彈藥。士兵會咬開紙殼尾端，先將內容物倒進槍管，再把它們一起塞到槍管底。彈藥也會用浸泡過硝酸鹽的紙來製作，讓紙具有高度易燃性。這時整顆彈藥會塞進槍管然後擊發，大幅縮短重新裝填所需時間。然而，這也使得彈藥袋變成高度易燃，容易引發災難性爆炸。有時彈藥也會無法擊發，造成彈藥堵塞在士兵的槍枝裡面。

1857 年，史密斯威森公司生產出世上第一支使用金屬彈藥、後膛裝填的轉輪手槍。這是槍械技術上的一大突破。使用者不再需要自行裝填火藥、塞蓋和彈丸，也不需要安裝火帽去擊發火藥。全部東西都整合成一顆定裝彈藥，只需把它裝進槍裡。柯爾特公司的前員工羅林·懷特（Rollin White）註冊一種輪轉手槍的設計專利，它的輪轉彈巢有前後貫穿的膛室。他找柯爾特商量自己的新設計，這種後膛裝填的彈巢將可使用金屬彈藥，然而柯爾特認為黑火藥轉輪槍不會被取代。丹尼爾·貝耳·威森（Daniel Baird Wesso）聽聞懷特的設計，在 1856 年羅林·懷特安排的一次面會中，他們達成協議讓史密斯威森公司取得獨家授權製造貫穿膛室的彈巢。1857 年的史密斯威森 1 型是史密斯和威森製造的第一支槍械，也是第一支使用底火彈藥取代散裝火藥、滑膛彈丸和火帽的販售版轉輪手槍。它是單動中折式轉輪手槍，可裝填七發 0.22 子彈。它的成功在於整合了創新發明、貫穿膛室的彈巢和金屬彈藥。美國內戰爆發後，史密斯威森 2 型 0.32 口徑轉輪手槍的需求急切，公司曾一度暫停接單，因為他們生產速度完全跟不上腳步。

1870 年，史密斯威森公司的專利到期，柯爾特公司立刻著手把黑火藥轉輪手槍改裝為定裝彈藥手槍。兩位員工取得一項專利，可將黑火藥轉輪手槍改裝成能夠擊發彈藥。他們鋸掉轉輪彈巢末端，加工膛室孔洞以便裝填

彈藥紙

最早提供給軍隊使用的彈藥可追溯至1586年。它包含一發火藥和一顆彈丸，裝在厚紙做成的筒子裡。因為這用途，書寫和包裝用的厚紙至今仍被稱為彈藥紙（cartridge paper）。

彈藥。彈巢後方增加一個裝彈口，移除火藥裝填桿，填滿凹槽，並在槍管端增加退殼裝置。美國陸軍也將他們武器送去加以改裝。1870 年，顧客可以將黑火藥轉輪手槍寄去柯爾特工廠，花五美元代價將它改裝。1871 年，柯爾特公司生產它的第一支定裝彈藥專用轉輪手槍，基本上是修改過的黑火藥轉輪手槍，具有上開式特色。1873 年，科爾特公司推出 0.45 口徑單動式陸軍轉輪手槍，就是著名的和平捍衛者（Peacemaker），又稱科爾特 45。蠻牛比爾・考克希（Wild Bill Hickok）於 1876 年在戴德伍德鎮玩撲克牌時被人謀殺，手中握著後來被稱為死人手牌（Dead Man's Hand）的一對 A 和一對 8 時，他身上配帶的是史密斯威森 0.32 口徑轉輪手槍。現今手槍使用的技術基本上同於史密斯、威森和懷特的發明。

▌物種起源

—西元 1858 年—
阿爾弗雷德・羅素・華萊士，西元 1823 年— 1913 年，威爾斯

阿爾弗雷德・羅素・華萊士（Alfred Russel Wallace）率先提出基於天擇的演化理論，促使查爾斯・達爾文（Charles Darwin，1809 — 1882 年）在 1859 年出版《物種起源》（On the Origin of the Species）。1858 年，華萊士是個在太平洋地區進行研究的年輕科學家，他寄了一篇學術論文給達爾文，內容關於許多物種有偏離原始形態的趨勢。達爾文立刻就循此脈絡以聯合名義提出一篇論文，此時華萊士還在國外，因此達爾文的名字便與生命科學中最重要的單一發現畫上等號。華萊士被認為和這位年長又較有名氣的自然主義者聯名而沾了光，他深知得到達爾文的認可有助於取得資金做更多研究之旅。達爾文很快就採用華萊士的理論做為自己先前三十年研究的架構。華萊士現在幾乎被世人遺忘，達爾文的《物種起源》則紅遍全世界。華萊士在 1840 年代曾受雇為公有土地徵收和富人瓜分土地去重劃地界，他後來描述這是「合法劫掠窮人」。華萊士從 1848 年到 1852 年到南美洲考察，但回程遇上船隻沉沒，丟失

先前收集的所有樣本（除了已寄回去的部分）。他從 1854 年至 1862 年待在馬來群島，收集了十二萬五千個樣本，1869 年至 1870 年到婆羅洲研究。在安德里安・戴斯蒙德（Adrian Desmond）與詹姆斯・摩爾（James Moore）合著的傳記《達爾文》（1997 年）中，我

們看到華萊士是一位「自學的社會主義者」，他「視人性為自然法則主宰的演化世界中的一部分」，而且「養成把道德觀視為一種文化產物」。華萊士以亞爾薩斯觀點看待動物界中人口過剩的問題。他相當欽佩例如婆羅洲迪雅族這類的原住民，因為他們很能適應自己的環境。（相反地，出身富裕的達爾文對旅程中遇到的火地島原住民就感到厭惡。）於是華萊士發展出更完備的天擇與演化理論，他說物種在環境中適者生存，不適者淘汰，而非達爾文主張的「物種競爭」。

　　1848 年到 1870 年期間，華萊士除了八年之外都在海外研究與收集樣本，

很少機會在家鄉的科學界和達爾文一較風采。達爾文只在海外待過五年，以自費「紳士博物學者」的身分，從 1831 年到 1836 年搭乘小獵犬號軍艦環遊各地，在此同時的華萊士正在叢林沼澤中過著簡陋生活。理查・歐文（Richard Owen）是達爾文的同行，在他 1849 年的《論四肢動物本質》（On the Nature of Limbs）曾提出人類是在自然法則下從魚類演化而來。羅伯特・錢伯斯（Robert Chambers）在 1844 年匿名出版的《自然創造史的遺跡》（Vestiges of the Natural History of Creation）主張的演化觀點是延續讓－巴蒂斯特・拉馬克（Jean-Baptiste Lamarck）提出的銜接理論，以一種階梯式演化走向更複雜的物種。其他發現演化的人還包括 1785 年的詹姆斯・赫頓、1796 年的威廉・史密斯和 1812 年的喬治・居維葉。達爾文要撰寫他的理論可說是一切就緒，甚至只需稍微修改拉馬克的作品即可，

第六章　工業新技術

華萊士線

華萊士線畫過峇里島和龍目島之間，還有婆羅洲和蘇拉威西島之間，顯示首位生物地理學家對生物相的區域劃分。界線西側發現的生物以亞洲物種居多，東側則混合了亞洲與澳洲本土物種。華萊士在巴西亞馬遜熱帶雨林花費四年，又在馬來群島花費八年收集物種樣本，他廣泛遊遍當今印尼的數百座島嶼。

但華萊士的一封信驅使他在自己發現之旅的二十二年後採取行動。

我們在大衛・奎曼（David Quammen）的《多多鳥之歌》（The Song of the Dodo）可以看到達爾文的「水門時刻」，他的一些謊言被如實記錄下來。重要信件竟然「消失」而且「有人清理了檔案」，使這位偉人搶走了本該屬於華萊士的榮耀。「華萊士可以提出達爾文不曾考慮的問題—天擇的目的是什麼？演化力量是朝向一個正義社會運行，這是重點—『實現完人的典範。』達爾文不接受這麼空泛的東西。」華萊士的著作包括《亞馬遜與尼格羅河遊記》（A Narrative of Travels on the Amazon and Rio Negro，1853 年）、《論控制新物種形成的定律》（On the Law Which Has Regulated the Introduction of New Species，1855 年）、《馬來群島》（The Malay Archipelago，1869 年）和《天擇論文集》（Contributions to the Theory of Natural Selection，1870 年）。他也以 1876 年《動物的地理分布》（Geographical Distribution of Animals）開創了「動物地理學」。華萊士走在他的時代尖端—身為一位社會主義者，他強烈支持婦女投票權，為此受到學院派的抨擊，此外他還提議土地國有化。身為自然主義者、地理學家、人類學家和生物學家，他被稱為「生物地理學之父」，也是一位生態學先驅。

▌ 電燈泡

—西元 1860 年—

約瑟夫・威爾森・斯萬，西元 1828 年—1914 年，英格蘭

約瑟夫・威爾森・斯萬（Joseph Wilson Swan）在 1860 年用碳化紙做燈絲，裝在一個真空玻璃管裡，開發出最早的電燈泡。然而當時缺乏良好真空技術和足夠電力來源，使得燈泡壽命很短，發光效率也很差。1875 年，斯萬藉由較好的真空技術和碳化細絲做燈絲，回頭改良他的燈泡。真空管裡殘留少許氧氣用來點亮燈絲，讓燈絲在不著火的狀態下發出近乎白熾的光線。不過燈絲電阻很低，需用粗銅線來供電。斯萬於 1878 年在英國為自己的白熾燈泡取得專利。

美國的湯瑪斯・愛迪生（Thomas Edison，西元 1837 年—1941 年）一直在研究斯萬原本取得專利的燈泡，試圖讓它們變得更有效率。愛迪生在美國取得改良後的燈泡專利後，開始大力宣傳自己是真正的發明者。斯萬不像愛迪生那麼想用自己的發明賺錢。為了省下訴訟費用，他同意愛迪生可以在美國繼續販售燈泡（意外地賺了大錢去從事其他計畫），

斯萬和攝影底片，1879年

斯萬也發明了一種乾版攝影法。他在研究濕版攝影法時注意到熱會提升溴化銀乳劑的感光度。1871年，他發現讓濕版乾化的方法，開啟方便攝影的時代。八年後，斯萬取得溴化銀相紙的專利，這相紙普遍用在現代攝影沖印上。這項發明大幅改進攝影法和流程，並朝向現代攝影底片的發展邁進。

自己則保留在英國的權利。

斯萬持續為燈泡尋找更好的燈絲，他在 1881 年開發並取得專利的是將硝化棉穿過孔洞擠壓成導電纖維的加工法。他的斯萬電燈泡公司在燈泡裡改用這種纖維燈絲（愛迪生用的是碳化竹絲）。愛迪生和斯萬的公司合併成愛迪斯萬（Ediswan）後，美國的燈泡也改用這種纖維燈絲。紡織工業也採用斯萬的加工法裝造織維。斯萬位於蓋茨黑德（Gateshead）的住家是世上第一棟全由燈泡照明的房屋，紐卡索附近的文學與哲學學會（Lit and Phil）演講廳在 1880 年 10 月 20 日斯萬演講期間，也成為第一個用電燈照明的公共空間。1881 年，倫敦薩伏依劇院（Savoy Theatre）採用斯萬的燈泡來照明，成為世上完全採用人為電力照明的第一座戲院和公共建築。

▌郵購

—西元 1861 年—
普萊斯・普萊斯─瓊斯，西元 1834 年
— 1920 年，威爾斯紐頓

普萊斯・普萊斯─瓊斯（Pryce Pryce-Jones）從 12 至 21 歲跟著一位布商做學徒，然後在威爾斯開了自己的一家小布店。紐頓是威爾斯羊毛工業的一處集中地，當地威爾斯法蘭絨成為他生意的主要支柱。法蘭絨是一種柔軟的紡織纖維，由粗紡羊毛製作而來，起源於十六世紀的威爾斯。1840 年開始出現的全國性郵遞服務以及 1859 年鐵路開通到紐頓，都促使普萊斯─瓊斯將他的店鋪轉變成一家全球性公司。他決定寄出銷售傳單，人們可從上面選擇自己想買的商品，然後普萊斯─瓊斯經由郵遞與鐵路把商品寄送出去。這構想似乎來自他對農村社區的了解。農人和農場勞

世上第一個用電力照明的房間

1878年，世上第一座水力發電站提供電力給克拉格塞德莊園（Cragside House），點燃畫廊的弧光燈，這裡是威廉・阿姆斯壯男爵（Sir William Armstrong）位於諾森伯的住所。弧光燈在1880年替換成約瑟夫・斯萬的白熾燈泡，斯萬視之為「首次正確安裝」的電燈。這時還沒有開關。若要關掉電燈，必須從幫助導電的水銀盤中抬起它們的銅製底座。這四顆燈泡仍在畫廊原來位置。

工在工作日沒時間騎馬上店鋪，但店鋪在他們僅有的星期天休假日卻沒開門做生意。這是世上第一宗郵購業務，也即將改變零售業本質。鐵路擴張使得普萊斯—瓊斯可以接受來自更遠的訂單，生意快速成長。他在1870年代到世界各地參加展覽，贏得許多獎章而變成舉世聞名。

1880年代，他的主顧包括奧地利、英國、丹麥、德國、漢諾威、義大利、那不勒斯和俄國的皇室。他在1862年收到來自佛蘿倫絲‧南丁格爾（Florence Nightingale）的一筆訂單，立刻把她名字用在宣傳材料上。普萊斯—瓊斯會在傳單裡大肆宣傳有名的顧客，於是發展成愈來愈大一本目錄來販售家庭用品、服裝和布料。他開始把威爾斯法蘭絨從紐頓賣到美國、澳洲和印度，營業所也搬遷數次換到更大場地。他在1879年建造皇家威爾斯量販大樓（Royal Welsh Warehouse），這棟聳立在紐頓市中心的高聳紅磚建築至今仍舊存在。1880年，他已擁有超過十萬名

顧客，事業的成功獲得維多利亞女王在1887年授與騎士身分。他的皇家威爾斯量販公司從1890年開始自行印製郵購目錄，印刷機就安裝在紐頓的營業所裡。夏季目錄有許多休閒與運動服裝。就像許多現代郵購目錄一樣，他們非常強調女性服裝。男性目錄沒那麼大本，但以布料樣品、褲子、背心、白袈裟、教士服、衣領、袖口、襯衫以及板球、網球和划船的配件為特色。普萊斯—瓊斯在1885年被選為當地國會議員。郵購已成為全球現象和一種生活方式，尤其在美國，它為地廣人稀的農業社區提供了重要的購物途徑。普萊斯—瓊斯改變了全球零售業本質。網路購物在過去十多年侵蝕了目錄購物的市

場，但網路銷售仍是使用相同的基本原理。

巴斯德氏殺菌法
—西元 1862 年—
路易・巴斯德，西元 1822 年—1895年；克洛德・貝爾納，西元 1813 年—1878 年，法國

路易・巴斯德（Louis Pasteur）和克洛德・貝爾納（Claude Bernard）在1862 年證明顯示，對葡萄酒加熱數分鐘會抑止它的發酵過程。酒並沒有被煮沸，但加熱到大約華氏 135 度（攝氏57 度）。這實驗是他們研究如何防止葡萄酒和啤酒變酸的一部分。（14.5 度的紅酒沸點經證明是華氏 190 度，攝氏88 度）。這程序被稱為巴斯德氏殺菌法，足以破壞牛乳、葡萄酒、啤酒、乳酪、蛋和其他食物中的微生物。只要將液體加熱至關鍵溫度達一定時間，就能除去其中的致病細菌與病毒。液體被加熱殺菌後仍保有數種無害或有益的活菌，不同於滅菌法的消滅所有微生物。牛乳成分讓它成為我們飲食重要的一部分，但不幸的是這些成分也有利滋生致病細菌。巴斯德氏殺菌法可預防布氏桿菌症、白喉、猩紅熱和 Q 熱等疾病。加熱過程可殺死的有害細菌包括大腸桿菌 O157、曲狀桿菌、沙門氏菌、李氏桿菌、耶爾辛氏菌、結核桿菌和金黃色葡萄球菌，以及可在生乳中發現的其他病原體。

巴斯德氏殺菌法通常跟牛乳相關，法蘭茲・里特・馮・索斯雷特（Franz Ritter von Soxhlet）在 1886 年率先提議使用，主要目的是延長牛乳的保存期限。牛乳現在會加熱到華氏 145 度（攝氏 63 度）維持 30 分鐘，或者加熱到華氏 162 度（攝氏 72 度）維持 15 秒鐘，然後都再快速冷卻下來。滅菌法是設計用來殺死食物中所有微生物，加熱殺菌的目標是減少活菌數量，使它們不致引發疾病。工業規模的食物滅菌並不常見，因為它會破壞產品的口味與特性。高溫短時間殺菌（HTST）牛乳在冷藏下的保存期限有兩到三週，而超高溫殺菌（UHT）牛乳可以保存兩到三個月。超高溫殺菌牛乳或乳脂需要加熱到更高溫度，在華氏 280 至 302 度（攝氏 138至 150 度）至少維持兩秒鐘。隨後裝進消毒密封的容器，它能不放冷藏在室溫下保存數月之久，不過一旦開封，它的保存期限就和一般高溫短時間殺菌牛乳沒兩樣。遺憾的是，加熱殺菌也會破壞某些可能有益的酶和微生物。牛乳加熱殺菌最近愈來愈受到關注，因為科學家發現某些分布廣泛而且耐熱的

　　「自然發生」（Spontaneous Generation）是亞里斯多德提出的概念，認為生物體是從無機物中自然產生，不需要「父母」存在，比如說蛆是從腐肉中「自生」而來。巴斯德在1859年的實驗中把肉湯放進頸管細長向下彎曲的鵝頸瓶裡煮沸。瓶裡肉湯閒置一段時間後並沒有「滋生」細菌。倒轉瓶子讓頸管內微粒落入湯裡，肉湯就立刻變混濁。藉由這簡單實驗，巴斯德證明生物在控制條件下不會自然產生，他的發現終於推翻長久以來自然發生的概念。

病原體，它們經過加熱殺菌後仍有可觀的存活數量。或許我們該尋找其他更可靠的健康飲品；如同巴斯德自己在《葡萄酒的研究》（Études sur le Vin）中所言，「葡萄酒是最健康也最衛生的飲品。」

▌星雲光譜和物質起源
—西元 1864 年—
威廉・哈金斯，西元 1824 年— 1910 年，英格蘭

　　經由發現星雲的氣體特徵，威廉・哈金斯（William Huggins）證明了赫歇爾認為恆星與行星可能從氣體形成而來的主張。早期望遠鏡使用者曾注意到一種相當明亮的小光團存在，他們稱為星雲（nebulae，拉丁文的「雲」）。隨著望遠鏡口徑愈來愈大，更多星雲被辨識出來，並且推斷每個星雲是一團恆星組成。天文學家威廉・赫歇爾（William Herschel，1738 — 1822 年）認為如果使用夠強大的望遠鏡，宇宙間所有星雲終就可被解析。赫歇爾闡述的理論包括「……後來的世界是從宇宙原初物質

形成來」。他也相信我們可從星雲看到恆星與行星從明亮星雲發展成形的某些階段。這些是威廉・哈金斯開始用望遠鏡觀察星空時，人們對星雲的全部所知。他賣掉家族在倫敦的布料生意，在1854 年當起「業餘」天體物理學家。就像法拉第、達爾文和瑞利一樣，哈金斯的工作「不為別的動機，只因熱愛研究，不受任何阻礙或儀器不足的影響」。1856 年，他取得自己第一支望遠鏡，口徑是 12.7 公分。兩年後，他買了一支口徑 20.3 公分的折射式望遠鏡，藉它用眼睛觀察恆星與星雲的光譜。1870 年，他在自己居住的倫敦山頂裝了一面 45.7 公分的反射鏡，然後工作到去世為止都沒再擴充望遠鏡口徑。他知道大型折射式望遠鏡的先進發展，但是沒錢購買。他也不滿足於一般天文研究的常規性質，一直尋找新方法去解決天體問題，特別是關於星雲。

　　對早期使用低解析度望遠鏡的觀察者而言，命名為 M27 的星雲以及其他後續發現的行星狀星雲，看來就像天王星這類的巨行星，發現天王星的赫歇爾創造了行星狀星雲（planetary nebula）

這名詞來代表它們。哈金斯開始研究天文物體的可見光譜，他用稜鏡讓光線形成色散。他在 1861 年成為第一個利用光譜學去斷定天體結構的人。早期光譜學大多關心的是太陽，它的光譜顯示數道黑線，其中含義尚未明瞭。恆星光譜十分模糊，很難將它們歸類成不同形式，以期望（終究還是達成）每種形式可對應到特定類型的恆星，或者對應到恆星發展週期中特定的階段。然而，哈金斯決定要把自己儀器修改到足以真正分析恆星光譜。到了 1863 年，他已能夠根據星體光線成功列舉幾個恆星的某些化學要素。他在星雲上的發現相當驚人。1864 年，哈金斯在天龍座發現一個明亮星雲，它的光譜顯示那是一團灼熱的氣體。

哈金斯找到的證據顯示行星狀星雲和不規則星雲都包含發光氣體，這結果支持星雲是恆星與行星起源的假說，認為它們是從發光的流動氣團濃縮而成。1866 年，他首次對一顆冠狀新星（Nova Coronae）做光譜檢測，發現它被包圍在熾熱的氫氣中。1868 年，

他證明熾熱的碳蒸氣是彗星發亮的主要光源。哈金斯的研究促成 1868 年透過太陽光譜的分析發現氦氣。除了氫氣以外，氦氣是宇宙中數量最多的化學元素，然而直到 1895 年才在地球上發現氦氣。哈金斯首先確定太陽與恆星的組成元素大部分是氫。毫無疑問地，他在 1868 年建立起光譜學革命性角色。天文學家要了解的是天體運動，哈金斯用其他方法都做不到的方式揭露它們的運動。類比於移動聲源的音調變化（都卜勒效應），經由測量光譜線的移動變化，他推斷天狼星以每秒 47 公里的速度遠離太陽。

哈金斯的妻子瑪格麗特・林賽・莫瑞・哈金斯（Margaret Lindsay Murray Huggins，1848 — 1915 年）是一位自學的天文學家，她在光譜學和攝影方面有不少事蹟。她廣泛研究獵戶座大星雲（Orion Nebula），那是最明亮的星雲之一。她與丈夫最早了解到有些星雲，

創生之柱

星雲經常會有恆星形成區，例如老鷹星雲（Eagle Nebula）。美國太空總署最著名的影像之一描繪出這星雲裡的創生之柱（Pillars of Creation）。在這些區域裡，氣體、塵埃和其他物質的形成聚集在一起變成更大團塊，然後又吸引更多物質，最終厚實到足以形成恆星。剩餘物質據信會形成行星和構成行星系統的其他物體。

就像獵戶座大星雲，是由無形的氣體構成，而不像仙女座星系（Andromeda Galaxy）那般是由一團恆星構成。哈金斯在 1886 年發表他的報告時，已經檢測過超過六十個星雲和星團，其中大約三分之一屬於氣體類。氣體星雲的存在提供證據支持赫歇爾和拉普拉斯關於原初氣體的理論。哈金斯也證明月球上沒有大氣，根據的是它沒造成任何星光折射。

攝影天體測量學的真正成就始於 1875 年，哈金斯採用並修改明膠乾版攝影來取代火棉膠濕版攝影。這讓觀察者能曝光到任何想要的時間長度，透過光線在高感光表面的蓄積作用，使得肉眼經由最強大望遠鏡也無法看清的暗淡星體，能呈顯在持久清晰的照片上。十九世紀尾聲，光譜學和攝影法連袂掀起觀測天文學的革命，哈金斯在此兩條路上都扮演了先驅的角色。

▍溫室效應
—西元 1865 年—
約翰・丁達爾，西元 1820 年— 1893 年，愛爾蘭和英格蘭

丁達爾（John Tyndal）對科學有許多貢獻，最重要的是證明某些氣體尤其影響地球氣候。溫室效應這名詞源起於 1827 年，出自法國數學家與科學家傅立葉（Jean Baptiste Joseph Fourier，1768 — 1830 年）的研究成果。他在《熱的解析理論》（Theorie Analytique de la Chaleur）注意到大氣中某些氣體在會吸收熱量，由於類似園藝溫室現象而創造這名詞。傅立葉說大氣就像溫室玻璃，它讓陽光射進帶來熱量，卻也像一道屏障防止聚積的熱量散失。約翰・丁達爾以鐵路工程師開啟他的職業生涯，後來依序做過繪圖師、測量員、物理學教授、數學家、地質學家、大氣科學家、大眾講師和登山家。從 1853 年開始的三十四年，他接續麥可・法拉第在皇家科學研究所擔任物理學教授。1859 年，在抗磁性領域做出貢獻後，丁達爾開始研究各種氣體的輻射特性。他製造了第一臺比例光譜儀，用來測量例如水蒸氣、碳酸（現在稱為二氧化碳）、臭氧和碳氫化合物等氣體的吸收能力。他最重要的發現是「完全無色且看不見的氣體與蒸氣」在吸收與傳遞輻射熱的能力上有著天壤之別。他注意到氧氣、氮氣和氫氣幾乎可讓輻射熱穿透過去，其他氣體就很難穿透。丁達爾的實驗顯示水蒸氣、二氧化碳和臭氧的分子最會吸收輻射熱，即使在很少數量下，這些氣體吸收力遠比大氣本身來得強。

他是最早正確測量出氮、氧、水蒸氣、二氧化碳、臭氧、甲烷等氣體紅外線相對吸收力的人。丁達爾結論說大氣成分中的水蒸氣最會吸收輻射熱（現在稱為紅外線輻射），因此也是控制地球表面溫度最重要的氣體。他斷言若沒有

水蒸氣的重要性

　　丁達爾找到了溫室效應的證據，不論是天然或人為因素造成。關於水蒸氣，他寫道：「……水蒸氣對英國植物來說就像一條毛毯，比衣服之於人類更為重要。只要在夏季把覆蓋這國家的水蒸氣從大氣中抽走一晚，就會摧毀所有不耐冰寒的植物。我們田野和花園的熱量將會毫無阻攔消散到太空，太陽升起照耀的是一座冰封在嚴寒下的島嶼……它的存在控制住地球的熱量流失；它的消失在透明大氣中無從察覺，那將會敞開大門讓地球熱量流失到無窮太空。」

水蒸氣，地球表面將會「冰封在嚴寒下」。他後來推敲水蒸氣與二氧化碳的波動也許和氣候改變有關。其他人也思考過溫室效應，但丁達爾最早提出證明。他說：「熱浪從地表穿過大氣迅速往太空散去。這些熱浪通過大氣時猛烈撞擊氧氣和氮氣原子，還有水蒸氣分子。水蒸氣是如此稀薄分散，我們可以很自然地想到它們是熱浪的屏障。」丁達爾在 1860 年代就開始提議說大氣成分的些微改變就可能帶來氣候變異。

　　丁達爾將自己的輻射研究關聯到夜間最低溫度和露水形成，正確提到露水和霜是輻射過程中的熱量散失所造成。他甚至提到倫敦就像一個熱島（heat island），認為這城市比它周圍地區更熱。在其他研究領域中，丁達爾完美做出一個無菌箱，有助於證明巴斯德的微生物理論。他知道所有細菌可在煮沸時被殺死，但發現它們的孢子耐得住沸騰。丁達爾發現一種方法可消滅孢子，後來被稱為間歇滅菌法（Tyndallization）。他在 1849 年曾走訪阿爾卑斯山區，然後開始每年到那裡研究冰河形成。他是最早登上馬特洪峰的人之一，也是最早攀爬魏斯峰的人。他在 1856 年跟湯瑪斯·亨利·赫胥黎（Thomas Henry Huxley）做了一趟瑞士考察，後來聯名發表論文《論冰河結構與移動》（On the Structure and Motion of Glaciers）。他的其他出版著作包括《阿爾卑斯山冰河》（1860 年）、《登山》（1861 年）、《熱是一種運動》（1863 年）、《論輻射》（1865 年）、《論聲音》（1867 年）、《論光》（1870

藍天

丁達爾是第一個人發現天空是藍色的，因為空氣中的大分子對太陽光線的藍光散射較其他顏色來得強烈。他也解釋太陽接近地平線時，光線要經過長距離才到達肉眼，藍光和綠光被散射較多而留下紅光，這就是黎明與黃昏時的丁達爾效應（Tyndall Effect）。

年）和《水在雲、河、冰和冰河中的形式》（1872年）。他的事蹟吸引了整個科學界注意，激發了新的研究領域。

▌氣體動力論
—西元1866年—
詹姆斯·克拉克·馬克士威，西元1831年—1879年，蘇格蘭

詹姆斯·克拉克·馬克士威（James Clerk Maxwell）建立了現代物理學，他為狹義相對論和量子力學等領域打下基礎。身為數學家的馬克士威和愛因斯坦與牛頓被視為史上最重要的三位物理學者，他在電磁學與氣體動力學上完成革命性研究成果。他在1855年一篇關於色覺的論文中率先提出三色法，幾乎是所有化學與電器上色彩應用的基礎。世上第一張彩色照片是在馬克士威的指導下裝作而成。湯瑪斯·薩頓（Thomas Sutton）在1861年拍攝一組三張黑白照片做為「分色版」，並用三色疊加投影方式在馬克士威的一場講座上還原出彩色照片。藉由紅、綠、藍濾光片使用三色疊加的方法，他重現了一條蘇格蘭花呢格紋緞帶。這方法成為當今彩色攝影的先驅。

馬克士威在科學上第一個重要貢獻是研究土星環。他說土星環能保持穩定是因為它由許多小顆粒組成，這說明直到最近才被太空探測器證實。馬克士威接著考慮快速移動的氣體分子。獨立於路德維希·波茲曼（Ludwig Boltzmann）之外，他在1866年藉由統計處理提出馬克士威—波茲曼氣體動力論。他證明溫度和熱只影響分子運動。這意味著從一種必然概念（熱被視為從高溫流向低溫）轉變為一種統計概念（高溫分子只是有較大可能性往低溫分子移動）。馬克士威為熱力學發展提供了基礎，他的理論建立統計力學新課

題，連接了熱力學和力學。這理論仍被廣泛當做稀薄氣體和電漿的模型。

▌遺傳學
—西元1866年
格雷戈爾·約翰·孟德爾，西元1822年—1884年，神聖羅馬帝國摩拉維亞

格雷戈爾·約翰·孟德爾（Gregor Johann Mendel）是一位奧斯定會修士和生物學家，他成為第一位追蹤生物前後世代特徵的人，開創性的研究帶給我們孟德爾遺傳定律（Mendel's Laws of

Inheritance）。他居住在布爾諾的聖多摩修道院，位於現今捷克境內的摩拉維亞（Moravia）。孟德爾在修道院散步時，發現一株園藝植物的非典型品種，於是把它拿去種在典型品種旁。他比鄰栽培它們後代，觀察是否有相似性狀傳遞給下一代。孟德爾構思的實驗是要驗證或描繪拉馬克關於環境會影響植物的觀點。他發現下一代植物保留著親本的基礎性狀，而且不受環境影響。這個簡單實驗讓他想到遺傳觀念。他看到性狀在遺傳時呈現一定比例，於是形成性狀的顯性和分離概念。孟德爾開始在修道院花園種植豌豆來檢驗自己想法。他在 1856 年至 1863 年間栽培並檢測了大約二萬八千株豌豆，分析七種特徵來加以比較，例如種子形狀、顏色和植株高矮。

孟德爾井然有序地採用人工授粉，同時包覆每株植物以防昆蟲意外授粉。他採集植物種子並研究這些種子的後代，有些保持品種一致，有些則否。孟德爾發現將高植株和矮植株品種雜交，栽培出來的像高植株而非中等高度的品種。於是他想到遺傳因子的概念，我們現在稱為基因，它們通常會表現出顯性隱性特徵。孟德爾接著統計不同性狀的遺傳模式，他歸納的結果被稱為基本遺傳法則。遺傳因子不會混合，而是原封不動傳遞下去。每個親本世代的成員只傳遞自己一半遺傳因子到每個後代（特定因子相對於另一半因子佔有優勢）。

同樣親本的不同後代接收到不同組合的遺傳因子。顯性是指顯現於後代的性狀。隱性則是指被顯性因子掩蓋的性狀。

孟德爾於 1866 年將遺傳研究發表成專題論文《植物雜交試驗》（Experiments with Plant Hybrid），刊登在《布爾諾自然史學會雜誌》上。就算在此領域有影響力的人都不甚了解他複雜而詳盡的研究，這本雜誌也沒知名度，所以他的事蹟並沒有廣泛流傳。孟德爾嘗試聯繫海外重要科學家，將自己作品寄給他們，但他們通常對無名雜誌上的無名作家不予理會。論文發表兩年後，孟德爾被推選為修道院長，他全心克盡己職，直到十六年後去世。偉大的捷克作曲家萊奧什‧楊納傑克在他葬禮上彈奏管風琴，但新任修道院院長卻把孟德爾的研究資料全燒了。直到論文出版三十四年後的 1900 年，他的成果才分別獲得三位研究者的贊同，包括荷蘭植物學家許霍‧德弗里斯（Hugo De Vries）。然而再過四分之一世紀後，他的研究重要性才真正受到賞識，特別是牽涉到演化

論。科學家證明演化論可用族群連續世代中孟德爾特徵配對的基因變化頻率來描述。孟德爾在遺傳上的研究成為當代遺傳學理論的基礎。

矽藻土炸藥和膠質炸藥

—西元 1867 年和 1875 年—
阿佛烈·伯恩哈德·諾貝爾，西元 1833 年— 1896 年，瑞典

　　1842 年，阿佛烈·伯恩哈德·諾貝爾（Alfred Bernhard Nobel）的家庭從瑞典遷往俄羅斯，父親伊曼紐爾（Immanuel）開設一家工程公司提供軍事設備給沙皇。諾貝爾的父親在 1850 年將他送去歐洲與美國學習化學工程，但家族公司在 1863 年破產，他隨父親回到瑞典。諾貝爾的弟弟艾彌爾（Emil）在 1864 年的一次硝化甘油爆炸中身亡，於是諾貝爾投身炸藥研究，特別著重在硝化甘油這類極不安定爆炸物的製作與使用安全上。後來他用矽土這種惰性物質來吸收硝化甘油，使它處理起來更安全方便。他在 1867 年將自己的發明註冊專利並稱為「矽藻土炸藥」，很快就在世界各地應用於開通運河、炸穿隧道和興建鐵公路。矽藻土炸藥具有高爆性，爆炸威力比三硝基甲苯炸藥（TNT，俗稱黃色炸藥）多了 60%能量密度。它立刻在全球受到歡迎，因為它比火藥或硝化甘油安全多了。矽藻土炸藥通常以 20 公分的長柱形式販售，重量大約半磅（225 公克），保存期限是一年。也許是被誤導了，諾貝爾一向認為自己的工作是促進和平的手段，而非走向戰爭，「我的炸藥很快就會帶來和平，比上千個國際公約還有效。只要人們發現整支軍隊在一瞬間就能被徹底摧毀，他們必然會堅守珍貴的和平。」

　　諾貝爾依舊深受弟弟早逝衝擊，他知道矽藻土炸藥在某些情況下仍會變得不穩定，他致力開發更安全的爆炸物。到了 1875 年，諾貝爾用火棉膠（一種火藥棉或硝化纖維）發展出膠質炸藥（gelignite，又稱爆炸膠）。它被溶解在硝化甘油或硝化甘醇裡，再和木漿與硝酸鉀混合。膠質炸藥不像矽藻土炸藥會「出汗」，就是硝化甘油從固體吸附劑中滲漏出來。膠質炸藥可以輕易塑形而且

諾貝爾的誤傳死訊

諾貝爾「更安全」的炸藥讓採礦與土木工程有革命性發展，也拯救了數以千計的生命。然而他哥哥魯維在1888年去世時，造成許多報紙錯誤報導為阿佛烈・諾貝爾的死訊。4月12日的一則法文報導說「死亡商人已過世」，因為炸藥被用在戰爭中。另一則報導說諾貝爾是「發明比以往更快殺死更多人的方法而致富」。諾貝爾對這世界如此看待自己感到震驚，八年後他去世時留下遺囑，指示用他大部分的龐大遺產捐贈成立每年頒發的諾貝爾獎。

處理安全，沒有雷管就不會引爆。因為它被民間採石與採礦普遍使用，經常遭到革命分子和罪犯竊取。諾貝爾在1870與1880年代在歐洲各地建造90座工廠來生產他的炸藥。1894年，他在瑞典波佛斯（Bofors）買了一座鐵工廠，後來成為波佛斯軍火公司。諾貝爾的工作都奉獻在實驗室，發明數種合成物質，到去世時已註冊有355項專利。

▌打字機
—西元 1868 年—（1873 年生產，
1874 年取得專利）
克里斯多福・萊瑟姆・肖爾斯，西元
1819 年— 1890 年，美國

一個世紀以來，機械打字機和後來的電動打字機在商業上是不可或缺的用品，「QWERTY」鍵盤佈局現今仍使用在電腦上。克里斯多福・萊瑟姆・肖爾斯（Christopher Latham Sholes）是一位美國機械工程師，他在1868年發明第一臺實用的現代打字機，並獲得事業夥伴塞繆爾・索萊（Samuel Soule）和卡洛斯・格里登（Carlos Glidden）的技術與資金支援。歷經五年許多試驗，後來取得兩項專利，肖爾斯和夥伴生產了一臺類似於現今打字機的改良機型。打字機鍵盤的 QWERTY 名稱來自於字母區第一行（數字鍵下方的一行）前六個字母。人們指責肖爾斯刻意排列他的鍵盤來拖慢速記員速度，否則他鬆散的打字機連桿會卡在一起。然而，他的動機另有原因。

1868 年時，鍵盤是依照字母排成兩行。機械工廠既有的粗糙工具無法製造精密機械，所以第一臺打字機常在打快時發生卡字。肖爾斯的解決辦法是重新排列字母。最初打字機的字模是在稱為「印字桿」的連桿尾端，所有印字桿懸掛成一個圓形。送紙滾筒安裝在這圓形上方，當一個按鍵被按下，一根印字桿就會從下方舉起打印紙張。如果兩根印字桿在圓形中過於接近，連續打字時容易互相撞擊卡住。肖爾斯於是決定將 TH 和 ES 這類最常配對字母的印字桿保持一定安全距離。他研究由阿默斯・登斯莫爾（Amos Densmore）提供的字母配對頻率，此人的哥哥詹姆士・登斯莫爾（James Densmore）也出資一

萬兩千美金購買肖爾斯的專利。於是印字桿就改成不按字母順序但符合工效的排列。QWERTY 鍵盤的佈局是由內部印字桿與外部按鍵既有的機械連結關係所決定。肖爾斯的方案並沒有完全解決印字桿碰撞的問題，但是大幅降低發生機率。新鍵盤的排列被認為至關重要，就在打字機生產數年之後，它成為肖爾斯在 1873 年出售專利的項目之一。QWERTY 鍵盤藉由減少卡字的發生，反而提高了打字速度。

詹姆斯・登斯莫爾購買專利後，找上縫紉機製造商雷明頓（Remington）量產打字機。1873 年，第一臺肖爾斯與格里登專利打字機出現在市場上。它用一個腳踏板來控制滾筒滑架歸位。這也許是因為成立打字機工廠的雷明頓工程師威廉・詹尼（William Jenne）是從縫紉機廠轉調過來。這產品沒造成轟動（銷售低於五千臺），但開創出一種全球性工業，並將機械化帶進耗時的日常辦公作業裡。打字機銷售直到雷明頓第二個機型在 1878 年上市後才見起色，它主要是將鍵盤修改成我們當今熟知的模樣。1873 年的機型只能打印大寫字母。然而新的雷明頓二號（Remington No. 2）增加了我們熟悉的 shift 鍵，因此可以打印大寫和小寫字母。它被稱為 shift（移動）鍵是因為真的在移動滑架位置，以便用同一根印字桿來打印大寫或小寫。現代電腦按下 shift 鍵不再有機械式移動，但保留了這個名稱。雷明頓工程師做的其他改良迎合了市場需求，銷售量在 1880 年代一飛沖天。費力的手寫工作能用機器在幾分鐘內完成，騰出時間來享受「生命中美好的事物」。雷明頓第一個廣告宣稱：「節省時間，延長壽命。」

因為雷明頓打字機的印字桿是朝上打印，打字員看不到打出來的字母（以及是否出錯），直到滑架歸位滾筒上轉後才能查看。採用其他機械配置的困難在於如何保證印字桿在按鍵釋放後確實落回原位。這問題終於被克服，所謂的即視打字機在 1895 年問市。第一批這種打字機的操作與外觀也深受雷明頓縫紉機的影響。打字機開始出現在美國與歐洲各地的家庭與辦公室裡，創造出一種新的就業來源，也就是專業打字員。許多不同類型的打字機在 1880 年代被設計出來，其中的安德伍一號（Underwood No.1）是開發成我們現今認得的樣式。田納西州孟菲斯市的喬治・安德森（George K. Anderson）在 1886 年取得打字機色帶的專利。

第一位打字作家

　　馬克·吐溫（Mark Twain，1835—1910年）似乎在1874年12月9日首次使用一臺肖爾斯與格里登打字機。當天的兩封信概述了他對打字機的初始感想。第一封寫給他哥哥奧利安（Orion）的信中稱讚這項發明：「這是我第一次嘗試使用它，然而我認為自己很快就能輕易上手。」同時他打了第二封信給一位朋友，作家兼文學評論家的威廉·迪恩·豪威爾斯（William Dean Howells），表現出熱度正在消退：「不是我的問題，這東西真要有天賦才能正確操作它。」馬克·吐溫喜歡這項發明並且樂於使用，他是第一位用打字機打出原稿給出版社的作家。他寫道：「在這《自傳》的前面章節裡，我曾聲稱自己是世上第一個為了實際用途而在家裡裝電話的人；我現在要說—除非有人提出反駁—我是世上第一個將打字機應用在文學作品上的人。這部作品應該是《湯姆歷險記》。我在1872年寫了前半部，剩餘部分在1874年完成。我的打字員在1874年為我打完整本書，所以我推斷就是這部作品。早期打字機很古怪，充滿缺陷—嚴重的缺陷。它的缺點就跟現今打字機的優點一樣多。」

週期表

—西元 1869 年—

德米特里·門得列夫，西元 1834 年
— 1907 年，俄羅斯

　　化學元素週期表能正確預測各種元素結合成化合物的能力，現在也廣泛應用在化學上，它提供一種有用的組織架構來對眾多不同形式的化學反應做分類、比較和系統化。德米特里·門得列夫（Dmitri Mendeleev）是聖彼得堡大學的一位教授，他最著名的事蹟是將 63 種已知化學元素根據原子量排列在他的週期表上，並於 1869 年發表在自己的著作《化學原理》（Principles of Chemistry）中。他第一張週期表的編纂是根據原子量升冪排序，並將化學性質相似的元素分組在一起。他的系統性超越前人試圖做出的元素分類。門得列夫預測了新元素的存在與性質，並指出某些公認原子量的錯誤。他讓周密的原子量排序有異動的可能，留下空間給新的元素，並且預測了三種尚未發現的元素，包括類矽元素和類硼元素。他的週期表沒包含惰性氣體，因為當時還沒發現。這些化學元素在標準狀態下有非常相似的性質，無色、無味、單原子和非常低的化學反應性。天然存在的惰性氣體有氦、氖、氬、氪、氙和氡。

　　原始週期表已被修改校正過好幾次，尤其是亨利·莫塞萊（Henry

Moseley，參見文字框）所提出，但門得列夫提供了空間給後來發現的同位素與惰性氣體等等。也許門得列夫週期表最重要的長處，是原始版本預測了未知元素的性質，預期可以填入他準備的空格裡。例如，類鋁元素預期具有介於鋁（元素序13）和銦（元素序49）中間的性質，1875年發現了這些性質並命名為鎵（元素序31）。目前有118個元素的週期表已沒留下空格。從氫到鉕的所有元素，除了鍀、鉕和鉕以外，在地球上都有大量存在或一再出現蹤跡。三個例外元素在自然界中僅有微量蹤跡，是鈾自然裂變的產物。到鎝元素序112為止的所有元素都已被分離出來、確定性質

和加以命名，113到118的元素可在實驗室裡合成。人們還在追尋118以後的新合成元素。週期表不僅可應用在物理和化學上，也可應用在農業、醫學、營養學、環境衛生、工程學、地質學、生物學、材料科學和天文學等多種領域。

▍電磁場理論

—西元 1873 年—

詹姆斯‧克拉克‧馬克士威，西元 1831 年— 1879 年，蘇格蘭

儘 1864 年至 1873 年間，馬克士威證明只需幾個相關的簡單數學方程式，就能表達電場與磁場的行為以及它們互

週期表結構

這是一個用來呈現118個已知化學元素的表格，依據它們原子結構的某些特性加以組織。元素依據原子序升冪排列，氫編號1代表原子核的質子數為1。第118號元素是氭，是第十八族裡唯一的合成元素。表格輪廓一般是矩形，橫的一行（被稱為週期，period）有空格，以維持性質相似的元素同在直的一行（被稱為族，group），例如惰性氣體、鹼金屬、鹼土金屬和鹵素。同族元素彼此有相似性質。週期表是把化學資訊組織化的傑作。化學元素週期表發展到現在形式是一項驚人成就，也是多年來許多元素科學家被記錄下來的重要貢獻。

相關連的特性。他解釋說電荷和電流會產生電磁場。他的四個偏微分方程式首次以完整形式發表在 1873 年出版的《電磁通論》（A Treatise on Electricity and Magnetism），後來被稱為馬克士威方程組（Maxwell's equations），它們是十九世紀物理學最重要的成就之一。在馬克士威以前，人們對電學與磁學沒有一個綜合理論。馬克士威為電磁波頻譜的存在指出方向。他定義「場」為環境中的一種「勢」，並提出新觀念說能量不僅存在於物體上，也存在於場中。這也為電磁波的應用指明方向，例如現今使用的無線電、電視、雷達、紅外線望遠鏡、微波和熱成像。馬克士威計算電磁波的速度，認定光是一種會施加壓力和帶有動量的電磁波。他證明電場和磁場在空間中傳播的速度等同於光速。這提供了愛因斯坦在相對論上的研究基礎，演生出對能量、質量和速度之間的關係研究，促成核能發展的基礎理論。

▌電話
—西元 1876 年—
亞歷山大·格拉漢姆·貝爾，西元 1847 年— 1922 年，蘇格蘭和加拿大

電話的設計大致包含四個基本要素：可以對著說話的麥克風，能夠重現對方聲音的聽筒，會發出鈴聲提醒來電的響鈴，以及輸入對方電話號碼的撥盤（後來是按鍵）。直到 1950 年代，打電話者需先打給接線生去幫你「轉接」到想要撥通的號碼。固網電話是經由一對絞線連接電話網路，可攜式行動電話或手機是用無線電波與電話網路通訊。麥克風把語音聲波轉為電子訊號傳送到另一端電話，對方經由聽筒再轉回語音聲波。現在通訊是經過一個全球性的電話線路、蜂巢式網路、海底纜線、光纖纜線和通訊衛星傳送。它們連接著交換中心，使得任何兩支電話可以互通。電話語音通訊系統也曾用於電報、傳真和撥號網路的資料傳送。現今全球約有 13 億電話門號在使用中。

電話的發明人到底是誰存有爭議，就像無線電、電視、電燈泡、電腦等等的情形一樣。幾位發明家嘗試用電纜傳送聲音，他們開創性的實驗結果改進了彼此的觀念。1844 年，伊諾賽茲·曼瑟提（Innocenzo Manzetti）首先提出「會說話的電報」（speaking telegraph）這概念，查爾斯·波爾索（Charles Bourseul）在 1854 年發表著作《電傳語音》（Transmission électrique de la parole）。1861 年，約翰·雷斯（Johann Reis）在法蘭克福嘗試傳送連續的音樂聲，但傳送語音則模糊不清。（1875 年，愛迪生收到這實驗的一份翻

譯描述,所以他的科學家複製並改良了雷斯的電話。）1871 年,安東尼奧·穆齊（Antonio Meucci）申請一項專利,說它是經由纜線傳送兩端語音的聲音電報（Sound Telegraph）,但他經過兩次修改後在 1874 年放棄這項專利。大衛·休斯的許多新發明成為電話不可或缺的元件,最重要的是 1877 年的碳粒式麥克風。然而,亞歷山大·格拉漢姆·貝爾（Alexander Graham Bell）首先在美國取得電話的專利,其他關於電話設備與特色的專利也隨之開發出來。

1870 年代,美國電氣工程師以利沙·格雷（Elisha Gra）和貝爾競賽做出第一臺可用電話,貝爾以些微差距勝出。他在 1875 年 7 月 1 日的一封信中寫道:「今天重要的電報新發現……首次能傳送語音……經過些許進一步修改,我希望可以辨識……聲音的『音色』。若能做到這一點,用電報來發聲交談將可成真。」1875 年四月,貝爾取得被稱為「電報傳送與接收器」（Transmitters and Receivers for Electric Telegraphs）的美國專利,它利用金屬簧片的多重振動去接通、斷離電路。1876 年三月,他的「電報系統之改良」（Improvements in Telegraphy）獲得美國專利,包含了「通過電報傳送語音和聲音的方法與裝置……藉由引發的電氣波動,類似說話或其他聲音伴隨的空氣振動。」就在同月,貝爾用一個液體介質傳送器首次成功傳送清晰的電話語音,他對著裝置說

「華生先生——過來——我要見你」。他的助手華生可以清楚聽見每個字。1877 年一月,貝爾取得美國專利的是一臺配備永久磁鐵、金屬隔膜和響鈴的電磁電話。1877 年四月,愛迪生為一個碳粒（石墨）傳送器提出專利申請,因為訴訟而被擱置十五年。匈牙利工程師帝瓦達·普斯卡斯（Tivadar Puskás,1844 — 1893 年）在 1877 年發明電話交換機,促成電話交換所的形成,最終成為電話網路。普斯卡斯聽聞電話這東西時正在一間電報交換所工作,他聯絡愛迪生提到電話交換的構想。他在歐洲為愛迪生工作,於 1879 年在巴黎成立第一個電話交換所。

電話普及的速度

電話發明才十四年後,馬克·吐溫在 1890 年的耶誕賀卡裡寫下諷刺的意見:「這是我誠摯擁抱世界的耶誕希望,期盼我們所有人不分貴賤貧富,無論受尊重或遭唾棄、受讚美或被憎恨、文明或粗鄙（也就是我們世上每位弟兄）最終都能齊聚在永遠安息平和的極樂天堂,電話發明者除外。」

第一通電話內容

「我當時對著話筒大聲說出下面這句話：『華生先生——過來——我要見你。』令我高興的是他過來宣稱聽得懂我說什麼。我要求他重複我說的話。他回答『你說——華生先生——過來——我要見你。』接著我們交換位置，我留神聽著簧片聽筒，華生先生朝話筒朗讀一本書的片段內容。可以確定的是聽筒傳來的語音可以辨識。聲音效果響亮但模糊低沉。如果事先看過華生先生朗讀的文字片段，我應該能辨認出每個字。雖然搞不懂這感覺——但不時偶爾有個字會特別清晰。我辨認得出『to』、『out』和『futher』；還有最後一句『貝爾先生，你聽得懂我說什麼？你——聽——得——懂——我——說——什——麼』聽起來相當清晰明瞭。聽筒拿開時就聽不到任何聲音。」——亞歷山大·格拉漢姆·貝爾，《筆記：格拉漢姆·貝爾所做實驗》，記載於1876年3月10日。

現代鋼鐵工業和卡內基煉鋼法

—西元 1877 年—

西德尼·吉爾克里斯特·湯瑪斯，西元1850 年—1885 年；珀西·吉爾克里斯特，西元 1851 年—1935 年，威爾斯

1856 年，埃布韋爾鐵工廠的威爾斯化學家喬治·派瑞發明了「鹼性貝塞麥煉鋼法」。專利賣給亨利·貝塞麥時獲得三萬英鎊鉅額收入（以平均薪資指數計算等於現今兩千萬英鎊）。派瑞獲得一萬英鎊，工廠老闆們取得兩萬英鎊。派瑞使用的生鐵產自布萊納文（Blaenafon），至關重要的是它不含磷的成分。亨利·貝塞麥正打算設計槍砲，他需要知道如何大量生產高品質鋼鐵。他的「貝塞麥煉鋼法」使用轉爐將空氣吹進熔化的生鐵水中，可以煉出大量的鋼而不是熟鐵。然而，這煉鋼法不能用含磷鐵礦，所以必須從瑞典或西班牙進口無磷礦砂。磷會使鋼變得很脆，歐洲鐵礦超過 90% 含磷，美國鐵礦大約

98% 含磷，使得派瑞的貝塞麥煉鋼法不符經濟效益。

1870 年之後，西德尼·吉爾克里斯特·湯瑪斯（Sidney Gilchrist Thomas）埋頭實驗以解決生鐵脫磷的難題。另一個主要產鋼的平爐煉鋼法中也發生鋼質過脆的現象，全世界煉鋼廠都雇用當時頂尖的科學家來嘗試解決這問題。到了 1875 年末，西德尼·吉爾克里斯特·湯瑪斯發現一種暫時性的解決方案，並將發現告訴後來在布萊納文一間大型鐵工廠擔任工業化學家的堂兄弟珀西·吉爾克里斯特（Percy Gilchrist）。兩人完成了更多實驗。1877 年，這對堂兄弟發現如何除去磷成分。遺憾的是西德尼·吉爾克里斯特·湯瑪斯才七年後就去世了，也許因為他在連續實驗中穿戴的防護不足，享年僅有三十五歲。他在 1878 年對英國鋼鐵業轟動發表自己的發明，並取得第一個專利。1879 年 4月 4日，西德尼和珀西分別在自家實驗室與布萊納文完成的實驗，在米德斯堡

的一座 33,000 磅（15,000 公斤）轉爐中獲得證實。世界各地的鋼鐵製造業者湧向倫敦購買此專利

的使用許可（exploiting licence）。其中一例是盧森堡 Metz & Cie 鋼鐵公司，他們在試產成功的 16 天後就取得使用許可，立刻建造新鋼鐵廠來利用此技術。

湯瑪斯的發明基礎是替換掉貝塞麥轉爐的酸性耐火內襯。他改用鹽基的鍛燒白雲石做內襯，再加入石灰石後，透過鐵水中的氧化作用形成鹼性爐渣而將磷吸收掉。貝塞麥「轉爐」在歐洲各地被採用，平爐煉鋼業者也使用這方法。這種「鹼性煉鋼法」在世界各地被採用，直到基於湯瑪斯發明所改良的「鹼性氧氣煉鋼法」（Basic Oxygen process）出現後才被淘汰。全世界的鋼鐵生產突飛猛進，導致轉爐內殘留的爐渣大量激增。湯瑪斯煉鋼法被稱為「鹼性」，因為他加了化學屬性是鹼性的內襯在轉爐裡，這些爐渣就被稱為「鹼性

熔渣」。湯瑪斯曾對它做實驗，發現可以做成極佳的土壤肥料。這種富含磷酸鹽的肥料在德國稱為湯瑪斯磷肥（Thomasmehl）。布萊納文有一座方尖塔記念這對堂兄弟「其發明開創了鹼性貝塞麥或湯瑪斯煉鋼法」。

安德魯‧卡內基（Andrew Carnegie）買下「湯瑪斯煉鋼法」的權利，然後以現今稱為的「卡內基煉鋼法」（複製了貝塞麥買下喬治‧派瑞煉鋼法的模式）在美國與其他地方創造財富。卡內基承認這煉鋼法不是他的發明，並聲明：「這兩位先生，布萊納文的湯瑪斯和吉爾克里，對英國的貢獻比所有國王和女王的總合還要大。摩西敲開磐石取得飲水，他們敲開無用的含磷礦並轉化為鋼，更偉大的一項奇蹟。」西德尼‧吉爾克里斯特‧湯瑪斯的發明使得含磷鐵礦能生產出高級鋼，為世界各地礦藏豐富的含磷鐵礦打開通往鋼鐵製品的大門。他的發明大幅加速美國與

歐洲的工業擴張。這些貝塞麥煉鋼法的改良者和卡內基煉鋼法的發明者改變了這個世界。英國在1890年是世上最大鋼鐵生產國，但是到了1902年，這偉大的發明讓卡內基和德國埃森市的克魯伯製造廠，分別將美國與德國推升到鋼鐵生產最多的前兩大國家。

▌油輪

—西元 1878 年—

魯維·伊曼紐爾·諾貝爾，西元 1831 年—1888 年，瑞典與俄羅斯

魯維·伊曼紐爾·諾貝爾（Ludvig Immanuel Nobel）是阿佛烈·諾貝爾的哥哥，他在聖彼得堡的工廠是製造鑄鐵彈殼和砲車。魯維派弟弟羅伯特到俄國南部尋找木材，要為沙皇製造砲架。幸運的是羅伯特發現了石油，兄弟們在亞塞拜然的巴庫（Baku）成立一間煉油廠。到了1879年，魯維的巴諾貝爾公司（Branoble）控制了大量俄國油田，他成立實驗室來研究這物質的新用途並開發新產品。諾貝爾發明了更好的輸油管和煉油設備，還設計新船舶來運送油品。美國賓州石油在當時是裝在大木桶裡用船運送，每桶容量只有40加侖（150公升）。木桶容易滲漏，而且通常只用一次。因此木桶非常昂貴，佔了油品價格的一半。第一艘蒸汽油輪由英國在1874年為比利時船東建造，但美國和其他政府不讓它靠近港口，擔心發生火災和漏油問題。諾貝爾了解他不僅得讓貨物和油氣遠離引擎以防火災，還得允許油品在溫度變化時能膨脹收縮，以及讓這危險貨物有適當通風。他的瑣羅亞斯德號（Zoroaster）是世界上第一艘成功的油輪，而且被廣為仿效，諾貝爾拒絕為這設計註冊專利。船是在瑞典的哥特堡和山文·阿姆維斯特（Sven Almqvist）合作設計。

瑣羅亞斯德號可裝載242噸（246公噸）的煤油，這種油品很快就取代鯨油成為照明燃料。這艘船的成功意謂諾貝爾將委託建造更大的船隻。然而，姐妹船於1881年在巴庫裝載煤油時受到暴風襲擊，送油管被扯開並溢出煤油，結果船隻發生爆炸。諾貝爾為此事故設計出可彎曲的防漏送油管。1883年，一位員工提出新的油輪設計，將裝載空間分隔成數個較小油艙，可將自由液面效應到最低，以免油品左右晃動導致翻船。第一艘美國油輪是根據諾貝爾的繪製計算，在他去世不久後建造而成。石油不僅是轎車、貨車、船舶和飛機的燃料，也是許多化工產品的原料，包括藥品、溶劑、肥料、殺蟲劑、布料和塑膠。

▌電影

—西元 1879 年—

埃德沃德·詹姆士·邁布里奇，西元1830 年— 1904 年，英格蘭和美國

這埃德沃德·詹姆士·邁布里奇

（Eadweard James Muybridge）在還沒有齒孔膠捲底片的時代，就用動物實驗鏡投影出動態影像，也啟發愛迪生等人發展出電影膠卷攝影機。邁布里奇（原名艾德華‧詹姆士‧馬格里奇，Edward James Muggeridge）從英格蘭移居美國，在 37 歲開始從事攝影前是個書商。到了 42 歲時，邁布里奇已是西岸頂尖攝影師並且享譽國際。當時的阿馬薩‧利蘭‧史丹佛（Amasa Leland Stanford，1824 — 1893 年）是一位實業家、鐵路巨擘、政治家、前加州州長、未來的加州參議員和史丹佛大學的創立者。史丹佛委託邁布里奇用攝影技術確定馬匹奔跑是否有四腳同時離地的瞬間。史丹佛希望得到確實證據，並提供他兩千美金去拍攝，但邁布里奇知道攝影技術的限制。當時的相機和底片不適合捕捉動態，通常只會顯示出一片模糊。快門實在太慢，雖然機械快門正逐漸變得合用，但大部分攝影師仍依賴鏡頭蓋、板子甚至帽子，只要手頭上任何可以用來掀開與遮住鏡頭的東西。至於底片，攝影師則是當場親自製作，他們把稱為濕火棉膠的混合液倒在玻璃板上，然後將玻璃板浸到硝酸銀溶液中。火棉膠的感光度比現代底片還低了 300 多倍。一份手冊上建議「在相機裡的曝光時間全靠判斷與經驗」，還補充說在晴天時「從十五秒到一分鐘應該適用」。無論如何，要捕捉每秒前進約 12 公尺的馬匹動作是不可能的，除非照片能在幾分之一秒內拍攝下來。邁布里奇花了五年時間拍下一張自認滿意的奔跑馬匹照。

1872 年，邁布里奇用 12 臺相機去拍攝史丹佛擁有的一匹馬在奔跑。馬匹通過時拍下的 12 張照片成為後來被稱為「連續定格攝影」的濫觴。《紐約時報》在 1873 年五月報導說：「一位舊金山攝影師宣稱拍下全速奔跑馬

匹的完整影像。」人們以前從沒看過像這樣的東西，這種透過一系列靜像的快速連續觀看來呈現動作，成為日後電影技術的先驅。1874 年，邁布里奇再度操作自己相機去拍攝定格，這一系列照片顯示馬的四腳確實一度同時離地。相機

終點攝影

1882 年五月，邁布里奇在《自然》雜誌上談到賽馬，他說「任何重要比賽都該用攝影來輔助判決優勝者……在重要比賽中，相機的判決應該優於裁判。」1888 年，紐澤西州普蘭菲爾德賽馬協會的官方攝影師厄尼斯特‧馬克（Ernest Marks）面對一場有爭議的比賽，他在三分鐘內提供了正確的終點照片。這張照片沒有留存下來，現存最早的終點照片是 1890 年 6 月 25 日拍攝於紐約布魯克林的羊頭灣賽馬場。

沿著跑道放置，設好拍攝的適當間隔。馬匹距離相機 12 公尺，曝光時間是千分之一秒。橫跨跑道的金屬線以電磁感應觸發快門。這事件被記載於歷史上，它是電影發展最重要的時刻。系列照片後來在 1881 年以《運動中的動物姿態》（Attitudes of Animals in Motion）為題發表，這種連續定格攝影法也在 1897 年取得專利。

1874 年，邁布里奇發現他的妻子與年輕男子哈利・萊金斯（Harry Larkyns）發生外遇。根據一位當時在場的褓母表示，邁布里奇得知消息時崩潰痛哭。那天晚上邁布里奇跟蹤萊金斯到卡利斯托加市附近的一棟房子，開槍射穿他的心臟。在 1875 年的謀殺審判上，陪審團不接受精神錯亂的辯辭，但認為這是正當防衛，於是判決謀殺罪不成立。無罪開釋之後，邁布里奇搭船前往中美洲，整整花了一年「自我放逐」。1879 年，邁布里奇設計並發表投影動態影像的動物實驗鏡。電影歷史學者認為動物實驗鏡是電影放映機的先驅，它不同於西洋鏡，率先使用動作照片投射出許多人同時可看的影像。邁布里奇把首映會保留給他的贊助者，在史丹佛與幾位朋友面前放映世上第一部「電影」。隔年春天在舊金山公開放映後，一位報紙記者狂熱寫道：「現場只有馬蹄踏在草地的躂躂聲，以及偶爾傳來的呼吸聲，卻讓觀眾以為血肉之軀的駿馬就在面前。」

賓州大學贊助五千美金專款給邁布里奇去進一步研究他的定格系列攝影。1883 至 1885 年期間，邁布里奇拍攝超過十萬張照片，並在 1887 年發表。從此開始，他的工作顯示真正的電影指日可待，而且離完美不遠。邁布里奇的作品是世界上最早的電影。邁布里奇在 1883 年與 1888 年和愛迪生碰面，提議結合邁布里奇動物實驗鏡的視覺和愛迪生留聲機的聲音，於是朝向拍攝有聲自然運動的完整片段邁下第一步。

▌指紋

—西元 1880 年—

亨利・福德斯，西元 1843 年—1930 年，蘇格蘭

亨利・福德斯（Henry Faulds）是一位在日本工作的傳教士，他在東京建立一所醫院，後來成為外科醫師。通曉日文的福德斯還成立了東京盲人協會。1870 年代晚期，他參與在日本的考古挖掘，注意到古老陶器殘片上的製陶人指紋，於是開始將他的研究延伸到當代人

惡名昭彰的美國銀行搶匪約翰‧迪林傑（John Dillinger，1903—1934）用酸液灼傷自己手指，避免指紋被辨識出來。然而，當他死後取得的指印顯示，重新長回的指紋與他先前指印相符。第一個文件記載損毀指紋的案例也發生在1934年。「帥哥傑克」西奧多‧克魯塔斯（Theodore 'Handsome Jack' Klutas）帶領一幫被稱為大學綁匪（College Kidnappers）的綁架勒贖者。警察終於追到他，克魯塔斯要拿出槍時遭到警察擊斃。驗屍時比對指紋，警察發現他每個手指都用小刀切過，每個指印都留下半圓形傷疤。儘管他在媒體上受到稱讚，其實這做法相當外行；他剩下的指紋足以用來辨識身分。1941年，另一個名為羅斯科‧皮茲（Roscoe Pitts）的美國罪犯叫整形外科醫師移除他手指第一截皮膚，然後把自己胸口皮膚移植過去。調查人員仍舊成功辨識他的「新」指印和掌印。

指紋，並寫信給查爾斯‧達爾文告知自己的想法。1880 年，福德斯在《自然》雜誌上發表一篇關於指紋的論文，他說指紋可用來逮捕罪犯，並建議如何用油墨製作指印。福德斯在 1886 年回到英國，在斯塔福郡成為一位法醫。他要提供自己的指紋系統給倫敦警察廳，他們謝絕了這項提議。福德斯在八十六歲時去世，留下世人對自己研究成果鮮少認知的遺憾。達爾文把福德斯的信件拿給自己表弟法蘭西斯‧高爾頓（Francis Galton），他經過十年研究後發表指紋分析與辨識的詳細統計模型，鼓勵將它使用在鑑識科學上。高爾頓計算偽陽性（不同兩人有相同指紋）的機率是六百四十億分之一。過去大約一百年期間，指紋已為世界各國政府提供罪犯的明確指證。在數十億人和電腦自動比對

指紋消失的案例

2009年五月號的《腫瘤學年鑑》雜誌報導說，一位來自新加坡的六十二歲男士前往美國旅遊時被留置，因為例行指紋描顯示他竟然沒有指紋。他帶了化療藥品卡培他濱（商標稱做截瘤達，Xeloda）以控制腦部與頸部腫瘤。藥物治療讓他併發中度的手足症候群（也被稱為化療誘發性肢端紅腫症），會造成手掌與腳掌的腫脹、疼痛與脫皮，顯然也造成指紋消失。他的醫師，也是這篇報導的作者，發現網路上非正式報告說其他化療患者在抱怨指紋不見了。其他疾病、皮膚疹等等也有相同影響，但我們皮膚通常很快就會重新長出來，所以若非對組織造成永久性傷害，它都會再生。最常失去指紋的人似乎是泥水匠（和有些磚瓦匠），他們經常搬動粗糙沉重的材料而磨掉皮膚紋理，從事石灰（氧化鈣）相關工作的人也一樣，因為它會腐蝕皮膚層。甚至秘書也會擦掉指紋，因為他們整天在處理文件。持續觸摸紙張容易磨掉隆起的細紋。專業豎琴手和烘焙師絕對是另一種容易弄丟指紋的行業。皮膚彈性隨年齡增長而減少，許多老年人的指紋都很難印出來。紋理變得愈來愈薄，凹凸差距愈來愈小，所以指紋隆起程度變少了。

中還沒發現兩人指紋是一樣的。

▌自動機槍

—西元 1883 年—

海勒姆・史蒂文斯・馬克沁，西元 1840
年— 1916 年，美國和英格蘭

　　馬克沁的機槍被認為是跟大英帝
國的擴張最有關聯的武器，在傷亡慘烈
的第一次世界大戰中被各方陣營採用。
海勒姆・史蒂文斯・馬克沁（Hiram
Stevens Maxim）出生於美國，四十一歲
時移居英格蘭並取得英國公民
身分。他發明出第一種全
自動可攜式機槍就叫做
馬克沁機槍（Maxim
gun），並在 1883 年
註冊專利。這機槍
利用單一動作去關
閉後膛並拉緊一根彈
簧。後坐力退出空彈
殼，並貯存能量推進下一
顆子彈。它比先前的速射機
槍更有效率且更省力，例如加特林機
槍（Gatling gun）仍需依賴手搖曲柄轉

動。1884 年測試期間，這嶄新的「全自
動」馬克沁機槍每分鐘就能射擊 600 發
子彈，相當於 30 支現今手動步槍的火
力。

　　馬克沁成立軍備公司來生產他的
機槍，後來在 1896 年合併成為維克
斯父子與馬克沁公司（Vickers, Son &
Maxim）。1886 至 1890 年間，亨利・
莫頓・史坦利（Henry Morton Stanley）
帶領的艾敏・帕夏（Emin Pasha）救援
遠征隊配備了一挺馬克沁原型機槍，英
國在布干達（Buganda，現今的烏干達）
建立保護國時也配備此機槍。新加坡在
1889 年採購馬克沁機槍，辛巴威第一次
解放戰爭（1893 — 1894 年）中也看到
它的蹤影。在尚加尼戰役中，50 名配備
四挺馬克沁機槍的士兵擊退了 5000 名部
落戰士。

　　歐洲人在佔領幾個非洲王國時
廣泛使用機槍。馬克沁
機槍的更新設計現在
稱為維克斯機槍
（Vickers gun），
它成為英國在第
一次世界大戰以
及往後數年的標
準機槍配備。大
戰中的雙方陣營
大量使用它的變異版
本，俄羅斯與德國的版
本極為相似。

　　與現代機槍比較起來，馬克沁機槍

馬克沁的飛行器

馬克沁發明一種技術可為電燈泡製造出高品質燈絲，但愛迪生抄襲他的想法（這議題貫穿本書），馬克沁從未原諒這人剽竊電燈設計的作為。他也從沒為自己的自動捕鼠器或自動火災警報系統註冊專利。1890年代早期，馬克沁準備開始研究如何製造由人駕駛的飛行器。他頗有遠見地預言若能有所成果，「就在幾年內，有人─就算不是我自己，也會有其他人─可以造出引導空氣通過的機器，能以相當快的速度前進，並在充分控制下投入軍事用途。」1894年7月3日，馬克沁首次公開示範飛行器，為了提升成功機會還增加滑行軌道長度，並由他親自駕駛。飛機脫離軌道完成短暫飛行。儘管工作人員的腳都被帶離地面，馬克沁仍試著關掉動力，飛機重摔落地造成嚴重損壞。馬克沁現在可以名正言順聲稱，自己設計出第一個不需藉助外力（沒有利用斜坡或其他輔助工具）而起飛的機器，並且做到自供動力的自由飛行。

笨重、體積大且操作麻煩。這武器雖然可由單兵擊發，通常還是配置了一組人員。幾個人在轉移陣地時得幫忙搬動三腳架上的機槍，或者不斷用水冷卻槍管以便連續擊發。愚蠢的步兵指揮官在大戰中命令部隊朝佈滿鐵絲網的德軍壕溝徒步前進，而不是快步低身交錯挺進，因為他們對於整齊劃一以外的推進方式缺乏訓練。數以萬計的士兵因此被德國版的維克斯機槍打得血肉模糊。

摩天大樓

—西元 1884 至 1885 年—

威廉・勒巴隆・詹尼，西元 1832 年—1907 年；喬治・A・富勒，西元 1851 年—1900 年，美國

物隨著摩天大樓的出現，建築物既存的高度限制被打破，使得空間使用更符合效率與經濟效益。企業機構現在能將它的營運集中在一處大樓。事際上，亨利・貝塞麥註冊專利的「鼓進空氣脫碳煉鋼法」帶給我們現代化鋼鐵工業，也促成新的建築技術。在歷史上，多樓層建築的重量原則上得由它的牆壁來支撐。建築高度愈高，施加於低樓層的負擔就愈重。因此就有承重牆所能支撐重量的工程極限，大型建物設計意謂著底層需有龐大厚實的牆壁，也絕對限制

了建物高度。十九世紀後半期發展出便宜、多用途的鋼材，改變了建築師和建築業者的這些法則。愈加都市化的社會需要更大的新型建築。鋼的大量生產是背後主要推手，促成 1880 年代中期建造摩天大樓的風潮。貝塞麥鋼樑的價格從 1867 年到 1895 年逐年滑落，每噸從 166 美金跌到 32 美金。工程師藉由組裝鋼樑框架，用堅固又相對輕盈的鋼骨結構建造出修長高聳的建築。建築的其他元素，包括牆壁、樓板、屋頂和窗戶，則是懸掛在承載重量的鋼骨結構上。這種新的柱樑結構把建築物向上推升而非向外擴張。鋼材承重框架不僅能建造更高的房屋，也能容納更大的窗戶，意謂著有更多陽光可以照進室內空間。內牆也變得更薄，因為它們不再需要承載重量，因此創造出更多可用樓板空間。綜合了許多創新，例如鋼骨結構、電梯、中央暖器、電動抽水機和電話，摩天大樓在十九世紀末主宰了美國的天際線。它的出現要歸功於幾位建築師。

建於 1864 年的利物浦奧里歐大廈（Oriel Chambers）屬於早期產物，由彼得‧艾利斯（Peter Ellis）設計。它是世上第一棟鋼骨結構、玻璃帷幕的辦公

建築，只有五層樓高。更多發展催生出可被視為世上第一棟「摩天大樓」，十層樓高的芝加哥家庭保險大樓（Home Insurance Building，建於 1885 年）。建築師威廉‧勒巴隆‧詹尼（William LeBaron Jenney）為它設計承重框架結構，用鋼鐵框架支撐大部分石牆重量，取代以承重牆支撐建築。這發展開創了芝加哥骨架式建築。它是第一棟全金屬框架建築物，用金屬柱樑取代石材磚頭來支撐上層建築。家庭保險大樓的鋼骨只需承載石造設計的三分之一重量。因為整棟大樓重量降低，所以能打造更高結構。詹尼後來為高樓解決了防火問題，他採用石、鐵和陶等材料鋪設地板與隔間牆，以取代木質材料。

喬治‧A‧富勒（George A. Fuller）

馬克沁論摩擦

「但理論家們對這項（飛行器上的表面摩擦）或任何其他議題論點不一，有些人還會推翻自己數年前的論點，我認為我們也許可先放下他們所有的結論，加總在一起，再除以數學家的人數，於是就可以得到平均誤差係數。」——海勒姆‧馬克沁，節錄自《人為與自然飛行》，1908年。

十九世紀晚期，「摩天大樓」（skyscraper）這名詞最早用於指稱至少十層樓高的鋼骨結構建築，因為大眾對於芝加哥、底特律、聖路易斯和紐約這些大城市蓋起的高樓感到驚奇無比。這名詞在十八世紀原本是指古老橫帆船的天帆上方一面小三角帆，在天氣平靜時用來捕捉更多風力，人們說它是「摩擦天空」（scrape the sky）。後來被用來形容高個子的人，然後在1880年代首次被用來形容高樓。船上最高的帆依不同形式有其他稱呼：摘月帆

（moonraker）、月帆（moonsail）、天使腳凳帆（angel's foot stool）、鳶帆（kite）、占星帆（stargazer），頂帆（royal）和上桅側帆（topgallant studding sail）。它們只用在風平浪靜時，若在強風中會被扯破。

傳統的船夫號子《飛馳帆艦》第五段是：「接下來我們聽到的是『全員啟航！』『拉起！』、『撐開！』和『落帆！』吆喝連連，看那頂帆、天帆和月帆滿脹高升，一聲令下只見摩天頂帆飛舞昂揚。」

致力於解決高樓建築承重能力的問題。他於 1889 年在芝加哥建造了塔科馬大樓（Tacoma Building），這是大樓外牆完全不承載建築重量的第一個實例。富勒用貝塞麥鋼樑造出鋼骨結構來支撐高樓的所有重量。紐約市在 1892 年改變它的建築法規，允許採用「骨架結構和帷幕牆」，因此建築重量由內在骨架支撐，完全不靠外牆，這項法規在芝加哥早已行之有年。這個改變促使喬治・富勒於 1896 年在紐約成立一間辦公室。地標建築熨斗大廈（Flatiron Building）是紐約最早的摩天大樓之一，由富勒的建設公司在 1902 年興建完成。早期摩天大樓大多出現在芝加哥、倫敦和紐約的狹窄地區，直到十九世紀末。今天巨大的摩天大樓幾乎全用鋼筋混凝土建造。目前興建中最高的摩天大樓是吉達塔（Jeddah Tower），宣稱是王國城市（Kingdom City）發展區的地標，標示者「通往麥加的大門」。沙烏地賓拉登集團將為阿勒瓦利德・本・塔拉勒王子建造這座位於紅海附近的超級建築。預計興建高度是 1000 公尺。

▌高轉速汽油引擎和四輪汽車

—西元 1885 年和 1887 年—
戈特利布・威廉・戴姆勒，西元 1834 年
— 1900 年；威廉・梅巴赫，西元 1846 年
— 1929 年，德國

戈特利布・威廉・戴姆勒（Gottlieb Wilhelm Daimler）曾在發明四衝程內燃引擎的尼古拉斯・奧古斯特・奧托（Nikolaus August Otto,）旗下擔任工廠主任。威廉・梅巴赫（Wilhelm Maybach）是一位固定式發動機發明者，後來成為戴姆勒終其一生的合作夥伴。1882 年，戴姆勒和梅巴赫成立一間工廠來生產輕量化高轉速汽油內燃引擎。他們希望這具引擎能為車輛提供動力。戴姆勒發明了一套可靠的自燃點火系統，是將火紅的陶瓷管伸進汽缸裡。梅巴赫取得專利的一種裝置類似化油器，可以讓他們的引擎更省油。這具引擎體積小又結合這些研發成果，讓他們領先了其他競爭對手。這對夥伴現在專注設計適用於海、陸、空運輸的輕量化高轉速內燃引擎。

1885 年，他們設計並取得專利的是一具現代汽油引擎的前身，將它裝進兩輪車架後就成為世上第一臺動力摩托車。他們的新引擎也安裝到一輛驛馬車和一艘船上。1887 年，這具創新空冷引擎被用來為一部四輪車輛提供動力，成為第一輛名符其實的汽車。它的特徵包括驅動車輪的皮帶傳動機構，一個可掌控方向的舵柄，還有一具四速變速箱。奧托原本的四衝程引擎通常使用甲烷氣，他們花費許多時間討論何種燃料最適合，最後決定採用汽油。當時汽油主要被當做清潔劑，在藥房就有販售。在 1889 年的巴黎世界博覽會上，他們展示一具 V 型雙汽缸引擎，也許是第一具 V 型設計的引擎。這具嶄新引擎接著被安裝在一輛可商業化的四輪汽車上。1890 年，戴姆勒和梅巴赫成立戴姆勒汽車公司，但他們在 1891 年離開公司，各自投身到不同技術與商業開發計畫中。一輛戴姆勒動力的汽車在 1894 年第一屆巴黎—魯昂國際汽車賽中贏得冠軍。102 輛參與競爭的汽車中只有十五輛完成比賽，所有完賽車輛都採用戴姆勒引擎。這比賽有助於向大眾推廣駕駛汽車的概念，而戴姆勒與梅巴赫又在 1895 年重返戴姆勒汽車公司。1896 年，戴姆勒公司生產出第一輛公路貨車。1899 年，公司生產第一輛梅賽德斯（Mercedes）汽車，名稱取自金融家埃米爾・耶利內克（Emil Jellinek）女兒的名字，他是公司重要的經銷商。戴姆勒公司在 1926 年與卡爾・賓士（Karl Benz）建立的公司合併為梅賽德斯—賓士公司。戴姆勒和梅巴赫開創了使用汽油的陸地交通工具。

第七章

電氣時代

多相交流電系統

—西元 1888 年—

尼古拉・特斯拉，西元 1856 年— 1943 年，奧地利帝國（今克羅埃西亞）和美國

尼古拉・特斯拉（Nikola Tesla）是一位電機工程天才，他受雇於愛迪生位於紐澤西州的研究室時負責改進發電機。特斯拉的創造力不僅能提出科學假設，還能將它們付諸實現。他指出愛迪生沿大西洋岸興建的直流電（DC）發電廠效能不彰，愛迪生的電燈泡既暗又費電。這套系統的嚴重缺陷就是電力傳輸不能超過兩英里（3.2 公里），因為它無法達到遠距傳輸必須具備的高電壓。於是每隔兩英里就得興建一座新的發電廠。特斯拉認為訣竅是要採用交流電（AC），因為對他來說所有能量都有週期性交互變化。他離開愛迪生公司，在 1882 年二月發現旋轉磁場，這是一項物理基本原理，也是幾乎所有使用交流電設備的基礎。特斯拉利用旋轉磁場原理製造出交流馬達，並為發電、輸電、配電與用電建構一套多相電力系統。

特斯拉在《交流電

馬達與變壓器的新系統》（A New System of Alternating Current Motors and Transformers）這篇論文中介紹他的馬達與電力系統，於 1888 年提交給美國電氣工程學會。建立西屋電氣公司的喬治・威斯汀荷西（George Westinghouse）隨即買下特斯拉交流電系統專利權，最後終結了愛迪生的直流電技術。1893 年，特斯拉用神奇的交流電照亮整個芝加哥世界博覽會，再度震驚世界。交流電在二十世紀成為標準電源，特斯拉的成就改變了世界。他於 1895 年在尼加拉瀑布設計出第一個水力發電廠，標示著交流電的最後勝利。特斯拉也開發新型發電機與變壓器、X 射線和新型蒸汽渦輪機。他為發展無線電傳送而耗盡資金，但科學家們仍想從他筆記裡找出新觀念。特斯拉的交流感應馬達廣泛應用於全世界工業與家電中。今天的電力從發電、傳輸到轉換成機械動力都出自於他的發明。特斯拉點亮全球燈火並加速工業革命。磁通量密度（Magnetic Flux Density）的國際單位便以特斯拉命名。班・喬森（Ben Johnston）在 1983 年的

《介紹我的發明：尼古拉・特斯拉自傳》（Introduction to My Inventions: The Autobiography of Nikola Tesla）總結他對科學的貢獻說：「尼古拉・特斯拉真的是電氣時代被埋沒的先知；若沒有他，我們就不可能擁有無線電通訊、自動點火裝置、電話、交流發電與傳輸、無線電廣播和電視。」

充氣輪胎

—西元 1888 年—
約翰・博依德・登祿普，西元 1840 年—1921 年，蘇格蘭

約翰・博依德・登祿普（John Boyd Dunlop）是一位蘇格蘭獸醫，他實際上沒發明這裝置。另一位蘇格蘭人羅伯特・威廉・湯姆森（Robert William Thomson）在 1840 年代最早提出這構想，但登祿普是首先開發出實際可用的版本，並且取得專利。1888 年，他看自己兒子騎著三輪車，注意到孩子騎在卵石地上會遭遇困難又不舒服。登祿普明白原因是那實心橡膠輪胎，於是開始找方法改進它們。他想到的辦法是用一個充氣橡膠管讓輪子具備減震能力。登祿普註冊了設計專利，腳踏車與汽車製造商很快就看出實用潛力。登祿普開發充氣輪胎正逢公路運輸發展的關鍵時刻。商業生產從 1890 年開始在貝爾法斯特進行，註冊專利的十年期間幾乎完全取代了實心輪胎。透過他成立的登祿普輪胎公司（現在是固特異的子品牌），他的名字至今仍與汽車工業關聯在一起。1891 年，米其林兄弟註冊一種可拆卸式充氣輪胎專利，它被用在第一屆巴黎—布雷斯特—巴黎腳踏車長程挑戰賽中，並且獲得勝利。1895 年，

安德烈・米其林（André Michelin）首先將充氣輪胎安裝到汽車上。1903年，固特易輪胎公司註冊第一個無內胎充氣輪胎，但直到 1954 年才被採用在帕卡德（Packard）汽車上。菲利浦・史特勞斯（Philip Strauss）在 1911 發明

被遺忘的發明者

羅伯特・威廉・湯姆森（1822—1873年）在1845年時年僅23歲，他申請的專利為自己在世上留下標記—專利第10990號。充氣橡膠輪胎—湯姆森稱它是空氣輪胎—最終改變了陸路交通。僅管它有明顯優點，但湯姆森的發明提早出現了五十年，當時既沒有汽車，腳踏車也才剛出現。由於缺乏需求，再加上生產成本高昂，使得充氣輪胎只是一項收藏品。湯姆森並不氣餒，他在1849年又註冊可裝填墨水的鋼筆專利。1891年，就在湯姆森去世多年後，登祿普的輪胎專利被改判給湯姆森。

第一個實用輪胎，它結合充氣內胎和橡膠外胎，很快就被腳踏車製造商採用。

▌電影攝影

—西元 1888 年—

威廉·愛德華·弗里斯—格林，西元 1855 年— 1921 年，英格蘭；路易斯·艾梅·奧古斯汀·雷·普林斯，西元 1841 年— 1890 年，法國與英格蘭

　　這兩位人士在開創電影工業上都有功勞。早期電影發展史暗潮洶湧，許多人都自稱是發明者。埃德溫·魯琴斯（Edwin Lutyens）在海格墓園設計了一座墓碑，紀念威廉·愛德華·弗里斯—格林（William Edward Friese-Greene）這位「電影攝影發明者」。弗里斯—格林是一位發明家和人像攝影師。他在巴斯市工作時遇見已在製作「幻燈」的約翰·亞瑟·羅巴克·拉奇（John Arthur Roebuck Rudge，1837 — 1903 年）。拉奇開發出一套獨特的「動幻燈儀」（Biophantic Lantern）或「詭盤」（Phantascope），它能連續快速顯示七幅幻燈影像，利用視覺暫留原理呈現動作。弗里斯—格林從 1886 年開始與拉奇合作，讓這機器可以放映攝影硬片，他們稱這裝置為動幻投影機（Biophantascope）。弗里斯

—格林知道攝影用的玻璃硬片不適合當做電影媒介，於是開始實驗油紙。

　　1887 年，他率先試用賽璐珞這種新材料做為電影攝影的媒介。弗里斯—格林想將同一時期的愛迪生新留聲機與他正在開發的放映機結合起來。他寫信給愛迪生，但沒收到答覆。然而愛迪生也開始在這領域下功夫。弗里斯—格林在一份文件中寫道：「何不讓電影結合其他聲音的錄製—所有聲響、語音、人來人往、馬匹踏在草地的蹄聲、板球比賽的擊球聲、人類說話的聲音？聲音和影像同步想必只需改進機械裝置。」1889 年，弗里斯—格林用賽璐珞底片發表一部短片，使用的電影攝影機（cinematographic camera）每秒能拍攝五格。他在英國為攝影機申請專利，並於 1891 年獲准通過，稱它是「拍攝快速連續照片的改良裝置」。當年《光學奇幻投射與照片放大月刊》裡的一篇文章形容這裝置說：「這器材對準特定對象並轉動把手，每秒就可拍下數張照片。這些照片被轉為幻燈片，依序連接成一個長條，纏繞到捲片軸後通過特製投影機（也是由弗里斯—格林先生發明），由它投射到一塊布幕上。如果想重現話語聲，這機器就要連接留聲機。」

　　1889 年 6 月 21 日，弗里斯—格林為他創新的定時攝影機取得專利，使用打孔膠片每秒可拍攝十格影像。《英國攝影

新聞》雜誌在 1890 年二月號刊登一篇關於這臺攝影機的報導。同年三月，弗里斯—格林再次寫信給愛迪生，信中隨附一份新聞簡報，內容包括威廉·迪克森剛開始發展一套被稱為電影放映機（Kinetoscope）的系統，還有弗里斯—格林的發明將登上《科學人》雜誌四月號封面故事。弗里斯—格林接著做了一次公開示範，但是低影格率和機械低可靠性無法吸引投資者。1890 年代早期，他嘗試利用攝影機創造立體動態影像，但已耗盡所有資金，便在 1891 年宣布破產。為了償還債務，他以五百英鎊賣掉定時攝影機專利。專利展期規費從沒支付，這項專利最終失效。弗里斯—格林後來為彩色電影開發生動色彩系統（Biocolour system），但被稱為彩色影像系統（Kinemacolor）的競爭對手提起訴訟，聲稱弗里斯—格林侵犯他們專利。弗里斯—格林上訴說他們的專利無法提供足夠細節證明其中包含自己的處理方法。法院判決有利於彩色影像系統，但上議院在 1914 年推翻判決。然而弗里斯—格林的系統仍在初期階段，勝訴也無法讓他從中獲益。威廉·迪克森與愛迪生在 1889 至 1892 年間開發電影放映機，這構想受到埃德沃德·邁布里奇在 1883 年以及 1888 年與愛迪生會面的啟發。邁布里奇後來描述他如何提議合作，以便將他的設備與愛迪生的留聲機結合起來，成為同步播放聲音與影像的系統。1888 年十月，愛迪生提出

專利預先聲明做為警告，表示他正計畫製造一種裝置可以「投射影像，猶如留聲機發出聲音」。愛迪生此時的許多作為引起相當大爭議。如同他的眾多「發明」，真相都被巧妙隱蔽以便獨享商業利益。

路易斯·艾梅·奧古斯汀·雷·普林斯（Louis Aimé Augustin Le Prince）是一位法國科學家兼發明家，許多電影歷史學者認為他才是真正的電影之父。他用一個單鏡頭攝影機與紙基底片拍攝了第一部電影。經過對電影的初期實驗後，他在 1886 年申請動態影像製作專利。1888 年十月，雷·普林斯到里茲拍攝他開創性作品，在里茲橋上將朗德海花園與一條街道的場景拍成電影。這些影像後來在里茲一處場所投影到布幕上，成為首次電影展示會。《朗海德花園場景》是第一部用長條軟片製作的影片，使用伊士曼·柯達的無孔紙基底片。他的電影成為電影史上最重要的事件，就因為它們率先使用長條軟片（無論是紙基或膠片）拍下連續影格，再依

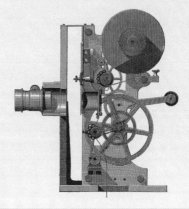

序投影產生流暢動作。

美國與歐洲早期電影史上充斥著攝影機專利爭議。1888年，雷·普林斯在美國提出16鏡頭攝影機與放映機專利申請（然而申請書描述的是「單鏡頭或多鏡頭」）。他知道自己應該是最早公開放映電影的人，同時也在比利時、義大利、奧地利、匈牙利、法國與英國申請國際專利。但他在有生之年未曾等到專利批准。他在英國專利中描述到使用軟片（正片或負片）和快門間歇動作。他的裝置可以顯示如同在里茲惠特利工廠展示的動態影像。他在美國申請單鏡頭電影攝影機專利，因為侵犯他人專利而被駁回。然而才幾年後，愛迪生公司申請相同專利卻未受阻。1889年，雷·普林斯在他的電影製作中採用膠片。同年，他取得法國與美國雙重國籍，以便讓自己和家人安頓在紐約去從事研究。遺憾的是他未能按照計畫，於1890年九月在紐約菊麥爾之家舉行他的公開展示會。9月16日回到法國探親時，雷·普林斯顯然在迪戎搭上一班火車。他答應朋友下週一要與他們在巴黎會合，然後啟程前往英國，接著再回美國去宣傳他的攝影機。他從火車上消失了，家人或朋友從此不曾見到他的蹤影。

其他電影先驅

1894年四月，因為以他個人名義開發電影放映機的商機，湯瑪斯·愛迪生被視為電影發明者，但他的員工威廉·甘乃迪·勞瑞·迪克森（William Kennedy Laurie Dickson，1860—1935年）才是領導團隊開發出電影攝影機（Kinetograph）與放映機的人。1894年，迪克森用攝影機拍下研究室工作人員之一的佛萊得·奧特（Fred Ott）在鏡頭前打噴嚏。這是為一本紐約雜誌準備的宣傳噱頭，他們希望用一系列打噴嚏的靜態照片伴隨一篇故事。它被編目為「愛迪生電影放映機所錄製的打噴嚏」。這段五秒片段後來成為知名的「佛萊得·奧特打噴嚏」。該片段的版權屬於迪克森和攝影師威廉·海斯（William Heise，愛迪生的另一位員工），國會圖書館在一月將它登錄為一張「照片」（實際上是包含45張影像的一張校樣紙）。它是以每秒16影格拍攝在35毫米電影膠片上。

在法國，盧米埃（Lumire）兄弟被認為是電影攝影機的發明者，因此也發明了電影，他們率先在巴黎合作開發商業電影。實際上，法國發明家雷昂·普禮（Léon Bouly）製造了第一臺電影攝影器材，並在1892年取得專利。然而兩年過去，他沒有支付專利規費，所以專利被盧米埃兄弟買斷。1894年，查爾斯·法蘭西斯·詹金斯（Charles Francis Jenkins，1867—1934）用膠捲軟片和電燈製作出第一臺投射動態影像的幻燈機。這臺幻燈機原本是約翰·阿圖·羅巴克（John Arthur Roebuck）在1889年的製作成果，但詹金斯為它增添膠捲軟片與電力來加以改良。它所放映的是最早的彩色電影。詹金斯將權利售出，購買的愛迪生重新命名它為放映機（Vitascope）。詹金斯繼而成為電視廣播技術的一位先驅。1928年，詹金斯電視公司在美國開設第一個廣播電視臺，稱為W3XK。它在7月2日上線首播，最初從華盛頓特區的詹金斯實驗室送出的只有剪影畫面，1929年開始每週五天晚上從馬里蘭州的惠頓市發送廣播。

關於他的失蹤有各種推測，包括自殺和謀殺。在 1990 年《失膠疑雲》（The Missing Reel）這本書中，作者克里斯多福・羅勒斯（Christopher Rawlence）論述一個暗殺理論來解釋失蹤事件。他描述雷・普林斯的家人就專利問題在懷疑愛迪生。雷・普林斯失蹤時正打算為他 1889 年發明的放映機在英國註冊專利，然後離開歐洲前往紐約參加預定的公開展示會。他的遺孀認為這是謀殺。雷・普林斯的家人在他失蹤後，由妻子與長子阿道夫（Adolphe）出面向法院控訴愛迪生，後來演變成所謂的衡平法第 6928 案。1898 年，美國電影放映機公司（American Mutoscope Company）在與愛迪生的訴訟案（衡平法第 6928 案）中，傳喚曾在許多實驗裡協助父親的阿道夫做證人。電影放映機公司列舉雷・普林斯的眾多成就，希望廢除愛迪生先前聲稱的自己是電影攝影機發明人。訴訟對電影放映機公司不利，接著引發有名的「專利大戰」。然而到了 1908 年，湯瑪斯・愛迪生被指名為電影唯一發明者，至少在美國是如此。1902 年，阿道夫・雷・普林斯被發現在紐約法爾島遭到槍擊身亡。雷・普林斯的裝置終於由赫爾曼・卡斯勒（Herman Casler）製造出來，並且用來拍攝電影。李察・豪威爾斯（Richard Howells）在 2006 年寫道：「雷・普林斯實際上比盧米埃兄弟和湯瑪斯・愛迪生早了七年成功製作出電影，所以建議早期電影史得要改寫。」

病毒

—西元 1892 年—

德米特里・約瑟福維奇・伊凡諾夫斯基，西元 1864 年— 1920 年，俄羅斯

病毒的發現在醫學上是一項突破，促使微生物學與生物化學共同確認了幾種疾病原因和傳染方式。1800 年代晚期，科學家已接受疾病細菌理論（Germ Theory of Disease），認為傳染病是由微生物所導致。德米特里・約瑟福維奇・伊凡諾夫斯基（Dimitri Iosifovich Ivanovsky）在聖彼得堡研究一種稱為野火（wildfire）的菸草疾病。他於 1888 年畢業時提交的論文是《論菸草植物兩種疾病》（On Two Diseases of Tobacco Plants）。隔年，他接到俄國農業部長的要求去研究名為菸草鑲嵌病（tobacco mosaic）的新疾病，它已感染克里米亞地區的菸草。這疾病讓菸草葉變得斑駁枯黃。伊凡諾夫斯基將感染的葉子（可看出馬賽克圖斑）搗碎成汁，再讓汁液通過陶瓷的尚柏朗過濾器，這種過濾器可攔阻所有細菌。儘管透過這道程序，過濾後的汁液塗抹在健康菸葉上仍會引發疾病。伊凡諾夫斯基在 1892 年的菸草鑲嵌病報告中確認致病原絕對比細菌還小。這是第一次在研究中根據事實提到這種新病原體的存在。伊凡諾夫斯基斷定造成這疾病的是一種

「過濾性病原」。28 歲的伊凡諾夫斯基其研究結果被科學界忽視，於是放棄自己在病原體上的研究，沒了解到他的研究影響之大。

荷蘭植物學家馬丁努斯·威廉·拜耶林克（Martinus Willem Beijerinck，1851 — 1931 年）重複伊凡諾夫斯基關於新病原體的實驗，並在 1898 年為它取名為過濾性病毒。他提出致病原的新觀念。拜耶林克認為過濾性病毒會引發疾病，它是活體，而且只能在活細胞中繁殖。科學家第一次需要從生物化學與微生物學的角度去考慮致病原。二十世紀的前三十年，十多種疾病被歸因於這種神秘的過濾性微生物。1935 年，生物化學家溫德爾·梅雷迪思·斯坦利（Wendell Meredith Stanley，1904 — 1971 年）宣布他將菸草鑲嵌病的病毒明確化。斯坦利用先進技術去分離出病毒核蛋白，顯示這些病毒可從生物化學與微生物學角度加以研究。許多病毒只能透過電子顯微鏡才看得到。

十分微小、結構簡單且分布廣泛的病毒不能稱為細胞。若要想像它們的大小，將一個人比做病毒的尺寸，那麼全美國人口只有兩個鉛筆末端橡皮擦那麼大。然而它們會感染活細胞，它們的存在介於生物和非生物之間。病毒在許多方面不同於細胞組成的生物。病毒只有

一個核酸分子，被稱為非細胞致病原，必須利用活體宿主細胞的新陳代謝來生成更多病毒顆粒。病毒本身沒有新陳代謝，它只能通過宿主活細胞複製繁殖。病毒會感染所有生命形式，感染細菌的稱作噬菌體或者簡稱噬體，它們是最受到深入研究的病毒之一。已知超過一千種植物疾病是由病毒引起。植物細胞的細胞壁受損就會讓病毒趁虛而入。植物病毒會透過受污染的機械、真菌、花粉、種子、線蟲和吸食汁液的蚜蟲傳播。感染動物與人類的病毒會引發麻疹、感冒、流行性感冒、天花、疱疹和愛滋病。現在證據指向特定病毒族群是某些致癌條件中的高風險因素。不過，病毒導致人類癌症發生前必然還有其他遺傳與環境因素。

大部分病毒經由口鼻或者叮咬之類的皮膚傷口進入體內，然後會遇上身體防禦機制的噬菌白血球將它們吞噬掉。如果病毒逃過捕捉，它們接著會引起一種特殊的免疫蛋白開始分泌。這些免疫蛋白稱為抗體，會附著在侵入的病毒上攻擊它們。病毒會直接被抗體破壞，或被牽制直到白血球將它團團圍住。如果病毒侵襲細胞就會釋放一種化學警告。另一種稱為干擾素的醣蛋白在細胞受侵襲時會分泌出來。受感染細胞釋放干擾素並與鄰近細胞膜結合，促使這些鄰近細胞產生抗病毒蛋白。預防病毒感染最

類病毒和普利昂的發現

1970年代晚期發現一種更小的致病原。類病毒（*Viroid*）是很小的單鏈核糖核酸，沒有外殼包覆。目前已知類病毒至少對六類植物造成疾病。它們尚未從動物身上分離出來，但被懷疑也是造成疾病的因子。一種稱為普利昂（*Prion*）致病原也被發現。它沒有核酸，自我複製的方式至今仍不明確。它造成的疾病會影響動物與人類的中樞神經系統。包括牛腦海綿狀病變（Bovine Spongiform Encephalopathy，BSE）或狂牛症這類動物海綿狀腦病變就是由普利昂引起。所有哺乳動物腦部自然生成正常形式的普利昂蛋白，但突變型就有可能成為致病原。它在腦部就像一顆爛蘋果，突變普利昂會把鄰近正常普利昂轉化成變異結構並擴大感染。最終結果是失去動作協調性、癡呆和死亡，腦部就像海綿充滿空洞。

目前還沒人了解普利昂與哪些特定症狀有必然關聯，或者人類與動物受感染的腦部為什麼會變成海綿狀。人們對牛腦海綿狀病變以及人類相似的庫賈氏病（Creutzfeldt-Jakob Disease，CJD）持續擴大研究，其結果將會影響我們對其他腦部消耗性疾病的了解，例如阿茲海默症（Alzheimer's Disease）和帕金森氏症（Parkinson's Disease）。

好的方法是接種疫苗。

▌住院醫師制度

—西元 1893 年—

威廉・奧斯勒，西元 1849 年— 1919 年，加拿大

威廉・奧斯勒（William Osler）是一位加拿大醫師，他也是病理學家、教育家、藏書家、歷史學家和作家。1889 年，奧斯勒受聘到馬里蘭州巴爾的摩市約翰・霍普金斯大學，成為新成立的醫院首位主任醫師，1893 年為學校建立醫學院，並成為第一位醫科教授。醫院規模在他十六年任期內擴張了五倍，身為臨床醫師、人道主義者和教育家的聲望，使他在 1905 年被指定為牛津大學醫學講座教授。奧斯勒率先為醫師專科訓練建立住院醫師制度，他也是第一位帶領醫科學生走出課堂去做臨床訓練的教師。他堅持學生必須在住院醫師任期中觀察病人並與其對話。在這階段的醫學訓練中，醫院新進醫師在取得專科執照醫師的細心督導下執行醫療。奧斯勒的創新做法被所有英語系國家採用，至今仍應用在大部分教學醫院。現在醫院裡大部分醫療人員由住院醫師組成，有助於降低醫護成本。奧斯勒的住院醫師培訓系統之所以成功，依靠的是這龐大金字塔結構底端有許多實習醫生做基礎，然後是較少數的助理住院醫師，以及一位總醫師。（這是官僚與各式部門在醫療機構中所佔人數超越專業醫療人員以前的事了。）

奧斯勒喜歡說：「沒有書籍而研究醫學的人猶如航行在未知海域上，但沒有病人而研究醫學的人根本沒有出海。」他最為人知的格言是「傾聽你的病人，他在告訴你診斷」，藉此強調認知病史的重要性。他對醫學教育的貢獻感到自傲的是讓第三、第四年的學生到病房跟病人待在一起。他開創了臨床教學，帶少數幾個學生一起巡房，展現出一位學生稱他是「無與倫比徹底體檢」的方法。奧斯勒一到巴爾的摩就堅持他的醫科學生必須及早參與臨床訓練：他們第三年要記錄病史，執行身體檢查，在實驗室檢驗分泌物、排泄物和血液。奧斯勒說他希望自己的墓碑上寫道：「他帶醫科學生到病房做臨床教學……『我渴望的墓誌銘……無非是說我在病房教導醫科學生，因為我把這視為受聘做過最有用也最重要的工作。』」奧斯勒的《醫學實習原則》（The Principles of Practice of Medicine）對學生與醫師來說都是一本重要手冊，直到 2001 年止仍在世界各地出版，距他去世已超過八十年。

▌碳化矽（金剛砂）

—西元 1893 年—

愛德華・古德里奇・艾奇遜，西元 1856 年—1931 年，美國

愛德華・古德里奇・艾奇遜（Edward Goodrich Acheson）年輕時受雇為湯瑪斯・愛迪生工作，他在 1880 年實驗製造一種導電碳來應用在新電燈泡上。他於 1884 年離開愛迪生旗下去管理一間電燈工廠，並研究用電爐開發人造鑽石（立方氧化鋯，cubic zirconium）。他在鐵碗裡用碳弧光燈加熱黏土與焦炭的混合物，發現一些閃亮的六角形結晶（碳化矽，SiC）吸附在碳電極上。1893 年，他註冊自己稱為金剛砂（carborundum）的這種工業磨料製作方法，就是對碳與黏土集中加熱。1896 年，艾奇遜取得專利的是可以大量生產碳化矽的電爐，這項設計一直延用至今。金剛砂在當時是最硬的人造物，硬度僅次於鑽石。美國專利局在 1926 年稱它是工業時代最有影響力的 22 項專利之一。美國發明家名人堂褒

奧斯勒嚐尿

奧斯勒在牛津大學對整間教室的醫科學生授課，他強調良好觀察與注意細節的重要性，因為仔細觀察經常有助於診斷。奧斯勒面前放著一瓶等待分析的尿液。提到糖尿病患者的尿液通常含有糖，他便將食指伸進尿裡，再把手放到口中嚐味道。他接著將瓶子傳遍教室，要求學生複製他們看到的動作，以便測試他們對細節的專注力。學生照做，每個人都嚐了尿的味道。等到瓶子傳回奧斯勒手上，他說：「現在你們會了解我說的細節是指什麼，因為你們如果真的仔細看，就會發現我將食指伸進尿裡，但把中指放進嘴裡。」

最硬的人造物質

混合黏土與焦炭粉末後，經由電流將其熔化形成金剛砂，它在將近五十年期間是人們所知世上最硬的人造物質，後來它的一些應用被碳化鎢、碳化硼和人造鑽石取代。

揚它說「若沒有金剛砂，想要大量生產需要精密研磨的可替換金屬零件實際上是不可能的。」

碳化矽粉末從發明以來就被大量生產做為磨料，應用在研磨、碾碎、噴砂、水刀切割等加工上。碳化矽在二十世紀的電子應用包括製作無線電探測器和發光二極體（LED），它在今天廣泛使用在高速、高溫、高壓半導體電子產品上。碳化矽晶體結合起來可形成非常硬的陶瓷材料，廣泛應用在需要高耐用度的設備上，例如汽車煞車碟盤、汽車離合器和防彈背心。艾奇遜也發現金剛砂加熱到高溫時可產生近乎純質的石墨，可以當做一種潤滑劑。他在 1896 年註冊這種石墨製法的專利。在他漫長餘生中，艾奇遜研究石墨、工業研磨料、耐火材料和減少氧化物的方法，相繼取得專利。愛德華・古德里奇・艾奇遜總共取得碳化矽相關設備、技術與製造的 70 項專利，範圍涵蓋機械、電子、電化學和膠體化學領域。他也至少成立了五家關於電熱處理的工業公司。

▌X 射線

—西元 1895 年—

威廉・康拉德・侖琴，西元 1845 年—1923 年，德國

威廉・康拉德・侖琴（Wilhelm Conrad Röntgen）被譽為「診斷放射學之父」，就是利用影像診斷疾病的一門技術。這位德國科學家於 1869 年在蘇黎世大學取得博士學位，1875 年以後到去世為止取得多個教授職位。他發表於 1870 年的第一本著作研究的是氣體比熱，接下來的作品的是水晶導熱性。1895 年，他在研究電流通過極低壓氣體所伴隨的現象。侖琴把一個陰級射線管裝在黑色密閉厚紙箱裡隔絕光線，然後放到黑暗房間裡。一張塗了氰亞鉑酸鋇的紙板放在射線路徑上，即使距離射線管 1.8 公尺仍會發出螢光。侖琴後來讓妻子的手停留在射線與攝影感光板之間。形成的影像顯示妻子手骨投射出的陰影，還有她手上戴的一枚戒指。骨骼外包圍著肌肉投射的半影，顯示它讓射線更容易穿透，投射出較薄弱的影像。這是第一張侖琴射線相片。因為射線性質尚不明瞭，他稱之為 X 射線，並不希望用自己名字來命名。後來證明它們就像光一樣是電磁射線，但不同於光線的是它們有較高的振動頻率。

1896 年 1 月 7 日，法國數學家儒勒・昂利・龐加萊（Jules-Henri Poincaré，1854 — 1912）收到的一封信

包含幾張某人手骨的相片。這些是侖琴的手骨相片，信中說明相片是在前幾個月用新發現的 X 射線拍攝下來。侖琴解釋說他在宣傳自己的發現，把相片寄給歐洲各地的科學家。這些相片轟動世界，直接促成亨利·貝克勒（1852 — 1908 年）在 1896 年發現放射線，也造就瑪麗與皮耶·居禮夫婦的非凡成就。1896 年 1 月，新罕布夏州達特茅斯學院的艾迪·麥卡錫在醫學上出了名，因為他摔傷的手臂讓醫師用 X 射線拍下骨折相片。

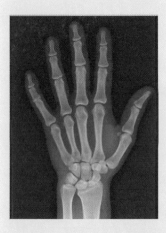

侖琴發現並研究今天稱為 X 射線的電磁波，因此獲頒 1901 年的首屆諾貝爾物理學獎。尼古拉·特斯拉或許也能稱聲自己是第一個發現 X 射線的人。

▌ 動力飛行

—西元 1896 年—

威廉·佛洛斯特，西元 1850 年— 1935 年，威爾斯

1895 年 10 月 11 日的《彭布羅克郡先鋒報》報導說威廉·佛洛斯特（William Frost）為他發明的飛行器取得臨時專利，並從 1880 年就投入這項歷時十五年的計畫。他在 1895 年 8 月 30 日的原創專利描述是：「……飛行器是由上下兩層金屬艙構成，表面覆蓋輕質防水材料。每個艙室兩側平直而頭尾呈錐形。上艙室包含足夠氣體浮升機器。上艙室中央固定一圓筒，裡面水平風扇由下艙室操作的連桿與斜齒輪驅動。當機器升到足夠高度，風扇就停止轉動，裝有機翼的上艙室便向前傾斜，使得機器可像鳥一樣向前與向下移動。當高度降到夠低，它再度往反方向傾斜，使它向前與向上攀升，如果必要的話就再次轉動風扇。方向控制是用前後兩端的方向舵。」

1998 年 7 月 26 日的《星期日泰晤士報》刊載了一篇特輯「威爾斯飛行員在空中贏過萊特兄弟」，寫道：「據說佛洛斯特駕著一個『飛行器』從彭布羅克郡一處原野起飛，在空中停留十秒鐘。最新發現的文獻顯示，來自彭布

看不見的光

「幾分鐘後就毫無疑問了。來自射線管的射線在紙上造成發光效果。我把距離不斷拉長依舊如此，甚至遠達兩公尺。它起先就像一種看不見的光，顯然是個未曾記載的新東西。」——H.J.W.丹姆在文章〈攝影中的新成就〉引述，《麥克盧爾雜誌》，1896年四月號。

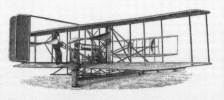

羅克郡桑德斯福特的佛洛斯特為他的發明—介於飛船與滑翔機之間的機器—在 1894 年提出專利申請。隔年專利獲准通過，並詳述這發明如何藉由兩個反向風扇向上推升。」佛洛斯特的飛行器有 9.4 公尺長，用竹子、帆布和金屬網打造，配有氫氣囊以獲得「自然浮力」。它的設計是在充滿氫氣的圓筒協助下，用水平風扇使它升空。一旦到了空中，機器靠平直的機翼滑翔。當需要提升高度時，機翼會朝上傾斜並再度啟用風扇。地方人士堅持說，飛行器在專利獲准通過後的一年內就建造出來並完成飛行。佛洛斯特因此成為人類駕駛滯空動力飛行器的第一人。歷史學者羅斯科·豪威爾斯（Roscoe Howells）聽到關於佛洛斯特飛行的描述是：「他的飛行器升起，但起落架鉤到一棵樹梢，結果掉

落在一處田野裡。如果他沒鉤到樹梢，就會飛過桑德斯福特上方的山谷，到時不是死亡就是榮耀。」佛洛斯特的玄外孫女妮娜·歐蒙德（Nina Ormonde）說：「我們家人都知道他是第一個飛行的人，他飛了五百至六百碼（超過特兄弟兩倍距離）。但他放棄了飛行，我們陶醉在榮耀中沒有意義，因為這是他的成就。」

佛洛斯特撞到樹後修復他的飛行器，但是 1896 年秋天，它在停放處被強風吹扯損壞。根據 T·G·史蒂金的《桑德斯福特傳奇》描述，佛洛斯特的飛行器是三翼飛機，在暴風中被吹到 3.2 公里外落地解體。佛洛斯特於是前往倫敦請求政府戰爭部提供資金援助，不過被打了回票。幾個外國政府前來接洽他的專利權，但他基於愛國心而加以回絕。英國廣播公司的廣播四臺

萊特兄弟的飛行

命名為萊特飛行者一號（Wright Flyer I）的飛行器在1903年12月17日首次飛行，由奧維爾·萊特（Orville Wright，1871—1948年）駕駛滯空僅12秒鐘，以時速11公里飛行36.5公尺距離。當天接下來兩次飛行將近53公尺和61公尺距離，分別由威爾伯·萊特（Wilbur Wright，1867— 1912年）與奧維爾·萊特駕駛。他們離地的高度大約3公尺。

奧維爾·萊特談到第四次的最後飛行說：「威爾伯在12點鐘左右開始第四次的最後飛行。前幾百英尺飛得如同先前一樣起伏伏，但是過了300英尺距離，飛行器達到更好控制狀態。接下來的4、500英尺只有少許顛簸。不過將近800多英尺時飛行器又開始起伏，在一次俯衝時撞擊地面。根據地面測量的距離是852英尺（約260公尺），這次飛行時間有59秒。支撐前舵的骨架受損嚴重，但飛行器主結構毫髮無傷。我們估計飛行器可在一、兩天內再度飛行。」——佛雷德·凱利（Fred C. Kelly），《萊特兄弟：奧維爾·萊特授權自傳》，1943年。

第七章　電氣時代

237

在 1998 年 8 月 1 日播出節目「飛行之星」，主持人提到「萊特兄弟的優勢是有獨立見證人，完整技術資料的日誌，最重要的是以攝影為證，但有令人信服的理由讓人相信佛洛斯特是第一個完成飛行的人。」在去世三年前的一次訪談中，佛洛斯特形容自己是「空中飛行的先驅」。當時八十五歲的他已經失明，他說戰爭部忽視自己的努力後缺乏資金，抱怨「國家並不打算採用航空做為戰爭手段」。《星期日泰晤士報》的文章後續寫道：「初次飛行受阻後，運氣不佳與缺乏資金使他決定放棄自己的飛行器。」佛洛斯特的飛行器比萊特兄弟飛行者一號早了七年。

▌無線電

—西元 1896 年—

尼古拉・特斯拉，西元 1856 年— 1943 年，奧地利帝國（今克羅埃西亞）和美國

無線電的發明徹底改變全世界的通訊。無線電的發展歸因於電報與電話的發明，而且無線電技術最初被稱為無線電報。這項技術的誕生源於無線電波的發現，這種電磁波具有在空中傳送音樂、話語、圖片與資料的能力。現在許多裝置的運作都利用到電磁波，包括無線電、微波爐、無限電話、遙控玩具、電視廣播與更多其他設備。尼古拉・特斯拉在 1896 年註冊無線電基本系統的專利，他的示意圖描述了後來古列爾莫・馬可尼（Guglielmo Marconi，1874 — 1937）提出無線電發送器的所有基本元件。特斯拉在 1896 年製造出一個接收無電波的裝置，可在曼哈頓格拉赫酒店（現在重新命名為無線電波大樓）房間接收他從紐約第五大道實驗室發送的無線電波。這裝置裡的磁鐵能發散每公分高達 20,000 條磁力線的強力磁場。五年後的 1901 年十二月，馬可尼在英國與加拿大紐芬蘭之間建立了無線電通訊，使得他在 1909 年獲得諾貝爾物理學獎。然而馬可尼的大部分成果並非出自原創。詹姆斯・馬克士威在 1864 年將電磁波理論化，海因里希・赫茲在 1887 年證明馬克士威的理論。後來歐里佛・洛茲爵士（Sir Oliver Lodge）延伸赫茲的原型系統。布朗利金屬屑檢波器（Branly coherer，一種早期無線電檢波器）提升了訊號能夠傳送的距離，馬可尼在無線電發展的貢獻主要是改善了布朗利檢波器。金屬屑檢波器是無線電技術的關鍵，但是到了 1907 年左右，接收裝置裡的檢波器就被更簡單且更靈敏的晶體檢波器完全取代。

然而，無線電傳送的核心基礎是發送與接收的四個調諧電路。這是特斯拉的原創概念，他於 1893 年在費城富蘭克林研究所演講無線能量轉換時提出。這四個電路兩兩配對，至今仍是無線電與電視設備的基本部件。1897 年，四十一歲的特斯拉註冊了第一個無線

洞察未來

「它一旦實現，紐約的生意人就能口述指示，並立刻傳送到他在倫敦或任何其他地方的辦公室。他可在辦公桌前打電話到世上任何地方，完全不需更換現有器材。一個便宜的設備，不比手錶還大，讓它的使用者在任何地方，無論海上或陸上，都能收聽音樂歌曲、政治領導人致詞、卓越科學家演講、或者牧師雄辯佈道，不管是從多遠地方傳送過來。利用相同方式，任何照片、文字、繪圖或刊物也可從甲地傳送到乙地。數百萬這些設備可從一處廠房使它們運作。然而，除此之外最重要是不需經由電纜就可傳送能量，即將展現的巨大規模足以令人心服。」——尼古拉·特斯拉，節錄自《無線電報與電話》中的〈無線技術的未來〉，1908年。

電專利，一年後向美國海軍與大眾示範無線電遙控船隻。1904年，美國專利局推翻決定，將無線電專利改授予馬可尼，特斯拉開啟他奪回無線電專利的奮戰。

就在他於1943年去世後幾個月，美國最高法院維持特斯拉的專利，裁決它是美國專利無線電技術的基礎。人們最終了解特斯拉的貢獻更為重要，堪稱無線電技術的發明者。

▌放射性

—西元 1896 年—
安東尼·亨利·貝克勒，西元 1852 年—1908 年，法國

安東尼·亨利·貝克勒（Antoine Henri Becquerel）是一位法國物理學家，早期研究光的偏振平面、磷光現象和水晶對光的吸收。到了 1896 年，這些研究在他發現自然界放射性後顯得黯失色。他與昂利·龐加萊討論最近侖琴發現的輻射線（X 射線），真空管裡會伴隨著發出一種磷光。貝克勒決定要研究 X 射線與自然產生的磷光有何關聯。貝克勒的假設是一個物體必須發光才會放射出像侖琴發現的穿透性輻射線。他從物理學家的父親那裡得到一批鈾鹽，它們暴露在光線下會發出磷光。這些鈾鹽放在攝影感光板附近用不透明紙蓋住，會發現感光板上有模糊顯影。這現象普遍存在於所有的鈾鹽研究，它被斷定是鈾原子的一種性質。這項發現促使貝克勒去研究核輻射的自然放射性。對他而言，鈾本身似乎自然放射出 X 射線，但這也不完全正確，因為一團硫酸氧鈾鉀會發射出完整輻射頻譜，不是只有 X 射線。

後來貝克勒證明鈾發出的放射線會造成氣體離子化，它與 X 射線不同之處在於電磁場會造成它的偏移。全世

界科學家都開始關注貝克勒的研究。放射性是全新的東西，在當時物理學不屬於任何領域。散發能量之放射性金屬的存在，打破了能量守衡定律主張的能量不會無故生成或摧毀。然而，每個單一鈾塊似乎都能散發輻射讓攝影感光板顯影、造成氣體離子化、甚至有時還灼傷做實驗的科學家。1903 年，他與居禮夫婦共同獲頒諾貝爾物理學獎，理由是「表彰他發現自發性放射線提供的非凡功效」。居禮夫婦獲獎理由是「他們參與亨利·貝克勒教授發現之輻射現象的研究」。貝克勒的研究是原子理論突破性成果。放射性活度的國際單位貝克（Becquerel，Bq）就是以他命名，也被用來命名月球與火星上的隕石坑。

▌電子

—西元 1897 年—

約瑟夫·約翰·湯姆森，西元 1856 年 — 1940 年，曼徹斯特，英格蘭

約瑟夫·約翰·湯姆森（Joseph John Thomson，簡稱 J·J·湯姆森）是第一個證明原子包含更小粒子的人。他是劍橋大學三一學院的數學物理學家，研究利用數學模型來呈現原子與電磁力的本質。1884 年，他被授與頗具威望的劍橋大學卡文迪許實驗室主任一職。

湯姆森在一系列實驗中發現了電子，這些實驗原本設計要研究高度真空陰極射線管的放電特性。因此，他是第一個證明原子有組成「部分」的人。他提出的概念是陰極射線實際上是原子中的極小粒子在流動。物理學家先前嘗試用電場讓陰極射線的路徑偏轉都沒成功，因為帶電粒子通過電場照理來說會呈弧線前進，除非它被銅管這類導電體包圍住。湯姆森懷疑射線管裡殘留的微量氣體被射線本身改變成導電體。為了測試這項假設，他盡量抽光射線管裡的氣體，然後發現陰級射線終究在電場中發生偏轉。他斷定說「它（陰極射線）除了是帶有負電荷的微粒物質之外別無可能。」湯姆森說明這可察覺的射線偏轉時，用感光板與磁鐵來證明「有比原子更小的物體」。

湯姆森後來估算這微粒的「荷質比」數值。他在 1904 年提出一套模型，原子是一個球體正電物質，電子藉由靜電分布其上。他試圖估算一個原子具有多少電子數，啟發他著名的學生歐尼斯特·拉塞福繼續研究。湯姆森最後一項重要實驗聚焦在確認正電荷粒子的性質，他的新技術促成質譜儀的發展。湯姆森因為對氣體放電的研究獲得 1906 年諾貝爾物理學獎，日後超過七位參與研究的學生或密切合作者也分別得到諾貝爾獎，包括拉塞福（1908 年

化學獎）和弗朗西斯・阿斯頓（Francis Aston，1922 年化學獎）。湯姆森的主要假設說陰極射線是帶電粒子（他稱為微粒，corpuscle），這些微粒是原子的構成部分。這假設遭受許多質疑，因為以往認為原子是不可分割的。電子在某些條件下表現得像粒子，在另外條件下表現得像波動。電子波動性實際上是由 J・J・湯姆森的兒子 G・P・湯姆森實驗指出，他因此在 1937 年成為諾貝爾共同獲獎人。物理學家從此發現電子只是所有相關基本粒子家族中最普遍的成員。這些粒子都是具有電荷、質量和稱之為自旋性質的微小顆粒。這些次原子微粒的性質成為最新的研究領域。

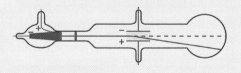

阿斯匹靈

—西元 1897 至 1900 年—

查爾斯・費德里克・熱拉爾，西元 1816 年— 1856 年，法國；費利克斯・霍夫曼，西元 1868 年— 1946 年，德國

阿斯匹靈或稱乙醯柳酸，是水楊酸的一種衍生物。這種藥片是現代大量生產藥物的先驅，也許能比其他藥物治癒更多的小病。它是溫和無麻醉效果的止痛劑，用來舒解頭痛和肌肉、關節疼痛。它的作用是抑制前列腺素生成，這種人體化學物質是血液凝結的必要元素，同時也讓末梢神經敏感疼痛。希波克拉提斯（約西元前 460 至前 370 年）最早寫到用柳樹皮葉泡的茶有治療作用，發現它可有效抵禦發燒、頭痛、疼痛和痛風。後來的艾得華・斯通（Edward Stone，1702 — 1768 年）牧師發現水楊酸，就是阿斯匹靈的有效成分，他在 1763 年注意到柳樹皮可以有效減緩發燒。他試著收集並曬乾些許柳樹皮，製成粉末給大約 50 人服用，發現它是一種「強效收斂劑，治療瘧疾與舒解疼痛非常有效」。1828 年，慕尼黑大學的藥學教授約翰・布赫那（Johann Buchner）首先將柳樹皮這種有效成分以純粹形式分離出來。他稱之為水楊苷。到了 1829 年，法國化學家亨利・禮烏（Henri Leroux）改良了

德國的賠償

拜耳於1900年在美國取得一項專利，給予公司獨家製造阿司匹靈權利。第一次世界大戰後，拜耳在美國的工廠於1919年當做德國賠償的一部分售出，世通公司投資三百萬美金買下工廠。然而，世通無法維護「阿司匹靈」這商標，它成為世界藥品市場上這類成藥的通稱。如今全球每年生產超過七千萬磅（三千兩百萬公斤）的阿司匹靈，單獨美國一年就消耗超過一百五十億顆。

萃取方法，從3磅5盎司（1.5公斤）樹皮可取得大約1盎司（30公克）。1838年，義大利化學家拉法埃萊・皮里亞（Raffaele Piria）把水楊苷分離成糖和芳香成分（水楊醛），再將後者轉換化成無色結晶針狀酸，他稱之為水楊酸。一個主要問題是「純粹」水楊酸會造成反胃，所以需要混合緩衝劑。1853年，法國化學家查爾斯・費德里克・熱拉爾（Charles Frédéric Gerhardt）加入鈉（水楊酸鈉）和乙醯氯做緩衝劑來中和水楊酸，製造出乙醯柳酸。熱拉爾的製品證明效用，但他不打算推廣，並將自己的發現擱置一邊。

1894年，德國化學家費利克斯・霍夫曼（Felix Hoffmann）加入拜耳公司的藥物研究所，他在1897年製造出穩定形式的乙醯柳酸。他研究查爾斯・熱拉爾的實驗並「重新發現」解痛、退燒和抗炎的乙醯柳酸。經過廣泛測試後，它在1899年以阿司匹靈的商標推出給醫師使用，最初是玻璃瓶裝的藥粉。1899年以後，乙醯柳酸遍及全球，做為治療疼痛、發炎和發燒的非處方主要用藥。拜耳公司在1900年推出可溶於水的阿司匹靈藥片，也是第一個這種形式的藥物。1915年，阿司匹靈成為不需處方的成藥，並以藥片形式製造。勞倫斯・克蘭芬（Lawrence Craven）醫師在1948年發現阿司匹靈降低了心臟病發作的風險，藥理學家約翰・范尼（John Vane）在1971年確認

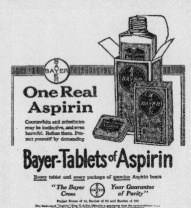

阿司匹靈的作用是抑制前列腺素生成。有心臟病風險的人被建議每日服用一顆阿司匹靈，用於防範和治療發作。阿司匹靈也被認為是治療癌症、心臟疾病、阿茲海默症、中風、不孕、疱疹和眼盲的有效藥物。研究顯示長期服用阿司匹靈能降低40%死於結腸癌的風險。如同先前的熱拉爾，霍夫曼從未得到這世界對他發明應該給予的賞識。

鐳

—西元 1898 年—

皮耶·居禮，西元 1859 年— 1906
年，法國；瑪麗·居禮，西元 1867 年
— 1934 年，波蘭和法國

　　鐳的放射性使得醫學與物理有了
長足進步。波蘭科學家瑪麗·居禮
（Marie Curie）是第一位獲得
諾貝爾獎的女性。她也是第
一位在法國取得博士學位
的女性，並嫁給在巴黎大
學教授物理的皮耶·居禮
（Pierre Curie）。他們發現
鈾礦（瀝青鈾礦）散發大量放
射線，無法僅用它的鈾含量加以
解釋。她假設鈾發出放射線是元素的
原子特性，肇因於原子結構中的某樣東
西。這是一個革命性假設，因為科學家
當時仍相信原子是基本、不可分割的粒
子。沒人了解原子內在的複雜結構或蓄
存的巨大能量，直到後來發現了電子。
1898 年 四月，她的研究揭露釙化合物
就像那些鈾化合物一般會散發「貝克勒
射線」（Becquerel ray），再次顯示發
出射線是一種原子特性。為了描述鈾和
釙的這種表現，她依據光線的拉丁文創
造出放射性（radioactivity）這名詞。

　　居禮夫婦接著研究放射性的來源，
並發現兩個高放射性元素鐳和釙，因此
和貝克勒共同獲得 1903 年的諾貝爾物
理學獎。她命名的鐳化學元素其放射性

比同質量的鈾高出百萬倍。它的不穩定
性使它會發光。她以當時仍被俄國、
普魯士和奧地利分割的祖國波蘭命名釙
（polonium）。皮耶·居禮在 1906 年
去世，但瑪麗·居禮仍繼續她的研究。
她在 1911 年因為分離出鐳而獲得諾貝
爾化學獎，但從沒能夠分離出釙，因為
當時仍不了解放射性衰變的半衰
期。鐳的強大放射性似乎和
能量守恆定律相互駁斥，
促使人們重新思考物理學
基本原理。鐳也提供歐
尼斯特·拉塞福和其他學
者研究放射性來源，使得
他們能探索原子結構。他
的實驗結果首次假定有核原子
的存在。在醫學上，鐳的放射性似
乎提供一種方法可以成功打擊癌細胞。
第一次世界大戰爆發時，居禮夫人認
為 X 射線有助於定位傷口裡的子彈，
讓外科手術容易進行。重要的是不要

純粹科學研究

「我們不能忘記鐳被發現時，
沒人知道它在醫療上會證實有
用。這是一項純粹的科學研究。
同時這也證明科學研究不能從直
觀的有用與否來考量。為了科學
之美，它必須以自我為目的而完
成，一項科學發現總有機會變成
像鐳一樣使人類受益。」——瑪
麗·居禮，節錄於瓦薩學院的
一場演講，紐約州波啟浦夕
市，1921年5月14日。

搬移傷者，於是居禮夫人發明了 X 光車並訓練 150 名女性助手。居禮夫人死於再生障礙性貧血，因為她在研究時長期暴露在高放射性中。在此附帶說明，據傳俄羅斯情報單位在 2006 年將釙用於一場暗殺中，在倫敦刺殺俄國異議人士亞歷山大‧利特維年科（Alexander Litvinenko）。

▌熱離子閥（真空管）

—西元 1904 年—

約翰‧安布羅斯‧弗萊明，西元 1849 年—1945 年，英格蘭

　　約翰‧安布羅斯‧弗萊明（John Ambrose Fleming）發明的熱離子閥（或稱真空管）可說是標示著現代電子學的起點。弗萊明是諾丁罕大學的物理學與數學教授，他在愛迪生電話公司擔任顧問職，因此能見到許多愛迪生的發明，甚至還前往愛迪生在美國的實驗室參觀。弗萊明在這兒見到稱之為愛迪生效應（Edison effect）的發現，它是一個真空燈泡裡有兩個電極，電流只循單一方向從一個電極流向另一個電極。他後來成為倫敦大學學院的電機工程教授。1899 年，除了大學教職以外，弗萊明還被任命為馬可尼公司的顧問。這時無線電還在初期發展階段，

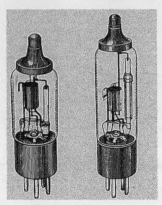

馬可尼不斷努力延伸訊號傳送距離。弗萊明設計的發送器完成第一次跨大西洋傳送。他明白無法做到大幅改進的主要問題在於檢測訊號。金屬屑檢波器是早期主要形式的檢波器，它的靈敏度很低，所以弗萊明要研究一種替代裝置。1904 年十一月，弗萊明為二極真空管整流器申請專利，他稱之為振盪閥。不久之後，他寫信給馬可尼告知自己的發現，並說還沒告訴其他任何人，因為他認為這發現也許很有用。

　　這項發明也被稱為熱離子閥（thermionic valve），取自希臘文的「thermos」，代表熱的意思。弗萊明稱它為閥是因為只允許電流以單一方向通過。它也被稱為真空整流管，電流在管子裡從帶負電的陰極流向帶正電的陽極。因為電流只從負極流向正極，輸入訊號的振盪被整流成可檢測的直流電。弗萊明在接下來幾年對熱離子閥做了許多調整，包括使用了鎢絲和在管子裡加上屏蔽，以防止帶電荷物體影響它的運作。弗萊明在 1908 年為他改良的二極真空管申請專利。真空管在改良後很快被應用到幾種電器裝置上，例如馬可尼—弗萊明真空管接收器。這是無線電革命的開端。弗萊明的發明導致科學史上最著名的訴訟之一，由弗萊明對上德富瑞斯特。李‧德富瑞斯特的

重要貢獻是將柵極導入弗萊明的熱離子閥裡，放在極板間控制電流。法 訴訟焦點是熱離子閥增加的柵極—意即增加的第三極—本身是否具有發明權。馬可尼公司主張它沒有，德富瑞斯特則持相反意見，爭論說弗萊明聲稱的發明已包含在愛迪生 1883 年的專利中。歷經龐大花費的法庭程序，直到 1920 年才得到定案，法院判決有利於約翰·弗萊明。

▍相對論

—西元 1905 年—
亞伯特·愛因斯坦，西元 1879 年
— 1955 年，瑞士和美國

基於他對了解物理真相做出的貢獻，亞伯特·愛因斯坦（Albert Einstein）是繼牛頓之後最重要的科學家。愛因斯坦於 1901 年在蘇黎世畢業，並取得物理學與數學的教師資格，但他找不到教職空缺，所以從 1902 年到 1909 年在瑞士專利局擔任技術助理。他在閒暇時孜孜不倦寫作理論物理論文，遠離學術界或科學界同僚的影響。1905 年，年僅二十六歲的愛因斯坦就發表四份論文，每個都有令人驚訝的突破。他的「狹義相對論」調和力學與電磁學。其次，第二篇「廣義相對論」創造了一個新的重力理論，依據的原則是所有物理定律（例如光的速度）在任何參照框架中都處於相同形式。這表明了牛頓與伽利略對宇宙運行方式的看法是錯誤的。愛因斯坦率先解釋了空間與時間如何運作。狹義相對論證明對於距離與時間的測量依據的是你以多快速度在前進。廣義相對論最著名的部分就是 $E = mc^2$ 方程式（能量等於質量乘以光速平方），成為核能發展的基石。他的狹義與廣義相對論至今仍被視為宇宙大尺度結構的最佳模型。

第三篇論文中，愛因斯坦用來證明原子存在的方法是計算懸浮在流體中的粒子運動，例如在水中晃動的花粉粒—所謂的布朗運動（Brownian motion）。水中看不見的原子在花粉粒四周彈跳，像足球員般在踢一顆足球。這發現為其他科學家鋪好道路去找出計算原子尺寸的方法，依據的是它們以多快速度移動。不過，愛因斯坦在 1921 年獲得諾貝爾獎是因為 1905 年對光電效應的研究，而非他在相對論或原子理論的貢獻。光電效應推翻光是「波動」的想法，取而代之的是認定它由能量粒子或光子組成。這解釋了困擾著前人的難題，也就是不同顏色光線裡包含著不同能量。他的發現導致其他科學家發展出量子物理和量子力學的領域。《時代雜誌》在 1999 年把愛因斯坦稱為世紀之人（Person of the Century）。

器官與組織移植

—西元 1905 年—

愛德華・康拉德・澤爾，西元 1863 年
— 1944 年，奧地利和摩拉維亞

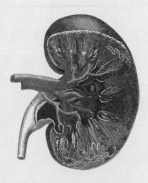

組織器官移植讓成千上萬因疾病面臨死亡的人燃起希望。組織器官移植技術進步快速，尤其使用了新的免疫抑制藥物。再生醫學這個新興領域也藉由病人幹細胞或從衰竭器官粹取細胞使得器官重生成為可能。在同一個體上進行組織器官移植稱為自體移植。在兩個不同個體間進行移植稱為異體移植，組織器官可能來自生者或亡者。已成功移植過的器官包括心臟、腎臟、肝臟、肺臟、胰臟、腸、胸腺和眼睛。移植過的組織包括骨骼與肌腱（兩者都被稱為肌骨骼移植）、角膜、皮膚、心臟瓣膜和血管。腎臟是最常移植的器官，緊跟在後的是肝臟與心臟。角膜和肌骨骼是最常移植的組織，比器官移植數量多過十倍。器官通常需在捐贈或死亡 24 小時內移植。然而，大部分組織（角膜除外）能夠保存長達五年，表示它們可儲存在「組織銀行」裡。

最早執行移植手術的是大約西元前 550 年的印度外科醫師蘇胥如塔，他用自體移植皮膚重建鼻子。義大利外科醫師蓋斯派羅・塔利亞科齊（Gasparo Tagliacozzi，1546 — 1599）也成功進行皮膚的自體移植，但一直無法成功完成異體移植，因為當時並不了解組織排斥這機制。維也納醫師愛德華・康拉德・澤爾（Eduard Konrad Zirm）在當今捷克共和國境內的摩拉維亞完成人類第一次角膜移植。這是第一次成功的異體組織移植，他的方法至今仍是修補角膜損傷的基準。1900 年代早期，醫師應用新的縫合技術開創了動脈與靜脈移植。移植成功率不高是因為捐贈器官在受者體內遭到排斥，但 1970 年發現免疫抑制藥物環孢素之後得到重

移植的進展

以下列出第一次成功的移植，包括：

角膜，1905年（捷克共和國）
腎臟，1954年（美國）
胰臟，1966年（美國）
肝臟，1967年（美國）
心臟，1967年（南非）
心臟與肺臟，1968年（美國）
肺臟，1983年（加拿大）
雙側肺臟，1986年（加拿大）
手部，1998年（加拿大）
膀胱組織工程，1999年（美國）
臉部局部重建，2005年（美國）
下顎，2006年（美國）
雙臂，2008年（德國）
用患者本身幹細胞重建氣管，2008年（西班牙）
全臉，2010年（西班牙）

大進展。南非外科醫師克里斯蒂安·巴納德（Christiaan Barnard）在 1967 年施行第一次心臟移植，病人存活了十八天。1968 至 69 年進行了超過一百次這類手術，但病人幾乎都在六十天內死亡。然而，巴納德的第二名病人存活了十九個月。環孢素的出現將移植手術從醫學研究的層次改變為拯救生命的醫療。到了 1984 年，三分之二的心臟移植病人至少可以存活五年。隨著器官移植變得普遍，它的限制僅在於是否有合適的捐贈者，外科醫師下一個挑戰是在人類身上進行多重器官移植。

▌三極管放大器（三極真空管）和調幅無線電

—西元 1907 年—

李·德富瑞斯特，西元 1873 年— 1961年，美國

　　李·德富瑞斯特（Lee De Forest）在耶魯大學就讀時，用自己機械發明賺來的收入支付學費。1900 年代早期，無線電技術發展最需要的是更有效率、更靈敏的電磁波檢波器。德富瑞斯特在研究中開始構想改良當時使用的弗萊明兩極真空管。弗萊明真空管可以「整流」訊號（從交流變直流），但不能增強訊號。它們也不夠靈敏到能反應入射電磁波的變化。德富瑞斯特在 1906 年發現一種簡單巧妙的解決方法：他在真空管的兩極中間加入第三極。德富瑞斯特取得專利的三極管或三極真空管既可整流還能放大訊號，較佳的調節性意謂著各種電子電路終於可應用在商業上。德富瑞斯特讓天線取得的無線電頻率訊號在進入檢波器前加以放大，因此可以接收更微弱的訊號。在此之前，無線電被認為和無線電報沒兩樣，因為它通常被用來傳送摩斯密碼，而不是傳送真實聲音。德富瑞斯特的新真空管可增強無線電波，使當時被稱為無線電話的應用得以實現。這種調幅（amplitude modulation，AM）技術讓許多無線電臺可以對全美國發送廣播。它成為首選的無線電技術，直到相對近代的調頻（frequency modulation，FM）技術開發出來為止。德富瑞斯特拾棄使用無線名稱，首先採用了無線電（radio）這名詞。這位「無線電之父」實現無線電廣播。如同他在《自傳》（1950 年）中說到：「於是不經意地，我發現了一個看不見的空中帝國，不具形體卻堅如磐石，它的架構將與人類一直共存在這星球上。」

　　德富瑞斯特在 1907 年成立一家公司來實現商業廣播。他在 1910 年 1 月 12日催生了公共無線電廣播，從紐約大都會歌劇院播送《托斯卡》歌劇。然而美國地區檢察官在 1913 年控告他用三極真空管這種「荒謬」的願景詐騙股東。德富瑞斯特堅持不懈，在 1916 年達成兩項成就：第一個廣播廣告（宣傳自己產品）和第一個美國總統選舉的廣播報

導。他的三極真空管不僅在商業無線電上，還是電話、電視、雷達與電腦上的基本零件。儘管固態電晶體在這些設備上終究取代了體積龐大的三極真空管，德富瑞斯特的發明與熱忱仍為電子時代鋪好的康莊大道。

▍塑膠時代
—西元 1907 年—
利奧・亨德利克・貝克蘭，西元 1863 年—1944 年，比利時

利奧・亨德利克・貝克蘭（Leo Hendrik Baekeland）這位比利時化學家在 1893 年發明維洛克斯（Velox）相紙，使得照片可在人工光源下進行拍攝。喬治・伊士曼在 1899 年支付一百萬美金向他購買維洛克斯相紙技術，貝克蘭就用這筆收入在紐約成立一家化學公司。在新實驗室裡，貝克蘭以控制的壓力與溫度施加於酚（石炭酸）與甲，產生一種稱為聚氧苄基甲基甘氨酸酐的物質，他稱這堅硬、有可塑性、可擠壓成型的塑膠為電木（Bakelit），於 1912 年向世人公開。它不昂貴，不會燃燒，而且用途廣泛。電木是第一種塑膠發明物，可以經過加熱成型，因為具備絕緣性和熱阻性的優點，很快就被應用在收音機、電話、時鐘和電絕緣體上，甚至還被做成撞球。它是第一種被發明的真正塑膠。電木是純人工化合物，不是從自然界既有的材料甚至分子製作而成。

它也是第一種熱固性塑料。傳統的熱塑性塑膠被塑形後還可再融化，但熱固性塑膠形成聚合物間的強力共價鍵，固化時構成無法破壞的交聯矩陣，除非摧毀這塑膠才能解開它。熱固性塑膠既堅固又有熱阻性。

現在塑膠的大幅進步主要在另一種形式，熱塑性塑膠可以一再被加熱塑形，例如聚氯乙烯（PVC）、聚四氟乙烯（PTFE），聚乙烯和聚丙烯。製造塑膠的原料主要來自石油與天然氣。第一次世界大戰後，聚氯乙烯和聚乙烯的發明加速了塑膠的研究與創新，接著在1930 年代出現聚醯胺（我們現在稱為尼龍的純合成纖維）。由於它們相對低價、製造容易、用途廣泛和不會透水，塑膠取代了傳統材料被大量用在各個領域產品上，現代生活若沒有塑膠技術將會是另一種完全不同的面貌。我們每天使用的聚酯有軟片、紡織品和布料；聚乙烯用於食物容器、包裝材料和戶外家具；聚氯乙烯製造排水管和窗框；聚丙烯可做成優格容器和汽車保險桿；聚苯乙烯是包裝泡棉和塑膠杯的原料；聚醯胺可製作模具和牙刷刷毛；丙烯腈─丁二烯─苯乙烯共聚物（ABS）用於電腦螢幕和鍵盤；聚碳酸酯可製造

光碟片和鏡片；聚氨酯用在隔熱和塗料；三聚氰氨用在兒童杯和美耐板；聚甲基丙烯酸甲酯可以做隱形眼鏡和壓克力玻璃；聚四氟乙烯用在不沾鍋面；脲甲醛樹脂則被當做木料黏著劑。

多引擎固定翼飛機與客機
—西元 1913 年—
伊戈爾‧伊萬諾維奇‧塞考斯基，1889 年— 1972 年，俄羅斯和美國

伊戈爾‧伊萬諾維奇‧塞考斯基（Igor Ivanovich Sikorsky）在飛行運輸上造成的革命比任何人的功勞都來得大。在巴黎接受工程訓練後，塞考斯基於 1909 年回到俄國開始設計直升機，但很快就了解到當時技術限制。他開始建造固定翼飛機，第五個原型機是雙座 S-5，是他首次不以其他歐洲飛機為基礎的設計。塞考斯基在一次試飛中不得不迫降，他發現汽油裡的一隻蚊子被吸進化油器，阻斷了引擎供油。他決定製造多引擎飛機來防止相同問題再度發生。他接著設計能搭載三名乘客的 S-6 飛機，並在 1912 年受到俄國軍方表揚。塞考斯基於 1913 年設計並駕駛世上第一架多引擎固定翼飛機，這架四引擎 S-21 俄羅斯勇士號（Russky Vityaz）在聖彼得堡試飛，來自世界各地的專家與媒體朝笑他的設計，但飛機試飛成功。

塞考斯基帶著建造俄羅斯勇士號的經驗，在 1913 年開發出世上第一架客機，S-22 伊利亞‧穆羅梅茨號（Ilya Muromets）。它革命性的設計打算用在商業服務上，寬敞機身加上首見的隔離客艙、舒適藤椅、一間臥室、一間交誼室、甚至還有第一間空中洗手間。這飛機也有暖氣和電燈。駕駛艙有足夠空間讓幾個人能參觀飛行員操作。機身兩側都可開啟，讓機械師在飛行時能爬上機翼維護引擎。機身上方的狹小通道讓乘客可以體驗露天飛行。它在 1913 年十二月首次試飛，然後在 1914 年二月搭載十六名乘客首航。這標示著單一飛機搭載多名乘客的紀錄。1914 年 6 月 30 日到 7 月 12 日期間，它從聖彼得堡一路飛行到將近 7501200 公里外的基輔再返航，完成一項世界記錄。去程花費十四小時三十分鐘，中途落地加油一次，回程同樣有一次著陸加油，這趟花費十三小時。第一次世界大戰爆發後，塞考斯基將伊利亞‧穆羅梅茨號重新設計為世上第一架四引擎轟炸機。這架重型戰機在戰爭初期所向披靡，因為同盟國直到後期才有飛機能威脅到它。

大戰後，俄國革命在家鄉引發動亂，所以塞考斯基最後移民到美國，於 1923 年成立塞考斯基飛機公司（Sikorsky Aircraft Corporation）。　公

司建造 S-29-A（A 代表美國）時財務
還不穩定，這架雙引擎全金屬打造的飛
機成了現代客機的先驅。水陸兩用版本
的 S-38 是非常成功的產品，它被泛美
航空公司用來開闢橫跨世界的新航線。
（數字 38 代表塞考斯基設計的第三十八
架飛機。）後來成為聯合飛機公司（現

在的聯合技術公司）的子公司後，塞
考斯基的公司製造了飛剪船（Flying
Clipper），開創跨越大西洋與太平洋的
商業空中運輸。塞考斯基最後的 S-44 水
上飛機保有許多年的橫越大西洋最快記
錄。不過現在的塞考斯基公司幾乎都在
發展直升機技術。

▌移動式組裝線和大量生產
—西元 1914 年—
亨利·福特，西元 1863 年— 1947 年，
美國

　　亨利·福特（Henry Ford）的移動
式組裝線被所有製造業仿效，他的 T 型
汽車（Model T）宣布了汽車時代的來
臨。福特曾說他必須靠著發明汽車來打
發無聊的農莊生活。到了 1896 年，他造

出自己第一輛不用馬拉的四輪車，銷售
後取得資金讓他能夠開發改良版本。他
在 1903 年組成福特汽車公司，聲稱「我
將為廣大民眾建造一輛車」。1908 年，
T 型汽車的售價只要 950 美元，立刻造
成轟動。這輛車的駕駛盤在左側而非中
間，這種配置馬上被其他其他公司仿
效。汽車的引擎與傳動系統全都覆蓋起
來，引擎的四汽缸是整塊鑄鐵製造，懸
吊系統採用兩個半橢圓彈簧。這輛車駕
駛起來很簡單，堅固耐用而且維修容易
又便宜。它在當年的價格甚至降到 825
美元以下，而且逐年降價，這要歸因於
生產成本降低。從 1913 年在工廠建立移
動式組裝線之後，福特公司成為世上最
大汽車製造商。到了 1916 年，隨著基本
房車售價降到 360 美元，每年銷售達到
四十七萬兩千輛，在生產的十九年裡價
格最低來到 280 美元。到 1920 年代，
美國大部分駕駛者都得學開 T 型汽車。
1927 年，T 型汽車的生產超過一千五百
萬輛，它保持世上最暢銷汽車的記錄直
到福斯公司金龜車出現才被超越。因為
T 型汽車的出現，汽車從富人專屬奢侈
品逐漸變成一般人的基本交通工具。汽
車改變了美國社會，愈來愈多美國人擁
有汽車，都市化模式隨之改變。外圍郊
區開始成長，因為人們可以移動更長距
離前去工作，也催生州際公路系統和更
有效的道路分布系統，不再依賴鐵路和
馬匹運輸。

　　福特徹底改變了製造業。他早期的

車輛生產耗時 728 分鐘，大約 1913 至 14 年在密西根州工廠設立了第一個輸送帶式組裝線，創新的生產技術改觀了一切。工廠每 93 分鐘可以完成一輛車底盤。利用不斷移動的組裝線做細部分工，並且嚴密協調作業，使得公司在生產上獲益極大。福特從 1914 年開始支付他的員工每日五美元，薪資將近是其他製造業的兩倍。原因之一是要讓他們可以買自己的汽車。他把每日工時從九小時縮減為八小時，不是出於仁慈之心，而是要把工廠轉為三班輪班制，每天 24 小時生產汽車。1932 年，亨利·福特發表他最後的工程傑作，宏偉的單體 V8

引擎。T 型汽車的最後幾年生產中能在 34 分鐘製造一輛車，所有備用零件可在西爾斯羅巴克（Sears Roebuck）郵購目錄上找到。福特與喬治·B·塞爾登（George B. Selden）的訴訟反應出他對汽車運輸的一個有趣影響。從沒造過一輛車的塞爾登擁有道路引擎的專利，因此所有美國汽車製造商得支付專利費給塞爾登。福特推翻了塞爾登的專利，從此可以製造廉價汽車，繼而廣拓美國汽車市場。

▌ 電影技法
—西元 1914 年—
大衛·盧埃林·沃克·格里菲斯，西元 1875 年— 1948 年，美國

大衛·盧埃林·沃克·格里菲斯（David Llewelyn Wark Griffith）在他的名作《一個國家的誕生》（The Birth of a Nation，1915 年）與《忍無可忍》（Intolerance，1916 年）之前已拍攝過上百部短片。1918 至 1922 年間的其他

無可取代的黑色

　　福特十分執著於效率，他的生產線靈感來自芝加哥的肉品包裝工廠。1918 年時，美國有半數汽車是 T 型汽車。然而它們幾乎都是單調的黑色。如同福特在自傳中寫到，「每個顧客都可將車輛漆成他想要的任何顏色，只要它是黑的。」直到 1914 年啟用的生產線，他的車才出現幾種其他顏色。他決定統一使用黑色並非要限制顧客選擇，而是要降低成本。當時車輛上塗料後要在太陽下等它乾燥，不像今天是放進烤爐。黑色塗料乾得比較快，因此配合移動式組裝線生產黑色汽車可以更快、更便宜。黑色塗料購買成本也較低而且更耐久。在 T 型汽車的生產壽命期間，超過三十種不同黑色塗料以不同方式塗抹在不同零件上，它們根據不同零件的需求調配適合的配方。每種配方都有不同的乾燥時間，依據零件部位、塗抹和乾燥的方式而定。

主要電影作品有《世界的核心》（Hearts of the World）、《殘花淚》（Broken Blossoms）和《暴風雨中的孤兒》（Orphans of the Storm）。《世界的核心》首創將第一世界大戰中拍攝的真實戰爭場景呈現在觀眾面前。格里菲斯掀起電影技法的革命，從此改變電影

製作。他創立淡入、淡出（溶接），特寫和倒敘等技法。他把電影從一種科技發明提升為一個藝術媒介，他的史詩巨作在全世界被觀看與臨摹。格里菲斯受到歐洲電影的影響，在 1914 年拍攝的第一部長片是《貝斯利亞女王》（Judith of Bethulia），改編自聖經故事《友弟德傳》（Book of Judith）。他的下一部電影《一個國家的誕生》備受爭議。親密的家族故事被美國內戰撕裂，壯麗的戰爭場面為其特色，也是當時為止最具野心的一部電影。基於強烈親南方的立場，影片開始對奴隸與 3K 黨的描繪引起一些觀眾騷動。

格里菲斯接著希望拍攝一部史詩級作品，1619 年和平主義精神的《忍無可忍》將巴比倫墮落、耶穌受難、聖巴多羅買大屠殺和以當代加州為背景的一個故事串連在一起。貫穿的主題是描述人類無法包容異己。他拋開《一個國家的誕生》的線性敘事，開創新方式是將

四個故事並置敘述，打斷時空的連續性。它激怒許多美國人，因為他們期待看到的是馬克・森內特（Mack Sennett）拍攝的《吉斯通警察》（Keystone Cops）這類電影—易於了解的劇情發展和角色分明的英雄與惡棍。這部電影在歐洲與俄國獲得喝采，但在美國造成虧損。

正因如此，富裕迷人的巴比倫片段被重新剪接發行為《巴比倫的墮落》，希望能創造利潤。他的反戰視野和當時一個準備參與世界大戰的國家氛圍完全不同調。格里菲斯是當代電影工業的重要開拓者。

米蘭科維奇循環
—西元 1914 年－ 1918 年—
米盧廷・米蘭科維奇，西元 1879 年— 1958 年，塞爾維亞

將近一個世紀以前，米盧廷・米蘭科維奇（Milutin Milanković）證明了「氣候變遷」和他的「地球日照學說」（Canon of the Earth's Insolation）與冰河期理論（Ice Age theory）如何產生關聯。法國數學家約瑟夫・艾方斯・阿德馬（Joseph Alphonse Adhemar）在 1842 年曾提到天文週期會改變到達地球的日光量。阿德馬在《海洋循環》（Revolutions of the Sea）中寫到，兩萬

六千年為週期的分點歲差實際決定了冰河期。七十年後，塞爾維亞土木工程師兼數學家米蘭科維奇在第一次世界大戰期間被拘留在布達佩斯，他決定善用時間去研究地球物理學。

米蘭科維奇決定根據地球接受日照的季節與緯度變化，專注發展氣候的數學理論。現在稱為米蘭科維奇理論（Milankovitch Theory）描述的是地球圍繞太陽在太空中移動，地球—太陽的幾何三要素其週期變化若結合起來，就會使得抵達地球的太陽能量產生變化。這些變化被稱為米蘭科維奇循環（Milankovitch Cycles）或米蘭科維奇搖擺（Milankovitch Wobbles），政客們將西方資本花在低效率且無效果的再生技術前都該先弄懂它。附帶一提，從來沒有科學家可以使能量再生，只能將它轉變成另一種形式的能量，所以能量絕非可以再生，只是能夠轉變形式。

雖然這些軌道週期循環以米蘭科維奇命名，他並非率先將它們與氣候聯繫在一起。阿德馬（1842 年）和詹姆士·克洛爾（James Croll，1875 年）是最早的兩人，不過米蘭科維奇以他驚人的數學計算結果證明這理論。他確認三項軌道變化或循環週期：第一項是地球軌道離心率（Eccentricity）變化，也就是環繞太陽的軌道形狀變化。目前來看，地球距離太陽最近（近日點，大約在 1 月 3 日）和最遠（遠日點，大約在 7 月 4 日）的差距大約只有 3%（500 萬公里）。這差距造成一月到七月間的太陽輻射（日照）逐漸減少 6%。地球軌道的形狀同時也會從橢圓（大約 5% 的最大離心率）改變到將近正圓（接近 0% 的最小離心率），這個週期大約要歷經十萬年。當軌道處於高度橢圓形時，近日點的日照量會比遠日點多了 20% 至 30%，形成與現今大不相同的氣候。

第二項是地球相對於軌道平面的自轉軸傾角（Obliquity）變化。隨著傾斜角度愈大，季節對比也愈強烈，於是南北半球都會變得冬天更冷而夏天更熱。目前地球自轉軸與公轉軌道平面的傾角是 23.44 度，而且正在減少中。不過傾

氣候變遷的先驅

米盧廷·米蘭科維奇實際上並不知名，但美國國家航空暨太空總署（NASA）將他列為史上最偉大的十位科學家之一，因為他發展的理論關係著地球行星運動對長期氣候變遷的重要影響。米蘭科維奇繼阿德馬之後提出冰河期的正確假設，證明長期氣候與地球軌道週期變化之間的關係。地球與太陽的相對位置解釋的不僅是地球過去的氣候，同時也預測了未來可能出現的氣候變遷。這些極為緩慢的變化也導致物種大量滅絕。他的地球日照學說描繪了太陽系各行星的氣候特徵。日照是到達行星表面的太陽輻射，以每平方公分在每分鐘所接受的太陽能量多寡來計算。影響日照的因素包括太陽角度、太陽與地球（或太陽系中其他行星）的距離、大氣影響和白晝持續時間。

角是在 22.1 度與 24.5 度之間變化，平均週期大約是四萬一千年。因為傾角的變化，季節差異便會擴大。傾角愈大代表季節變化愈劇烈，夏天更熱而冬天更冷，反之亦然。傾角較小就會帶來較涼的夏季，並讓高緯度地區的冰雪終年不退，最後會形成厚重的冰原。此時的氣候系統會有加乘效果，因為地球被更多冰雪覆蓋，於是更多太陽能量被反射到太空，造成額外的冷卻作用。這就是所謂的反照效應，太陽能量被積雪、冰河與海冰反射回太空。

第三項的進動（Precession）是重力導致地球自轉軸的指向在緩慢持續搖擺。它也被稱為分點歲差（Precession of the Equinoxes）、歲差（Axial Precession）或赤道歲差（Precession of the Equator）。這是地球在自轉時的緩慢搖擺，自轉軸就像一個逐漸慢下來的陀螺儀轉軸，以既定週期在太空中畫出一個圓圈。歲差變化也改變了近日點與遠日點的日期，因此會造成季節對比在某一半球加劇，在另一半球減緩。自轉軸指向的緩慢移動就像一個搖擺的陀螺儀，以將近兩萬六千年的週期畫出頂點相接的一對圓錐體。地球自轉軸還有其他的變化，包括極和章動，不過對於氣候變遷的影響較小。

米蘭科維奇用這三項

軌道變化製定一個綜合數學模型，計算出不同緯度的日照差異，以及 1800 年以前六十萬年的對應地表溫度。他接著把這些變化與冰河期的消長聯繫起來。他選擇北緯 65 度夏季日照當做最重要的緯度與季節模型，因為大冰原都生成在這緯度附近，而較涼的夏季會減少冰層融化，導致冰原增長。1976 年以前，他的理論被眾人忽視。後來有一項研究發表在《科學》雜誌上，研究者檢測深海沉積物岩芯，發現米蘭科維奇的理論與氣候變遷的時間相符。他們採掘到回溯至四十五萬年前的氣溫變化記錄，發現主要的氣候變遷與地球軌道的幾何變化（離心率、傾角和進動）密切相關。冰河期發生在地球軌道正經歷不同階段的變化時期，「……若以數萬年尺度來看，軌道變化仍是最禁得考驗的氣候變遷機制，而且是目前為止直接影響地球大氣底層日照最明確的事實。」（美國國家科學研究委員會，1982 年）

人們必須了解這些變數，因為地球的大陸塊是不對稱分布，而大部分陸地又位處北半球。當北半球的夏季最涼（因為歲差與最大離心率而離太陽最遠）而冬天最暖（傾角最小）時，積雪會不斷累積並覆蓋北美與歐洲廣大地區。就目前而言，只有歲差處於冰河

模式，傾角和離心率還不利於冰河作用。數以千計的因素影響著氣候變化，這三項軌道循環絕對是最重要的因素。各國政府已逐漸停止討論全球暖化，許多獨立科學家並不贊同這議題，寧可選擇更正確的議題是氣候變遷。

▋ 觀察核反應

—西元 1919 年—
歐尼斯特‧拉塞福，西元 1871 年— 1937 年，紐西蘭、英格蘭和加拿大

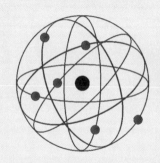

　　歐尼斯特‧拉塞福（Ernest Rutherford）被稱為「核子物理學之父」，他發現了質子，提出原子核結構，還證明放射性是原子的自然衰變。出生紐西蘭的拉塞福在英國與加拿大領導物理研究。他最讓人記得的是在 1898 年為當時人們認知甚少的 α（阿伐）、β（貝他）和 γ（伽瑪）射線命名。我們現在知道 α 和 β 射線是粒子束，γ 射線是一種高能量的電磁輻射。拉塞福在 1903 年利用電磁場讓 α 射線轉向。他也觀察到放射性強度隨著時間推移會有一定衰減率，所以他在 1907 年將這種

強度減半的時間命名為半衰期。拉塞福藉由此方法發現地球歷史遠比人們原本認為的還要古老。

　　1909 年，他的學生歐內斯特‧馬斯登（Ernest Marsden）與漢斯‧蓋革（Hans Geiger）在拉塞福散射（Rutherford scattering）實驗中用 α 粒子撞擊金箔紙，顯示少部分入射粒子會有大角度偏向，拉塞福因此提出描述原子的核子模型。他在 1908 年因為對放射線與半衰期的研究獲得諾貝爾化學獎，拉塞福對於得到化學獎而非物理學獎感到憤憤不平，領獎致辭時評論說自己在研究中看過許多轉變，但從沒一個像他自己從物理學家變成化學家那麼快速。拉塞福的理論主張最簡單的射線必然來自氫，它們是帶正電的基本粒子，他在 1914 年將其命名為質子。

　　1919 年，他用 α 粒子穿過氮氣並發現螢光屏留下零星氫原子撞擊的閃光訊號。他推斷 α 粒子從氮原子中把質子碰撞出來，於是首次觀察到核反應。氮在此過程實際上轉變成氧的同位素，所以拉塞福也首創以人工方式將一個元素轉變成另一元素。他創造了一個新的學科，那就是核子物理學。他原創的核撞擊概念使得化學元素的核嬗變成為可能。拉塞福的研究被用於第二次世界大戰中召集的曼哈頓計畫裡，因此開發出第一個核武器。1997 年，放射性強度的單位「拉塞福」便是以他命名。

▌銀河系外星系和宇宙均勻膨脹

—西元 1923 和 1929 年—

愛德溫・鮑威爾・哈伯，西元 1889 年
—1953 年，美國

1990 年發射升空的哈伯太空望遠鏡是以二十世紀一位重要的天文學家來命名。第一次世界大戰擔任美國陸軍少校後，愛德溫・鮑威爾・哈伯（Edwin Powell Hubble）在 1919 年被加州威爾遜山天文臺聘用，這裡裝置了新服役的 100 吋（2.5 公尺）口徑虎克望遠鏡，是當時世上最大的望遠鏡。當時大部分天文學家認為整個宇宙，包括行星、恆星和稱為星雲的模糊天體，都包含在銀河系裡面。因此我們的星系被認為就是整個宇宙。1923 年，哈伯將虎克望遠鏡對準星空中稱做仙女座星雲（Andromeda Nebula）的一塊模糊區域，發現它包含著像我們銀河系一樣的恆星，只是比較暗淡。他看到的一顆是造父變星（Cepheid variable），一種已知光度會變化並可用來估算距離的恆星。哈伯依此計算並推斷仙女座星雲不是附近的星團，卻可能位於另一個星系，現在被稱為仙女座星系（Andromeda Galaxy）。

哈伯在隔年又有相似的發現，到了 1920 年代末期，科學家們開始相信我們銀河系只是宇宙百萬星系的其中之一。這個思想轉變意義重大，如同我們當初明白世界是圓的以及地球繞著太陽旋轉。哈伯在 1920 年代末就發現足夠的星系可以加以比較。於是他創造一個被稱為哈伯音叉圖（Hubble tuning fork diagram）的分類系統，根據外形將它們區分為橢圓、螺旋和棒旋星系。這系統至今仍在使用並持續進化。他把星系分組排序成為人們所稱的哈伯序列（Hubble sequence）。

哈伯還有一項驚人發現是他研究四十六個星系的光譜，調查這些星系相對於我們銀河系的的

愛因斯坦最大的錯誤

1917年，亞伯特·愛因斯坦已發現他剛發展的廣義相對論暗示著宇宙若非在膨脹就是在收縮。但不相信自己方程式透露的事實，愛因斯坦在方程式中加入一個「宇宙常數」的「乏晰因子」（fudge factor）來避免這個「難題」。當愛因斯坦聽聞哈伯的發現，他說自己在方程式中做的更改是「此生犯下最大的錯誤」。

都卜勒速度。他發現相距愈遠的星系，彼此之間遠離的速度就愈快。基於這項觀察，哈伯斷言宇宙正在均勻膨脹。從其他星系光譜中觀察到都卜勒頻移（Doppler shift）或紅移的程度，都依它們相對於地球的距離呈現等比增加。這對應關係後來被稱為哈伯定律（Hubble's Law），有助於證實宇宙正在不斷膨脹。哈伯發表於 1929 年的資料是首次根據實際觀察，支持了喬治·勒梅特在 1927 年提出的大霹靂理論。

哈伯和他在威爾遜山的同事米爾頓·赫馬森（Milton Humason，此人在建造天文臺時竟是一名騾夫，然後擔任門警，接著又做夜間助理）估算，宇宙膨脹的速度是 500 公里每秒每百萬秒差距。每百萬秒差距代表大約 326 萬光年的距離，所以兩百萬秒差距之外的星系退離我們的速度是一百萬秒差距之外星系的兩倍。這個估算值被稱為哈伯常數（Hubble Constant），科學家們從那時起就不斷在微調這數值。宇宙學家用它往回推算大霹靂，他們目前估計我們太陽系的歷史有 45 億年，宇宙的歷史有 137 億 5 千萬年。哈伯去世不久前，帕洛馬山天文臺巨大的 5 公尺口徑反射式海爾望遠鏡剛完成，哈伯是第一位使用它的天文學家。哈伯持續在威爾遜山與帕洛馬山的天文臺做研究，一直進行到他去世為止。

哈伯郵票

2008 年，美國郵政署發行一枚 41 美分郵票紀念哈伯。介紹他的引文寫道：「一向被稱為『遙遠天體的先驅』，天文學家愛德溫·哈伯在解開宇宙龐大且複雜的本質上扮演重要角色。他對螺旋星雲縝密的研究證明了我們銀河系外還有其他星系存在。若不是在1953年驟逝，哈伯將獲得當年諾貝爾物理學獎。」

▌太空火箭

—西元 1926 年—

康斯坦丁·齊奧爾科夫斯基，西元 1857 年—1935 年，俄羅斯；羅伯特·哈金斯·戈達德，西元 1882 年— 1945 年，美國

現代火箭技術始於這兩人之手，他們的成果開拓了後來的太空探索。戈

達德的研究預先發展了許多太空飛行需要的技術。1898 年，俄羅斯中學教師兼科學家康斯坦丁·齊奧爾科夫斯基（Konstantin Tsiolkovsky）首先提出太空探索的構想。他在 1903 年建議火箭採用液體燃料以獲得更大射程，並說火箭的速度與射程只受限於氣體噴出的排氣速度。因為他的研究與洞察，齊奧爾科夫斯基被稱為「現代航太之父」。羅伯特·哈金斯·戈達德（Robert Hutchings Goddard）是一位教授和物理學家，實際進行了許多火箭技術的試驗，嘗試將火箭推升到超越熱氣球的高度。1919 年，他出版《到達超高空的方法》（A Method of Reaching Extreme Altitudes）一書，提出發射探空火箭或研究火箭所需的數學分析。它們將攜帶儀器飛到次軌道進行測量，高度介於氣象氣球和太空衛星之間的地表上空。戈達德最早實驗是用固體燃料火箭。從 1915 年開始，他嘗試過各種固體燃料，計算燃燒氣體的排氣速度。然而就像齊奧爾科夫斯基一樣，戈達德確信火箭採用液體燃料可以獲得更好推進力。這比建造固體燃料火箭要困難得多，在此之前沒人嘗試過。它需要燃料槽與氧氣槽、渦輪發動機和燃燒室。戈達德在 1926 年首次成功發射一枚液體燃料火箭升空。它用液態氧和汽油做為燃料，只飛行了兩秒半，爬升高度 12.5 公尺，在 56 公尺距離外著地。

戈達德的火箭開創了火箭飛行的新時代。他的實驗持續了好幾年，火箭愈做愈大，也愈飛愈高。在三十四次飛行中，戈達德曾達到將近 2.6 公里的高度，時速將近 885 公里。他開發出控制飛行的陀螺儀系統、三軸控制、推力向量和可以攜帶科學儀器的載荷艙。降落傘回收系統被用來安全回收火箭與儀器。戈達德被稱為「現代火箭學之父」。他的 214 項專利中的其中兩項，1915 年的多節火箭設計和液體燃料火箭設計，被認為是邁向太空飛行的重要里程碑。戈達德在有生之年極少獲得大眾支持，他對太空飛行的革命性想法有時會被記者揶揄。在《紐約時報》上遭受批評之後，戈達德回答一位記者的發問說：「直到第一個人實現之前，每個憧憬都是笑話；一旦實現之後，它就變得不足為奇。」戈達德迴避宣傳活動，但他是首位了解到火箭與太空旅行科學可行性的人。他也率先掌握實現自己理想所需的火箭設計製造技術。

第二次世界大戰後，許多未使用的德國 V2 火箭與零件被同盟國取得。德國火箭科學家在美國與蘇聯受到歡迎。

櫻桃樹上的夢想

戈達德在十六歲時讀到 H・G・威爾斯的《世界大戰》（The War of the Worlds）這本小說，開始對太空產生興趣。一年後的1889年，他爬到一棵櫻桃樹上去砍掉枯枝。戈達德盯著天空，他被滿腦子的想像霸佔住。他後來寫道：「我在這天爬到穀倉後面的一棵高聳櫻桃樹上……當我望向東方田野，想像著若做出甚至可飛上火星的裝置會有多奇妙，若從我腳下草地升空，它看起來會有多麼小。從那時候起，我拍了幾張那棵樹的照片，斜靠樹上有一個我爬上去用的小梯子。當時對我來說它就像個圍繞轉軸水平旋轉的重物，上方旋轉得比下方還快，藉由上方較大離心力可以提供升空力量。我從樹上下來時已和上去時是個不一樣的男孩。至少生活似乎變得很有目標。」戈達德在他餘生都將10月19日當做他的「週年紀念日」，是他紀念自己獲得最大靈感的日子。

兩個超級強權現在明白火箭技術做為軍事武器的可能性，於是開啟各種實驗計畫。華納・馮・布朗（Wernher von Braun）和其他德國火箭科學家對於戈達德和他的小型團隊有如此進展感到驚訝。最初，美國執行一項高空「探測火箭」方案就是戈達德早期的計畫。後來各種中程與長程洲際彈道飛彈被發展出來。這些成為美國太空計畫的起點。例如紅石、擎天神和泰坦等飛彈後來被用來將美國太空人送上太空。1962 年 2 月 20 日，一枚擎天神火箭成功將約翰・葛倫（John Glenn）乘坐的水星計畫友誼 7 號太空船送上軌道，這趟飛行開啟美國太空旅行的新時代，最終引領美國人在 1960 年代末登上月球。

▎現代電視機

—西元 1927 年—
費羅・泰勒・法恩斯沃斯，西元 1906 年 —1971 年，美國

費羅・泰勒・法恩斯沃斯（Philo Taylor Farnsworth）開創了現代世界最受歡迎的娛樂與資訊媒介。在 1920 年代，電視機指的是一種機械裝置，它透過上面有孔洞的轉盤掃描影像，再將掃描結果投射到布幕上，重現成尺寸小又不穩定的畫面。約翰・羅傑・貝爾德（John Logie Baird）在 1926 年就展示了這種機械裝置。然而，法恩斯沃斯想改用真空管以電子方式重現影像，將電子束一行接著一行打在螢光幕上。二十歲的他設法取得一些資金著手研究，1927 年九月時展示了第一臺全電子式電視機。他率先發明現今我們稱為電視影像的訊號傳送，其中包含六十條水平掃描線。這預言了一個利益龐大的產業誕生。

法恩斯沃斯開發出析象管，這是後來電子式電視機的基礎。他在 1927 年一月為這攝影管申請專利。光電陰極射線製造出電子影像，接著被掃描成電子訊號後重現成為視覺影像。他首次證明不需使用任何機械裝置就能傳送「電子影

像」。法恩斯沃斯用電子本身代替轉盤與反射鏡，這粒子既小又輕，可以在真空管裡每秒來回偏轉成千上萬次。法恩斯沃斯率先製造出電子束並加以運用，這項成就代表著人類知識的大躍進。1927 年以後的每項電視技術新發展，基本上都是以法恩斯沃斯的發明為基礎加以改良。1928 年，法恩斯沃斯向世界展示一個全電子電視系統，包括他的析象管在內，從擷取影像到顯示影像的兩端設備都採用電子掃描。

1930 年，就在法恩斯沃斯獲得全電子電視系統專利的同年，美國無線電公司（RCA）的弗拉基米爾・茲沃里金（Vladimir Zworykin）探訪他的實驗室，此人發明了一臺用陰極射線管製造的電視機（1928 年）和一具全電子攝影管（1929 年）。這導致一場持續超過十年的專利戰，結果 RCA 公司在電視掃描、聚焦、同步、對比與控制等設備

上支付法恩斯沃斯一百萬美金專利授權費。第二次世界大戰期間，儘管他發明了雷達基礎、螢光燈（夜視用）和紅外線望遠鏡，法恩斯沃斯的公司現金週轉出問題，在 1949 年賣給國際電話電報公司（ITT）。法恩斯沃斯其他 165 項發明專利包括了「冷」極射線管、空中交通控制系統、嬰兒保溫箱、胃鏡和第一臺（雖然很原始的）電子顯微鏡。從 1950 年代到去世為止，他主要興趣放在核融合，1965 年取得專利的是被稱為 Fusor 的一個圓柱管陣列，能夠產生三十秒的核融合反應。

▌大霹靂理論

—西元 1927 – 1930 年—
喬治・勒梅特，西元 1894 年—1966 年，比利時

喬治・勒梅特（Georges Lemaître）在 1927 年發表一篇名為《一個質量恆定而半徑增長的均勻宇宙可以說明銀河系外星雲的徑向速度》的論文，此時他是比利時魯汶大學的一位兼任講師。在這聳人聽聞的發表中，他提出了被稱為大霹靂（Big Bang）理論的一個不斷擴大的宇宙。他也推衍出哈伯定律，並對哈伯常數做出首次觀察估算。兩年後，哈伯證實了勒梅特的理論，他發表的速度—距離關係強烈支持一個膨脹的宇宙，

繼而發展成大霹靂理論。哈伯利用勒梅特的廣義相對論公式，證明外太空天體相對於地球與其他天體呈現出一種都卜勒頻移速度。比利時人的論文沒造成太大衝擊，愛因斯坦也拒絕接受膨脹宇宙的概念。

1930年，知名天文物理學家亞瑟·愛丁頓（Arthur Eddington，1882 — 1944年）提到他的前學生勒梅特時，說他的論文是對宇宙學明顯問題的一個「精采解決方案」。勒梅特最後被認真看待。他受邀到倫敦並向不列顛科學協會提出宇宙是從原始原子（Primeval Atom）擴張而來。他稱自己的理論是「宇宙之卵在創世時刻的爆炸」。後來它被天文學家兼數學家弗雷德·霍伊爾（Fred Hoyle，1915 — 2001）戲稱為大霹靂（或大爆炸）理論，在1949年BBC廣播節目中貶抑地駁斥這觀點。勒梅特與愛因斯坦有幾次會面，逐漸得到的結論是愛因斯坦自己的靜態宇宙模型不能無限溯及既往。1935年的一場普林斯頓大學研討會上，勒梅特詳述他的理論，愛因斯坦稱讚是「我所聽過對於創世最出色且最充分的說明。」勒梅特解釋宇宙射線是原初爆炸的殘餘效應。他在得知宇宙微波背景（cosmic microwave background，CMB）輻射被發現不久之後去世，這種熱輻射正好證明了他的理論。

暗物質、暗能量、宇宙暗流和多重宇宙論

以前認為宇宙膨脹已經減緩下來，因為大霹靂已是超過一百三十億年前的事。大霹靂之後，物理法則告訴我們原始宇宙的冷卻會造成物質團塊形成，重力也開始發生作用。科學家目前知道有24種粒子，每種粒子有不同性質；為了解釋不斷膨脹的宇宙，他們假設有一種物質被稱為暗物質，由24種未知物質的粒子組成。我們無法觀察或測量暗物質，因為它們不會發出或反射光線，但據估計它的數量是宇宙中「一般」物質的五倍。24種未知粒子可以穿透天體，難以測量它們是因為它們會穿透任何測量儀器。科學家認為暗物質創造出重力，進而形成星系。

然而，哈伯太空望遠鏡發現宇宙不僅在膨脹（因為暗物質的緣故），而且膨脹還在加速。2011年有三位物理學家獲得諾貝爾物理學獎，他們在1998年已發現外太空超新星遠離的速度比預期得快，因為某種因素超越了重力。這神秘力量導致的加速目前無法理解，它被稱為暗能量。重力吸引應該會牽制任何膨脹，但實際並非如此。暗能量是宇宙中一股新的驅動力，正在把宇宙拉扯分離。宇宙膨脹得愈大，愈多暗能量會擴張填入空隙。因此太空中沒有完全真空這回事，即使所有已知和未知粒子都被移除也一樣。太空充滿一種我們無法理解的神秘能量。

這已是夠難理解的概念了，但還有一個新現象得要考慮。宇宙微波背景輻射發散的射線發生了扭曲。全部星系團正朝著一個意想不到的方向移動，被稱之為宇宙暗流。宇宙中物質團塊似乎以非常快的速度和一致的方向在移動，這不能用宇宙中觀察到的任何已知重力加以解釋。研究者推斷這牽引物質的東西必然處於看得見的宇宙之外。唯一的解釋就是我們的宇宙只是更大整體的一小部分——膨脹製造出了許多「小宇宙」。

青黴素

—西元 1928 年—

丹尼爾・莫林・皮萊斯，西元 1902 年—1976 年，威爾斯和英格蘭

青黴素（Penicillin）是使用最廣泛的抗生素之一，已拯救了百萬人性命。丹尼爾・莫林・皮萊斯（Daniel Merlin Pryce）為亞歷山大・弗萊明（Alexander Fleming）教授的研究助理之一，但他於 1928 年二月轉往其他領域研究。根據皮萊斯的妹妹希爾達・賈曼（Hilda Jarman）夫人描述，弗萊明當年夏天去渡假，皮萊斯在他回來工作的第一天登門拜訪寒暄，注意到實驗室一個未清洗的金黃色葡萄球菌（*Staphylococcus aureus*）培養皿裡有一團藍綠色黴菌。寬度不到一吋（2.54 公分），周圍一圈的葡萄球菌已經死亡。青黴素源自皮萊斯發現了這團特異青黴菌（*Penicillium notatum*）。弗萊明不是化學家，既不能分離出有效抗菌成份，也無法長時間保持其活性以做為人類用藥。1929 年，弗萊明寫了一篇論文描述他的發現，但這發現幾乎被人遺忘。

1940 年，牛津大學科學家在細菌學上研究可行方案，希望能用化學方法加強或保持這效果。霍華德・弗洛里（Howard Florey）、恩斯特・柴恩（Ernst Chain）和諾曼・希特利（Norman Heatley）用新的化學技術處理青黴菌，分離出它的有效成份。然後他們開發出一種稱為青黴素的褐色粉末，它的抗菌力可以維持超過好幾天。由於戰場前線急需新藥品，於是很快就開始大量生產。青黴素的效用在第二次世界大戰期間拯救了許多人，否則他們甚至可能因為小傷口的細菌感染就丟了性命。青黴素也用於治療白喉、壞疽、肺炎、梅毒和結核病。弗洛里和柴恩在 1945 年與弗萊明共同獲得諾貝爾生理學或醫學獎，但遺憾的是希特利被忽略了。抗生素是細菌和真菌釋放到它們周圍的一種天然物質，可以抑制其他例如致病細菌的微生物生長。青黴素這種抗生素具有非凡的意義，因為它是第一種被證明有效對抗許多先前嚴重疾病的藥物，例如梅毒和葡萄球菌與鏈球菌所引發的感染，但現在很多細菌已對青黴素逐漸產生抗藥性。

不為人知的先驅

青黴素據估計已拯救超過八千萬人性命，並且引導其他抗生素的開發，這要歸功於英國化學家兼晶體學家桃樂絲・瑪麗・霍奇金（Dorothy Mary Hodgkin）的開創性研究。她用X射線發現原子結構，並確認超過一百種生物分子的三維結構，其中包含青黴素。霍奇金推進了X射線晶體學的技術，由於對青黴素與維他命B結構的研究成果，她在1964年獲得諾貝爾化學獎。1969年，經過三十五年研究之後，霍奇金設法破解了胰島激素晶體的結構，這在治療糖尿病上具有極大重要性。

噴射引擎

―西元 1930 年――

弗蘭克・惠特爾，西元 1907 年― 1996 年，英格蘭

噴射引擎使得環球旅行和空戰為之改觀，它已讓百萬人快速橫跨世界。1920 年代，英國皇家空軍年輕工程師弗蘭克・惠特爾（Frank Whittle）向英國空軍部提出一個噴射引擎設計，但他們駁回了設計。不屈不撓的惠特爾在 1930 年為自己的渦輪噴射引擎取得專利。他的設計似乎找到方法建造足夠堅固的引擎艙室，以便承受難以想像的高熱和巨大推力。單一燃燒室不夠牢靠，會產生不穩定和可能難以控制的反應，在緊繃狀態下可能發生爆炸。不過，惠特爾的引擎區分成十個燃燒室，提供驚人推力的同時又不用降低引擎功率。1936 年，惠特爾成立一間稱為 Power Jets 的公司。政府對歐洲可能爆發戰爭的擔憂與日俱增，開始考慮惠特爾噴射引擎的重要性。1937 年，惠特爾取得更輕、更堅固的新合金，建造第一具可運作的噴射引擎並在實驗室裡成功測試。惠特爾努力爭取政府投入足夠資金做進一步開發，1941 年就有一架全新原型噴射戰鬥機試飛成功。它的後繼者格羅斯特流星（Gloster Meteor）戰機於 1944 年進入英國皇家空軍服役。不過，格羅斯特流星不是第一架飛上天空的噴射戰鬥機，因為德國的亨克爾 He 178（Heinkel He 178）在 1939 年首先升空，就在第二次世界大戰爆發的前幾天。

惠特爾的公司在戰後被收歸國有，

但惠特爾因為工作過度疲累而經歷一次精神崩潰。他的新發明現在應用在民航機上，人們可以搭乘更大飛機以更快速度完成旅程。第一架噴射引擎民航機是 1949 年的哈維蘭 DH 106 彗星型客機（De Havilland DH 106 Comet）。不到兩年時間，它便因為一連串空難悲劇而退役，機身金屬疲勞導致它飛行在空中時解體。它被重新設計並繼續飛行了三十年。其他製造商從彗星客機的錯誤學到教訓，美國波音公司接著引領了噴射客機市場。波音 707 在 1958 年開始服役。它很安全，能以十年前不可

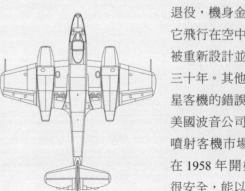

能達到的速度搭載旅客長途飛行。現在空中巴士與波音兩家公司實際壟斷了大型客機的市場。惠特爾的發明已經改變了世界。

超級市場

—西元 1930 年—

邁克爾·J·庫倫，西元 1884 年—1936 年，美國

　　超級市場的出現為全世界零售業帶來革命，並且改變了購物習慣。邁克爾·J·庫倫（Michael J. Cullen）是愛爾蘭移民後裔，他在零售業工作，1919年時進入總公司在辛辛那提的克羅格連鎖商店（Kroger Stores），一直為公司工作到 1930 年。他在這期間發展出超級市場的概念，寫了一封信給克羅格的總裁，信中提議成立新形態食品商店，主打低價位、自助式、更大賣場、現金交易、不提供寄送服務、低租金地點和提供大量免費停車位。免費停車可促成顧客有較大購買量並且方便運送回家。

庫倫表示這種新形態商店能達到克羅格或 A&P 連鎖商店平均銷量與利潤的十倍，但這封信沒收到答覆。克拉倫斯·桑達士（Clarence Saunders）的滾地小豬（Piggly Wiggly）連鎖商店已經引進自助式、統一規格的商店，並從 1916 年以後在全國宣傳，但庫倫建構的概念加入獨立的食品部門，以折扣價格販售大包裝食品，還附加許多專用停車空間。庫倫辭職離開克羅格公司，舉家搬到紐約長島去開設自己的商店。他在皇后區租下一間空車庫，距離繁華的購物區只有幾個街區。1930 年，他成立自己的金庫倫（King Kullen）食品雜貨公司，史密森尼學會認定這是全球第一家超級市場。他的商店涵蓋超過一千種品項，包括汽車配件、五金器具和食品雜貨。顧客來自周圍幾英里地區，因為庫倫提供購買方便且價格合宜的食品。報紙廣告宣傳這家店是「世上最厲害的價格破壞者」，新店開張的口號是「商品堆得高，售價砍得低。」

　　庫倫的連鎖商店在經濟大蕭條時期

大賣場

大賣場（hypermarket）是一種大型商場，結合了超級市場和百貨商場，不僅提供完整食品雜貨，還有一般商品。奧勒岡州的弗雷德邁爾公司（Fred Meyer）在1931年首先成立一站式購物中心。它包含藥房、食品雜貨、家庭用品、戶外停車空間和一座加油站，後來還販售服裝。1962年，梅傑公司（荷蘭移民漢克·梅傑（Hendrik Meijer）創立的公司）在密西根州開設它第一家稱為Thrifty Acres的大賣場。在法國，家樂福（Carrefour）於1963年開設第一家這種賣場。美國在1987年引進家樂福，再加上其他主要本土連鎖商店，大賣場概念一時之間百花齊放。在1980年代末和1990年代初，三間主要的折扣商店沃爾瑪（Walmart）、塔吉特（Target）和凱馬特（Kmart）開始發展大賣場。理論上而言，大賣場可以一次滿足消費者所有日常購物需求。它們佔地廣闊，通常只有一個樓層，典型沃爾瑪賣場面積達13,935平方公尺至21,830平方公尺，典型的家樂福賣場面積大約是19,500平方公尺。為了數百名消費者購買大量商品的需求，它們通常位於開車容易到達的市郊地區。

快速擴張，重新利用大型老舊建築，包括廢棄工廠和倉庫。他選擇地點總在人口稠密地區外圍，租金低又附有免費停車位。商店只需提供最少服務，因為顧客自己會把商品放進購物車裡。它被強調是全國性品牌。到了1936年，十七家金庫倫超級市場每年創造大約六百萬美金的營收。庫倫計畫加快腳步向全國擴張與授權，但他在一次盲腸炎手術後驟逝，得年僅有五十二歲。包括喜互惠

（Safeway）和他的前雇主克羅格公司在內，其他食品雜貨零售業者都模仿他的成功模式，美國在1934年時總共有九十四家超級市場。克羅格把庫倫的概念向前再推一步，開設第一家四面都被停車位包圍的超級市場。在庫倫去世的1936年，當時有一千兩百家超級市場分布在八十五個城市。到了1950年，這數字已成長到一萬五千家，超級市場的概念也開始延伸到英國與其他國家。

▌核分裂

—西元 1934 年—

恩里科·費米，西元 1901 年— 1954 年，義大利和美國

　　他和羅伯特·歐本海默（Robert Oppenheimer，1904 — 1967 年）並稱為「原子彈之父」，恩里科·費米（Enrico

Fermi）還設計出了核反應爐。1933 年，費米發展 β 衰變理論，提出當時新發現的中子在衰變成質子時，會釋放出電子和一種他稱為微中子的粒子。發展理論去解釋這種交互影響導致他後來認識到弱交互作用力。從 1934 年開始，費米在羅馬大學用中子撞擊各種元素。他發現這樣可產生放射性原子，但當時不了解已這造成「原子的分裂」，反倒認為自己發現了超鈾元素。1935 年，費米和一位羅馬同事埃米利奧‧塞格雷（Emilio Segrè）發現慢中子，其特性對核子反應爐的運作頗為重要。費米在 1938 年因為誘發放射性的研究而獲得諾貝爾物理學獎。1938 年，他被迫帶著猶太裔妻子逃離法西斯義大利前往美國，在那裡繼續自己的核分裂研究。

我們現在知道，核分裂（原子的分裂）已發生在費米的實驗室裡和其他德國的實驗中。第二次世界大戰席捲歐洲，基於核分裂的原子彈製造能力成為平衡世界強權最重要的因素。費米因此領導設計並建造他稱為原子堆的東西，和平時期這被稱為核反應爐。1942 年 12 月 2 日，費米完成首次自持續連鎖反應，從此開啟在控制下的核能量釋放。他的連鎖反應堆幫助科學家理解原子彈內部運作，並且扮演著一個試驗性設備，以便建造生產鈽所需的大型反應爐。這就揭開了原子時代（Atomic Age），費米也在 1943 年加入曼哈頓計畫。他的團隊遷往新墨西哥州，做為曼

哈頓計畫一部分的第一顆原子彈於 1945 年 7 月 16 日在那裡成功試爆，後來一顆鈾原子彈在廣島市爆炸，另一顆鈽原子彈在長崎市爆炸。費米繼續在芝加哥大學做研究，在量子力學、核子物理學、粒子物理學和統計力學等領域都有重要成果。他被視為二十世紀頂尖科學家之一，也是唯一同時完成理論與實驗的人。他在五十三歲時死於胃癌，也許是實驗中的放射線造成的。元素週期表中排序 100 的鑽（Fermium）元素便是以他命名。

▌經濟思想革命
—西元 1936 年—
約翰‧梅納德‧凱因斯，西元 1883 年—1946 年，英格蘭

許多人相信約翰‧梅納德‧凱因斯（John Maynard Keynes）的學說確保了資本主義的存在與成長，並發展成世

費米論氫彈

「這武器威力遠超過任何軍事目標所需的摧毀力，達到非常巨大的天然災害等級。正因為其特性，它不可能被局限在單一軍事目標上，這武器實際會造成種族滅絕的結果。很明顯地，使用這武器在任何賦予人類人格與尊嚴的道德基礎上都站不住腳，即便對方是敵國人民……事實上這武器的摧毀力沒有界限，使得它的存在與製造知識對整體人類而言是個威脅。它從任何角度來看都是罪惡的東西。」費米將這段評論附錄在一般諮詢員報告中，於1949年10月30日提交給美國原子能委員會。美國在1952年試爆它的第一顆氫彈，俄國則在1953年試爆。

界主要經濟模式。第一次世界大戰期間，凱因斯在倫敦擔任財政部海外財務顧問，為了協助平衡法國帳目，要求英國國家美術館以優惠價格買下莫內、柯洛和德拉克拉瓦的畫作。大戰後，凱因斯獲選為代表團成員去參加1919年巴黎和會。協約國領袖伍德羅·威爾遜（Woodrow Wilson）、大衛·勞合—喬治（David Lloyd-George）和喬治·克里蒙梭（Georges Clemenceau）要對德國徵收報復性戰爭賠償，凱因斯激烈反對他們的提案，促使他寫了一本短書《凡爾賽和約的經濟後果》（The Economic Consequences of the Peace）。他知道德國不可能償清他們加諸的經濟重擔，嚴重後果是造成德國心懷怨恨並威脅到長久的和平。凱因斯最賣座的作品讓他名聞全球。1920和1930年代的經濟大蕭條導致美國與歐洲每四人就有一人失業。凱因斯呼籲政府舉債來擺脫衰退，這樣就能創造需求。多數經濟學家並不贊成這樣做。1932年，羅斯福成為美國總統，承諾要平衡預算，不要像胡佛總統一樣出現財政赤字。凱因斯與羅斯福

發生激辯，同時因為蕭條逐漸趨緩而戰爭隱約可見，羅斯福最後嘗試投資公共建設、農業補貼和其他計畫，成功重啟了經濟。

凱因斯最大的影響來自他在1936年出版的《就業、利息與貨幣的一般理論》（The General Theory of Employment, Interest and Money）。他主張為了使人民充分就業，政府在經濟衰退時必須適度舉債，因為民營部門的投資會不足。他們的市場變飽和，企業減少投資，於是啟動一個危險循環：投資愈少，工作就愈少，消費也愈少，造成企業更沒理由投資。經濟也許能達到完全平衡，但代價是高失業率和社會痛

苦。對政府而言，一開始就避免痛苦比收拾殘局來得好。1938 年，羅斯福終於接受凱因斯主義，告訴美國人民「我們的苦難基本來自消費需求的衰退，因為缺乏購買力」，所以政府必須藉由「增加國家購買力」來「創造經濟好轉」。這正是德國和義大利大規模投入公共建設的目的，結果他們的經濟再度繁榮起來。

當美國參與第二次世界大戰時，羅斯福別無選擇，只能以一定規模實驗凱因斯的觀念，以便讓國家擺脫衰退。1939 年至 1944 年之間（戰時生產的最高峰），國家產值幾乎加倍，失業率從 17% 降到 1% 左右。從來沒有一個經濟理論曾有如此戲劇化的實驗與證明。1946 年的美國就業法案融入新思維，其中包括「聯邦政府持續的政策與責任……是要促進就業、生產和購買力的最大化。」這是聯邦政府接下來四分之一個世紀要做的事。人們開始接受的看法是政府可以微調經濟，在財政與貨幣政策雙重推動下避免經濟衰退，或在必要時加以約束以免經濟過熱。第二次世界大戰結束時，美國與英國一致認為和平若要長久維持，最好是協助戰敗的日本、德國與義大利進行重建。大規模公共投資能創造出貿易夥伴，繼而有能力購買戰勝國的輸出品，也能在那些國家建立起穩固的中產階級民主制度。1964 年，林登・詹森用減稅來擴大購買力和提高就業。理查・尼克森著名的宣言是

「我們現在都是凱因斯追隨者」。

然而，柴契爾夫人與雷根總統奉行的自由市場理論已經被全世界採納，政府允許市場機制自我發揮，凱因斯理論不再被執行。我們因此看到跨國公司變得比政府還強大，而且實際掌控經濟政策，這將重返衰退循環。現在中國的計畫經濟提供了一個比自由經濟更好的商業模式。政治家們似乎並不了解，並沒有「自由市場」或「市場法則」或「市場力量」這種東西存在。市場並非在自我運作，而是受到金融交易員與投機客的影響，他們遠期買進並將賭注放在作物產量、國家赤字、銀行危機這類東西上。自由經濟要行得通，唯有把能夠影響結果的人排除在外。政府需要再度有益地控制經濟，但因為國家與經濟共同體之間交織的相互關係和金融交易的力量，這已不再可能實現。

如何交友和影響世人

在《凡爾賽和約的經濟後果》這本書中，凱因斯鄙視當時最重要的三位世界領袖。他稱伍德羅・威爾遜是「既瞎又聾的唐吉訶德」。對凱因斯來說，克里蒙梭是個帶有「一個幻覺—法國，和一個幻滅—人類」的排外者。他稱勞合—喬治是「長羊蹄的吟遊詩人，這個半人類訪客從中古時期的居爾特惡夢魔法樹林來到我們的時代」。

圖靈機

—西元 1936 － 1937 年—
艾倫·麥席森·圖靈，西元 1912 年
—1954 年，英格蘭

艾倫·麥席森·圖靈（Alan Mathison Turing）是第一個將電腦程式設計概念化的人，被稱為「電腦科學與人工智慧之父」。圖靈在劍橋大學唸書，研究量子力學領域。他在這裡發展出的數學論證陳述說，一個自動計算機無法解決所有數學問題。這個被稱為圖靈機（Turing Machine）的概念是現代計算理論的基礎。他假想一臺像打字機的機器，能夠掃描或讀取指令，這些指令編碼在一條理論上無限長的紙帶上。圖靈說明這機器的運算能模擬人類邏輯思考，掃描器從紙帶的上一格移到下一格依序讀取指令，並依指令修改它的機械回應。圖靈於是假設，因為紙帶上的指令決定機器的反應，藉由改變這些指令，就可誘導機器執行所有這類機器能做的功能。換句話說，機器根據讀取的指令可以計算數字、下棋或做其他相似性質的事。於是他的概念裝置得到新的名稱叫做通用圖靈機（Universal Turing Machin）。我們知道這是現今電腦常見的程序，但在當時是革命性觀念—硬體根據

輸入給它的指令去執行複雜且多樣化的任務。他這意義重大的理論發表在《論可計算數及其判定問題上的應用》（On Computable Numbers, with an Application to the Entscheidungsproblem，1936 年）論文裡，但當時沒人想到圖靈機提供的藍圖最後成為電子數位計算機。如今，每個打著鍵盤、使用試算表或文字處理程式的人都在用一臺圖靈機。

當戰爭爆發時，圖靈離開美國回到英國，然後在布萊切利園（Bletchley Park）領導一組密碼分析團隊，這是一處位於白金漢郡的破解密碼基地。他的團隊協助設計一臺像電腦的機器，能夠快速譯解德國 U 型潛艇用恩尼格瑪（Enigma）密碼機加密的訊息，因此有助於在第二次界大戰中取得勝利。1945 至 1948 年，圖靈在倫敦附近位於泰丁敦的國家物理實驗室工作，他被允許開發能夠依照邏輯處理資訊的機器。據說圖靈設計的機器擁有很快的運算速度，應該可以成為世上第一臺數位電腦，但官僚體系使得夢想破滅，於是他離開國家物理實驗室，前往曼徹斯特大學指導計算機實驗室。圖靈在這裡開發出世上最早之一的儲存程式數位電腦。他影響了電腦科學的發展，使演算法與運算的概念具體成形。演算法是用來計算函數的一組明確

269

指令，是計算、資料處理和自動推理的必要元素。圖靈是第一個將現代電腦概念化的人。然而，要把電腦當做一般用途的機器，而非僅限於解決特定因難問題的計算機，這觀念直到圖靈去世後七年才建立起來。

影印機（靜電印刷術）
—西元 1938 年（第一版）—（1942 年取得專利）
切斯特·弗洛伊德·卡森，西元 1906 年—1968 年，美國

靜電印刷術是全球龐大複印工業的基石，多功能影印機與複印機每年製作出數十億份拷貝。切斯特·弗洛伊德·卡森（Chester Floyd Carlson）同時擁有物理與法律學位，他在大蕭條時期努力找工作，最後晉升為貝爾電話公司位於紐約的專利部門經理。擔任專利分析師的他得花費大量時間查閱文件和製圖，準備好遞交給專利局的書面文件去註冊公司的發明與概念。然而，專利局需要好幾份副本，他都得用手抄寫複製。

重複繪圖要花很長時間。卡森既有近視還有關節炎，使他工作得更為困難。他待在家中廚房不斷研究，想到替代的解決方法。傳統攝影用光做為化學變化媒介，他很快就決定不要從此下手，因為這現象已被大型企業的研究室徹底探究。他想到的複製技術是利用光電導效應，因為他知道光線射入光電導物質時，這物質的導電率會增強。

他在 1938 年註冊一項專利，使用的是他稱為電子攝影術原理，一個月後他做出第一份乾式複印。影印機使用調

停機問題
圖靈在1936年的論文對電腦科學有兩方面重大影響。它原本要證明有些問題（即停機問題）無法透過循序程式得到解決。停機問題可表達成：「根據任一程式的描述，判斷此程式是否會停止執行或永遠執行下去。這問題等同於根據任一程式在執行任一輸入時，判斷程式是否終究會停止執行，或者永遠執行下去。」圖靈證明沒有一種通用演算法可以解決任何程式—輸入的停機問題。此證明的一個關鍵部分是對電腦和程式的數學定義。除了記憶儲存量加諸的限制以外，現代電腦可以說是「圖靈完備的」（Turing complete），即代表它們擁有的演算執行能力等同於一臺通用圖靈機。

色劑，它是塑膠微粒、氧化物、顏料和石蠟的混合物。微粒被靜電複印電荷吸附到感光鼓，感光鼓再將影像轉印到紙張。然後調色劑經過加熱處理封印在紙上。他說：「我知道自己想到一個很棒的點子，但我能掌握它嗎？」他的專利在 1942 年核發下來，內容是「電子攝影術：利用光在特殊塗層帶電板上作用形成影像；此潛影是粉末只吸附在帶電區域所形成。」

1939 至 1944 年間，卡森的發明被超過二十家公司拒絕。他說到：「有些公司反應冷淡，有些稍感興趣，一到兩家則表達反感。實在很難說服任何人說，我的小感光板和粗糙影像是開啟龐大新工業的關鍵。在沒人認真看待下歲月流逝……我變得心灰意冷，幾次決定完全放棄這點子。但每次我都回來重新嘗試。我非常確信這發明大有前途，擱置起來太可惜。」歷經 IBM、奇異和 RCA 等公司的回絕，他又花了二十年才為自己發明找到市場。經過十六年改進後，哈羅伊德公司（Haloid Company）在 1960 年買下卡森的點子做成產品去銷售。公司後來將此技術改稱為靜電印刷術（Xerography），這詞是希臘文「乾寫」（dry writing）的意思，公司也改名為全錄（Xerox）。在生產的前八個月，哈羅伊德公司的影印機銷售量超過他們預期整個產品生命週期所能達到的銷售量。他們的 914 型辦公室影印機只要按一個按鈕就能快速複印到普通紙張上，

這是一項驚人成就。世上最快的辦公室影印機能每分鐘複印超過 150 張。針對商業影印，滾動送紙機型每分鐘可複印超過 300 張。（後來發明的噴墨印表機可提供濕式複印。墨水在一系列脈衝推動下透過微小噴嘴分布到紙張上。）在最後八年歲月裡，卡森捐出自己大部分財產，贊助大約一億美金給幾個基金會與慈善團體。

直升機
—西元 1939 年—
伊戈爾・伊萬諾維奇・塞考斯基，西元 1889 年— 1972 年，俄羅斯和美國

塞考斯基經常被稱為「直升機之父」，因為他在 1939 年發明第一架成功飛行的旋翼飛機。德國的亨里希・福克（Heinrich Focke）和法國的路易斯・布雷蓋（Louis Breguet）也是開發直升機的先鋒人物，但塞考斯基讓這技術得以實際運作。在巴黎學習工程之後，塞考斯基在 1909 年回到俄羅斯，當年設計並測試了他的第一架直升機。然而，他說：「我很清楚了解到，現在的工藝水準、引擎、材料和—最重要的—資金

偽造的問題

現今彩色影印機的技術傑出到可以防止偽造，全錄彩色影印機列印小點構成的一個圖案可以辨識機器。聯邦探員藉此可以追查複印偽造的源頭。

不足與缺乏經驗……我無法在那時候成功製造直升機。」於是專注發展固定翼飛機，建立起極為成功的事業。塞考斯基在第一次世界大戰後移民美國，在那裡設計和建造飛機。接下來幾年，塞考斯基持續回頭研究直升機技術，取得數個設計專利。1938 年，母公司聯合飛機公司為了削減成本，打算裁撤塞考斯基的子公司，於是塞考斯基獲准展開他的直升機研究，並著手建造一架實驗機。1939 年春天，他設計了沃特—塞考斯基 VS-300 型直升機，並於當年夏天打造完成。它首創當今大部分直升機採用的旋轉翼結構。

塞考斯基的 VS-300 意義重大，因為它是第一架可運作的直升機，不需要兩個反向旋轉的螺旋槳去抵消轉矩，而是用一個尾槳產生反向推力去抵消主旋槳生產生的轉矩。這使得飛機較不複雜、重量更輕和更容易操控。但也許更重要的是，VS-300 成為了現代直升機的先驅。他在 1941 年創造世界記錄，讓 VS-300 保持滯空 1 小時 32 分鐘。後來塞考斯基修改設計去製造 XR-4 原型機，它在 1942 年成為世上第一架大量生產的直

升機，隔年以 R-4 機型投入美國陸軍與海軍服役。R-4 後繼者是一連串更大、更好的機型，直升機已明確證實它有能力執行各種困難任務，包括在和平與戰爭期間搶救了許多人的性命。

▌聚酯
—西元 1941 年—
約翰·雷克斯·懷菲爾德，西元 1901 年—1966 年；詹姆士·坦南特·迪克森，英格蘭

聚酯有多樣化的用途，世界上大約一半的布料與服裝是用這種多功能塑膠製作而成。這兩位化學家於 1941 年在英國首先發明聚酯纖維並取得專利，它的韌性與彈性超越尼龍。由於戰時的保密限制，這項發明直到 1946 年才公開。英國的帝國化學工業（ICI）生產它時稱之為特麗綸（Terylene），美國的杜邦公司（Dupont）稱它為達克綸（Dacron）。約翰·雷克斯·懷菲爾德（John Rex Whinfield）和他的助手詹姆士·坦南特·迪克森（James Tennant Dickso）當時在研究聚合物做為紡織纖維的可能性，發現如何去縮合對苯二甲酸和乙二醇，製造出可以拉伸成纖維的聚合物。聚酯這東西可定義為「以至少 85% 重量的酯和二元醇與對苯二甲酸經由化學組合而成的長鏈聚合物」。換句話說，這表示纖維裡有幾種酯連結在一起。醇與羧酸的反應會形成酯。

聚酯用於增強塑料，是最經濟、最廣泛使用的合成樹脂。聚酯布料和纖維極為強韌持久。它們與大多數化學藥品不發生作用，不會拉扯變形或縮水，不起皺折，防霉耐磨。聚酯本身耐水易乾。它可製成空洞纖維當做絕緣體。聚酯會保持形狀，因此適於做成戶外服裝，例如抵禦惡劣氣候的毛織品。它易洗易乾，也被用作食物保鮮膜。聚酯因為強韌而被用來做成工業繩索。PET（聚對苯二甲酸乙二酯）水瓶是當今聚酯最普遍的應用之一。經久耐磨的聚酯也非常廣泛用於製作地毯。

▌穀物改良，綠色革命
—西元 1943 年起—
諾曼·厄尼斯特·布勞格，西元 1914 年
—2009 年，美國

諾曼·厄尼斯特·布勞格（Norman Ernest Borlaug）透過穀物改良拯救了十億人生命。這位不為人知的農學家、微生物學家和人道主義者被稱為「綠色革命之父」，是僅有的六人之一獲得總統自由勳章、國會金質獎章和諾貝爾和平獎。布勞格結合墨西哥、巴基斯坦與印度的現代農業方法，開發出小麥的高產量變種，因此獲頒 1970 年諾貝爾和平獎。墨西哥在 1963 年成為小麥淨輸出國，巴基斯坦與印度的產量將近加倍，這過程被稱為綠色革命。諾貝爾獎表彰他透過提升食物供應確保世界安全的貢獻。1970 年的諾貝爾講致辭中，布勞格指出人口怪獸（Population Monster）的概念，預言世界人口將從三十七億人攀升到 2000 年的六十五億人。情況確實如此，而且 2011 年的人口超過了七十億人。（在 www.worldometers.info 網上，我們可看到世界人口每分鐘大約成長一百五十人。）布勞格開發新穀物品種被他自己稱為「人類對抗饑餓與匱乏戰爭中的暫時性勝利」，在處理人口怪獸與隨之產生環境與社會病態所導致的衝突中獲得喘息空間。

布勞格也提倡增加穀物產量以約束森林砍伐，「布勞格假說」提到「在最佳農地上提高農業生產率可以降低新農地需求，有助於控制森林砍伐。」大戰後的年代裡，全球食物增產已超越人口擴增速度，避免了普遍預期的大饑荒，布勞格在這件事上比任何人的功勞都還要大。1950 年世界穀物產量是從 6 億 8 千 8 百萬公頃農地產出 7 億 3 百萬公噸，1992 年產量是從 7 億公頃產出 19 億 3 千萬公噸，農地增加 1% 而產量增加 170%。威廉與保羅潘多克在 1967 年

布勞格讚辭
「人口過剩如果失控，可能最先發生在非洲。布勞格明白這情況，並用他餘生對抗這劇變。他面對的難題似乎不少。但是之後，諾曼·布勞格拯救的生命已超過史上任何人。」——《大西洋雜誌》，1997年一月號。

的暢銷書《饑荒 1975 ！》告訴我們布勞格模式的農業增產也許預防了十億人死亡。布勞格認為藉由使用較少土地生產更多食物，高產量農耕可以保護非洲野生動物棲息地，這些地方已被僅能糊口的砍伐焚燒低產量農耕逐漸耗盡。

▌鏈黴素

—西元 1943 年—

賽爾曼·亞伯拉罕·瓦克斯曼，西元 1888 年— 1973 年，烏克蘭和美國

鏈黴素（Streptomycin）是第一種有效治療結核病的抗生素。賽爾曼·亞伯拉罕·瓦克斯曼（Selman Abraham Waksman）出生於烏克蘭，1910 年移民美國，在這裡成為一位重要的生物化學家和微生物學家。他深入研究有機物質（主要是存活土壤中的有機體）以及它們的分解作用，因此發現超過二十種新抗生素，這字是他自己創造的。他的研究程序被廣泛仿效，促成許多新的發現。瓦克斯曼的研究工作依年代順序包括了土壤的微生物族群；細菌、微生物和土壤肥力的硫氧化；植物與動物殘骸的腐爛和腐殖質的性質與形成；海中存在的細菌以及它們在海洋作用中扮演的角色；抗菌物質的產生與性質；放線菌（從土壤細菌中分離出來的一種抗菌體）的分類學、生理學和生物化學。

剛到美國時，瓦克斯曼在紐澤西州的一處家庭農場工作了幾年，然後申請進入附近的拉特格斯大學（Rutgers College）。他研究取自連續土層的培養樣本中的細菌，其中有一族群稱為放線菌。1918 年從加州柏克萊大學博士班畢業後，三十歲的瓦克斯曼回到拉特格斯大學的細菌學系取得一份教職，

他繼續研究土壤中的微生物群落。幾年後，名為勒內·杜博斯（René Dubos，1901—1982年）的一位年輕法國微生物學家加入他的實驗室。1927年，杜博斯研究土壤有機體在分解纖維素過程中的一對一效應，他的研究方法開啟了現代抗生素的發展。杜博斯和洛克菲勒醫學研究所的奧斯伍爾德·埃弗里（Oswald Avery）合作，分離出的一種土壤細菌可以攻擊肺炎鏈球菌，大約50%肺炎病例都會出現這種致病細菌。肺炎在第一次世界大戰後曾使百萬人喪命。杜博斯的發現激勵瓦克斯曼去尋找更多土壤樣本中早已存在的抗菌有機體。1940年，瓦克斯曼和H·博伊德·伍德羅夫（H. Boyd Woodruff）想出一種技術來鑑定具有抗菌特性的天然物質。

這種篩檢是有系統地分離土壤細菌，在各種培養條件的生長下尋找單一菌落四周是否出現抑制生長區，然後將此抑制元素對目標致病細菌做測試。

在學生和同事協助下，瓦克斯曼分離出包括放線菌素（1940年）、鏈絲菌素（1940年）、鏈黴素（1943年）、灰黴素（1946年）、新黴素（1948年）以及其他等等抗生素。其中鏈黴素和新黴素已證實可以廣泛用於治療多種人類、動物與植物傳染疾病，鏈黴素被列為改變世界的十項專利之一。瓦克斯曼用自己專利授權的80%收益捐助拉特格斯大學成立瓦克斯曼微生物學院。瓦克斯曼最大榮耀是獲得1952年諾貝爾生理學或醫學獎，他被人們稱為「抗生素之父」。

癆病或「國王的邪惡」

這兩個名稱都是結核病（tuberculosis，TB）的舊稱，它還被稱為淋巴結核、肺癆、白色瘟疫和消耗病。被稱為癆病是因為它似乎從人體裡面消耗掉生命力，症狀包括蒼白、發熱、咳血和長期不斷消瘦。人們認為給國王觸摸可以治癒，所以又被稱為國王的邪惡（King's Evil）。世上三分之一人口被認為曾感染過結核桿菌，每秒鐘就有一例新增感染。它會在身上潛伏好幾年，大約10%遭感染的人會發病。

英國在1815年的四分之一死亡人數是由結核病造成；甚至到了1918年，法國六分之一死亡人數仍是這疾病所導致。在二十世紀，結核病造成大約一億人喪生。1880年代，這疾病被證實具有傳染性，因此許多防疫措施是禁止人們在公共場所吐痰。療養院被設立在隔離地點，以便阻絕疾病傳染，病人受到鼓勵要飲食均衡，從事戶外勞動，享受陽光與新鮮空氣。然而，即使在最好條件下，進入療養院的患者仍有50%會在五年內死亡。目前全世界結核病的發病比例保持穩定甚至下降，但因為人口成長，新病例的總人數仍在增加。2007年時，據估有一千三百七十萬個開放性病例，九百三十萬個新感染病例，導致一百八十萬人死亡，大部分發生在開發中國家。這疾病對公共衛生影響重大，英國醫學研究委員會在1913年成立時，最初焦點便是研究結核病。直到1946年，鏈黴素被開發出來並在市面銷售之後，有效的治療與痊癒才成為可能。然而多重抗藥性結核病的出現，需要再度引用外科手術做為治療結核病感染的一部分。

IBM 哈佛馬克一號電腦

—西元 1944 年—

霍華德・海撒威・艾肯，西元 1900 年
— 1973 年；海軍准將葛麗絲・穆雷・霍
普，西元 1906 年— 1992 年，美國

這兩位開啟了現代電腦新紀元，創立了電腦程式設計。在哈佛大學數學家霍華德・海撒威・艾肯（Howard Hathaway Aiken）的指導下，IBM（國際商業機器公司）位於紐約的恩迪科特實驗室從 1939 年開始發展電動機械計算機，艾肯是後來被稱為 IBM 哈佛馬克一號（Harvard Mark I）電腦的概念設計者。艾肯設想一個可以解決困難微分方程式的計算機器，他的電腦原本被稱為全自動化循序控制計算機（Automatic Sequence Controlled Calculator，ASCC）。這項設計受到查爾斯・巴貝奇的差分機與分析機影響，採用了十進位計算、迴圈暫存器、旋轉開關和電磁繼電器。艾肯後來獲得葛麗絲・穆雷・霍普（Grace Murray Hopper）的協助。這臺 IBM 機器重量近 5080 公斤，包含幾萬個開關、繼電器、離合器與轉軸，由一具電動馬達驅動。它的體積有 15.5×2.5×0.6 公尺，

使用了 800 公里電纜和三百萬個連接器。馬克一號從打洞紙帶讀取程式指令。它被美國海軍船舶局用來執行繁複計算以產生數學用表，這標示著電腦時代的真正開端。它是程式電腦的前身，基本上是一臺巨大計算機，艾肯後來利用可取得的新電子零件，繼續開發出擁有電磁核心記憶體的馬克四號。

霍普是馬克一號最初的程式設計師之一，她為電腦程試語言開發出第一個編譯器。霍普認為電腦程式應該用近似英文的語言來撰寫，而不是用機械語言之類的語言。她知道易於使用的語言將會改變電腦工業。她在 1958 年率先開發的 FLOW-MATIC 語言後來發展成 COBOL 語言，即是 Common Business-Oriented Language（通用商業語言）的縮寫，成為當時最通行的電腦語言。它原本應用在企業與政府的商業、財務暨管理系統上。霍普接著開發出 COBOL 語言及其編譯器的驗證軟體，使得 COBOL 成為全海軍標準化程式。霍普常被稱為「COBOL 語言之母」。她也為 FORTRAN 語言奠定了標準。在霍普超過四十年的工作成果裡，包括撰寫程式、軟體開發概念、編譯器驗證和資料

處理。她很早就了解到電腦在商業應用上的潛力，而且在她領導之下將這理想付諸實現，為現代資料處理鋪好道路。她甚至為電腦故障創造了「bug」這個術語。事情發生於 1945 年 8 月，人們從馬克二號裡移除了一隻導致故障的大蛾，「……從那時候開始，只要電腦發生任何故障，我們都說有蟲子（bug）在裡面」（1984 年 8 月 16 日《時代雜誌》援引葛麗絲‧霍普所述）。

▌ 微波爐

—西元 1945 年—
珀西‧勒巴朗‧斯賓塞，西元 1894 年—1940 年，美國

　　微波爐的發明將食品工業的改變帶進餐廳、超市、商業機構與家庭中。第二次世界大戰爆發時，雷神公司的功率管部門主管珀西‧勒巴朗‧斯賓塞（Percy LeBaron Spencer）為公司贏得作戰雷達設備生產合約，這是繼曼哈頓計畫之後具最高軍事優先性的計畫。不列顛戰役期間，美國從英國那裡得到一個微波（高頻）磁控管原型。磁控管是雷達核心的功率管，用來產生微波訊號以偵測敵人戰機。然而磁控管無法大量生產，因為它得用機械加工固態銅，公差必須小於萬分之一吋。技巧純熟的機械師得花費一週時間才能完成一個，但協助皇家空軍對抗納粹空軍需要數千個。1941 年時，磁控管的生產速度是一天 17 個，但美國在當年 12 月參戰時，斯賓塞已發明了一種更簡單的磁控管，每天可生產 100 個。然後他又想出一種生產方法，讓半熟練的工人在特別設計的輸送帶上製造磁控管，到戰爭結束前，生產量已提升到每天 2600 個。

　　1945 年，當他站在一個運作中的磁控管前，斯賓塞口袋中的巧克力棒融化了。在好奇心驅使下，他把玉米粒放到磁控管附近，很快就有爆米花蹦到實驗室地上。斯賓塞接著把一顆生雞蛋放在磁控管前的鍋子裡。結果雞蛋爆開，噴到附近一位同事身上。斯賓塞了解到微波可以快速烹煮食物，不同於傳統的是它利用了高頻率電磁波。他繼續用磁控管做實驗，最後把它裝進箱子裡，推銷這是烹調食物的新方法。最早版本的微波爐有 1.8 公

家庭微波爐

　　第一臺家庭微波爐在1955年上市。它的價格差不多要1300美元，而且對一般廚房來說體積過於龐大。後來日本開發出更小的磁控管，第一臺小型實用的家庭微波爐在1967年問市，價格是495美元。現在，全世界有超過兩億臺微波爐在使用中，最低價格已經不到50美元。

尺高，重量將近 340 公斤，而且必須用水冷卻。第一代微波爐只用於餐廳、鐵路列車和遠洋客輪，這些需要大量食物快速烹飪的地方。

▍電腦架構

—西元 1945 年—

約翰・馮・諾伊曼，西元 1903 年

—1957 年，匈牙利和美國

程式控制電腦在 1940 年代最重要的進步是儲存程式電腦的出現。這種電腦的幕後推手之中，約翰・馮・諾伊曼（John von Neumann）對二十世紀科學做出的貢獻也許比其他人都來得多。馮・諾伊曼是移民美國的匈牙利人，這位神童後來成為史上最偉大的數學家之一。他最初在集合論方面的進展使他涉及了所有數學分支，他的影響遍及量子理論、「通用建構器」理論、數理邏輯、細胞自動機理論、經濟學、經濟計量學、戰略學、算子理論、流體力學、統計學、連續幾何、函數分析、數值分析、遍歷理論、電腦理論與實踐，甚至還包括防禦計畫。

他在 1932 年的第一本著作談論的是量子力學，1933 年在普林斯頓大學與愛因斯坦共事。他在 1940 年以前都專注於純粹數學上，對物理學理論做出幾項重要貢獻。歷經大戰之後，他成為最重要的應用數學家之一。馮・諾伊曼對原子彈的重要貢獻，是對三位一體核試驗（Trinity）設備中壓縮鈽核心所需的爆炸透鏡提出設計概念，後來發展成 1945 年投擲在日本長崎的胖子原子彈。當世上頂尖科學家聚集在洛斯阿拉莫斯，試圖解決如何讓核裝藥足夠快速地同時產生爆炸（即原子彈）時，他提出的可行方案就是內爆式。同僚們認為這方法不可行，他獨排眾議堅持內爆概念。馮・諾伊曼也確認了原子彈若要得到更大效果，就應該在目標數英里上空引爆，而非在地面引爆。

馮・諾伊曼和愛德華・泰勒（Edward Teller）與斯坦・烏拉姆（Stan Ulam）聯手，制定出核子物理學上的關鍵步驟以製造出氫彈的熱核爆炸。同時又和烏拉姆合作，發展出蒙地卡羅方法（Monte Carlo methond），這種數值計算法被普遍應用在科學與商業的複雜環境模擬。他在 1944 年的著作《博弈論與經濟行為》（Theory of Games and Economic Behavior）開啟了博弈論領域，這是二十世紀前半最重要的科學貢獻之一。大戰末期，馮・諾伊曼參與了計算機器的開發，並做出一些基礎貢獻。他提出的概念是要把程式（循序的指令）當成另一種電子資料儲存在機器裡。在那之前，若要重編電腦程式就得用人工重接電路板間的線路。他提出的電腦形式是循序執行運算，不同於當今電腦可用「平行處理」同時執行幾項運算。

ENIAC（Electronic Numerical

諾伊曼的自我評價

　　馮‧諾伊曼曾向美國國家科學院提交自己生平簡介，寫到：「關於研究工作，我認為最重要的是量子力學，1926年開始於哥廷根，1927至1929年在柏林繼續進行。此外，我對各種算子理論的研究，1930年於柏林展開，1935至1939年於普林斯頓持續進行；至於遍歷定理，1931至1932年於普林斯頓進行。」因此他很少提到自己在電腦、博弈論和核動力方面的卓越貢獻。

Integrator And Computer，電子數值積分器和計算機）的一些開發者確認它有瑕疵，認為必須朝「儲存程式架構」發展。馮‧諾伊曼在 1945 年發布的《EDVAC 報告書的第一份草案》（First Draft of a Report on the EDVAC）中首次正式提到這問題。大約此時，幾項基於儲存程式架構的電腦發展計畫開始著手進行，於是完成了 EDVAC（Electronic Discrete Variable Automatic Computer，電子離散可變自動計算機），但又歷經兩年才完全開始運作。幾乎所有現代電腦都包含了某種形式的儲存程式架構，也成為定義「電腦」的一項特徵。根據圖靈的通用計算機概念，馮‧諾伊曼定義的架構使用相同記憶體來儲存程式與資料。他的架構是儲存程式數位電腦的設計原型，具有一個中央處理器（CPU）和一個單獨分離的儲存架構（現在稱為記憶體）來儲存指令與資料。這樣的電腦，理論上等同於一個具有循序架構的圖靈機。現在的電腦實際上都使用這種架構（或其變異形式）。「儲存程式數位電腦」這個詞通常等同於「馮‧諾伊曼架構」（von Neumann architecture），意指電腦將它的資料與程式指令保存在可讀寫記憶體（隨機存取記憶體）。馮‧諾伊曼到普林斯頓高等研究院擔任電子計算機計畫的指導教授（1945 至 1955 年），他在 1952 年協助開發 MANIAC（Mathematical Analyzer, Numerical Integrator and Computer，數學分析器、數值積分器和計算機），是當時這類電腦中運算最快者。MANIAC 透過數千個真空管運作，是現今電腦的前身。不過因為電子工程的進步，現在中央處理器與記憶體間的資料與指令傳遞機制，已經比原初馮‧諾伊曼架構複雜多了。

▍腎透析機

—西元 1945 年—

威廉‧約翰‧克福，西元 1911 年—2009 年，荷蘭和美國

　　百萬人能保住性命都得感謝威廉‧約翰‧克福（Willem Johan Kolff）的透析機。克福深受閱讀障礙之苦，當年人們並不了解這症狀，但他繼續在荷蘭的萊登大學攻讀醫學，並製造出他的第一

項發明，這儀器針對套在腿上的套箍做間歇性充放氣，用來協助循環不良的病人。1940年，德國入侵荷蘭的當天，克福正在海牙參加葬禮。他看到德軍轟炸機飛過頭頂，便離開葬禮直接奔往城市的主要醫院，傷員正在湧入，他詢問是否需要幫忙建立血庫。獲得提供一輛車和一名武裝護衛之後，克福開車穿過城市街道，穿梭在狙擊彈雨中，買了瓶子、管子、針頭、檸檬酸鹽和其他裝備。四天後，他已建立一座儲存站提供血液、血漿和紅血球濃厚液，這實際上是歐洲的第一座血庫。德國入侵一個月後，克福的學習導師，格羅寧根的猶太裔醫院院長自殺了，一名納粹人員被指定代理其職位。由於不願和此人共事，克福到坎彭鎮上一所小醫院謀得職務，在這裡一直待到戰爭結束，並且秘密協助荷蘭反抗行動。

1938年，克福深受一位年輕病人死於腎衰竭的影響，他說：「我了解到只要從他血液裡移除22毫升的毒性物質就能挽救他生命……我必須做些什麼。」克福投入研究，雖然荷蘭當時被德國佔領，他仍成功開發出透析機原型。他從地方工廠借來材料，拆下一輛老福特汽車上的水泵，利用墜毀德國戰機上的鐵皮，甚至連柳橙汁空罐也用上了。他在1943年做出第一臺機器，用薄如透明紙的香腸皮裹住一個圓筒，然後浸在搪瓷浴缸的潔淨水裡。病人血液被抽出送到內含液體的滾筒，清洗掉致命雜質後再送回體內。起初，他在病人身上的實驗性治療成效並不好，仍有16人死於腎臟病。後來，他在1945年成功治療了一位患有急性腎衰竭的女性通敵者（見下方表格）。克福在人工腎透析機上持續進行改良，現在估計美國有55000名末期腎病患者靠這發明保住性命。克福在1950年移民美國，帶領一個團隊研究人工心臟。而克福從沒為他最初的人工腎透析機註冊專利。

▍AK-47 突擊步槍
—西元 1947 年—
米哈伊爾・季莫費耶維奇・卡拉什尼科夫
西元 1919 年—2013 年，俄羅斯

這種突擊步槍被稱為「人類史上最有效的殺人武器」。這槍械極為可

第一位成功接受洗腎的病患

1945年8月，克福受託治療一位六十五歲婦女瑪麗雅・夏福斯塔德（Maria Schafstad），她被判與納粹勾結而入獄，因腎衰竭昏迷不醒。雖然知道許多共事的同胞「希望扭斷她脖子」，他仍克盡醫師職責。經過許多小時洗腎後，他回憶：「她慢慢張開眼睛並且說：『我要和丈夫離婚』。」克福懊悔說：「現在證明人工腎臟可以拯救一條性命……但沒證明它對社會有任何實際用處。」治療進行了一週，後來婦女又多活了七年，最終死於和腎臟無關的疾病。

靠，成本低廉，相對小巧而且易於維護操作。它設計目的就是要讓穿戴手套的俄國士兵在極地環境下易於使用和維修，它平均使用壽命高達四十年。米哈伊爾・季莫費耶維奇・卡拉什尼科夫（Mikhail Timofeyevich Kalashnikov）因為親身經歷過第二次世界大戰中品質低劣的武器而設計了它。這槍械具有大導氣活塞、大間隙的活動部件和弧形彈匣設計，即使有大量灰塵異物進入槍內也能繼續操作。卡拉什尼科夫曾說：「我對自己的發明感到驕傲，但遺憾的是它被恐怖份子利用……當我看到賓拉登拿著他的 AK-47 就覺得很不舒服。但我有什麼辦法？恐怖份子不是傻瓜。他們也會選擇最可靠的槍械。」它開發得太晚而來不及參加第二次世界大戰，但在 1956 年布達佩斯起義中展現了它的性能，七千名俄羅斯士兵在這事件中造成五萬名匈牙利人死亡。它從此變成幾乎所有戰士人手一支，每年在世界各地造成二十五萬人喪生。這槍械結合了步槍的中射程能力與機槍的威力，連十二歲年幼戰士都可輕易操作，這在非洲與亞洲幾個衝突地區特別常見。

　　AK-47 及其衍生型號是全球走私得最多的輕武器，採用者包括恐怖份子、游擊隊、罪犯和政府軍等等。世界銀行的一項估計數據顯示全球槍械買賣總數有五億支，其中一億支是卡拉什尼科夫槍械，七千五百萬支是 AK-

47。AK 系列步槍生產量超過其他所有突擊步槍的總和。它如此受歡迎的原因之一是現貨價格更為便宜，促使它擴散到全世界。俄羅斯工廠生產的一支全新卡拉什尼科夫步槍，依據衍生型號與採購量而定，價格大約是 240 美元。然而在非洲供貨充足的地區用 30 美元就可買到。美國為新伊拉克安全部隊購買約且生產的卡拉什尼科夫步槍單價約是 60 美元，美國與歐洲的私人買家只需花費 50 美元就可買到巴爾幹半島的 AK-47 衍生型號庫存貨。蘇聯從阿富汗撤軍後，先前大量儲備的卡拉什尼科夫

步槍被塔利班和蓋達組織取得。世界各地都在生產可作戰的仿製品，巴基斯坦尤為積極。

電晶體

—西元 1947 年—

約翰·巴丁，西元 1908 年— 1991 年；沃爾特·豪澤·布拉頓，西元 1902 年— 1987 年；威廉·肖克利，西元 1910 年— 1989 年，美國

電晶體是電腦、行動電話和其他所有電子設備的電路基本構成元件。尺寸只有手指甲大小，電晶體是 1947 年發明於美國電報電話公司（AT&T）的貝爾實驗室。雖然真正發明者有所爭議，但約翰·巴丁（John Bardeen）與沃爾特·豪澤·布拉頓（Walter Houser Brattain）在鍺晶體上施加了電流接點後，徹底改變科技的電晶體就此誕生。他們觀察到輸出功率比輸入功率還大，這現象被稱為電流增益。他們的固態物理組主任威廉·肖克利（William Shockley）看出其中潛力，於是致力半導體研究，做出了名為轉換電阻的可操作新裝置，後來就被稱為電晶體。一位貝爾實驗室前員工於 1954 年在德州儀器（Texas Instruments）做出第一個矽電晶體，最早的金屬氧化半導體（MOS）電晶體則由貝爾實驗室開發於 1960 年。電晶體可以放大電流，例如可用來放大邏輯積體電路輸出的小電流，因此能去推動真空管、繼電器或其他高電流設備。電阻在許多電路中被用來將電流轉換為電壓變化，所以電晶體也被用來放大電壓。電晶體可被當成一個開關（完全導通就有最大電流，完全關閉就是阻絕電流），或者當做一個放大器（一直保持部分導通）。

電晶體取代了龐大又會發熱的真空管。早期電視機殼都是木製品，因為它較能承受真空管產生的熱量（早期塑膠易於融化）。真空管、繼電器和其他機電裝置很快就被小了許多的電晶體取代，隨後又被積體電路取代。然而，早期功率電晶體需要金屬散熱片來幫忙散

約翰·巴丁的兩座諾貝爾物理學獎

電晶體的發明淘汰了真空管，使得電子革命加速前進。約翰·巴丁在1956年和沃爾特·布拉頓與威廉·肖克利因為共同發明電晶體而獲得諾貝爾物理學獎。巴丁曾對一名記者說：「我知道電晶體很重要，但我從沒料到它為電子學帶來的革命。」然而，巴丁最感榮耀的是發展低溫超導現象理論。他和利昂·庫珀（Leon Cooper）與約翰·施里弗（John Schreiffer）提出並發展超導現象的BCS理論。他觀察到一個金屬要變成超導體時的溫度與它的原子量成反比。

「超導現象更難解釋，它需要一些全新的概念」，巴丁在得知獲得第二座諾貝爾獎時這麼說道。在超導現象中，電的流動不會遭遇電阻，有助於研究者開發重要醫療診斷器材，例如核磁共振掃描與成像，也使得開發高速電腦成為可能。

熱。它們被用於現代的時脈類比電路、穩壓器、放大器、功率發射器、馬達控制器和控制開關上。電晶體做為所有電子設備的關鍵主動元件，大量生產使它成本降低。現在，每年製造量已超過十億單位，但大部分都和二極體、電阻器、電容器等等，一起整合在被稱為微晶片或微處理器的積體電路中。一塊先進微處理器可用上三十億個電晶體。因為可在較低電壓下運作，電晶體適合用在電池供電的小型電器上，因此促成隨身聽、膝上型電腦等等的發明。它們尺寸小巧、可靠性高、重量輕盈、廉價又有效率的特性徹底改變了現代世界。

▌機器人技術

—西元 1948 － 1949 年—
威廉·格雷·沃爾特，西元 1910 年—1977 年，英國布里斯托

　　很多人對工業機器人手臂組裝汽車及引擎的畫面很熟悉，這種技術很大程度上取代了製造過程中的人為因素。在汽車工業中，一半的人類勞動力已經被機器人取代。機器人技術是「破壞性創新」的一例。機器人技術涉及機器人的設計、構造、操作和應用，以及與計算機系統相關的控制、感覺反饋和訊息處理。自動化機器可以在製造過程中或危險環境中代替人類，並且在外觀、行為和認知上都與人類相仿。而人工智慧正在日益增強機器人各方面的學習能力。

1948 年，諾伯特·維納（Norbert Wiener）制定了「模控學」原理（研究動物〔如人〕與機器之間通訊的規律），這是實用機器人技術的基礎。那年，威廉·沃爾特（William Walter）在英國布里斯托伯頓神經科學研究所（Burden Neurological Institute）創造了首個具有複雜行為的電子式自動機器人。沃爾特希望證明少數腦細胞之間的豐富聯繫會引起非常複雜的行為，試圖找出大腦的工作方式以及其連接方式。他的第一個機器人是三輪機器人烏龜，具有趨光性，可以在電池電量不足時找到通往充電站的路。

Unimate 是「機器人之父」喬治·德沃（George Devol）於 1954 年發明的第一臺可程式設計機器人，成為現代機器人工業的基礎。1960 年，第一臺 Unimate 出售給了奇異電器公司（General Motors），並於 1961 年用於從裝配線運輸壓鑄件並將這些零件焊接在汽車車身上的工作。德沃的第一臺可程式設計機器人手臂的專利是現代機器人行業的基礎。自 1970 年代以來，日本機器人技術就在這一領域一直處於領導地位。1972 年，日本人完成了世界上第一個全尺寸人形智能機器人，第一個機器人。1974 年，戴維·西爾弗（David Silver）設計了「銀臂」，能夠精細地複製人類的手部動作。機器人現已廣泛用於製造、組裝和包裝、運輸、地球和太空探索、外科手術、武器裝

備、實驗室研究以及消費品和工業品的批量生產。

到 2020 年，機器人技術將成為一個價值 1000 億美元的產業，其中康復治療類型的機器人，包括活動義肢、連身機器人和可穿戴機器人的發展，將推動康復機器人市場在 2014 年至 2020 年之間增長 40 倍之多。連身機器人可以幫助用戶增強體力，幫助肢體殘疾的人走路和爬山。隨著彈性奈米管使類人機器人的肌肉比人的肌肉更結實、更強，機器人的強度將會繼續提高。機器人網路可以讓機器人彼此訪問資料庫，共享信息，並從彼此的經驗中學習。之後將會有更多「關燈生產」的工廠，例如位於德克薩斯州的 IBM 鍵盤生產基地是 100％ 自動化的。

農業機器人被用於種植和收割莊稼以及翻土和施肥，而醫療機器人也越來越頻繁地用於外科手術中。自動駕駛汽車是機器人技術和人工智慧（AI）的另一種應用。微型機器人（直徑小於 1 公厘的移動機器人）和奈米機器人將在醫療領域使用得越來越多，微型機器人用「龐大」數量彌補它們相對有限的計算能力。隨著機器人功能的增強，我們幾乎看到了生活中所有領域的革命。

▍斑馬線
—西元 1949 年—
喬治‧查爾斯沃思，西元 1917 年
—2011 年，英格蘭

這種畫條紋的穿越道對行人安全有普遍的提升，因為道路交通量在汽車發明之後增長極為快速。這位鮮為人知的物理學家兼工程師在第二次世界大戰期間任職於交通研究實驗室，參與了巴恩斯‧沃利斯（Barnes Wallis）發明用來摧毀德國水壩的彈跳炸彈製造團隊。這項軍事行動讓德國魯爾區停電數週，嚴重打擊德國士氣。戰爭結束後，喬治‧查爾斯沃思（George Charlesworth）領導的團隊考慮使用黑白條紋的人行穿越道，他推動試驗計畫，最後促成全球廣泛使用。經過單點測試後，塗上條紋的穿越道首先於 1949 年在英國一千個地點開始採用，原本的形式是藍黃交錯的

機器人三定律

在1942年3月的《驚奇科幻》（*Astounding Science Fiction*）雜誌中，以撒‧艾西莫夫（Isaac Asimov）在短篇小說《轉圈圈》（*Runaround*）中發表了「機器人三定律」。

一、機器人不得傷害人類，或坐視人類受到傷害。

二、機器人必須服從人類的命令，除非這命令會與第一定律相抵觸。

三、機器人必須保護自己的存在，只要這種保護與第一或第二定律不衝突。

1985年，艾西莫夫在《機器人與帝國》（*Robots and Empire*）中還添加了第四條或第零條定律，以超越其他定律：「機器人不得傷害人類整體，或坐視人類整體受到傷害。」

貝利沙燈號

採用斑馬線以前，行人穿越道只是一排排金屬螺栓，直到1934年，立在黑白燈桿上的黃色圓燈才被用來標示它們。燈號命名取自當時英國運輸大臣萊斯里·霍爾—貝利沙（Leslie Hore-Belisha，1893—1957年）。貝利沙燈號會持續閃爍，主要提供汽車駕駛者在夜間對行人穿越道的額外識別。

條紋。1951年時在全國普遍實施，但改成對比鮮明的黑白條紋以加強夜間能見度，這種配色因而被稱為斑馬線。查爾斯沃思因此得到斑馬博士的綽號。

▌尼古丁毒性

—西元 1950 年—

威廉·理查·沙博·多爾，西元 1912 年—2005 年，英格蘭

　　這位知名科學家拯救了百萬人性命，因為他發現了吸菸、石棉和肺癌之間的關聯。歷經 1940 年代的研究，世上最具聲望之一的流行病學家威廉·理查·沙博·多爾（William Richard Shaboe Doll）提出警告，吸菸是導致肺癌的主要原因。多爾和奧斯汀·布拉德福德·希爾（Austin Bradford Hill）聯手，研究了倫敦 20 家醫院的肺癌患者，試圖找出肺癌與曝露在汽車廢氣或柏油這種新道路鋪料之間的關聯。他透過研究反而發現吸菸是共同的致病關聯。多爾在研究過程中已減少自己三分之二的吸菸量，多爾在報告中說：「……罹患肺癌的風險隨著吸菸量而加。每天吸 25 根或更多菸的人，患病風險是不吸菸者的 50 倍。」他也證明吸菸導致心臟病和其他疾病。1954年，大量研究確認了他的發現，隨後英國政府提出勸告說肺癌與吸菸有關。英國民眾開始注意到他的勸告（1954年，80% 的英國成年人有吸菸，如今只有 25%）。然而在美國狀況就不同了。威廉·哈波（Wilhelm Heuper）於 1954年在國家癌症研究所公開聲明說：「即使過度吸菸的確是導致肺癌的原因之一，它似乎也只是次要因素罷了。」因

多爾牌匾

　　牛津大學的理查·多爾大樓上有一塊牌匾記錄著多爾的一段話：「老年死亡是無可避免的，但未到老年的死亡就並非如此。在上個世紀，七十歲被認為是人類壽命的極限，大約只有五分之一的人活到這把歲數。然而，現今西方國家非吸菸者的情況則是倒轉過來：只有五分之一的人活不到七十歲，而且非吸菸者的死亡率還在下降，這至少提供開發中國家一個願景，就是：少有七十歲以前死亡的景況。為了讓這願景得以實現，必須要找到方法限制吸菸帶給個人與家庭的巨大傷害，這不僅是對開發中國家的百萬人口而言，對其他地方更多的人口也是一樣，他們繼續吸菸就等於在不斷縮減期待的壽命。」

為在他們菸草巨頭的政治遊說下，美國遠比英國和法國更晚開始宣導吸菸的風險。多爾其他的研究還包括輻射與白血病、石棉和肺癌間的關聯。

▋ 信用卡

—西元 1950 年—

法蘭克・澤維爾・麥克納馬拉，西元 1917 年—1957 年；勞夫・愛德華・施耐德，西元 1909 年—1964 年，美國

　　塑膠貨幣的發明使得金融交易為之改觀，簡化了購物和預約，還促成了電子商務。這張小塑膠卡發給使用者當做支付系統，讓使用者基於承諾付款而能購買商品與服務。發卡者建立一個循環帳戶並授予使用者一個信用額度，使用者藉此可借錢支付給賣方，或做為預付金支付給賣方。信用卡不同於每月需全額付清的簽帳卡，它允許消費者延續未付餘額，但會收取利息。在塑膠貨幣（和提款機）出現之前，消費者必須到銀行排隊提領現金。現今有六千六百萬張信用卡在英國流通，比人口多了六百萬，未付餘額將近有六百億英鎊。（因此平均每張卡欠款一千英鎊。）

　　現代信用卡的前身是幾種商業信貸系統，最早使用於 1920 年代的美國，用來銷售燃料給逐漸增多的汽車車主。1936 年，美國航空公司和航空運輸協會將此方法簡化為航空旅行卡（Air Travel Card）。他們創造出一個編號系統，能夠辨識發卡者和消費者帳戶。持有航空旅行卡的旅客可憑信用「先買票，後付款」，並享有接受旅行卡結帳的航空公司給予 15% 折扣。1938 年，幾家公司開始接受彼此發行的旅行卡，到了 1940 年代，所有美國主要國內航空公司都發行旅行卡，並且通用於十七家不同航空公司。

　　消費者用同一張卡片支付款項給不同業者的概念，在 1950 年由大來卡（Diners Club）加以延伸，整合了多張卡片。大來卡發行了第一張「一般用途」簽帳卡，每期帳單需要全額付清。1949 年的時候，業務員法蘭克・澤維爾・麥克納馬拉（Frank Xavier McNamara）在紐約的梅杰小屋燒烤店（Major's Cabin Gril）用餐。故事發展是他發現自己錢包放在另一件外套裡。妻子趕來幫他結帳，但麥克納馬拉發誓絕不要再遇到這種窘境。不過這可能是公司宣傳部編造的情節。1950 年二月，麥克納馬拉和律師合夥人勞夫・愛德華・施耐德（Ralph Edward Schneider）再度光臨梅杰小屋燒烤店。當帳單送上時，麥克納馬拉拿出一張小硬紙卡，那是一張大來卡，然後他簽個名就完成結帳。最初有十四家餐廳接受大來卡，兩百位麥克納馬拉的朋友與商業夥伴成為史無前例第一個簽帳卡系統的會員。需求隨之大增，第一年結束時的會員人數已成長到兩萬名。大來卡在 1951 至 52 年歷經快速成長，並擴張

到美國所有主要城市。首先加入特約行列的有租車公司、飯店和花店。1953至54年，大來卡往全球邁進，成為第一張國際通行的簽帳卡。大來卡建立起一萬七千家餐廳、飯店、汽車旅館和名產店的客戶群，他們樂意為它帶來的七十五萬名會員消費支付 7% 抽成。

大來卡沒有強勁對手，直到美國運通（American Express）在 1958 年進入信用卡市場，它得到全球各地聯絡處的協助幫忙招募會員。美國運通透過銀行郵寄申請書給八千萬名存款戶，他們顯然有錢可花。公司總裁也寄出私人信函給兩萬兩千家企業老闆。超過三百名「美國運通員」開始打電話給全美各地公司執行長以銷售信用卡，首張卡收取六美元年費，同公司其他人則收取三美元年費。美國運通接著創造一個全球信用卡網路。（然而，這些最初都只是簽帳卡，直到美國銀行卡證明循環信用的概念可行後，它們才具有信用卡功能。）1958 年以前，還沒有人能創造出實際運作的循環信用金融工具，這種工具必須由第三方銀行發行，能被大量商家普遍接受（而不是由商家發行、只有少數商店接受的循環卡）。1958 年九月，美國銀行成功發行第一張可被視為現代信用卡的美國銀行卡（BankAmericard），後來被合併至 VISA 系統。1966 年，幾間加州銀行成立 Master Charge 與美國銀行卡競爭，後來併入 MasterCard 系統。隨處可見的信用卡若不存在，很難想像現代生活會是什麼模樣。

▊ 小兒麻痺疫苗
—西元 1952 年—
約翰·富蘭克林·恩德斯，西元 1897 年—1985 年，美國，波士頓

約翰·富蘭克林·恩德斯（John Franklin Enders）對小兒麻痺和麻疹的研究開創了現代疫苗。脊髓灰質炎曾經每年造成數十萬兒童跛腳。約翰·恩德斯在波士頓兒童醫院帶領團隊，於 1948 年取得了預防此疾病的突破性發展。在同僚弗雷德里克·查普曼·羅賓斯（Frederick Chapman Robbins）和托

首次提及信用卡

美國作者愛德華·貝拉米（Edward Bellamy）在他的烏托邦小說《回顧：2000－1887》中有11次用信用卡（credit card）這個詞來代表購買。哲學家兼社會評論家埃里希·弗洛姆（Erich Fromm）把這被遺忘的作品稱為：「美國所出版最傑出的書籍之一」，它是當時銷售排名第三的書籍，僅次於《湯姆叔叔的小屋》和《賓漢：基督的故事》。所有投資銀行家和涉及短線操作、套利和投機性投資的「金融專家們」都該讀這其中的一段文字：「……買與賣從所有趨勢來看根本就是反社會。它是以犧牲他人為代價的一種利己教育，任何社會的公民在此訓練下，都不可能擺脫極為低落的文明程度。」

馬斯‧哈克爾‧韋勒（Thomas Huckle Weller）共同努力下，他成功在人體組織中培養出脊髓灰質炎病毒，它是引發小兒麻痺的病原體。這促進了小兒麻痺疫苗的開發。三位科學家獲得 1954 年的諾貝爾生理學或醫學獎，因為「他們發現了脊髓灰質炎病毒可以在各種組織下培養生長」。他們的研究首次證明這類病毒能在人體外培養生長並加以利用。恩德斯在 1960 年帶領一個團隊用麻疹病毒做試驗，發現這方法對它也完全有效。恩德斯的成果是現代疫苗研究與開發的基石。

這種病毒培養技術稱為恩德斯—韋勒—羅賓斯法，美國研究先驅約納斯‧沙克（Jonas Salk）利用它在 1952 年開發出一種小兒麻痺疫苗。他於 1953 年在電臺節目中公開宣布自己的成就，既沒提到自己的研究團隊，也沒提到那些後來的諾貝爾獎得主。沙克疫苗被使用在史上最大規模的醫學實驗中，44 萬名兒童接受一或多劑注射，21 萬名兒童則是注射安慰劑。另外還有 120 萬名兒童既沒注射疫苗也沒施打安慰劑，他們被拿來當做對照組。1955 年時，這項實驗宣稱它在對抗第一型脊髓灰質炎病毒有 60-70% 效果，對抗第二型和第三型有 90% 效果，對抗延髓型脊髓灰質炎病毒（腦幹的延髓部分受到感染）也有 94% 效果。於是便有了大規模疫苗接種計畫，美國的小兒麻痺病例從 1953 年的三萬五千例降到 1957 年的

五千六百例。為了有效對抗小兒麻痺，需施用兩種疫苗，第一種是注射型沙克疫苗，它用失去活性的病毒（死的）製成。第二種是用減毒性病毒（殘缺的）製成的口服疫苗，它的試驗始於 1957 年。口服疫苗是另一位美國研究者亞伯特‧沙賓（Albert Sabin，1906 — 1993 年）的傑作。根據估計，兩種疫苗聯手將全球病例從 1988 年的 35 萬名病童降低到 2007 年的 1652 名病童。沙克有龐大的金錢資源做後盾，花費巨款成為第一個開發出疫苗的人。由於自我吹噓的關係，沙克受到科學界極度蔑視，尤其是沙賓，還稱他為：「完全是廚房裡的化學家……他一生中沒有任何原創想法。」

浮法玻璃

—西元 1953 — 1957 年—

阿士達‧皮爾金頓，西元 1920 年
— 1995 年，英格蘭

現在所有高品質平板玻璃的製造都採用阿士達・皮爾金頓（Alastair Pilkington）的浮法玻璃（float glass）製法。玻璃走向自動化製造的第一個進展是亨利・貝塞麥在 1848 年取得的專利，這系統生產的連續平板玻璃帶是將它放在滾筒間壓延成型。這是昂貴的製法，因為玻璃表面還需要拋光。製造面積較大的「玻璃平板」時，就得澆鑄一大坨玻璃熔液到金屬板模上，接著再兩面拋光，一樣是高成本製法。從 1920 年代早期開始，連續平板玻璃帶會通過一長列的研磨機與拋光機，以減少玻璃耗損和降低成本。製造品質較低的「薄片玻璃」時，會用輥子從玻璃熔槽中將它向上拉引形成薄膜，等玻璃冷卻後薄片就可切下。它的兩面光滑度與平整度比不上浮法玻璃，品質明顯差了許多。

玻璃窗所使用的平板玻璃同樣經過雙種研磨與拋光程序。平板玻璃的特色是可製成較大一片玻璃，也就此變成一般窗戶玻璃的代名詞。發明家們歷經多年嘗試，想找到成本更低的改良方法來取代「平板玻璃」製法。皮爾金頓（與他任職的皮爾金頓玻璃公司創辦人沒有親戚關係）和他的同事肯尼斯・比克斯塔夫（Kenneth Bickerstaff）取得了突破，他們讓熔化的玻璃「浮」在一缸熔錫上形成長帶狀，控制它以達到一致的厚度和平坦表面。這種製法關鍵在於被仔細平衡注入錫缸的玻璃量，讓它被自己的重量拉平。這項發明讓皮爾金頓玻璃公司在全球高品質平板玻璃市場上引領多年風騷。從 1960 年代早期開始，世界主要平板玻璃製造廠獲得授權使用浮法玻璃製法，雙種研磨與拋光程序就此被淘汰。現今玻璃窗使用的玻璃其實是浮法玻璃，儘管人們仍稱它是平板玻璃。浮法玻璃可加入一些平板玻璃無法做到的特徵屬性，例如強化、隔音、隔熱、光敏性、甚至自我清潔。浮法玻璃製法也被稱為皮爾金頓製法。

▎光導纖維
—西元 1954 年—
那林德・辛格・卡帕尼，生於 1926 年，印度和美國

這位印度裔美國籍物理學家被公認為光導纖維之父。那林德・辛格・卡帕尼（Narinder Singh Kapany）的主要研究成果為後來光纖在通訊與醫療上的所有應用提供了基礎。他的研究與發明涵蓋光纖傳輸、雷射、生物醫學儀器、太陽能和污染監控，擁有超過一百項專利。卡帕尼知道單一光束可以沿著一個玻璃管傳送，因此假設一張複雜影像也可用相同方式傳送。他推論說：「即使知道光是直線前進，我們能在彎曲路徑上傳導光線嗎？這為什麼重要？好吧，假設你為了診斷或手術想要檢視人體內部器官，就需要一個輕便易彎的管子。相同地，如果你想用光信號通訊，你可沒辦法在空中長距離傳送光線；你需要

可彎曲纜線來傳導光線走過這麼長的距離。」卡帕尼在倫敦帝國學院的博士班研究中，首先成功證明光能透過彎曲的玻璃纖維傳導，並於 1954 年將此發現發表在《自然》雜誌上。他於 1950 年代在羅徹斯特大學開發了光纖在內視鏡上的應用，並在 1960 年《科學人》雜誌上的一篇文章中首先創造了光導纖維這名詞。1956 年，他設計出一個採用了玻璃導管的胃鏡，能夠從喉嚨彎曲前進以仔細觀察人類的胃。

光導纖維的名稱來自於它用髮絲般的玻璃纖維束傳導光線。光線進入一般的透明玻璃柱或塑膠柱時，會在內部表面不斷反射，直到從另一端出去。類似原理使得圓柱就像一個導光柱。卡帕尼設想將好幾千條細微玻璃柱束在一起，每條都能傳導單一光點。這一束光點應該能形成影像，非常類似報紙用墨點描繪一張圖片的方式。在博士倫公司（Bausch & Lomb）技術人員協助下，

卡帕尼製作了幾束玻璃纖維，每束包含二十五萬條纖維，每條直徑是千分之一吋。他發現只要纖維束兩端的每根纖維末端保持相同地相對位置，就能透過可彎折纖維束精確傳送影像，就算中間打了結也一樣。

卡帕尼說：「……如果我們在管子內部塗上反射材料，讓光子或光波能輕易傳導而不會被管壁材質吸收……光波就能在這種管子裡反射數百萬次（次數依管長與管徑還有光束粗細而定）……所有內反射要達到 100%，意謂著我們要盡可能做出不會吸收光的玻璃，如果

能將內反射利用到最大程度，就能在玻璃束內把光傳導至很遠的距離……這就是光導纖維所運用的原理。」1960年，隨著雷射的發明，應用物理學揭開了全新篇章。從 1955 年到 1965 年，卡帕尼是許多關於這主題的論文首要執筆者。他的著作傳播了光纖的福音，奠定他在這領域的先驅地位。

▌磁碟機

—西元 1955 年—

阿蘭・菲爾德・舒加特，西元 1930 年
— 2006 年，美國

　　阿蘭・菲爾德・舒加特（Alan Field Shugart）的事業描繪出現代電腦磁碟機工業的輪廓。1951 年時從在 IBM 擔任打孔卡會計機現場維修服務工程師開始做起，舒加特參與了電腦儲存工業的每個重要發展。經過這段期間，電腦儲存系統的尺寸顯著縮小，數位儲存能力卻是倍增。1955 年轉調至 IBM 研究實驗室後，舒加特協助開發了第一臺磁碟機，它被稱為 RAMAC，是 Random Access Method of Accounting and Control（統計控制隨機存取法）的縮寫。它能儲存 5MB（百萬位元組）資料。他在 IBM 任職的十八年中管理過幾樣產品開發，其中包括 IBM 1301，這個 50MB 磁碟系統是 IBM 為美國航空公司打造全國第一個線上訂票系統 Sabre 的基礎。舒加特晉升為直接存取儲存產品經理，負責 IBM 在當時最有賺頭的磁碟儲存產品。直屬於舒加特的其中一個團隊發明了軟碟片。軟碟片是一種儲存磁片，由柔韌的薄碟片構成磁性儲存媒介，封裝在內部襯有織品的方形塑膠外殼裡，以便隔離灰塵微粒。它們需用軟碟機（FDD）來讀寫。發明於 1960 年代晚期的最早軟碟片直徑有 8 吋（20 公分），在 1971 年時成為商品販售。將近二十年時間裡，這些磁片是在不同電腦裡儲存並攜帶資料的唯一有效方法。

　　舒加特後又晉升為系統開發部門工程總監，但於 1969 年離職加入 Memorex 公司，最後還帶走了幾百名 IBM 工程師。他在 1972 年離開 Memorex，1973 年成立 Shugart Associates，並推出一臺低價的 8 吋（20 公分）軟碟機。Shugart Associates 在 1976 年推出第一臺 5¼ 吋（13.3 公分）軟碟機，售價三百九十美元。到了 1978 年，已有超過十家製造商在生產這種軟碟機。科技隨後走向一種在企業資料中心以外使用的較小型電腦。舒加特的事業夥伴菲尼斯・康諾（Finis

Conner）說：「朝著機動性邁進，把電腦能力帶出機房，放到桌上。」這兩位夥伴意識到大量生產將使儲存成本顯著下降。被迫離開 Shugart Associates 之後，舒加特與康諾成立了希捷科技（Seagate Technology），在 1979 至 80 年製造出第一臺溫徹斯特 5¼ 吋硬碟。當時個人電腦基本儲存是用 5¼ 吋軟碟片，這兩人知道擁有相同尺寸但容量更大的硬碟會找到市場。公司的第一個產品有 5MB 容量，售價 1500 美元。在第一個客戶蘋果電腦和其他電腦公司爆炸性成長的推波助瀾下，它立刻成為暢銷品。希捷成為世上最大的磁碟機與相關元件獨立製造商。到了 1980 年代末期，5¼ 吋磁碟機被 3½ 吋（8.9 公分）磁碟機取代。接著又被更高容量的儲存方式取代，例如可攜式外接磁碟機、光碟、記憶卡、雲端網路和隨身碟等。

▎消費電子娛樂產品

—西元 1955 年至今—

盛田昭夫，西元 1921 年— 1999 年；井深大，西元 1908 年— 1997 年，日本

　　在微型化與創新化的過程中，索尼（Sony）公司引領著消費電子產品的發明與大量生產。從電晶體收音機（1955年）開始，索尼還帶給我們電晶體電視（1960 年）、卡式錄影機（1975年）、隨身聽（1979 年）、PlayStation 遊戲機（1994 年）等等，開創了新類型家庭娛樂。

　　1945 年，井深大在東京經營一間收音機維修店，盛田昭夫則被期待繼承家族祖傳釀酒事業。然而，他們在 1946 年共同創立了東京通訊工業株式會社（1958 年更名為索尼），只有三百七十五美元資本額的公司座落在戰爭期間遭轟炸廢棄的百貨公司倉庫。公司第一項產品是電鍋，隨後他們製造了日本第一臺磁帶錄音機，但它受限於戰後物料缺乏，做得又大又笨重。1950年代，井深大獲得美國貝爾實驗室授權使用電晶體新技術，讓索尼成為日本第一家將電晶體技術應用在非國防用途上的公司。當時日本經濟仍百廢待舉，所以公司用全新觀念將眼光放在美國市場。1957 年，索尼發表世上第一臺口

292

袋型電晶體收音機,立刻奠定公司的市場領導地位。在決定製造電晶體收音機時,盛田昭夫說:「我知道我們需要一個利器去打入美國市場,它必須與眾不同,是個其他人從沒做過的東西。」

從一開始,盛田昭夫的行銷概念就是要讓品牌識別立刻讓人聯想到高品質製品。他一直拒絕用其他公司的品牌製造產品。以前「日本製造」這標語在任何產品上都代表品質低劣,但在索尼帶領下,它成為消費電子產品的賣點,如同德國製造之於汽車。電視創新現在成為索尼工程師的優先目標。索尼公司在1960年推出第一臺五吋與八吋全電晶體電視機,預告了日本將來在電視工業的主宰地位。當索尼研發團隊完成新電視機的設計時,他們已開發出九項全新電晶體裝置,包括在電視機發表一個月前才完成的高頻調諧電晶體。筆者還記得真空管電視被裝在一個龐大木頭櫃裡以便散熱。體積更小、加上散熱器後溫度更低的電晶體,再結合耐熱塑膠,完全顛覆了電視機的設計。索尼也想製造高品質彩色電視機,1967年完成了新的映像管。這個新的彩色映像管被稱為特麗霓虹(Trinitron),它從1968年發表以來為電視畫質與設計立下了典範,直到數位與電漿電視出現。盛田昭夫舉家遷往美國,身為全球在地化的倡議者,他讓

自己熟悉各國經濟,並在世界各地設立製造廠。當索尼於1972年在加州聖地牙哥組裝特麗霓虹電視機時,它成為第一家在美國設廠的日本消費電子公司。在很短時間內,美國自有電視製造商就全軍覆沒了。

1975年,索尼推出第一臺Betamax系統家用錄影機,競爭對手飛利浦在一年後推出VHS系統。索尼在這場戰役中失掉主導地位,但它首先開創了這個新市場。另一項創新是世上第一臺可攜式音樂播放機。盛田昭夫發現他的孩子與朋友整天都在播放音樂。他看到人們在車裡聽音樂,還扛著碩大音響到海灘和公園。索尼工程部門普遍反對沒有錄音功能(後來附加了)的錄音帶播放機,但盛田昭夫並不排斥。他堅持產品要有跟汽車音響一樣的高音質,但要便於攜帶,讓使用者在做事時能聽音樂,於是就命名為隨身聽(Walkman)。八成的索尼經銷商都認為沒錄音功能的錄音帶播放器沒有前途。然而,這產品的小巧尺寸和傑出音質吸引了消費者,掀起個人音響革命。很快地,隨身聽和其他製造商推出的類似播放器就已隨處可見。人們帶著它出門跑步、上班或躺在海灘。

索尼的PlayStation遊戲機於1994年在日本發表時只有八款遊戲,然後於1995年推向全球市場。最初軟體

公司不太支持索尼的新格式，因為任天堂與 SEGA 早已穩固盤據市場。然而藉由 PlayStation 和最近的 PlayStation2，索尼已成為史上最成功的遊戲機製造商。索尼其他的創新還包括 1982 年的音樂光碟（CD）、1984 年的光碟隨身聽（Discman）、1985 年的第一臺八釐米攝影機、1992 年的迷你光碟（MD）播放機、1997 年的魔影佳（Mavica）數位相機、1998 年的數位多功能光碟（DVD）播放機，還有 1999 年的 Network Walkman 數位音樂播放機。

▌蛋白質定序

—西元 1957 年—
弗雷德里克·桑格，西元 1918 年
—2013 年，英格蘭

　　弗雷德里克·桑格（Frederick Sanger）於 1939 年在劍橋大學取得學士學位。他在大戰期間基於貴格教派信仰而拒服兵役，不過他被允許繼續從事博士班研究。1940 和 50 年代，生物化學的分離與淨化技術發展出新方法，似乎終於有可能確定蛋白質分子的化學結構。桑格開發的新方法可以將胰島素的構成單位（胺基酸）定序出來。桑格的首要結論是兩個多肽鏈有嚴格的胺基酸排序，繼而每個蛋白質都有獨特的排序。這個成就使他獲得 1958 年諾貝爾化學獎，也導引他走向 DNA 定序以及獲得第二座諾貝爾獎。

▌積體電路（微晶片）

—西元 1959 年—
傑弗瑞·達默，西元 1909 年—2002 年，英格蘭；傑克·基爾比，西元 1923 年—2005 年；勞勃·諾伊斯，西元 1927 年—1990 年，美國

　　這項發明和它的發展完全改變了我們的世界，掀起個人電腦革命。積體電路（integrated circuit，IC）是一個電子電路，製作時將微小元件分布圖案轉移到半導體材質的薄基板上，再附著額外材料形成連線，連接例如電晶體、電容器、電阻器和二極體等微小半導體裝置。它們實際應用在現今所有電子設備上，使得電腦、電話和數位設備微型化，並且降低生產成本。傑弗瑞·達

默（Geoffrey Dummer）是一位英國電子工程師，他在 1940 年代晚期首先將積體電路概念化。他相信可以把多個電路元件整合在像矽之類的材料上。1952 年，達默在華盛頓特區舉辦的美國電子元件研討會上發表自己論文，後來就被稱為「積體電路的先知」。

達默在論文結尾寫道：「因為電晶體的出現和半導體的廣泛研究，現在似乎可以想像電子設備可由一個沒有連接線的固體模塊組成。這模塊包含多層絕緣、傳導、整流和放大材料，打穿各層特定區域就能連接電子功能。」在積體電路發明之後，他說：「它對我來說相當合理；我們一直在研究小還要更小的元件，提升可靠性的同時也要縮減尺寸。我認為達到目標的唯一方法是採用固體模塊的形式。這麼一來就可以排除所有接觸問題，得到一個可靠性高的微小電路。那就是為什麼我一直持續進行著研究。我徹底震撼了這行業，一直嘗試讓他們了解這發明對微電子學和國家經濟的未來有多重要。」他在許多國際研討會上提出自己想法，但缺乏資金和適當製造技術去發展自己的觀念。然而，1957 年在英國莫爾文舉辦的國際元件研討會上，他展示了一個模型以說明固體電路技術的可能性。這模型是一個由半導體材質固體模塊做成的正反器，它適當摻雜了其他

物質做出四個電晶體。其中四個電阻器由矽橋扮演，其他電阻器與電容器則以薄膜形式直接附著在矽模塊上，中間安插了絕緣薄膜。這模型是個設計示範，但傑克·基爾比（Jack Kilby）在兩年後取得專利的電路與它截然不同。

傑克·基爾比和勞勃·諾伊斯（Robert Noyce）共同獲得 2000 年諾貝爾物理學獎，表彰他在德州儀器工作期間對積體電路的開發。做為一名新進電腦工程師，他還沒權利去度暑假，所以把這時間花在電路設計上。「數量暴政」在 1950 年代是個大問題，工程師對他們的設計無法再增加功能，因為包含的元件數量實在太多。理論上，每個元件都要和所有其他元件連接，它們通常是放在電路板上用手工焊接。為了增加功能就需要更多元件，未來的設計似乎會塞滿連接線。1958 年夏天，基爾比得出和達默一樣的結論，若將全部電路元件做在一塊半導體材料上就能找到解決方案。他向管理部門提出自己的發現，向他們展示一塊連接示波器的鍺。基爾比按下開關，示波器顯示出一個連續正弦波，證明積體電路行得通。現在的微型積體電路可放進數十億個電晶體。他於 1959 年初期在美國申請微型電子電路（Miniaturized Electronic Circuits）專利，這是第一個積體電路。基爾比還因為取得隨身電子

計算機和用於資料終端機的熱感應印表機專利而聞名。基爾比取得專利五個月後，勞勃・諾伊斯也獨立做出一個相似的電路，所以他被視為共同發明者。他的專利被稱為半導體裝置與引線架　構（Semiconductor Device and Lead Structure）。諾伊斯在 1957 年成為快捷半導體（Fairchild Semiconductor）共同創辦人，1968 年又共同創辦了英特爾（Intel）。諾伊斯的綽號是「矽谷市長」，也是許多電腦先驅的良師益友，包括創立蘋果公司的史蒂夫・賈伯斯。

▌口服避孕藥

—西元 1960 年—

格雷戈里・古德溫・平克斯，西元 1903 年— 1967 年；張明覺，西元 1908 年— 1991 年，美國

複方口服避孕藥通常被稱為生育控制藥物，或者就簡稱避孕藥。這種控制生育的方法結合了雌激素與孕激素的使用。經由每日服用，這藥物會阻止排卵並且防止女性受孕。目前全世界有超過一億名女性在服用。格雷戈里・古德溫・平克斯（Gregory Goodwin Pincus）和張明覺在麻薩諸塞州什魯斯伯里的伍斯特實驗生物學基金會（Worcester Foundation for Experimental Biology）合作，一起研究荷爾蒙生物學和人工受孕。1951 年，平克斯在一場晚餐會上遇見美國計畫生育聯合會副主席瑪格麗特・桑格（Margaret Sanger）。她從聯合會爭取到一小筆款項給平克斯做荷爾蒙避孕研究。平克斯與張明覺的早期研究證實孕酮激素可用來抑止排卵，但需要更多研究資金。1952 年，桑格告訴她朋友凱瑟琳・德克斯特・麥考密克（Katherine Dexter McCormick）這項研究。麥考密克是一位生物學家兼慈善家，繼承亡夫一大筆財產。她挹注研究所需資金，讓他們開發出第一個生育控制藥物。

為了證明「避孕藥」的安全性，必須進行臨床實驗。1953 年，他們在麻薩諸塞州對不孕患者施用孕酮激素，接著在 1954 年施用三種不同的黃體製劑。然而，做為避孕藥物的實驗無法在麻薩諸塞州進行，因為當時避孕在該州屬於重罪行為。1955 年，波多黎各被選為實驗基地，部分原因是島上已有六十七家診

所在聯合勸導低收入女性控制生育。實驗從 1956 年開始,有些婦女對註冊商標為 Enovid(異炔諾酮)的藥物產生副作用。監督醫生寫給平克斯的報告說這藥物「有百分之百避孕效果,但引發太多無法接受的副作用。」平克斯和共同研究者哈佛大學婦產科教授約翰・洛克(John Rock)兩人不同意這觀點,因為他們在麻薩諸塞州患者身上看到施用安慰劑也會造成相似副作用。實驗延伸到海地、墨西哥和洛杉磯,許多婦女自願嘗試這種新形態避孕藥。1960 年五月,美國食品藥品監督管理局(FDA)批准 Enovid 做為避孕藥物。1961 年,英國政府宣布可透過國民保健署購買此藥。避孕藥不僅賦予女性自主權,也標示著醫藥上的一個轉折點,因為它是第一種給「健康」的人服用、以預防某事的藥物,而不是給患者服用以治療疾病。自從它發明以來,據認為有超過三億名女性使用過避孕藥。

▍雷射技術

—西元 1960 年—

西奧多・哈羅德・梅曼,西元 1927 年
—2007 年,美國

雷射(laser)是受激輻射光波放大(light amplification by stimulated emission of radiation)的首字母縮寫,它在許多方面改變了現代生活。1952 年的俄羅斯團隊和 1953 年的美國團隊各自獨立發明了邁射(maser)裝置,邁射是受激輻射微波放大(microwave amplification by stimulated emission of radiation)的首字母縮寫,這裝置透過受激輻射放大過程產生相干的電磁波。阿瑟・肖洛(Arthur Schawlow)和查爾斯・湯斯(Charles Townes)寫的一篇研究論文為製造雷射奠定理論基礎後,世界各地團隊從 1958 年開始研究藉由光子的受激輻射進行光波放大。西奧多・哈羅德・梅曼(Theodore Harold Maiman)的博士論文主題是對受激氦原子的細微結構分裂進行微波光學測量。在加州馬里布的休斯研究實驗室工作時,梅曼不同意其他科學家認為紅寶石無法接受足夠能量而不適合做為雷射介質,但梅曼同意它畢竟還是需要格外明亮的能量來源。他接著了解到光源不需持續發亮,其他團隊則朝持續光源的方向努力。梅曼查閱製造商目錄,發現一種非常亮的螺旋狀燈管。1960 年 5 月 16 日,他將一塊人造紅寶石晶體安裝在燈管中間,觀察到紅光脈衝,這是世上第一個雷射裝置。梅曼從此被稱為「電光學之父」,同時還擁有邁射、雷射顯影、光

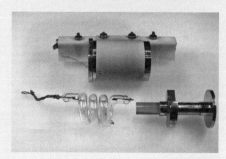

學掃描和雷射調變方面的專利。

受到梅曼成功的刺激，其他研究團隊朝各自方向加速前進。1960 年七月，梅曼在記者會宣布，自己的突破不到兩星期，貝爾實驗室和 TRG 公司的團隊都購買了出現在他公開照片裡的閃光燈。他們複製了他的裝置並詳加研究。貝爾實驗室和其他團隊分別用不同形式的紅寶石晶體做出雷射裝置。另一個團隊將氟化鈣晶體切割成圓柱體並在兩端鍍銀，於 1960 年十一月成功用它發出雷射，需要的輸入功率不到梅曼紅寶石雷射的百分之一。貝爾實驗室團隊延續原本的研究方向，在 1960 年十二月製造出一道連續紅外線光束，這是第一個氣體雷射裝置。總之，到了 1960 年末，三種全然不同形式的雷射裝置都證明它們能成功運作。

▌農藥的威脅
—西元 1962 年—
瑞秋・路易絲・卡森，西元 1907 年
—1964 年，美國

1936 年，瑞秋・路易絲・卡森（Rachel Louise Carson）被美國漁業局任命為新進的海洋生物學家，是該單位僅有的兩位女性專家之一。她的第一本著作《海風之下》（*Under the Sea-Wind*）展現她以清晰用語表達複雜科學題材的文筆。1943 年，她被晉升為新創立之美國魚類與野生動物管理局的海洋

雷射的用途

外科手術：雷射手術降低了全身麻醉的必要性，每年用在數百萬醫療程序中。光束熱量就像利刃切割般燒灼組織，手術幾乎不會造成出血，也降低感染機會。比如說，視網膜剝離每年造成數千人眼盲。如果及早察覺，雷射能在發生永久損害前將它「焊接」回原位。光纖也能將雷射精準送到體內，以減少更多侵入性手術。

工業與娛樂：雷射最早的應用之一就是測量。英法海底隧道的建造是從英法兩國分別同時開鑿。雷射測量讓雙方歷經24公里挖掘，會合時只有幾吋誤差。超市結帳掃描器、CD、DVD、信用卡雷射防偽標籤和雷射印表機都是依賴雷射技術的消費製品。工業雷射切割、鑽孔與焊接的材料從紙張、布料到鑽石、硬合金都有，它比金屬機械工具更準確也更有效率。

先進科學：雷射首次用於科學研究是在原子物理學和化學領域。然而，其他學科很快就發現它的用途。集中的雷射光束被用做「光學鑷子」去操作如紅血球和微生物這類生物樣本。五位曾共享諾貝爾獎的研究者利用雷射加以冷卻並聚集原子，創造出一種奇特的新物質狀態（玻色—愛因斯坦凝態，Bose-Einstein condensate），去探測最根本的物理學。雷射發展讓研究者做出新發現，以想不到的用途讓人類受益。

通訊：通訊系統在1980年代依賴的是笨重的銅纜，它們訊號承載能力已達極限，而且早已塞滿城市街道下有限的管道空間。雷射光束透過比人類頭髮還細的一根玻璃光纖，可以傳送五十多萬通電話交談，或者數千臺電腦連線和電視頻道。光束在玻璃纖維內部表面反射而循線前進。網際網路的存在不能沒有光纖。

動物學家，在這裡撰寫了許多對美國公眾發布的公告。其中一系列被稱為保育行動（Conservation in Action），致力於用非專業術語解釋國家野生動物保護區的野生動物與生態。1951 年，卡森發表第二本著作《我們周圍的海洋》（The Sea Around Us），還被翻譯成三十二國語言。它在《紐約時報》銷售排行榜裡待了八十一週。卡森是第一位大力倡導環境保護的人。《我們周圍的海洋》和出版於 1956 年的第三本著作《海洋邊緣》（The Edge of the Sea）開啟了環保主義新觀點，為研究我們生存環境的生態科學帶來新視野。

卡森最後著作《寂靜的春天》（Silent Spring，1962 年）喚醒人們意識到人類對其他生命形式的責任。

卡森與環保主義

　　隨著《寂靜的春天》出版，卡森被譽為發動了當代環保運動，以喚起人們關心環保議題。在一次電視訪談中，卡森曾提到「人類努力用扭轉與摧毀的力量控制自然，將無可避免捲入一場對自己不利的戰爭，一場必輸的戰爭，除非能與自然和平共存」。她的著作深深影響這世界對環境保護與生態學的看法。

她用詳細生物學資料舉證有害農藥對生態系統造成的真實威脅。卡森仍在魚類與野生動物管理局任職時就開始關注農藥威脅。隨著農藥 DDT（Dichloro-Diphenyl-Trichloroethane，雙對氯苯基三氯乙）推廣使用，她的擔憂加劇了。卡森的海生研究提供她關於 DDT 對海洋生物影響的早期記錄。因為異常首先會出現在魚類和野生動物身上，而最早察覺威脅將對整體環境造成結果的就是生物學家。卡森長久以來意識到化學農藥帶來的威脅，但也知道農業界會駁斥她的觀點，因為他們需要農藥來提升穀物產量。她的著作引來對她個人專業廉正性的質疑。農藥工業發起龐大戰役去攻擊卡森的聲譽，即使她並未要求全面禁用農藥。她的建議只是要進行研究以確保農藥使用安全性，並找到替代品來取代像 DDT 這類的危險化學藥品。然而，美國政府下令重新全面檢視農藥政策，卡森和其他證人被要求到國會出席聽證會。經過一番調查，美國在 1972 年禁用 DDT，接著世界各國在《斯德哥爾摩公約》規範下紛紛禁止它做為農業使用。

▌發現幹細胞

—西元 1963 年—

歐內斯特·阿姆斯壯·麥卡洛克，西元 1926 —年 2011 年；詹姆斯·埃德加·蒂爾，生於西元 1931 年，加拿大

從這兩位人士的研究成果所衍生

的幹細胞療法，很有可能明顯改變人類疾病的治療。歐內斯特·阿姆斯壯·麥卡洛克（Ernest Armstrong McCulloch）是細胞生物學家，詹姆斯·埃德加·蒂爾（James Edgar Till）則是生物物理學家，他們在多倫多大學安大略癌症研究所共事。從 1957 年開始，麥卡洛克的研究便專注於血液構成和白血病，他和同事建立出第一個群落定量法來辨識幹細胞，並用此技術開創許多研究。麥卡洛克的血液學經驗結合蒂爾的生物物理學經驗，是一個非常有效的專業知識組合。1960 年代初期，麥卡洛克和蒂爾開始進行一系列實驗，他們將骨髓細胞注射到受輻射照射的老鼠體內。老鼠脾臟長出一些團塊，其數量與注入的骨髓細胞成比例。蒂爾和麥卡洛克稱這些結節為「脾群落」，推測每個結節來自單一骨髓細胞，或者稱之為「幹細胞」。幹細胞在一生中都具有組織再生能力，它們能自我更新，還有潛力分裂成不同形態的細胞。

蒂爾和麥卡洛克接著有研究生安迪·貝克（Andy Becker）的加入，他們證明每個結節實際上來自於單一細胞。他們於 1963 年將結果發表在《自然》雜誌上。同年，在與加拿大分子生物學家路·史密諾維奇（Lou Siminovitch）合作下，他們獲得證據顯示這些細胞有自我更新的能力，這是他們定義幹細胞功能很重要的一點。麥卡洛克和蒂爾在造血細胞系統中發現幹細胞，為細胞生物學和癌症療法帶來重大突破，利用骨髓移植這種革命性療法幫助白血病患者存活下來。麥卡洛克去世前的主要研究是影響惡性胚細胞生長的細胞分子機制，這些惡性胚細胞取自急性骨髓性白血病患者的血液。想到近來諾貝爾獎都曾頒給歐巴馬、高爾、季辛吉、傅利曼、阿拉法特等人物，我們會納悶到底為什麼麥卡洛克和蒂爾未能獲得如此表揚。

▌封包交換
—西元 1965 年—
唐納德·瓦茲·戴維斯，西元 1924 年—2000 年，威爾斯

唐納德·瓦茲·戴維斯（Donald Watts Davies）是讓電腦能夠彼此溝通，因而促成網際網路實現的科學家。

戴維斯的事業始於位在泰丁頓的國家物理實驗室其中一個小團隊，帶領團隊的就是首先將電腦程式設計概念化的

幹細胞的潛在用途
醫學研究人員期望能夠使用源自幹細胞研究的技術來治療多種疾病，包括：中風、腦外傷、學習障礙、阿茲海默症、帕金森氏病、缺牙、肌肉損傷、多發性硬化、傷口癒合、脊髓損傷、骨關節炎、類風濕性關節炎、克隆氏症、多發性癌症、肌肉營養不良、禿頭、糖尿病、耳聾和失明。

科學天才艾倫‧圖靈。戴維斯把資料組塊命名為封包（packet）。他說：「我認為重要的是為這些各自傳送的小段資料取一個新名稱。這會比較容易談論它們。我想到『封包』這個字有小包裹的意思。」他也帶領一個團隊用封包資料建立起最早可運作的網路之一。他在1997年《衛報》的一篇採訪中說，電腦以不中斷的資料流將一整筆資料傳送給另一臺電腦是沒效率的，「這是因為電腦流量在長時間閒置下突然『爆發』。所以我在1965年十一月構想出一個專為使用封包交換設計的網路，位元流在網路中被分割成小段訊息，或者稱為『封包』，它們各自找到路徑前往目的地，並在那裡重新組成原始資料流。」戴維斯為資料傳送創造的術語「封包交換」（packet switching）正是網際網路基本運作原理。

他的團隊於1967年在田納西州的一場討論會上展示成果，ARPA（高等研究計畫署，美國國防部下屬單位）也在此展示籌建電腦網路的設計。這促成網際網路原型ARPANET（高等研究計畫署網路）的誕生。不幸地，就像大部分英國人的突破性發展，戴維斯缺乏資金進行大範圍網路實驗，但他的科學資料被全世界採用，尤其是美國的ARPA和其他開發網路技術的單位。戴維斯也開發了一個主要以實驗室為基地的英國版ARPANET。ARPA設計者用他的自尋路由法做為ARPANET的訊息傳輸機制，而ARPANET後來逐漸發展成網際網路。蘭德公司的保羅‧巴蘭（Paul Baran）也在研究電腦網路，他的一項參數和戴維斯封包長度1024位元相同，這也成了工業標準。

戴維斯後來轉往資料安全系統發展，重心放在遠程處理系統、金融機構和政府局處。他很早就了解到必須防範網際網路惡意干擾，以保障交易能夠順利進行。他出版了幾本關於通訊網路、電腦協定和網路安全的著作，《電腦通訊網路》（*Communications Networks for Computers*，1973年）是一本開創性代表作。戴維斯在1980年代也率先研究智慧卡，因為他相信智慧卡在開放網路的金融服務操作安全上將會扮演有用的角色。戴維斯和他在國家物理實驗室的團隊設法從銀行、EFTPOS（零售點電子轉帳系統）提供商、美國運通、郵局、德州儀器和其他公司募得足夠資金。到1980年代中期，這個令牌與交易控制聯盟（TTCC）很快成為一種資訊傳遞解決方案，焦點放在高速加密，以及傳送者與接收者的身份驗證。授權使用者可在開放網路上進行安全存取和私密通訊，這套標準就是我們現今所稱的企業網路（Intranet）。電腦加密卡的早期應用可在超級市場的EFTPOS終端機上看到。當然，超級市場現在可用這種付款系統建立顧客需求與購物模式資料庫，也可直接將這些零售購買輸入資料庫以觸發他們自己的庫存補足系統。戴維斯是

「智慧卡」發展的先驅，零售業者可以藉此獲得消費者購物模式資訊。

電子郵件

—西元 1971 年—
雷蒙·山謬·湯姆林森，西元 1941 年
—2016 年，美國

　　雷蒙·山謬·湯姆林森（Raymond Samuel Tomlinson）用他的發明加速並顛覆了商業與個人聯繫。他在 Bolt, Beranek and Newman 這家科技公司工作時協助開發 TENEX 作業系統，其中包括 ARPANET 網路控制協定和 Telnet 通訊協定的實作。他接著寫了一支稱為 CPYNET 的檔案傳送程式，可以透過 ARPANET 傳遞檔案。ARPANET 是世上第一個實際運作的封包交換網路，也是構成全球網際網路的一組核心網路。

　　這網路的運作資金來自 DARPA（Defense Advanced Research Projects Agency，國防高等研究計畫署），這些錢被用於在全美各大學與研究實驗室的計畫中。湯姆林森被要求改寫稱為 SNDMSG 的程式，它在運行 TENEX 的一臺分時電腦上，可將訊息傳給不同使用者。他在 1970 年將此程式更新，讓它能在網路上複製訊息（當成檔案）。湯姆林森在 SNDMSG 中加了一段取自 CPYNET 的程式碼，於是到了 1971 年，訊息就能傳給 ARPANET 上其他電腦的使用者。這是跨平臺電子郵件系統的第一次重要示範。湯姆林森把他的電子郵件通訊系統展示給同事傑里·布徹菲爾（Jerry Burchfiel）看時，布徹菲爾警告他說：「別告訴任何人！這不是我們應該要做的事。」

　　雖然電子郵件之前曾傳送到 PLATO 和 AUTODIN 之類的其他網路，湯姆林森設計的系統是要在 ARPANET 上傳送郵件給不同電腦的使用者。以前郵件只能傳送給使用同一臺電腦的其他使用者。為了達到目的，湯姆林森用 @ 符號分隔使用者和他的機器，從此開始被使用在電子郵件地址上。

湯姆林森寄出的第一封電子郵件，是從一臺 DEC-10 電腦發送到旁邊一臺同型電腦的測試訊息。湯姆林森的成果很快就在 ARPANET 上被採用，大大提升電子郵件的普及性，網際網路的出現更讓它的使用爆增。到了 2009 年五月，全世界已有十九億電子郵件使用者。Radicati Group 市調公司預估 2014 年時全球電子郵件使用者將達到二十五億人。

心律調節器和鋰碘電池

—西元 1960 年和 1971 年—
威爾遜·格雷特巴奇，西元 1919 年
—2011 年，美國

全球約有三百萬人裝有心律調節器，每年還有六十萬人加入這行列。加拿大人約翰‧霍普斯（John Hopps）在1950年開發了第一個人工調節器，但它太大而無法植入體內。瑞典醫師魯尼‧艾爾奎斯特（Rune Elmqvist）和奧克‧賽尼（Åke Senning）在1958年設計出第一個可植入調節器，但這裝置在幾小時內就失效。它們的衍生裝置目前仍在製造，但格雷特巴奇的獨立研究成果則促使這項技術加速發展。第二次世界大戰期間，威爾遜‧格雷特巴奇（Wilson Greatbatch）離開實習老師崗位，進入軍隊成為無線電人員。大戰結束後，美國軍人權利法案讓他有機會到康乃爾大學取得工程學位，26歲的他因為是班上擁有最多孩子（5名）的人而特別顯眼。格雷特巴奇在康乃爾的動物行為學飼養場兼差，午休時間和來訪的腦外科醫師聊天，因此認識到「心臟傳導完全阻滯」。在這種疾病中，心臟竇房結傳送給心肌的神經傳導會中斷，使心臟無法正常收縮。那時治療心臟傳導阻滯是用外部龐大機器送出令人疼痛的電擊。格雷特巴奇決定設計一個能植入胸部的人工調節器，它可送出溫和許多的電擊以刺激心臟跳動。然而，1950年代早期沒有那麼小的零件可製作足以植入體內的裝置。

格雷特巴奇「恍然大悟」的時刻發生在1958年。當時電晶體才剛問市，他開始用電晶體製作振盪器來記錄心跳聲。然而他用錯了電晶體，它會產生模擬心跳節奏的脈衝。他說「我狐疑盯著這東西，心想這正是調節器的特性」。1958年，格雷特巴奇和水牛城退伍軍人醫院的威廉‧查達克（William Chardack）醫師會面，告訴他關於心律調節器的構想，查達克回答說這種裝置每年可拯救一萬人性命。而現在這裝置因為有了電晶體可以做得夠小。不到兩週，格雷特巴奇便在自己車庫做出第一個可運作的調節器。格雷特巴奇將他的發明授權給美敦力公司（Medtronic Inc），他們收到五十個調節器訂單，每個要價375美金。1960年，七十七歲的亨利‧漢納菲爾德（Henry Hannafield）成為第一名接受查達克—格雷特巴奇可植入脈衝產生器（implantable pulse generator）的患者。

在調節器成功使用超過十年後的1970年代，格雷特巴奇專注於改良電池設計，因為當時使用的水銀電池既不穩定壽命也短。巴爾的摩一家公司在1968年註冊鋰電池專利，它能提供高電壓和接近物理極限的能量密度。可惜的是它的內電阻很高，輸出電流受限在0.1毫安以下，因此對任何實際應用都派不上用場。格雷特巴奇決定將這項發明引進調節器的生產製造，它們原本使用的就是高電阻電池。勞夫‧米德（Ralph Mead）旗下的一個團隊開發出WG1電池，格雷特巴奇在1971年將它推薦給調節器開發者，但人們對它興趣不大。

然而，格雷特巴奇製造的鋰碘電池現已成為所有調節器標準使用的無腐蝕性電池，它具有調節器所需的能量密度、低自放電、小尺寸和可靠性。後來世界各地開發出其他形式鋰電池，它們被廣泛使用在消費電子產品上。

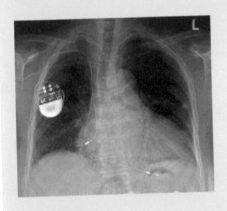

▌製造單株抗體

—西元 1975 年—

色薩・米爾斯坦，西元 1927 年—2002 年，阿根廷和英格蘭；喬治・柯勒，西元 1946 年—1995 年，德國

　　色薩・米爾斯坦（César Milstein）被稱為「現代免疫學之父」，他為抗體在診斷與治療的用途上開闢了新領域，使得科學與醫學領域大幅擴張抗體的使用。這位出生於阿根廷的英國免疫學家原本任職於布宜諾斯艾利斯的國家微生物研究所，但在一場軍事政變後，他於1963 年辭去了工作。米爾斯坦回到攻讀博士學位的劍橋大學，加入醫學研究委員會實驗室的分子生物學研究團隊，1988 年到 1995 年還擔任實驗室副主任。1975 年，他和喬治・柯勒（Georges Köhler）開發的融合瘤技術可製造單株抗體。這些大量產生的純種抗體只識別單一抗原。製造單株抗體的米爾斯坦—柯勒法自此被普遍採用，這些抗體使用在實驗室研究、醫學診斷和醫學治療上，用來中和細菌毒素。1984 年，米爾斯坦、柯勒和尼爾斯・卡伊・傑尼（Niels Kaj Jerne，1911 — 1994）共同獲得諾貝爾生理學或醫學獎。傑尼發展出一個「網路理論」來解釋人類免疫系統產生抗體對抗疾病的交互過程。

　　對於抗體的研究主要始於 1890 年代，埃米爾・阿道夫・馮・貝林（Emil Adolf von Behring）和北里柴三郎發現了血清療法。取自細菌感染復原者的血清可讓其他人能抵禦相同細菌的毒素作

格雷特巴奇的下一步

　　格雷特巴奇致力於一項生質能源計畫，種植了數千英畝白楊樹。這次激發他興趣的是植物無性繁殖和組織培養與基因合成。他的公司Greatbatch Gen-Aid持續研究基因合成，以防堵愛滋病和T細胞白血病這類反轉錄病毒引發的疾病。格雷特巴奇和科學家約翰・桑福德（John Sanford）在1980與1990年代取得的三項專利，是抑制複製貓身上愛滋與其他類似病毒的方法。格雷特巴奇喜歡描述自己是工程執行長或實業家，而非發明家，但他擁有超過兩百二十項專利。

一位真正科學家的卓越

米爾斯坦在抗體研究領域裡指導並啟發了許多人，同時也奉獻己力去協助開發落後國家的科學家與科學發展。他不斷從事研究，直到生命結束。米爾斯坦沒有把自己開創性發現拿去註冊專利，因為他相信這是人類的智慧財產。他的研究不為追求任何經濟利益，只以科學為目的。

用。人們從此朝向兩個焦點研究抗體：它們多樣特徵的結構基礎和它們在治療上的開發利用。米爾斯坦開始研究抗體的多樣性，當時人們對它的分子與基因根據幾乎一無所知。米爾斯坦和柯勒設計的融合瘤技術把癌細胞與產生抗體的免疫細胞互相融合，然後產生一致（單株）的抗體。他們著重在利用單株抗體當標記來區分不同細胞類型。米爾斯坦也預見將 DNA 重組技術應用在單株抗體，可為配體結合試劑帶來潛在豐富性，這鼓舞了抗體工程領域的發展。

蘋果電腦產品

—西元 1976 年至今—
史蒂夫·賈伯斯，西元 1955 年—2011年；史蒂芬·沃茲尼克，生於西元 1950年，美國

也許近三十年沒有一家公司像蘋果公司那樣做出這麼多先進的發明與創新。目前蘋果公司最著名的硬體產品是麥金塔（Macintosh）電腦、iPhone、iPod 音樂播放器和 iPad。軟體方面，蘋果提供了 MacOS 電腦作業系統、iTunes 媒體播放程式、Safari 網頁瀏覽器和 iLife 多媒體創作套裝軟體。它易於操作的創新軟體擴展了人們使用電腦的範疇。《財富雜誌》分別在 2008、2009和 2010 年將蘋果評選為全球最受讚賞企業，它也是全球市值第三大企業（2010年），僅次於埃克森美孚石油（Exxon Mobil）和中國石油（Petrochina），也是全球市值最高的科技公司（已經超越微軟）。2011 年七月，蘋果擁有 764 億美金的現金儲備，比美國政府的 737 億美金還要多。蘋果一直有違傳統企業文化觀念，實行扁平化組織架構、天馬行空發想和非制式化服裝，也營造強烈的品牌忠誠度。它的前執行長約翰·史考利（John Sculley）在 1997 年曾說「人們談到科技，但蘋果是一家注重行銷的公司。它在這十年都以行銷為導向」。

蘋果是由史蒂夫·賈伯斯（Steve Jobs）和史蒂芬·沃茲尼克（Stephen Wozniak）創立於 1976 年，他們從推銷自己的 Apple I 個人電腦起家，販售的是組裝了中央處理器和記憶體的一塊積體電路板（主機板），沒有鍵盤、螢幕和外殼。他們在 1977 年推出 Apple II，這是第一臺具有彩色顯示、開放架構、以 5¼ 吋（13.3 公分）軟碟片取代卡式磁帶做為儲存的個人電腦。它提供的VisiCalc 試算表軟體被商業用戶廣泛使

用。這有助於銷售電腦給家庭用戶，因為辦公室使用者已習慣操作蘋果軟體。Apple II 跟改變了我們生活的第一臺消費者個人電腦很類似。1979 年，賈伯斯看到全錄的奧托（Alto）電腦，他很欣賞那用滑鼠操作的革命性圖形使用者介面（GUI）。他確信未來電腦都會採用圖形使用者介面。他在 1983 年開發了 Lisa，這是第一臺搭載圖形使用者介面的大眾個人電腦，卻是個失敗的產品，因為價格高昂而且能用的軟體有限。1984 年，蘋果發表麥金塔電腦，它是公司的突破性產品，但伴隨它的仍是高昂價格與有限的可用軟體。然而，蘋果發表第一臺採用 PostScript 程式語言的 LaserWriter 雷射印表機後，它的價格親民，再加上早期桌面出版套裝軟體 PageMaker 的出現，從使電腦銷售明顯增加。麥金塔先進的畫面顯示、操作介面和搭配 PageMaker 軟體，事實上開創了桌面出版的奇景，蘋果從此主宰出版業、設計業與廣告業。

可攜式麥金塔電腦在 1989 年發表，但它體積龐大，遂於 1991 年被大受歡迎的 PowerBook 取代。PowerBook 具有現代化人體工學設計、輕盈重量和十二小時電池續航力，讓它成為真正的膝上型電腦，而且如同麥金塔桌上型電腦一樣強大。蘋果在後續的膝上型電腦展現出了驚人的先進設計與性能。然而公司缺乏重心使得蘋果的時運滑落了好一陣子，昂貴的 Apple II 爭搶麥金塔市場，在此同時微軟的 Windows 成為橫掃市場的軟體。掌上型電腦 Newton 不算是成功產品，但幫蘋果取得關於小尺寸電子設備的有用知識。

會議室裡的爭執迫使賈伯斯在 1985 年離開他熱愛的公司，少了他的蘋果只能在市場上掙扎。1996 年，賈伯斯被找回來帶領公司，蘋果從 1998 年重新開始獲利，並和微軟在一些軟體計畫上合作。強納生・艾夫（Jonathan Ive）設計的 iMac 在 1998 年發表。它具有吸引目光的獨特設計，開賣前五個月就售出八十萬臺，2001 年，艾夫設計的 iPod 更是個非凡的成功產品，這臺數位音樂播放器在六年內銷售超過一億臺。2003 年，蘋果的 iTune 商店開始上線，提供音樂下載並與 iPod 整合。MacBook Pro 則是蘋果第一臺採用英特爾（Intel）微處理器的膝上型電腦，它在 2006 年上市。2007 年，iPhone 問市，賈伯斯宣布除了電腦之外，蘋果開始聚焦在行動電子設備。因為 iPhone 大受歡迎，蘋果在 2008 年成為世界第三大行動電話供應商。iPad 平板電腦在 2010 年現身，採用跟 iPhone 相同的觸控作業系統，開

賣第一週就銷售五十萬臺。蘋果在 2011 年推出 iCloud，這個全新線上儲存與同步空間可用來放置音樂、相片、檔案和軟體。2011 年六月，蘋果超越諾基亞（Nokia）成為世上生產數量最多的智慧型手機製造商。

▎全球定位系統

—西元 1978 年—

伊凡‧亞歷山大‧蓋亭，西元 1912 年—2003；布拉德福德‧帕金森，生於西元 1935 年；羅傑‧李‧伊斯頓，西元 1921 年—2014 年，美國

　　若是沒有全球定位系統（Global Positioning System，GPS），我們就不會擁有數位行動電話、衛星導航和一大堆現代發明。許多科學家在不同團隊進行全球定位系統的開發研究，其中三位特別因為他們的成就獲得多個獎項。伊凡‧亞歷山大‧蓋亭（Ivan Alexander Getting）是麻省理工學院的物理學家兼電機工程師，他奠定全球定位系統的基礎，在第二次世界大期間改良稱為羅蘭（Loran，Long-range Radio Aid to Navigation）的陸基遠距離無線電導航系統。由他共同領導的一個團隊開發出自動微波追蹤射控系統，使得防空火砲能大量摧毀攻擊倫敦的德國 V-1 火箭。布拉德福德‧帕金森（Bradford Parkinson）是美國空軍上校，也是一位史丹佛大學航太科學教授，他在 1960 年代早期構想出現在的衛星載運系統，並和美國空軍共同研發。羅傑‧李‧伊斯頓（Roger Lee Easton）是全球定位系統主要發明設計者，他在 1955 年

有史以來最偉大的生意人？

　　2011年八月，史蒂夫‧賈伯斯因為長期健康問題辭去蘋果執行長職務，但保留董事長職位。公司股票隔天下跌5%。世界各地評論員都回顧賈伯斯在創新與行銷專長上的輝煌記錄，評論說主要是那豐厚的財務報酬促使他成為一位卓越商業領導者。然而，他也確實在蘋果開創一個強大的商業文化，並且力求完美，留下不朽遺風。他在回歸蘋果期間扭轉衰退的公司，到離職時已成為全球最有價值的企業，市值3415億美金比下埃克森的3340億美金。蘋果股票從賈伯斯回來領導時的1996年至今上漲九十倍。他不以改變消費電子、音樂和出版市場感到滿足，賈伯斯離開蘋果期間買下盧卡斯影業旗下的小動畫團隊，將它轉變成皮克斯動畫工作室（Pixar），製作出《玩具總動員》與《海底總動員》等動畫長片，2008年時以74億美金將它賣給迪士尼，並成為迪士尼的董事和最大股東。賈伯斯的繼任者提姆‧庫克（Tim Cook）在2010年的年薪是5900萬美金（包括5200萬美金股票獎勵），他手上握有一份3億8400萬美金綜合薪資合約，條件是他在蘋果要待到2021年。2011年十月，賈伯斯離開蘋果幾週之後便因奮戰七年的胰臟癌惡化而去世。賈伯斯不僅是傑出的生意人，也在342項美國專利或專利申請中被列為發明者或共同發明者，涵蓋的相關技術範圍從電腦與可攜式裝置到使用者介面（包含觸控）、揚聲器、鍵盤、電源變壓器、扣環、套子、掛繩和包裝都有。

共同撰寫了一份稱為先鋒計畫（Project Vanguard）的美國衛星計畫提案。伊斯頓也在計畫中發明了用來測定衛星軌道的 Minitrack 追蹤系統。蘇聯的史普尼克（Sputnik）人造衛星在 1957 年發射升空後，伊斯頓就利用這系統積極追蹤環繞軌道的不明衛星。後來在海軍研究實驗室任職期間，伊斯頓構想並領導開發美國全球定位系統的基礎技術，同時也取得專利。1960 至 70 年代初期，伊斯頓利用被動測距、環形軌道和衛星載運高精度時鐘，開發出了時基導航系統。

每個全球定位系統衛星（通常由 24 顆衛星構成網路，各有 4 顆分別在 6 個軌道平面上）會發送它目前的位置與時間資料。所有衛星同步運作，所以這些重複訊號都在同一時刻發送。這些以光速前進的訊號到達一個全球定位接收器的時間稍有差距，因為有些衛星距離比較遠。計算衛星訊號傳送到接收器所需時間可得知衛星的距離。當

接收器獲得至少四顆衛星的距離之後，就能以三角測量法計算出自己在三度空間中的位置。由美國國防部運作與維護的這些衛星，每 12 小時環繞地球一圈（每天環繞兩圈），高度大約在 20,200 公里上空，時速大約是 14,500 公里。地面監測站會精準追蹤衛星軌道。或許有些樂於使用地圖的人會咒罵貨車司機是白癡，說他們跟著衛星導航走到無法通行的鄉間小道，但全球定位系統仍有許多用處，從追蹤恐怖份子與罪犯到公海導航。只要按下按鈕就能精準指出一個人的位置，誤差只有幾英尺。源自美國軍方在 1970 年代的開發，全球定位系統從 1994 年開始可在全球通用。它在任何氣候、任何地點都可以提供位置與時間資訊，前提是必需能毫無阻礙連線到 4 顆以上的衛星。所有全球定位系統接收器（移除某些僅限軍方使用的技術後），都可免費接收訊號。

冷戰期間，美國擔心蘇聯帶

我們被團團圍住

目前約有2500顆各種類型與用途的人造衛星環繞著地球。同時也有超過8000個太空「垃圾」在環繞地球，包括火箭頭錐、從舊衛星脫落的太陽能板、太空人用的手套、遺失的螺絲扳手等等。第一個全球定位系統衛星在1978年發射升空，24顆全球衛星已在1994年建置完成。每個衛星使用壽命大約十年，替代衛星不斷在建造，並從佛羅里達州卡納維爾角空軍基地發射到軌道上。每顆星重量約907公斤，太陽能板張開時約有5.2公尺寬。訊號發射器功率不超過50瓦。更多關於人造衛星和全球定位衛星的資訊可在NASA網站取得，同時還能追蹤全球定位系統的衛星網，看看哪些衛星正飛越自己頭頂。

來的核武威脅，因此砸下重金發展全球定位系統。對空軍戰略轟炸機與洲際彈道飛彈（ICBM）以及海軍潛射彈道飛彈而言，精確測定運載火箭與目標的位置是不可或缺的條件。然而，大韓航空007班機在1983年因為誤入蘇聯領空被擊落，於是雷根總統宣布開發做為一般用途的全球定位系統，一旦開發完成就開放給民間使用。第一顆用於驗證系統的 Block I 衛星在1978年發射，第一顆運作用的 Block II 衛星在1989年發射，第二十四顆衛星在1994年發射。

　　1990至1991年發生了波斯灣戰爭，這是全球定位系統廣泛發揮軍用功能的第一場軍事衝突。民間應用包括利用全球定位系統的準確時間訊號進行同步校時，還可用在行動電話、緊急定位、災害發布、汽車導航與追蹤系統、人員與動物追蹤系統、飛機與船舶導航追蹤、勘測時做地理標記、地圖繪製、測量、大地構造學、機器人學、車載資訊系統等眾多應用上。

令人驚嘆的微型化

全球定位系統的訊號發射功率相當於一盞50瓦家用電燈泡。這些訊號必須穿過太空與大氣層才能到達接收器，歷經20,200公里旅程。衛星導航或行動電話的微小天線藏在機殼裡。在此做一比較，電視訊號發自距離頂多16至32公里外的碩大發射塔，它的功率達到五千至一萬瓦，僅發送到裝在屋頂的天線。

DNA 定序

—西元 1979 年—

弗雷德里克·桑格，西元 1918 年— 2013 年，英格蘭

　　桑格在他生涯早期發明了蛋白質定序法，因此促成核酸定序以及後來首次完整的基因組定序。1962年，桑格轉往新成立的英國醫學研究委員會分子生物學實驗室進行研究，也是這門新科學在世上的第一所研究機構。在有志探究DNA與基因的研究者環繞下，桑格開始挑戰測定DNA中的鹼基（基本組成結構）序列，也被稱為DNA定序。當時人們已知道DNA是一串長鏈密碼，雖然這串密碼能被拆開，但即使是最簡單的基因組也還沒有方法可解讀其編碼。桑格團隊接下來花費超過十五年發展出幾種方法來測定DNA和RNA（核醣核酸）序列。桑格和他的研究團隊在1970年代發展了新的定序技術：「解讀」

羅莎琳・富蘭克林和DNA結構（1953年）

弗朗西斯・哈利・康普頓・克里克（Francis Harry Compton Crick）、詹姆斯・杜威・華生（James Dewey Watson）和莫里斯・休・弗雷德里克・威爾肯（Maurice Hugh Frederick Wilkins）在1962年獲得諾貝爾醫學獎。表彰他們發現DNA（去氧核醣核酸）結構的貢獻，這是二十世紀最重要的科學發現之一。

華生和克里克在劍橋大學共同研究DNA結構，包括細胞形成的遺傳資訊。當時同在國王學院研究的莫里斯・威爾肯和羅莎琳・愛爾西・富蘭克林（Rosalind Elsie Franklin）用X光繞射研究DNA。克里克和華生將莫里斯和富蘭克林的發現利用在自己的研究中。1953年4月，他們發表了自己的發現，基於對它所有已知特徵（雙螺旋結構）做出DNA分子結構描述。他們的模型可以解釋DNA如何複製，以及遺傳資訊如何編碼在上面，開啟了分子生物學快速進展的階段，並且一直持續到今天。

在劍橋大學取得物理化學博士學位後，羅莎琳・富蘭克林到巴黎的國家化學服務中心實驗室待了頗有收穫的三年（1947—1950年），學習到X光繞射技術。她在1951年回英格蘭，到倫敦國王學院的約翰・藍道爾（John Randall）實驗室當研究員。她在藍道爾實驗室和威爾肯分別帶領不同研究小組，進行關於DNA的不同研究計畫。藍道爾把計畫交給富蘭克林負責時，已經好幾個月沒人在進行這項研究。當時威爾肯不在，回來時僅僅把她當作一名技術助理看待。然而，富蘭克林堅持在著她的DNA研究，晶體學先驅J・D・伯納爾稱她用X射線拍攝的DNA影像是「至今對任何物質所拍攝過最美的X光相片」。

1951至1953年間，富蘭克林幾乎快揭露了DNA結構。被克里克和華生搶先公布是因為自己和威爾肯之間的不合，使威爾肯向華生展示了一張富蘭克林拍攝的DNA晶體相片。華生看到相片時，解出答案對他而言變得輕而易舉，幾乎立刻就將結果發表在《自然》雜誌上。富蘭克林的成果則只出現在當期雜誌的一篇配角文章中。身為一流科學家，富蘭克林樂於離開她與威爾肯共同領導的實驗室，轉往倫敦伯貝克學院的伯納爾實驗室研究煙草鑲嵌病毒。她也開始研究小兒麻痺病毒。1956年夏天，三十五歲的富蘭克林被診斷出腹部有腫瘤，不到兩年便去世了。而諾貝爾獎是無法頒發給過世的人的。

DNA的基本方法是利用特殊鹼基去終止DNA聚合鏈，再以非常薄的凝膠去分離其片段，或藉由特別複製過程產生DNA長股與整個基因組的霰彈槍資料與定序結果（用於長股DNA定序的特別方法）。

研究小組首次做出的DNA完整基因組定序，是生長在細菌上、只有五千多對鹼基的phiX174病毒。他們接著首次測定取自人類的基因組，有16,596對基鹼的粒線體DNA（mtDNA）。1982年，他們定序的基因組來自λ噬菌體，它在分子生物學上是個重要病毒和典型生物。為了排序大約四萬八千對鹼基的

基因革命

進行人類基因組定序的花費已經逐年下降，目前一次大約是三萬美金。人類基因組第一份草圖發表於2001年，我們在2002年看到第一個「聰明」癌症藥物（基利克，Gilvec）上市，它以特定的基因突變做為攻擊目標。MRSA（多重抗藥金黃色葡萄球菌）的基因組已被定序，同時BRAF基因的突變可在半數惡性黑色素瘤病例中看到。2004年出現次世代定序技術，比「桑格定序」更快也更便宜，許多公司在2007年開始把基因資料直接賣給消費者。遺傳學家在2009年發現米勒綜合症（Miller syndrome）的起因，2010年發現造成腸道異常疾病的基因根據。2011年的試藥結果顯示，一種以BRAF基因為標靶的藥物對合適的黑色素瘤病患具有延長存活的效果。展望未來，這些聰明藥物還會被開發出來對付造成腫瘤的基因突變，而且許多疾病可透過良好的篩檢做預防性治療。此外，對MRSA這類細菌的基因定序可讓科學家「鑑別」不同細菌品種的特徵，因此可追蹤並消除疾病爆發的來源。

λ 噬菌體基因組，桑格發展出全基因組霰彈槍法。桑格在1980年獲得第二座諾貝爾獎，因為他開發了一項至今仍在使用的技術：雙脫氧鏈終止法或稱桑格定序。在此方法中，一次可解讀500至800對的長串基鹼。桑格發現自己在三十多年前開發的方法，至今仍被桑格研究所的科學家與全世界採納，用以測定長達30億對鹼基的基因組排序，著實驚人。但為人謙虛的他婉拒冊封爵位，只接受了功績勳章，這是一項極有聲望的榮譽，僅頒給由女王伊莉莎白二世親自選出的二十四人。

▍人工智慧（AI）
—西元 1980 年代—

1950 年，偉大的艾倫・圖靈（Alan Turing）提出了「圖靈測試」來測試機器的智能，195 年，IBM 的亞瑟・薩繆爾（Arthur Samuel）編寫了第一個西洋跳棋的遊戲程序，1955 年，他寫了一個會自己學習的跳棋程序，棋力後來甚至可以挑戰受人尊敬的業餘愛好者。 1956年，首次使用人工智慧（AI）一詞。人工智慧是計算機和其他機器所展示的一種特殊類型的智能，它複製了人腦在學習和解決問題中的認知功能。它會感知環境，並採取必要的反應。約翰・麥卡錫（John McCarthy）稱其為：「製造智能機器的科學與工程」。

人工智慧中的「專家系統」是一種計算機系統，可以模擬人類專家的決策能力。專家系統通過像專家一樣對知識進行推理來解決複雜的問題，而不是像正常程式語言那樣通過遵循開發人員的程序來解決。第一批專家系統於 1970 年代出現，並在 1980 年代大量增加。 AI

現在被定義為源自機器的智能。與 AI 相比，大多數計算機應用程序只能使現有流程和功能更快，更高效，而不能完全創建新任務。當一個人學習某物時，只有一個人學習該物。但是，當一個機器人學習到某種東西時，所有機器人都會通過機器人網路來學習該東西。由於 AI 的「自我學習」，一些科學家預見到了「超級智能」，這種智力比人類最好的頭腦還聰明得多。機器每年都在變得更智能，前 Google 董事長埃里克‧施密特（Eric Schmidt）表示，即使是矽谷最好的軟體工程師也不再完全了解自己的演算法是如何運作的。

在 1990 年代，人工智慧在機器學習、數據探索、常識推理、不確定性推理、智能輔導、多主體計劃、調度、自然語理理解和翻譯、視覺、虛擬現實、遊戲等各個領域取得了進展。人工智慧已經從計算機科學應用程序發展到健康，汽車和商業等領域。據麻省大學稱，人工智慧評估美式足球運動員已經比人類專家的表現更好。Nvidia 推出自動駕駛汽車 AI，以自學如何駕駛。Google 的 DeepMind 公司專門研究 AI，並開發了一種可以與人類對弈的人工智慧圍棋軟體，其 AlphaGo 計劃於 2016 年 3 月首次擊敗了韓國的職業圍棋選手。與以前的版本透過研究數百萬的人類下法來學習不同，2017 年更新的 AlphaGo Zero 版本，僅靠著與自己對戰，就在三天內超過了舊版本。

Google DeepMind 還與倫敦的眼科醫院合作，可以更快地診斷與年齡有關的黃斑變性（AMD）。光學相干斷層掃描（OCT）診斷掃描對醫療保健專業人員進行分析所需的時間太長，常從而延誤治療。因此，DeepMind 試圖對掃描進行更有效的分析，以加快診斷和治療的速度。在紐約曼哈頓西奈山醫院，深度患者 AI 能夠預測哪些患者可能會屈服於精神分裂症。威爾斯卡地夫的一家醫療設備公司正在使用 AI 來從醫療記錄中搜尋數據，以幫助醫生預測哪些 1 型和 2 型患者將繼續發展為慢性腎臟疾病，並能夠盡早干預，以阻止進展為終末期腎臟疾病。

2018 年，在史丹佛大學的閱讀和理解測試中，中文阿里巴巴語言處理 AI 在一組 100,000 個問題上的表現超過了人類。英特爾 AI 負責人表示，中國將在短短八年內取代美國成為 AI 超級大國。人工智慧在金融領域也有重要意義。專注於客戶選擇的新型全自動自助英國網路銀行 Atom 最近僅在三秒鐘內就處理了貸款申請。麥肯錫在 2013 年的報告中稱，到 2017 年，機器人流程自動化（RPA，指自動化軟體工具）可能會取代多達 8000 萬個角色。倫敦經濟學院的教授萊斯里‧威廉斯（Leslie Williams）說：「RPA 是一種軟體，它模仿人類在流程中執行任務的活動。它可以比人類更快，更準確，更不知疲倦地執行重複性工作，使他們能夠執行需要人類力量

的其他任務，例如情商、判斷力和與客戶的反應。」

安聯環球投資公司（Allianz Global）的沃爾特‧普賴斯（Walter Price）表示：「在華爾街，RPA 已經被廣泛採用。以往作業員靠著處理繁瑣的書面作業得到豐厚報酬。現在價格發現（price discovery）隨著自動化系統變得更便捷，公開交易就變得更容易。」在許多情況下，人工智慧一如既往，準確地根據更多資訊超越了人類的決策能力。數位管道的快速增長使客戶不再依賴與營業員的直接通訊。數位信息的巨大且不斷增長的可用性已形成「資料湖泊」（Data Lake），且網際網路上可以使用應用程式介面（API）來訪問和輸入各種數據。巨大的雲端計算能力可以在幾秒鐘內以數美元的價格進行處理，「人工智慧革命將席捲整個服務行業，並具有不可逆轉地改變白領角色的潛力。」（金融科技公司 Quantexa 的負責人 Imam Hoque，2018 年 2 月 18 日）。人們還認為，傳統銀行不僅將面臨來自像網路銀行這樣的新創公司的激烈競爭，而且還將面臨來自 Facebook、亞馬遜或蘋果等全球科技巨頭的激烈競爭。從 2018 年 1 月開始，「開放銀行」規範（Open Bank）要求銀行在客戶同意的情況下與第三方共享數據，從而使新參與者更容易進入該行業。匯豐銀行（HSBC）的數位銀行業務主管 Rhaman Bhatia 預測零售銀行業務將發生重大變化（2018 年 2 月 18 日）：「看看中國的情況，那邊銀行出現方式大不相同，部分原因是那邊的銀行基礎設施和行業與英國相比還不成熟，而網路零售銀行經策畫了一套完全成熟的生態系統。」中國電子商務巨頭阿里巴巴擁有移動支

專家警告

「我認為我們應該對人工智慧非常小心。如果要我猜我們未來最大的生存威脅是什麼，那可能就是它。所以我們得非常小心。我越來越覺得，應該在國家和國際間進行一些監管，以確保我們做的事情不會非常愚蠢……只重視人工智慧的發展。最終可能會有危險的結果。」——伊隆‧馬斯克（Elon Musk），2014年10月。

「全面人工智慧的發展可能意味著人類的滅亡……受緩慢的生物進化限制的人類無法競爭，將被取代……它將不受限制的發展，並以愈益成長的速度重新設計自己。」——史蒂芬‧霍金（Stephen Hawking），2014年12月。

「我在得小心人工智慧的陣營中。首先，機器將為我們做很多工作，而不是人工智慧。如果我們管理得當，那應該是有利的。但幾十年後人工智慧可能會變得強大到需要提防。我同意伊隆‧馬斯克和其他人的看法，且不懂為什麼有些人對此不關心。」——比爾‧蓋茲，2015年1月。

「我相信生物大腦可以實現的目標與計算機可以實現的目標之間沒有太大的區別。因此，從理論上講，計算機可以模仿人類的智力，並且可以超越人類的智力。」——史蒂芬‧霍金，2016年10月。

付和資金管理應用程序支付寶，擁有超過 5 億用戶，2017 年處理了超過 1 萬億美元的支付。傳統銀行（現已過時的商業模式）正處於他們生命週期的最後階段。

微軟作業系統
—西元 1981 年至今—
威廉・亨利・「比爾」・蓋茲，生於西元 1955 年，美國

透過高明的商業手腕，比爾・蓋茲（Bill Gates）讓 Windows 成為世上最普及的電腦作業系統。作業系統（operating system，OS）是電腦的基礎軟體，它負責排程作業、配置儲存、在不同應用程式間呈現一個預設介面。當現在一臺電腦相對比較容易打造和複製時，軟體就是讓大眾、工業界和商業界接受它的關鍵。很快地，微軟的軟體就成為全球接受度最高的軟體。幾乎所有使用者都知道如何使用微軟的軟體，電腦也變成愈來愈便宜的日常用品。很重要的是大家都想用相同的軟體，電腦工業的市場主導力量變成集中在微軟。它每隔幾年就更新軟體，確保人們和公司會為新版本再付一筆錢。青少年時的比爾・蓋茲和保羅・艾倫（Paul Allen，1953 — 2018 年）經營一家名為 Traf-O-Data 的小電腦公司，他們銷售一臺電腦給西雅圖市政府去統計交通流量。蓋茲接著進入哈佛大學就讀，同時遇見史帝芬・巴爾默（Steve Ballmer，後來曾擔任微軟執行長）。蓋茲在這裡為 MITS 公司的 Altair 微電腦設計了一個版本的 BASIC 程式語言。1975 年，他休學離開哈佛和保羅・艾倫成立微軟公司，為逐漸浮現的個人電腦市場開發軟體。

當時的 IBM 是世上最重要的商業與工業電腦製造商，這間公司決定跨足個人電腦新市場。他們找微軟商討家用電腦市場的狀況以及微軟的產品。蓋茲提供 IBM 一些想法去建構適合的個人電腦，包括將 BASIC 語言寫進 ROM（唯讀記憶體）微晶片裡。微軟從沒寫過作業系統，所以蓋茲建議 IBM 去找數位研究公司（Digital Research）的蓋瑞・基爾道（Gary Kildall，1942 — 1994 年）談談。基爾道很早就認定微處理器將能做出全功能電腦，不會只當設備控制器而已，於是圍繞此想法成立一家公司。基爾道為小電腦編寫了最成功的最業系統 CP/M（Control Program for Microcomputers），立下當時工業標準。然而，IBM 和基爾道談不攏條件。於是 IBM 提供微軟合約，為公司

314

即將製造的個人電腦 IBM PC 開發作業系統。西雅圖電腦產品公司（Seattle Computer Products）的提姆·派特森（Tim Paterson）為了公司的英特爾 8086 架構電腦原型機，曾在短短六週內編寫一套基爾道 CP/M 作業系統的複製版。派特森稱它為 QDOS（Quick and Dirty Operating System）。蓋茲和艾倫立刻只用五萬美金就買下 QDOS，沒讓派特森和西雅圖電腦知道他們與 IBM 有一紙作業系統合約。

他們的 MS-DOS（Microsoft Disk Operating System）是基於 QDOS 開發出來的。1981 年，派特森離開西雅圖電腦加入微軟。就在同一年，IBM 推出它新的「革命性盒子」IBM PC。它搭載微軟提供的全新十六位元作業系統，稱之為 MS-DOS 1.0。（然而，IBM 將自己版本稱為 PC-DOS。）基爾道很快拿到一份 MS-DOS 1.0 加以檢視，確定它侵犯自己原創的 CP/M 作業系統。然而他收到律師建議，當時草創的軟體智慧財產保護法還不夠明確到讓他能提起控訴。而且 IBM 聘得起最好的專利律師。此外，微軟和 IBM 聲稱 MS-DOS 在法律上可被認定是不同的產品。很精明地，蓋茲取得同意讓他保留授權的權利，可以把 MS-DOS 推銷到 IBM PC 與 PC-DOS 以外的電腦上。微軟現在開始要賺大錢了，把 MS-DOS 授權給更便宜的 IBM 相容個人電腦製造商。世界各地人們都學習如何在辦公應用上使用 PC-DOS。不過愈來愈多人為了家用，接著為了辦公使用，轉而採購這些便宜許多的 IBM 相容電腦，搭配的是微軟 MS-DOS 軟體。IBM 不再擁有獨一無二的產品，價格更便宜、性能更佳的個人電腦正侵蝕它的市佔率。IBM 終究從家用電腦硬體市場的割喉戰中敗下陣來，它的所有對手全都使用微軟授權的軟體。

1983 年十一月，微軟正式發布 Windows，這個大幅改進的作業系統為 IBM 與相容電腦提供圖形化使用者介面和多工環境。蓋茲向 IBM 展示一個測試版，但是反應不佳。IBM 從當初與微軟的 MS-DOS 交易學到教訓，正在開發自己的作業系統。IBM 在 1985 年二月推出 Top View，一個以 DOS 為基礎的多工程式管理員，但不具任何圖形使用者介面。不受歡迎又昂貴，Top View 在兩年後就中止發展。蓋茲看過蘋果電腦的 Lisa、麥金塔和 Mac 電腦，他知道圖形使用者介面對使用者來說是個大躍進。蘋果電腦 Mac OS 特色是創新的視窗、圖像、下拉式選單和游標，使它更容易操作這些電腦。微軟在 1985 年十一月終於推出 Windows 1.0，但它被認為很粗糙、緩慢和容易出錯。蘋果在 1985 年九月曾威脅針對竊取商業機密、版權和專利要採取法律行動。於是蓋茲提議授權蘋果作業系統，一紙合約獲得蘋果同意。蓋茲再次讓合約內容對自己有利。微軟可將蘋果的特色不僅用在 Windows 1.0 版本，還可用到未來所有版

本。1987 年，Windows 突破性發展是相容程式 Aldus PageMaker 1.0 的推出，這是第一個所見即所得的桌上出版軟體。同一年，微軟推出 Windows 相容試算表 Excel。接著微軟 Word 和 CorelDraw 推出，成為所有非蘋果電腦使用者「必備」的軟體。1987 年的 Windows 2.0 增加了代表檔案與程式的圖像。

蘋果公司在 1988 年採取法律行動，宣稱微軟違背 1985 年的授權協議，侵犯他們 170 項著作權。微軟聲稱授權議讓他們有權使用蘋果創新的特色，經過四年所費不貲的法庭訴訟，微軟勝訴。全世界程式設計師現在可以開發 Windows 相容程式，讓終端使用者有理由購買下一代的 Windows 3.0，這版本在第一年銷售了三百萬份。1992 年，Windows 3.1 推出，它在頭兩個月就銷售三百萬份。Windows 95 是個巨大成功，Windows 98 是第一個不再奠基於 MS-DOS 核心的版本。它內建 Internet Explore 4，支援 USB 輸入設備。Windows 2000、Windows XP（2001 年）和 Windows Vista 則鞏固了微軟在電腦作業系統上的主宰地位。

▌ 太空梭

—西元 1981 – 2011 年—
NASA 科學家與承包商，美國

這種重複使用的太空飛行器曾多次搭載太空人進入軌道，發射、取回和維修衛星，執行尖端研究，協助建造太空中最大人工結構的國際太空站。太空梭是第一個可重複使用的太空飛行器，它將人類發現的界限往外推展，促使先進技術的發展。NASA 的太空梭機隊達到幾項界第一，並為更多人開啟前往太空之路。它的正式名稱是太空運輸系統（Space Transportation System，STS），飛行任務始於 1981 年 4 月 12 日，哥倫比亞號從佛羅里達州甘 迪太空中心發射升空。第一次任務是要驗證軌道飛行器（orbiter vehicle，OV）、一對固體火箭推進器（solid rocket booster，SRB）、龐大的外燃料箱（external fuel tank，ET）和三具太空梭主發動機（Space Shuttle Main Engine，SSME）的綜合性

能。這套太空運輸系統大約有兩百五十萬個零件。軌道飛行器通常被稱太空梭，它是整組設備中唯一進入軌道運行的部分。火箭推進器會被拋離落入大西洋，回收後重複使用。外燃料箱是唯一不重複使用的部分，因為它在發射九分鐘後重新進入大氣層，根據發射曲線會在印度洋或太平洋上空燒毀。當太空梭重返地球，它不像先前阿波羅計畫載人太空艙在降落傘下飄落，反倒像飛機般滑翔降落在美國境內跑道。太空梭有 60 英尺（18.3 公尺）長的酬載艙，它的機械手臂可將酬載艙裡的衛星取出並釋放到近地軌道，協助太空人去檢修衛星，甚至將衛星回收以便再利用。太空梭依設計是要發射到大約 185 至 644 公里高空的軌道，可以常態攜載整個實驗室到軌道進行獨特實驗。它被徵召去建造國際太空站（ISS），那是至今在軌道上組裝最大的太空飛行器。太空梭計畫耗資 1,137 億美金，這數字還未計算通貨膨脹。

企業號（Enterprise）是第一艘太空梭，不過從未飛進太空。它被用來測試嚴苛的降落階段和其他方面的飛行準備。哥倫比亞號在任務 STS-1 中成為第一艘飛進軌道的太空梭。太空人在測試飛行中操作機械手臂，

對所有飛行系統進行評估。哥倫比亞號（Columbia）曾部署了幾顆人造衛星，在幾次任務過程中扮演太空實驗室的角色。然而，哥倫比亞號在 2003 年執行第二十八次任務返回地球時解體，七位太空人全數罹難。挑戰者號（Challenger）是第二艘運作的太空梭，第一次飛行是 1983 年的任務 STS-6。在挑戰者號諸多任務中，曾看到太空人首次配備噴射背包進行太空漫步，也曾首次把衛星回收到酬載艙裡維修後放回軌道。1986 年第十次任務，挑戰者號和七位太空人發生的悲劇起因於推進器一個密封環故障，高溫氣體燒穿外燒料箱，結果點燃內部液態燃料發生激烈爆炸，造成太空梭完全解體。

發現號（Discovery）在 1984 年的任務 STS-41D 首次升空，它總共執行三十九次任務，是飛行次數最多的太空梭。發現號負責佈署了 NASA 的哈伯太空望遠鏡，因此改變我們觀察與思考宇宙的方式。奮進號（Endeavour）的第一次任務是 1992 年的 STS-49。這次任務期間，三位太空漫步中的太空人做了史無前例的嘗試，他們用戴著手套的手將軌道上的衛星拉進奮進號酬載艙。隨後幫衛星更新一顆馬達後再從太空梭重新送回軌道上。奮進

太空梭統計數據

	升空次數	總飛行軌道數	總飛行距離（英里）	總飛行時間（天數）
哥倫比亞號	28	4808	121,696,933	301
挑戰者號	10	995	23,661,290	62
發現號	39	5830	148,221,675	365
奮進號	25	4671	122,883,151	299
亞特蘭提斯號	33	4848	120,650,907	294
總計	135	21,152	537,113,956	1321

號也完成首次對哈伯望遠鏡進行維修的任務，基本上是安裝新儀器以便瞄準宇宙更遠邊際。亞特蘭提斯號（Atlantis）首航是 1985 年的任務 STS-51J。這艘太空梭曾送出金星和木星的探測器，載運 NASA 命運號（Destiny）實驗艙前往國際太空站。亞特蘭提斯號也執行了太空梭最後一次任務 STS-135，為國際太空站運補物資。它在 2011 年 7 月 8 日發射升空，7 月 21 日在羅里達州的甘 迪太空中心做最終著陸。

▌人工心臟
—西元 1982 年—
威廉・約翰・克福，西元 1911 年— 2009 年，荷蘭和美國

克福開發出腎透析機之後，於 1950 年從荷蘭移民美國去尋找更好機會。他在這裡領導團隊發明並測試了一具人工心臟。在俄亥俄州克里夫蘭醫學中心，他參與心肺機的開發，這機器在心臟外科手術期間負責輸送氧氣進入血液，維持心肺功能。他也持續改良自己的透析機。1957 年，克福和一位同事成為西方最早將人工心臟植入狗體內的醫學研究人員。1982 年，猶他州鹽湖城的退休牙醫巴尼・克拉克（Barney Clark）成為第一位接受外科手術植入人工心臟的人。人工心臟是在猶他大學生物醫學研究中心進行開發，克福從 1967 年到此擔任主任，在這裡的開創性成果讓他被封為「人工器官之父」。第一具人類用的人工心臟便是依循他的原理進行開發，開發者是羅伯特・賈維克（Robert Jarvik），首次植入手術由威廉・C・戴弗里斯（William C. DeVries）醫師執刀。克拉克先生植入的心臟被命名為賈維克七號（Jarvik-7）人工心臟裝置。克拉克只存活了 112 天，還經歷一連串抽搐。他並非死於心臟病發或中風，但在植入手術的道德規範上產生極大爭議。

福克早已發現人工器官的構想觸怒了許多人，其中包括醫師。他回憶到有一次在美國國立衛生研究院的男廁裡，「那裡一位高層人士轉頭看著我說：『我希望人工心臟永遠不會成功。』他認為你不該做那種事。人工心臟也因為如此很難獲得支持。沒人想要有一顆人工心臟——除非他兩天之後就要死了。」克福取得的專利名稱是軟殼蘑菇狀心臟：人工心臟：專利第 3,641,591 號。

克福另外進行的研究顯示，用電流刺激盲人腦部特定區域可產生看到光點的感覺。他的研究在 1999 年開花結果，共同研究者威廉·道貝爾（William Dobelle）為布魯克林一位男子安裝世上第一具人工眼睛。克福指導研究人工眼睛、人工聽覺、電控手臂和體外肺膜，甚至他在七十五歲退休後仍繼續做實驗。妻子與他離婚，結束維持六十年的婚姻，因為他就是無法停止用管子和筒子在家裡到處做東西，這讓她實在受不了。即使到了九十多歲，一個離婚男子住在費城郊區老人之家的單間公寓裡，他仍在一家德國製造廠的支持下研究可

攜式人工肺臟。克福在一生中贏得許多獎項，其中一筆五十萬美金的獎金被他拿去開發可攜式肺臟，他也貢獻超過三百篇文章給雜誌。到他晚年時，據估他的腎透析機在全世界正維持著一百萬人的生命。

▋ 聚合酶連鎖反應
—西元 1983 年—
凱利·班克斯·穆利斯，生於西元 1944年，美國

聚合酶連鎖反應（Polymerase chain reaction，PCR）這化學過程可讓科學家「看見」基因分子結構，繼而促成分子生物學、分子古生物學、生物科技、鑑識科學、醫學和遺傳學的進步。從加州大學柏克萊分校取得生物化學博士學位後，凱利·班克斯·穆利斯（Kary Banks Mullis）曾作過醫學研究員，後來在 1979 年進入鯨魚座生技公司擔任DNA 化學家。他在任職七年期間帶領寡核苷酸合成研究。穆利斯獲得 1993 年的諾貝爾化學獎，因為他發明聚合酶連鎖反應。他在 1983 年就形成概念的這反應過程是二十世紀最重要科學技術之一。PCR 是一種讓 DNA 增殖的方法，它可在數小時內將單一微小基因鏈擴增到數十億倍。PCR 可從極少量且複雜的基因材料中大量複製特定 DNA 片段。這種增殖技術可產生幾乎沒有數量限制的高純度 DNA 分子，適合拿來分析或運用。

PCR 能夠篩檢基因和傳染性疾病，此外對於不同族群的 DNA 進行分析，包括已滅絕物種的 DNA 分析，可以重建包括靈長類和人類的種系發生樹。PCR 對鑑識和血緣關係鑑定而言也是不可或缺。

這技術在醫學、遺傳學、生物科技和鑑識科學域有多種應用。因為它可從化石提取 DNA，PCR 也是古生物學這門新學科的基礎。PCR 也被用來檢測愛滋病毒。穆利斯的突破性發明使得 PCR 成為生物化學與分子生物學的核心技術，《紐約時報》形容它「非常新穎和重要，事實上 PCR 是將生物學劃分為前期和後期的分水嶺。」1986 年，穆利斯被聖地牙哥 Xytronyx 公司任命為分子生物學主管，他的研究集中在 DNA 技術與光化學。1987 年，他開始為十多家企業提供核酸化學方面的諮詢服務。穆利斯擁有的專利除了 PCR 技術外，還有因應光線改變顏色的光敏感塑膠。他最近的革命性研究是關於快速啟動免疫系統去中和入侵病原體與毒素，繼而設立了 Altermune LLC 這家公司。公司目前研究焦點在 A 型流感病毒與抗藥性金黃色

葡萄球菌。

3D 列印
—西元 1984 年—
查爾斯‧胡爾，生於西元 1939 年，美國

1984 年 7 月 16 日，法國通用電器公司（後來的阿爾卡特〔Alcatel〕）的法國研究人員註冊了光固化成型技術的專利。奇怪的是，它沒有續簽專利維護費。1984 年 8 月，全世界最大的 3D 列印機開發公司 3D Systems 的創始人查克‧赫爾（Chuck Hull）註冊了自己的光固化立體造型（SLA）專利，第一項專利於 1986 年發布。2013 年，投資銀行高盛（Goldman Sachs）在其報告中把

諾貝爾獎的價值

1983 年春天某天深夜，穆利斯和同是鯨魚座公司化學專家的女友開著車。他突然想到用一對引物做為目標 DNA 序列的起始與終止點，然後用 DNA 聚合酶去複製它，這技術讓一小段 DNA 幾乎可複製無限多次。鯨魚座公司要穆利斯從一般計畫抽身，完全專注於 PCR 研究。穆利斯在 1983 年 12 月 16 日成功演示 PCR 過程。然而，他在諾貝爾獎致辭時說這項成就無法挽補不久前跟他分手的女友：「我心情低落走向自己的銀色小喜美車。就算弗烈德（他的助理）、幾瓶貝克啤酒或 PCR 時代的來臨都無法挽回珍妮。我很寂寞。」──艾蜜莉‧約夫，〈凱利‧穆利斯是神嗎？或者只是一個大咖〉，《君子雜誌》，1994 年七月號。

3D列印放在一個重要性的位置，稱其為「創造性的毀滅」——一種新興技術的革命，將會接管整個全球市場。

從1980年代開始，各種技術演變為使用第三個列印軸，從而使機器可以根據電腦輔助設計（CAD）模型或3D掃描來構建三維對象。到現在，3D生物列印已經興起，將活體組織與3D列印出來的細胞支架相結合以創建有效的替代器官。《連線》雜誌的前總編輯克里斯·安德森（Chris Anderson）告訴我們，3D列印將「比網路更巨大」，並且很快將可以使用任何材料將任何物體列印出來。

現在的製造業效率低下，是因為產品在一個地方進行設計，而零件則在全球的不同地方製造和組裝，然後運至不同的國家倉儲，直到需要時拿出用為止。如今，各種新創意商品與網際網路快速發展，且多了3D列印這種可以進行實際處理的科技。我們可以將任何產品以數位方式發送到要使用位置的3D列印機，並根據需要的確切材料量進行列印。沒有浪費、不會製程出錯，也沒有運輸或倉儲成本。

著名商業資訊網站Richtopia.com的創始人Derin Cag指出：「我的預測是3D列印將比網際網路更具革命性。這意味著……可以在世界上任何地方甚至在太空中設計物體（包括可食用物體）。歐洲太空總署和福斯特建築事務所（Foster + Partners）已經在使用3D列印

技術設計月球基地。設計資料將放置在數位文件中（如stl、.obj、.zpr、.3ds、.wrml、.dae文件格式），然後可以通過電子郵件發送到世界上任何地方，然後由消費者、零售商和製造商的3D列印機列印出來。」3D列印不僅改變了製造業的性質，而且改變了物流、價值鏈、運輸、消費和零售的性質。大型物體的全球運輸可以像設計文件的電子郵件一樣小。國內生產可以變成定制生產。現在的製造流程將會縮小，並且「零售」變成「印售」或「零售製作法」，因為實物製造可以在銷售點進行。

3D列印仍處於成長階段，已經在使用塑料、玻璃、大豆基材、有機矽、聚氨酯，木材填料、黏土、陶瓷、糖粉、導電塗料、金屬、橡膠、尼龍、木材、混凝土、幹細胞和其他有機材料物。未來可以想見的情況是，製造餅乾的公司可以成為完全數位化的3D列印公司，設計各種餅乾，並在各零售商店的走道裡放一臺他們的3D列印機。顧客可以在商店現場享受3D列印機器人的服務，從數百種設計和成分中挑選列印，然後放入一樣由3D列印機印出的可分解袋子中。而同樣地，當一個人因為切除腫瘤而損失了三根肋骨和部分胸骨時，英國外科醫生也不會再使用傳統的骨水泥來代替骨頭，而是3D列印缺失的胸腔以製成鈦植入物。客製化重要性的增長以及個性化、設計、技術和藝術品在生產中的進一步融合，將創造出效

率更高的經濟，但同樣也有失去許多傳統工作的風險。

可食用黴菌蛋白質

—西元 1985 年—（以「Quorn」品牌上市）

RHM 和 ICI 的科學家們，英格蘭白金漢郡

這種素食者的替代肉品也許是未來食物短缺時的主要蛋白質來源。飼養牲畜當做食物會耗費相當多的有限資源，如果世界人口以目前速度繼續增長將無法支撐下去。印度和中國佔有世界人口的 40%，當他們變得愈加富有而肉品消耗增加時，問題就更加惡化。人口過剩是地球最嚴重的危機。早在 1960 年代就有人預料，人類和牲畜的食物供給到 1980 年代會出現短缺。餵養牲畜以生產肉品所需消耗的農作物，是餵養相同素食人口所需消耗量的十倍。以目前而言，70% 的小麥、玉米和其他穀物生產被用於餵養牲畜。（附帶一提，直接來自肉品生產的氣體排放大約佔全世界溫室氣體排放的 18%。）特別是在歐洲，人均土地面積比美國或加拿大來得小，人們已研究要用單細胞生質做為牲畜飼料。然而，RHM（Rank Hovis McDougall）公司位於白金漢郡馬洛的研究中心從不同方向著手。他們研究將澱粉（公司製造穀物食品後的無用副產品）轉變成豐富蛋白質食品供人食用。

絲狀真菌（或稱黴菌，Fusarium venenatum）於 1967 年才在土壤中被發現，但它經過篩選隔離後成為發展這概念的最佳候選者。RHM 和 ICI（帝國化學工業）合資企業將它們栽培在大桶裡，單細胞飼料計畫終止後留下的這些空桶化身為發酵桶。兩家夥伴投資不少專利來培養與處理真菌，RHM 在 1985 年取得許可販售他們稱為黴菌蛋白質的食品，以 Quorn（庫恩）為品牌。這食品在 RHM 員工福利社的初期試賣銷售不俗，但無法說服大型連鎖超市接受，直到森寶利超市決定進貨。Quorn 被宣傳是健康的肉類替代品，沒有動物脂肪和膽固醇，銷售相當成功。現在大部分超市都有素食與肉品替代區。Quorn 被製造成既可當烹調原料，也有一系列健康餐包。它用蛋清做為黏合劑，所以不適合全素者。除了 Quorn 之外，素食者還有其他肉類替代品可選擇。結構性植物蛋白（TVP）是簡單的脫脂大豆粉。

> **素食者街道地圖**
> 2009 年五月，比利時根特市（Ghent）被報導是「世界第一個每週至少吃素一天的城市」。這麼做有其環境理由，地方政府決定實施「每週素食日」。公務人員與學校孩童每週要吃素一天，以響應聯合國關於糧食生產與健康的報告。地方政府張貼海報鼓勵居民參與素食日，還印刷一份「素食者街道地圖」以標示當地素食餐廳。

豆腐從西元前200年就是中國人的食品。天貝（tempeh）則是由發酵大豆與其他穀物製成。

奈米科學與奈米技術

—西元 1959 年、1974 年、1989 年—
理查·費曼，西元 1918 年—1988 年，美國；谷口紀夫教授，西元 1912 年—1999年，日本；伊格，生於西元 1953 年，美國

天才理論物理學家理查·費曼（Richard Feynman）在 1959 年 12 月 29 日於美國加州理工學院舉行的美國物理學會會議上的演講「在微小世界中還有更多的空間」中探索了奈米科學和奈米技術的概念。他預見了科學家能夠操縱和控制單個原子和分子。1974年，東京科學研究所的谷口紀男（Norio Taniguchi）首度提出「奈米技術」（NanoTechnology）一詞，用來描述精密機械加工，他說：「奈米技術為用原子或分子使材料分離、鞏固和變形的過程。」1989 年，伊格（Donald Eigler）在 IBM 的阿爾瑪登研究中心（Almaden Research Center）率先使用他設計的掃描作用力顯微鏡（Scanning Force Microscope，SFM）探針，使 35 個氙原子排出了「IBM」三個字母。他關於單個原子精確操縱的示範使奈米技術首次得到應用的可能。

奈米技術的當前定義是：「處理100 奈米以下尺寸的結構的技術，特別是對單個原子和分子的操縱。」奈米技術涉及跨學科的化學、生物學、物理學、材料科學、工程和技術，均在奈米範圍內（約 1 至 100 奈米）進行。奈米（nm）等於十億分之一公尺，小於可見光的波長，是人髮寬度的十分之一。諾貝爾物理學獎得主霍斯特·斯托默（Horst Störmer）博士在他的演講《小奇蹟：奈米科學的世界》中指出，奈米級比原子級更有趣，因為奈米級是我們組裝事物的第一步。在奈米尺度上重新排列原子鍵合可改變物質的性質。例如，石墨和鑽石都是由碳製成的，但一種是軟的，另一種是硬的。石墨可以導電，但是鑽石是絕緣體。一個是不透明的，另一個通常是透明的。通過改變大量石墨原子的鍵，我們應該能夠複製鑽石。

在奈米尺度上，量子力學取代了經典物理學，因為物質的行為有時是不穩定的。只有在科幻小說中，我們才能將自己或材料立即通過牆壁傳送，但在奈米尺度上，量子穿隧效應意味著電子

最奇怪的離婚投訴

1956年6月，理查·費曼妻子瑪麗·路易斯·貝爾（Mary Louise Bell）申請離婚，她的理由之一是：「他早上一醒來，就開始解決腦結石問題。他開車時、坐在客廳裡、晚上躺在床上時都在做微積分。」

可以做到這一點。當不能還原成奈米級時，不能攜帶電荷的絕緣體材料可能會變成半導體，並且熔點也會發生變化。目前，兩個奈米尺寸的結構特別令人感興趣：奈米碳管和奈米線。奈米碳管可以製成具有正確原子排列的有效半導體，並且還可以成為微處理器和其他電子設備中的晶體管。奈米碳管的強度比鋼強數百倍，重量卻輕了六倍。使用由這種碳奈米管製成的建築材料，我們可以製造出更輕的汽車和飛機，並具有更好的燃油效率和更高的強度，從而提高乘客的安全性。

科學家又用奈米碳管創建了一種新的超黑材料奈米碳管黑體（Vantablack），它被形容成黑到就像盯著黑洞看一樣。奈米碳管黑體能吸收99.965%的入射光，這意味著人眼基本上看不到它，只有周圍的空間可見。奈米碳管黑體的第一批客戶是在國防和太空領域，這些材料可用於製造各種隱形工藝和武器，以及可以檢測最遙遠恆星的更靈敏的望遠鏡。奈米線是直徑很小

什麼時候金色不是金色？

在奈米量級，由於金電子的運動受到限制，金粒子不是黃色而是呈現紅色或紫色。由於這種受限的運動，金奈米粒子與大型金粒子相比，對光的反應不同。奈米級金顆粒的大小和光學性質意味著它們可以選擇性地聚集在腫瘤中，因此它們可以實現腫瘤的精確成像和有針對性的激光破壞，同時又不損害健康細胞。

的導線，有時直徑只有奈米，同時又具有成為微型晶體管的能力。奈米技術將會改變微處理器，為我們提供僅幾奈米厚的電容器和生物奈米電池，可能使用蛋白質鐵蛋白攜帶正電荷或負電荷。

奈米技術已經被用於製造柔性螢幕、使用氧化鋅或氧化鈦的奈米粒子進行防曬、防刮塗層、使用銀奈米顆粒的抗菌繃帶、液晶顯示器（LCD）、深層滲透的化妝品和抗皺織物。皮爾金頓公司（Pilkington）的自清潔玻璃使用奈米顆粒使玻璃具有光催化性和親水性。光催化是指當來自光的紫外線（UV）照射到玻璃上時，奈米粒子被激發並開始分解，使玻璃上的有機分子鬆散，從而清除了窗戶上的污垢。由於具有親水作用，當水與窗戶接觸時，它會在玻璃上均勻分布，從而有助於將玻璃清洗乾淨。

也有網球拍用有碳奈米管的石墨製成，非常輕巧，強度比鋼強很多倍。奈米顆粒可用於目標疾病、製造食物並成為自我複製的奈米機器人。在自我複製後，數萬億的處理程序和複製程序可以同時工作，以自動生成物件，並最終取代所有傳統的人工方法。隨著時間的流逝，我們可以複製任何東西，包括鑽石、水和食物。在健康方面，患者可以服用含有奈米機器人的藥物，這些藥物被用來攻擊和重建病毒和癌細胞的分子結構。奈米機器人可以減緩老化過程，並執行極其精細的手術。奈米機器人可

以清除水源中的污染物並清理漏油，並且由於我們使用奈米技術來複製此類資源，因此我們對不可再生能源的依賴可能會減少。

人類基因組計畫：繪製、定序、確定人類基因
—西元 1989 年至今—
查爾斯·德利西，生於西元 1941 年，美國

人類基因組計畫（Human Genome Project，HGP）提供線索讓我們認識人類生物學。了解 DNA 在不同個體間的差異造成之影響，可以徹底改變診斷、治療甚至預防疾病的方法。人類基因在 2001 年首次被完全定序，但研究持續進行。人類基因組是我們物種（智人，Homo sapiens）的基因組，保存在 23 對染色體與微小的粒線體 DNA 裡面。這 23 對染色體中，22 對是體染色體，剩下一對決定了性別。人類基因組含有三十億個鹼基對，大約兩萬三千個蛋白質譯碼基因，遠比當初開始定序時預期的少。查爾斯·德利西（Charles DeLisi）目前是麻薩諸塞州波士頓大學科學與工程學的麥卡夫教授，但在 1985 年時擔任美國能源部健康與環境研究計畫主任。當時德利西和顧問們一起提議、規畫人類基因組計畫，並在國會和行政管理預算局前為此計畫辯護。這計畫後來發展成規模龐大的國際科學研究工作。

人類基因組計畫始於 1989 年，目標是定序並辨識人類基因結構中所有三十億對化學組件。基因定序後，接著便要確認會增加罹患癌症與糖尿病等常見疾病風險的基因變異。我們基因組有 23 對染色體。每個染色體是一長串珠子，但不像唸珠那般頭尾相連。其中只有四種不同顏色的珠子，代表四種鹼基，分別是 A（腺嘌呤）、G（鳥嘌呤）、C（胞嘧啶）和 T（胸腺嘧啶），DNA 用這些鹼基構成整個基因組。人類一個基因組有三十億對鹼基，我們身上任何一個細胞則擁有兩倍數量（因為各從父母繼承一個基因組）。這些鹼基序列定義我們的遺傳，讓細胞知道如何開關基因，使我們成為人類。鹼基序列

的改變會導致基因病變。
這些改變也許很複雜，例
如丟失了一長串鹼基，或
者只是一個鹼基被另一個
鹼基置換。由置換引起的
「基因變異」是人類基因
組正常現象，如果比較任
兩個基因組，大約會發
現三百萬個這種變異。有些正常置換可
在 5% 至 40% 的族群人口中發現，另一
些則很罕見。人們已發現幾百個造成遺
傳疾病的 DNA 新變異。但有待進行更
多科學研究才能描述這些疾病的遺傳基
礎。

　　人類基因組的詳細知識為生物技術
與醫學開啟新的康莊大道。現在許多公
司和醫院能提供簡單方法做基因檢測，
可顯示多種疾病的傾向，包括肝臟疾

病、囊狀纖維化、止
血失調（出血不易停
止）、乳房癌及其他許
多疾病。此外，造成癌
症、阿茲海默症的原因
以及其他臨床相關領域
也可透過基因資訊得到
更好了解，希望長遠來
看能有效增進處理方法。在生物學研究
上，若科學家對特定癌症的追查可縮小
範圍到特定遺傳因子，他就能使用全球
資訊網上的人類基因組資料庫，核對其
他科學家對相同基因的研究文獻，以及
它與其他基因的關係等等。對疾病的發
生在分子生物學層次上獲得更佳了解，
將會決定新的治療流程。人類基因組計
畫的研究成果正被全球臨床醫師、研究
者和科學家用在提升人類健康。

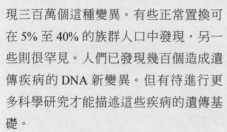

總統公民獎章

　　德利西在1985年讀到一篇政府報告，內容是對曝露在廣島與長崎核爆下孩童做
遺傳突變偵測的技術。他想到的概念是在美國能源部贊助下，進行一個人類基因組
定序的共同計畫。德利西是理想人選來準備資金和資源推動計畫。這已是第三次這
類的公開呼籲，德利西憑著自己幹勁和在政府機關裡的科學管理地位，有效發起基
因組計畫。結果在他的提議與計畫下，全世界數千名科學家歷經十三年研究，完成
人類基因的定序與辨識。

　　為了表彰他在推動計畫上所做的努力，柯林頓總統於2001年將總統公民獎章
頒給德利西。柯林頓說：「如同路易士和克拉克提議探索一個籠罩在神秘面紗下的
大陸，查爾斯‧德利西率先探索了一個現代疆域，也就是人類基因組……查爾斯‧
德利西的想像力與決斷力點燃定序的革命，終將解開人類生命的密碼。多虧查爾斯‧
德利西的遠見和領導，我們在2000年宣告了人類基因組的完整定序。現在研究人
員更接近發現以往認定為絕症的治療與痊癒方法。」介紹德利西的引文說：「查爾
斯‧德利西博士是一位有遠見的開拓性生物物理學家，他大大提升我們對生命建構
單元的認知。他是第一位描繪出人類基因計畫可行性、目標與規範的政府科學家，
協助號召國際團隊加入研究陣營，創造新的技術，啟動得紀念的基因圖譜與定序任
務。」

全球資訊網

—西元 1990 年—

提摩西·約翰·柏內茲—李，生於西元
1955 年，英格蘭；羅伯特·卡里奧，生
於西元 1947 年，比利時

　　這項關鍵技術使得網際網路普及
化，徹底改變資訊傳播。提摩西·約
翰·柏內茲—李（Timothy John Berners-
Lee）是一位英國電腦科學家、工程師
和麻省理工學院教授，被認為是最早提
出全球資訊網構想的人，然後與比利
時資訊工程師羅伯特·卡里奧（Robert
Cailliau）共同開發。兩人都在 CERN
（European Organization for Nuclear
Research，歐洲核子研究組織）任職
時，柏內茲—李於 1989 年三月提出一套
系統，可以更容易讀取 CERN 數量龐大
的文件。他發現不同資料放在不同電腦
上，使用者必須逐一登入電腦去查閱，

有時還得學習每臺電腦上不同程式，實
在讓人感到苦惱。柏內茲—李在 1980
年已建構了 ENQUIRE，這是一個早期
超文字資料庫系統，類似我們現在所稱
的「維基百科」。新的 CERN 資料系
統也使用超文字，在電腦上以超連結代
表其他超文字文件，只要用滑鼠點擊或
按幾個鍵就能立刻跳轉。超文字文件可
以是靜態（預先備好儲存）或動態（對
應使用者的輸入不斷變化），也可包含
插畫、圖像、表格和顯示裝置，它是構
成全球資訊網的基本概念。柏內茲—李
在 1990 年九月至十二月間設計出他定
義為全球資訊網的東西，然後和卡里奧
共同寫了一份提案為計畫籌措資金。它
的使用便利性和格式靈活性讓我們都能
在網際網路上分享資訊。1990 年 12 月
25 日，柏內茲—李在卡里奧和 CERN 一
位年輕學生的協助下，首次經由網際網
路在客戶端與伺服端間成功進行超文字
傳輸協定（Hypertext Transfer Protocol，
HTTP）資料通訊。

　　WorldWideWeb 是第一個網路瀏覽
器，由柏內茲—李開發，也是當時讀取
全球資訊網的唯一工具。它後來更名為
Nexus，以免和全球資訊網本身混淆。
卡里奧是全球資訊網發展中的重要擁護
者，後來為蘋果開發的第一個瀏覽器稱
為 MacWWW。柏內茲—李深知私人獨
佔會限制網路發展，所以敦促 CERN 在
1993 年 4 月 30 日提出保證，將網路技
術與程式碼免費公開，讓所有人都可使

用並且加以改進。他的遠見與慷慨永遠改變了通訊與資訊技術，繼而使得電子郵件、谷歌、臉書、推特、維基百科等等出現。1993年十二月，卡里奧呼籲召開第一次國際WWW會議，後來於1994年五月在CERN舉行。三百八十位網路先驅出席的會議成為網路發展的里程碑。現在有超過二十億人，大約世界人口的三分之一，都是網際網路使用者。

▌智慧型手機和平板電腦
—西元1994年和2010年4月—
IBM Simon 個人通訊器和 Apple iPad

《牛津英語詞典》將智慧型手機描述為：「能執行許多電腦功能的手機，通常有觸摸螢幕界面，連線網路功能以及能夠下載應用程式的系統。」

在歐美，家用電話花了近百年的時間達到飽和，手機則花20年左右，而智慧型手機還不到10年，世界75億人口，使用手機的用戶就有約49億，幾乎可以說是人手一機。全球至少有14億臺家用電腦，但在2010年底時，其年銷售額已被智慧型手機所取代。國際市調公司Newzoo在2017年的報告顯示，智慧型手機用戶普及率最高的國家是阿拉伯聯合大公國，佔81%，瑞典、瑞士、臺灣、韓國、美國和加拿大超過70%，緊隨其後的是荷蘭、德國和英國。但是，據皮尤研究中心（Pew Research）的報告，韓國是88%，澳大利亞是77%，以

噹噹！
「當我開發ＷＷＷ時，大部分環節都已完成……我只需把超文字概念和傳輸控制協定（Transmission Control Protocol，TCP）與域名系統（Domain Name System，DNS）的概念連結起來，然後，噹噹！全球資訊網誕生了。」
這是柏內茲—李在www.w3.org網站「回答年輕人」網頁中對於「是你發明網際網路的嗎？」所做的回應。

色列是74%，美國是72%，西班牙是71%，紐西蘭是70%，英國是68%，加拿大是67%。無論確切的普及率是多少，都可以看出市場已經趨於飽和。

在歐美，平板電腦的飽和甚至更快，在美國達到市場飽和的速度創下了記錄。2010年4月蘋果iPad推出之前，平板電腦市場一直處於休眠狀態，但是18個月後，美國家庭的普及率已經達到11%。蘋果已經售出了約4億臺iPad，亞馬遜的Kindle Fire和其他競爭對手將這一市場擴大到全球超過11億用戶。平板電腦能否保持其創紀錄的速度還有待觀察。有了更好，更強大的平板電腦和智慧型手機，已經可以想見家用電腦、筆記型電腦這些「個人」電腦時代的終結。

1973年，摩托羅拉的馬丁·庫珀（Martin Cooper）發明了第一臺手持移

動電話，從 1993 年至 1998 年，該公司成為行動電話的領導者。 IBM 在 1970 年代開始研發電腦風格的手機，並於 1994 年推出了「Simon」。 藉由按撥號鍵，它可以發送傳真、電子郵件和訊息，並包括用於日曆、通訊錄、計算器和記事本的應用程式。 不幸的是，它的價格一開始為 1099 美元，然後降到 899 美元，但還是價格太高，沒有成功。

在 1990 年代，諸如 Palm Pilot 之類的掌上型手持個人數位助理（PDA）與行動電話被一起帶在身上，然後硬體製造商和開發人員才知道如何成功地將 PDA 與行動電話合併。 1996 年，諾基亞 9000 Communicator 是將智慧型功能加入手機中的首次真正嘗試。 它體積龐大，打開後有著 QWERTY 鍵盤和導航按鈕，以此具備了智慧型功能，例如網頁瀏覽、電子郵件和文字處理。 2000 年，更小、更輕的 Ericsson R380 成為第一款以智慧型手機名稱銷售的產品。它的覆蓋式小鍵盤能打開，露出裡面 3.5 英寸的黑白顯示螢幕，可以運行許多應用程式。 2007 年，史蒂夫·喬布斯推出了革命性的 Apple iPhone，此後幾乎所有智慧型手機均源於其創新的觸控螢幕設計。 它可以傳輸影片、播放音樂、檢查電子郵件以及使用瀏覽器上網，登入各個網站，就像個人電腦一樣。 蘋果公司獨特的 iOS 操作系統支持各種基於手勢的直覺命令，可下載的手機軟體（app）的內容也在迅速增長。 隨之而

來的是 Android 手機，並具有與 iPhone 相同的全觸控螢幕功能，而三星 Galaxy 系列成為蘋果的主要競爭對手。2012 年開始，Google 的 Android 已成為智慧型手機市場上的領先操作系統。

智慧型手機技術迅速發展，開始具有 GPS、攝影鏡頭等功能，但在 2016 年需求開始下降。2017 年最後一季，全球智慧型手機市場下降了 9％，是智慧型手機歷史上最大的跌幅，甚至蘋果的 iPhone 銷量也下降了 1％。 蘋果的智慧型手機出貨量比一年前減少了 500 萬支，但拜要價要 1,000 英鎊的 iPhone X 所賜，收入並未下滑。 已開發國家處於手機飽和狀態，人們傾向使用現有的手機而不是買新的，因為新產品可見的創新很少（除了「看不見」的人工智慧功能外）。 全球智慧型手機出貨量的減少也受到龐大的中國市場影響，中國市

特斯拉的遠見

「當完美地應用了無線技術後，整個地球將轉化為一個巨大的大腦，實際上，所有事物都是真實而有規律的完整粒子。無論距離多遠，我們都將能夠立即相互通信。不僅如此，儘管相聚數千英里，我們仍將通過電視和電話面對面地看見和聽見，就像實際見到彼此一樣完美。比起目前的電話，能夠完成這功能的工具將非常簡單。一個男人就可以在背心口袋裡放一個。」——尼古拉·特斯拉，Collier雜誌，1926年。

場在 2016 年和 2017 年的年需求量下降了 16％，因為手機使用壽命變長、手機補貼減少以及缺少亮眼的新款手機。在 2017 年第一季，全球市場占有率分別為三星 23.3％，蘋果 14.7％和中國華為 10％。 中國的 OPPO 佔 7.5％，而 vivo 佔 5.5％，其他佔 39％。之後，中國小米的市場佔有率已經超過了 vivo。市場達到飽和，似乎即將進入價格競爭的新時代，中國製造商可以充分利用這一優勢，上述四家中國製造商在短短一年內將其全球市場占有率提高了 5.5％到 28.5％。

2018 年出貨的所有手機、平板電腦和筆記型電腦（共 23 億臺）中 100％都嵌入了藍牙技術。 智慧型手機具有打開和解鎖訊息的能力，例如產品包裝上的條碼。 智慧型手機可以下載 QR Code 掃描程式以及其他應用程式，藉此讀取 QR Code 中嵌入的信息，這些信息會將其帶往網站、優惠券甚至社群媒體網站。德勤（Deloitte）在 2016 年對愛爾蘭用戶的一項調查發現，有 91％的人在工作中使用他們的手機。看電視時用的比例為 88％；搭車時佔 86％；與朋友交談時佔 80％；與家人用餐時佔 73％；工作電子郵件佔 53％； 48％用於工作電話； 48％的人會在半夜檢查手機；睡到一半醒來會開手機的佔 40％；睡覺前五分鐘會用手機的佔 35％； 28％的人在早上醒來時會檢查手機訊息； 15％用來付計程車費用。這個設備已經在許多人的生活中無處不在。

一般美國小孩拿到第一部手機大概是十歲時，平均每天使用 4.5 小時。越來越重要的一個主要問題是，就像計算機已經改變了許多人掌握數學基礎的能力一樣，智慧型手機、平板電腦在理解和串聯知識方面也發揮同樣的影響。「數位原住民」（Digital native，從小生長在數位產品的世代）過分依賴外來訊息，而不是自身的記憶和歸納整理的能力。「隨著我們增加資料庫，學習變得更加容易，因為我們可以將新信息與我們已經知道的事物聯繫起來。」對外來知識的日益依賴使「假新聞」得以傳播，並損害了溝通技巧。喬・克萊門特（Joe Clement）說，年輕一代現在擁有

「智慧型手機是有效的監視設備」

艾塞克斯大學的吳慧敏和凱瑟琳・肯特（2018年2月11日）有如下的看法：通過追蹤我們的行為和活動，智慧型手機可以建立有關我們生活的詳細信息，而這些「數位資料在公司之間進行交易，並被用來做出推斷和決策，從而影響我們所面臨的機會……而這是我們所不知道或無法控制的。」公司知道我們的「位置、網路搜索紀錄、通訊、社群媒體活動、財務狀況和生物識別數據，例如指紋或臉部特徵。」公司之間買賣的數據可以顯示「種族、婚姻狀況、家庭組成、性取向和政治見解。」「十分之七的智慧型手機應用程序與Google分析之類的第三方追蹤公司共享數據」，從而可以對不同用戶進行針對性的廣告。

一種可以為他們學習和思考的技術，並且使他們「無法利用技術來改進現有的知識基礎」。（〈如果我失去手機，我將失去一半的大腦〉，《獨立報》，2018 年 2 月 15 日。）

▍社群網站
—西元 1995 年 11 月 17 日—
由藍迪・康拉德斯創立的 Classmates Online, Inc.（現為 Classmates.com）

　　社群網站也稱為社群媒體，它可以讓全球各地的人們進行即時的社交互動，網站功能通常都是隨著用戶的需求產生。隨著人們將社群網站納入日常生活，它們正在不斷發展。隨著智慧型手機的使用，社群網站在家用電腦使用中的比率將持續下降。社群網站的迅速普及帶來了許多好處，但同時也帶來了問題。恐怖主義宣傳、假新聞、炸彈製作法、網絡霸凌、網路色狼以及兒童相關的酒精、菸草和性行為圖片，這些都是我們不得不面對的問題，社群網站看起來似乎不願（或無法）監管用戶活動。YouTube 在 2017 年進行的一項調查發現，多達 70% 的人以 Facebook 為主要新聞來源，他們認為假新聞是真實的。

　　可以透過智慧型手機、平板電腦和電腦登入的社群網站為企業提供了很大商業空間去進行研究和建立關聯市場的機會。通過平板電腦或智慧型手機可以隨時登入的移動式社群網站，被利用來取得用戶的所在位置和時間。公司使用社群網站監視工具來監視、追蹤和分析網路上有關其產品、競爭對手和市場的網路訊息。這有助於公共關係管理和廣告活動追蹤，使公司能夠評估其社群網站廣告支出，競爭對手和忠誠度評級的投資回報率。但《歐盟通用數據條例》於 2018 年 5 月生效，此法要求網站須獲得消費者的同意才能查看其資料，從而賦予人們要求網站開放自己查看與刪除自己數據的權利。像 Facebook 這樣的網站違反，可能會被罰款 16 億美元。

　　地球上大約有 76 億人，其中約 30 % 的人積極使用 Facebook。 截至 2018 年 2 月，最為活躍的社交網站排名 為：Facebook、YouTube、Instagram、Twitter、Reddit、Pinterest、Vine Camera、Ask.fm、Tumblr、Flickr、Google+、LinkedIn、VK、ClassMates、Meetuo。 另外 2018 年 2 月最活躍的網路通訊媒體排名則 為：Facebook Messenger、 Facebook WhatsApp、微信、 QQ 聊天、Instagram、QZone、Viber、Line、Snapchat、YY。據報導，在 2018 年，歐美年輕人放棄了 Facebook，取而代之的是 Snapchat，而老年人則更喜歡 Facebook。 Facebook 在 2017 年的三個年齡層的「青年」群體（11 歲以下、12-17 歲、18-24 歲）中的用戶都減少，看起來會在 2018 年再失去 200 萬用戶。 55 歲以上將成為該網站的第二大用戶。 70% 的 13 到 34 歲的英國人在手機上使用 Snapchat 來自拍或共享

改革網路環境

西元2018年2月，國際消費品公司聯合利華（Unilever）警告Facebook，Twitter，Google等網路科技公司，需要改革整個網路環境並停止所有假新聞、仇恨言論和暴力恐怖主義的宣傳，否則聯合利華將減少20億美元的網路廣告支出。聯合利華是全球第二大廣告客戶，而最大的廣告客戶寶僑公司（P&G）2017年在網路廣告上的支出減少了1億美元，並稱這對銷售影響不大。大型網路科技公司很依賴這些廣告，Facebook和Google試圖讓AI和員工去搜尋假帳號和恐怖主義文件，以加強對非法內容的檢測。在2017、2018年，由於恐怖主義文件和描述虐待兒童的影片，包括大眾、豐田和亨氏在內的國際企業暫停了與擁有YouTube的Google廣告合作。

短影片，他們可以將其設置為在一到十秒鐘後銷毀或循環播放。

根據《星期日泰晤士報》2018年2月11日的報導：「Snapchat的首席執行官伊萬·斯皮格（Evan Spiegel）推出的所有功能幾乎都被Facebook及Instagram無恥複製。」作為回應，Facebook推出了適用於Apple和Android操作系統的Messenger Kids，這是一個專門針對13歲以下兒童的獨立應用軟體。100名兒科醫生和兒童心理學家已連署要求該公司撤回該軟體，因為「年幼的孩子根本沒準備好擁有社群網站帳戶」，因為這損害了他們的社會和心理發展。甚至連前Facebook總裁肖恩·帕克（Sean Parker）都說社群網站利用了「人類脆弱的心理」。

▎網路零售

—西元1995年至今—
傑佛瑞·普雷斯頓·「傑夫」·貝佐斯
生於西元1964年，美國

徹底改變這世界購買書籍的方式之後，傑夫·貝佐斯（Jeff Bezos）現在還用電子書以及Kindle閱讀器改變我們閱讀方式。貝佐斯畢業於普林斯頓大學，取得電腦科學與電機工程學位，然後先在華爾街找到工作，當時電腦科學因應市場趨勢分析的需求日益重要。他成為信孚銀行（Bankers Trust）副總裁，然後跳槽到蕭氏基金公司擔任資深副總裁，這家公司特別將電腦科學應用在股票市場上。當時羽毛未豐的網際網路（即ARPANET）原本由美國國防部開發，用來讓它的電腦網路在緊急事件中保持暢通，例如面臨天然災難或敵人攻擊。網路已被政府機關與學術研究者用來交換資料與訊息，但在1994年還談不上網路商務。貝佐斯觀察到網際網路使用量以每年23倍成長，發現一個充滿商機的新領域。他有條理地檢視排名前二十大郵購生意，並問自己哪種商品在網路上經營可以更有效率。綜合郵購目錄都沒圖書這項日常商品，因為目錄會變成太大

一本而無法郵寄。然而，圖書很適合放上網路販售，因為一個龐大資料庫實際上可分享給無數人來查閱。

他發現主要圖書批發商都已經把庫存清單匯編成電子目錄。現在需要做的只是在網路上設一個定點，讓購書大眾找到可用庫存並直接下單。他遷往華盛頓州的西雅圖，準備取用大批發商Ingram 的圖書目錄，並且就近吸收自己企業所需的人才—微軟總部也設在西雅圖。公司命名為亞馬遜（Amazon）是因為這條南美洲流域廣闊的大河有數不清的支流。1995 年，貝佐斯向全世界公開他的新網站，並告訴三百名測試者要廣加宣傳。三十天內，他不靠印刷目錄就在全美五十州和其他四十五國開始銷售圖書。到了九月，他的每週營業額來到兩萬美金。貝佐斯和他團持續改良網站，引進的新特色包括一鍵下單（1-click shopping）、消費者寫書評和用電子郵件確認訂單。當公司在 1997 年公開發售股票時，分析師紛紛懷疑，一旦圖書零售巨頭邦諾書店（Barnes and Noble）或博德思書店（Borders）也進入網路零售行列，一個以網際網路為基礎的新創書商要如何立足。兩年後，亞馬遜股票市值已經比兩家圖書零售業最大勁敵的總合還高，博德思還接洽亞馬遜請它協助經營自己的網路流量。

貝佐斯從一開始就試圖盡快提高市場佔有率，甚至不惜犧牲利潤。公司投入一切心力讓亞馬遜的商業模式無法被複製。當他公開表示想從「全球最大書店」轉變成「全球最大商店」（Earth's biggest anything store）時，評論走向兩極。有些人認為亞馬遜成長太快，但另一些人稱它是「商業史上最聰明的策略」。貝佐斯持續強調亞馬遜的「六個核心價值：顧客至上、主人翁意識、行動、節檢、高雇用標準和創新。」他說「我們的眼光是要成為世上最以顧客為中心的公司。這裡是人們上網購物時想來找所有商品的地方。」亞馬遜很快擴張至音樂、影片、玩具、電子產品及更多商品。當 2000 年發生網路泡沫化時，公司股票重挫。然而亞馬遜經過重組存活下來，其他網路新創公司則紛紛消失，它開始創造實質利潤。2002 年，公司透過數百家合作廠商增添服裝銷售，其中包括蓋璞服飾（The Gap）、諾德斯特龍百貨（Nordstrom）和蘭茲恩德服飾（Land's End）。亞馬遜跟其他銷售商透過共有品牌網站（例如玩具反斗城）或附帶的亞馬遜服務，分享它在客服方面的專業與線上訂購機制。亞馬遜現已成為全球最大網路零售業者，銷售量是最接近對手—史泰博（Staples）辦公用品供應商—的三倍。

2007 年，亞馬遜

引進稱為 Kindle 的手持電子閱讀設備。這設備採用電子墨水技術，以類似印刷的外觀來呈現文字，不像電視或電腦螢幕會造成眼疲勞。它的字體可以調整大小以便閱讀更為輕鬆，而且不像早期電子閱讀設備，Kindle 結合無線網路連接功能，可讓讀者隨時隨地購買、下載並閱讀整本書籍與其他文件。隨著 Kindle 的推出，亞馬遜很快就在美國電子書市場取得 95% 的佔有率。其中一款提供 WiFi 連線功能，另一款提供 3G 行動連線功能。到了 2010 年中，Kindle 和電子書銷售規模已達年營業額 23 億 8 千萬美金，它的電子書銷售已超越傳統精裝版圖書。電子書銷售每年有兩倍的成長，貝佐斯預言它在一年內將會超越平裝版圖書，成為公司銷售最佳的版式。亞馬遜在 2000 年曾破紀錄損失了 14 億美金，如同理查德‧勃蘭特（Richard Brand）在他的《一鍵》書中所言，「網路最慘金錢輸家」從「網路典型代表變成網路代罪羔羊」。到了 2010 年，亞馬遜市值超過 8 百億美金，就因為貝佐斯發展出強而有效的商業模式。

█ GOOGLLE 網路搜尋引擎
—西元 1996 年—

勞倫斯‧「賴利」‧佩吉，生於西元 1973 年；謝爾蓋‧布林，生於西元 1973 年，美國

Google 搜尋引擎是世上最出色的網站，全球大約有七分之一人口在使用它。搜尋引擎程式根據使用者輸入的關鍵字，在網際網路搜尋並找出網頁。典型搜尋引擎使用的網路爬蟲軟體包含了布林運算子、搜尋欄位、顯示格式、龐大資料庫和排列搜尋結果的演算法。1995 年，賴利‧佩吉（Larry Page）和謝爾蓋‧布林（Sergey Brin）這兩位畢業生在史丹佛大學相遇，他們在大學都是唸電腦科學。1996 年一月，他們寫了一支稱做 BackRub 的搜尋引擎程式，這麼取名是因為它能執行反向連結分析。為了將 BackRub 這支網路爬蟲收集來的反向連結資料，轉換成可以衡量任何網頁的重要性，這兩人開發了 PageRank 演算法。他們知道可以用它建造一個遠超過現存任何一支程式的搜尋引擎。他們的創新有賴於一種新技術，能夠分析一個

網頁反向連結到另一網頁的相關性。因為對 BackRub 的成果感到滿意，兩人開始發展 Google。他們用便宜、二手和借來的個人電腦打造出一臺網路伺服器，拿多張信用卡在特價時買來大量磁碟做儲存空間。1996 年八月，初版 Google 已準備就緒，這時入口仍建置在史丹佛大學的網站上。

現在需要更多資金，但找不到任何人對他們初期開發階段的產品感到興趣，於是他們嘗試將自己搜尋引擎技術授權出去。然而，佩吉和布林最終決定將 Google 留在手上，並且尋找財源來提升產品，然後自己來推廣它。經過更多發展之後，Google 終於成為一個商業產品。昇陽電腦（Sun Microsystem）共同創辦人安迪‧貝托爾斯海姆（Andy Bechtolsheim）在 1997 年一次 Google 快速示範後說：「我們別談所有細節，何不讓我就開張支票給你們？」他開了一張十萬美金的支票給 Google 公司，但當時這家公司並非存在的

法律實體。佩吉和布林在兩週內趕快登記公司，兌現支票，然後又取得九十萬美金做為他們創業資金。1998 年九月，Google 公司在加州門洛帕克正式創立，測試版的 google.com 搜尋引擎很快就達到每天回應一萬次搜尋查詢。1999 年 9 月 21 日，Google 正式從它標題移除 beta（測試狀態）字樣。2011 年五月，Google 的不重複訪客首次超越 10 億大關，從 2010 年五月記錄的 9 億 3100 萬不重複訪客增加了 8.4%。這代表全球每天有七分之一人口在用 Google 獲取資訊。它完全改變了資訊技術。Google 也涉入雲端運算新技術，公司 99% 收入來自 AdWords 廣告服務，它與使用者每次查詢聯繫在一起。Google 不斷擴張它

的運作，後來還推出 Crome 網路瀏覽器。Google 搜尋是目前全球最主要的搜尋引擎。根據推算，佩吉和布林在 2011 年的身價分別高達 198 億美金。

古戈爾

　　Google 取名來自於 googol（古戈爾）——它代表十的一百次方這個自然數，也就是 1 後面加上一百個 0。這數字的其他稱呼還包括 10 duotrigintillion。googol 這單詞是在愛德華‧卡斯納（Edward Kasner）與詹姆斯‧紐曼（James Newman）於 1940 年合著的《數學與想像》（Mathematics and the Imagination）中被提出。對 Google 創立者而言，這名稱代表搜尋引擎必須篩選的巨量資訊。googolplex 代表的數字更大，它是十的 googol 次方。天文學家兼電視名人卡爾‧薩根（Carl Sagan）估計不可能用阿拉伯數字寫出 googolplex，因為這麼做需要的空間比已知宇宙還大。

複製哺乳動物

—西元 1996 年—

伊恩・威爾穆特，生於西元 1944 年；基思・坎貝爾，西元 1954 年—2012 年，英格蘭

這項技術對於繁殖牲畜和恢復已滅絕物種具有長遠意義。桃莉（1996 — 2003 年）是一隻芬蘭多塞特品種母羊，也是第一隻利用細胞核轉移技術，從成年體細胞（即任何構成有機軀體的生物細胞）複製而來的哺乳動物。誕生於愛丁堡羅斯林研究所，牠成為「世上最出名的羊」。健全複製品的培育成功證明了取自軀體特定部位的單一細胞可以重建出完整個體。桃莉有三個「母體」，一個提供卵子，另一個提供 DNA，第三個提供複製胚胎的代孕。桃莉的複製利用體細胞的細胞核轉移。取自成年細胞的細胞核被轉移到未受精的卵母細胞（發育中卵細胞），取代被移除的原有細胞核。融合細胞在電流刺激下開始分裂發展成囊胚（胚細胞），再植入代孕母體。桃莉的存在直到 1997 年才對外公布。牠與一隻威爾斯山羊配對，1998 年產下一隻小羊，1999 年產下兩隻，2000 年產下三隻。這次複製成功之後，許多其他大型哺乳動物也已被複製，包括馬和牛。馴養動物的複製對未來能產生更好血統來說相當重要。複製也可用在保存瀕臨絕種動物上，或許還是一個可行方法讓長毛象這類絕種動物重生，因為長毛象的細胞組織仍冰封在永久凍土中。西班牙科學家正研究複製 2000 年被宣告滅絕的庇里牛斯山羊。伊恩・威爾穆特（Ian Wilmut）已不再研究複製，因為他相信另一個日本的技術就長遠來看會更成功。細胞在複製過程中需要經過重設程序，這並不完美，而且細胞核轉移產生的胚胎經常顯示生長異常，使得複製哺乳動物效率極低。威爾穆特在 2007 年宣布，細胞核轉移技術也許終究無法充分有效用在人類身上。桃莉是 277 個胚胎中唯一發育成功者。由於牠存活下來，研究團隊必須為牠命名。威爾穆特幽默地說，「桃莉來自一

個乳腺細胞，我們想到最令人印象深刻的就是桃莉・巴頓的一對豐胸。」

維基百科

—西元 2001 年—

吉米・多納爾・威爾斯，生於西元 1962 年；勞倫斯・馬克・桑格，生於西元 1968 年，美國

維基百科（Wikipedia）是一項驚人

的突破，它是對全世界開放的線上百科全書。1996 年，吉米·多納爾·威爾斯（Jimmy Donal Wales）和兩位夥伴成立 Bomis 網站，這個入口網站連結的是使用者產生內容的站點。網站賺取營收頗為辛苦，但也提供他一些基金去追求線上百科全書的目標。威爾斯熱愛客觀主義哲學，他在 1990 年代初期主持一個線上群組討論這主題時認識哲學家勞倫斯·馬克·桑格（Lawrence Mark Sanger）。桑格並不同意威爾斯的觀點，但在這些年的辯論中彼此成為朋友。幾年後，威爾斯依舊在追尋他的百科計畫，而且需要某個具有學術威信的人去領導它，於是雇用桑格擔任主編。2000 年三月，免費百科網站 Nupedia 成立。它開放閱讀的內容經由同儕評閱，都是尋找專家寫作的條目，並由條目旁的廣告支撐網站運作。Nupedia 的網站管理深受資金短缺所苦。2001 年一月，桑格向程式設計師賓·科維茲（Ben Kovitz）抱怨，同儕評閱的條目提交流程使得內容增長過於緩慢，於是科維茲向他引介維基（wiki）概念。科維茲建議採用維基模式將允許整個計畫中的編輯者們同步、累進貢獻內容，這樣就可打破 Nupedia 的瓶頸，桑格把它提議給威爾斯，他們在 2001 年 1 月 10 日成立最早的 Nupedia 維基。

維基原本打算做為一個對大眾開放寫作的合作計畫，內容經過 Nupedia 的專家志願評閱後公布。然而大部分 Nupedia 的專家不想參與這計畫，擔心這些業餘內容和專業研究與編輯的材料混雜在一起，會危及 Nupedia 提供資訊的公正性，有損百科的可信度。維基計畫由桑格命名為維基百科，在計畫創建五天後就以另外域名上線運作。大受歡迎的維基百科很快就超越 Nupedia，因為它的寫作門檻較低，運作成本也較低。桑格原本將維基百科視為 Nupedia 發展的輔助工具，威爾斯覺得維基百科有潛力成為真正的協同開源投稿而有助於知識建構。桑格在 2002 年離開維基百科，因為他看到網站缺乏對專業的尊重，於是在 2007 年成立大眾百科（Citizendium）。它是一個更

威爾斯談NUPEDIA

「這概念是要找到數千名志願者以所有語言為一個線上百科寫作條目。起初我們發現自已是以由上而下、結構化、學院派的過時方法組織這項工作。這沒辦法讓志願者感到有興趣，因為我們有許多學界評閱委員回覆來的是對文章的批評。那就像在批閱高中作文一樣，基本上嚇阻了人們參與。」── 吉米·威爾斯談論Nupedia，《新科學人》雜誌，2007年1月31日。

具說明義務的自由閱讀百科，但即便到了現在才有一萬五千個條目。2004年的一次訪談中，威爾斯勾勒出他對維基百科的願景：「想像一個世界，地球上每個人都可自由讀取所有人類知識。這正是我們在做的事。」桑格在2005年說：「……一個開源、協同的百科，開放給一般人投稿寫作，完全是吉米想到的主意，不是我的想法，它的資金全部來自Bomis……這個百科的實際開發是他交給我的任務。」

▌人類基因組計劃（HGP）

—西元 1990 年－ 2003 年 4 月—
查爾斯·德利西，生於西元 1941 年，美國

　　HGP 是一項偉大的國際合作研究成果，它對人的所有基因（統稱為基因組）進行測序和繪製圖譜，這是一個了不起的成就。它的完成使我們能夠讀出自然界完整的遺傳藍圖以構建人類，這對醫學的所有科目都具有不可思議的意義。

　　1984 年，美國能源部（DOE），美國國立衛生研究院（NIH）和國際組織舉行了有關研究人類基因組的會議。 1985 年，查爾斯·德利西（Charles DeLisi）讀到一份政府報告，內容涉及檢測暴露於廣島和長崎炸彈的兒童中的遺傳突變的技術。 他在美國能源部的倡導下，開始提出共同努力對人類基因組進行測序的構想。 儘管這是該想法的第三次公開宣告，但正是德利西的發起和他在政府科學行政管理中的地位啟動了基因組計劃。結果，在他提出了對人類基因進行定位、測序和鑑定的建議之後，全世界成千上萬的科學家就此花了13年去努力完成。

　　1990 年，美國國立衛生研究院（NIH）和美國能源部（DOE）發布了一項預期為期 15 年的項目的前五年計劃。 目標是：開發分析 DNA 的技術；繪製人類和其他基因組的圖譜和序列，例如果蠅和小鼠；並研究相關的道德、法律和社會問題。1999 年首次完整地破譯出人體第 22 對染色體的遺傳密碼。這是人類首次完成對人體染色體基因完整序列的測定。22 號染色體由於其相對較小的大小以及與多種疾病的關係而被選為 23 條人類染色體中的第一個進行解碼

總統獎章

　　為了表彰德利西的工作，美國柯林頓總統於2001年向德利西頒發了總統公民獎章。柯林頓總統說：「正如路易斯與克拉克遠征探索籠罩在神秘可能性中的大洲一樣，查爾斯‧德利西率先探索了現代人類基因組……查爾斯‧德利西的想像力和決心引發了測序革命，最終揭開了人類本身的守則。感謝查爾斯‧德利西的遠見卓識和領導才能，在2000年，我們宣布了人類基因組的完整測序。研究人員現在比以往任何時候都更接近尋找曾經認為無法治癒的疾病的療法和治療方法。」

　　為了紀念人類基因組計劃的重要性，美國能源部在其位於馬里蘭州日耳曼敦的工廠F-202室外安裝了一塊銅匾。牌匾上寫著：「從這裡開始，人類基因組計劃從一個概念發展成為一個透過衛生與環境研究能源研究副主任查爾斯‧德利西博士的願景與幫助下進行的革命性研究計劃，1985-1987年。」

的染色體。22號染色體測序是美國、英國、日本、法國、德國和中國的科學家之間的國際合作。

　　在2001年，人類基因組計劃國際聯盟發布了人類基因組序列的初稿和初步分析。人類基因的數量估計約為 30,000（後來修訂為約 19000 － 20,000）。研究人員還報告，任何兩個人類的 DNA 序列具有 99.9％的一致性。到 2003 年，HGP 的目標已經提前或提前兩年完成。人類基因組計劃測定的序列涵蓋了人類基因組約 99％的基因區域。該項目也成功地實現了一些其他目標：從對疾病研究中所用生物的基因組進行測序到開發用於研究整個基因組的新技術。人類基因組計劃與登月計劃一樣，被視為是人類傑出的科學成就。

▎石墨烯

—西元 2004 年—（於 1962 年在電子顯微鏡中首次觀察到，並於 2004 年重新發現和分離）

安德烈‧海姆，生於西元 1958 年；康斯坦丁‧諾沃肖洛夫，生於西元 1974 年，英國

　　石墨烯是單層石墨片的學名，是世界上第一種二維材料。科學家之前便知道一個原子厚的晶體石墨烯存在，但

雜草比人類複雜

阿拉伯芥（*Arabidopsis thaliana*）是一種小型的自花授粉雜草，也被稱為鼠耳水芹，壽命只有六週，有26,000個基因，遠遠超過人類。在2000年，它是第一個基因組被完整測序的植物。肖恩‧梅（Sean May）博士指出，了解其基因組使科學家們能夠了解更複雜的生物，主導歐洲HGP貢獻的約翰‧英因斯中心的邁克‧貝文（Mike Bevan）教授指出，這將對人類健康以及對作物育種的分子基礎，與隨之而來的基因工程產生深遠影響。它具有與人類疾病基因密切相關的100個基因，其簡單的遺傳結構使其成為分子生物學家的主要研究重點。

是直到 2003 年，兩名曼徹斯特大學的教授透過從石墨上剝離透明膠帶的簡單機制，才研究出如何從石墨中提取石墨烯。分離石墨烯後，諾沃塞洛夫繼續探索可以在膠帶上製成多薄的石墨薄片。他將這些層剝離得很薄，最後剩下的只是一個原子厚的石墨烯。它是最薄的材料，而且是半透明的。石墨烯是由碳原子組成六角型呈蜂巢晶格的平面薄膜，但是它吸收 2.3 ％的光，因此可以用肉眼看到。它的導電性比銅高，硬度比鋼200 倍，但具有難以置信的柔韌性。石墨烯比單根頭髮的直徑小一百萬倍，並且儘管超輕，卻是有史以來測試過的最堅固的材料。

石墨烯是一種非常罕見的「破壞式創新」，與人工智慧、3D 列印，區塊鏈技術、VR 虛擬技術和機器人技術一樣，它將取代現有的技術或材料，並通過目前正在進行的全球研究來開拓新的市場。石墨烯的研究表明，石墨烯過濾器可能大幅度的勝過其他的海水淡化技術，為數百萬人帶來純淨水。石墨烯具有良好的電導性能和透光性能，應用在觸控螢幕與液晶顯示上，我們將可以使用更加靈活、耐用、半透明的手機。

目前，諸如矽樹脂之類的材料能夠存儲大量電能，但是每次充電或再充電時，該潛在量都會大大減少。但是，如果將石墨烯氧化錫用作鋰離子電池的陽極，則電池在兩次充電之間可以持續更長的時間（潛在容量增加了 10 倍），而兩次充電之間的存儲容量幾乎沒有減少。這使得諸如自動駕駛電動汽車之類的技術成為更為可行的交通改善方案。石墨烯是已知最導電的材料，因此石墨烯超級電容器可以產生巨大的能量，但比一般設備消耗的能量少得多，並且可以減輕汽車或飛機的重量。諸如電話之類的電子設備可以在數秒而不是數分鐘或數小時內充電，從而大大提高使用壽命。關於塗層，石墨烯是高度惰性的，因此可以充當氧氣和水擴散之間的腐蝕屏障。將來，可以使車輛和船具抗腐蝕性能。它的半透明性可以為我們帶來極為牢固的智慧型窗戶，帶有虛擬窗簾並顯示所選擇的投影圖像。石墨烯的潛力無窮。

罕見殊榮

安德烈．海姆（Andre Geim）在2010年獲得了諾貝爾物理學獎，而他在2000年因使用磁懸浮吸引了一隻帶有磁鐵的小青蛙而獲得了Ig諾貝爾獎（搞笑諾貝爾獎，又名幽默諾貝爾獎）。他是唯一一獲得諾貝爾獎與搞笑諾貝爾獎的人。他說：「坦白說，我對我的搞笑諾貝爾獎和諾貝爾獎同樣重視，對我來說，搞笑諾貝爾獎象徵我可以被開玩笑，來點自嘲總是有幫助的。」

參考資料

筆者在近幾年對非小說寫作的研究變得愈加簡便。我們能用Google搜尋一個主題，結果排序首位的通常都是維基百科，幾乎是所有主題的一個重要資源。然而，它的重要性無法掩蓋最初來源，例如一本書、一篇剪報或廣播節目之類的，它們讓人對主題能有充分見解。此外，對歷史研究很重要的是古騰堡計畫（Project Gutenberg），它把超過三萬六千本著作權過期的歷史重大著作放到網路上。這本書的每個條目都有二十個以上參考資料來源，若詳細列出將跟本文一樣長，所以下列挑選出最有用的資料來源，提供給想要研究發明與發現史的讀者參考，區分為書目與網站兩部分。

書目：

Bridgman, Roger, 1000 Inventions and Discoveries, Dorling Kindersley in association with The Science Museum 2002

Challoner, Jack, 1001 Inventions that Changed the World, Cassell 2009

Tallack, Peter（editor），The Science Book, Cassell 2001 （一本有插圖的科學史，特色是說明了科學發現史上兩百五十個重要里程碑。）

網站：
http://inventors.about.com
一個華麗豐富的網站。它有一個所有已知發明的時間軸，還有從A到Z分別列出發明與發明家。

http://science.discovery.com
帶給我們科學頻道（Science Channel）的《100個最偉大發現》節目內容，包括天文學、生物學、化學、地球科學、進化、遺傳學、醫學和物理等範疇。

www.sciencetimeline.net
這網站的時間軸從公元前一萬年開始，也許是狼最早被馴養的時候，一直到2001年阿格拉瓦（Agrawal）提出質數檢驗法為止。網站包含了數千個項目。

http://videos.howstuffworks.com/science
帶你觀看100部短片，詳述從圓盤星系到原子重量的100個偉大科學發現。

www.wikipedia.org
最大的線上百科，可做盤大多數研究的起點。它有發現史、發現列表和發明列表等等的入口連結。

中英文對照及筆畫索引

索引

國家圖書館出版品預行編目資料

發明簡史 / 泰瑞‧布雷文頓著；林捷逸譯. -- 初版. -- 臺中市：好讀, 2019.12

　　面；　　公分. -- (圖說歷史；56)

譯自：Breverton's encyclopedia of inventions : a compendium of technological leaps, groundbreaking discoveries and scientific breakthroughs

ISBN 978-986-178-504-2(平裝)

1.發明 2.歷史 3.百科全書

440.6　　　　　　　　　　　　　　108017395

好讀出版

圖說歷史 56

發明簡史：驚奇不斷的科普大百科

作　　者／泰瑞‧布雷文頓（Terry Breverton）
譯　　著／林捷逸
總 編 輯／鄧茵茵
文字編輯／莊銘桓
行銷企劃／劉恩綺
發行所／好讀出版有限公司
臺中市407西屯區工業30路1號
臺中市407 西屯區何厝里19 鄰大有街13 號（編輯部）
TEL:04-23157795 FAX:04-23144188 http://howdo.morningstar.com.tw
（如對本書編輯或內容有意見，請來電或上網告訴我們）法律顧問 陳思成律師
總經銷／知己圖書股份有限公司
106臺北市大安區辛亥路一段30號9樓 TEL：02-23672044 23672047 FAX：02-23635741
407臺中市西屯區工業30路1號1樓 TEL：04-23595819 FAX：04-23595493
E-mail：service@morningstar.com.tw 網路書店 http://www.morningstar.com.tw
讀者專線：04-23595819＃230 郵政劃撥：15060393（知己圖書股份有限公司）

印刷／上好印刷股份有限公司
初版／西元2019年12月15日
定價：599元
如有破損或裝訂錯誤，請寄回知己圖書更換

本書圖片來源
© Dover Publications Inc.
© Shutterstock.com
Creative Commons Attribution
© Quercus Publishing Plc / Bill Donohoe